Achsendiagramme in der ökonomischen Bildung

Jana Franke

Achsendiagramme in der ökonomischen Bildung

Lernschwierigkeiten von
Schüler*innen mit dem
Preis-Mengen-Diagramm

 Springer VS

Jana Franke
Freiburg, Deutschland

Von der Pädagogischen Hochschule Freiburg zur Erlangung des Grades einer Doktorin der Philosophie (Dr. phil.) genehmigte Dissertation von Jana Doris Franke aus Ludwigsburg.
Promotionsfach: Wirtschaftsdidaktik/Wirtschaftspädagogik
Erstgutachterin: Prof. Dr. Franziska Birke von der Pädagogischen Hochschule Freiburg
Zweitgutachterin: Prof. Dr. Vera Kirchner von der Universität Potsdam
Tag der mündlichen Prüfung: 20.12.2023

ISBN 978-3-658-44459-4   ISBN 978-3-658-44460-0 (eBook)
https://doi.org/10.1007/978-3-658-44460-0

Die Deutsche Nationalbibliothek verzeichnet diese Publikation in der Deutschen Nationalbibliografie; detaillierte bibliografische Daten sind im Internet über https://portal.dnb.de abrufbar.

Planung/Lektorat: Marija Kojic
Springer VS ist ein Imprint der eingetragenen Gesellschaft Springer Fachmedien Wiesbaden GmbH und ist ein Teil von Springer Nature.
Die Anschrift der Gesellschaft ist: Abraham-Lincoln-Str. 46, 65189 Wiesbaden, Germany

Das Papier dieses Produkts ist recycelbar.

Danksagung

Mit großer Dankbarkeit möchte ich an dieser Stelle meine Wertschätzung für all die Unterstützung ausdrücken, die ich auf meinem Weg zur Verfassung der vorliegenden Doktorarbeit zum Thema *Achsendiagramme in der ökonomischen Bildung: Lernschwierigkeiten von Schüler:innen mit dem Preis-Mengen-Diagramm* erfahren habe.

An erster Stelle danke ich meinen Betreuerinnen Prof. Dr. Franziska Birke und Prof. Dr. Vera Kirchner, die mich durch ihre fachliche Expertise, stete Ermutigung und wertvolle Anleitung maßgeblich in der Erstellung der Arbeit und der Erforschung von Lernschwierigkeiten von Schüler:innen mit dem Preis-Mengen-Diagramm unterstützt haben. Insbesondere der große Erfahrungsschatz von meiner Erstbetreuerin, Prof. Dr. Franziska Birke, zu Schülervorstellungen im Allgemeinen sowie zu Schülervorstellungen zu Preisen und zur Preisbildung im Speziellen, hat mich bei der Erstellung der Arbeit stets inspiriert. Als überaus wertvoll habe ich zudem das Wissen von meiner Zweitbetreuerin, Prof. Dr. Vera Kirchner, insbesondere über Forschungsmethoden und die Vorstellungsforschung empfunden. Die Weitsicht, Geduld und konstruktiven Rückmeldungen meiner beiden Betreuerinnen waren von unschätzbarem Wert und haben mir geholfen, meine Arbeit zu vertiefen und zu verbessern. Dafür sowie für die Erstellung der Gutachten bedanke ich mich ganz herzlich!

Ein besonderer Dank gilt auch meinen Kolleg:innen Dr. Bernd Remmele, Annette Kern und Jessica Peichl der Abteilung *Wirtschaftswissenschaft und ihre Didaktik/Wirtschaftspädagogik* an der Pädagogischen Hochschule in Freiburg für die regelmäßigen, fachlichen Diskussionen und kollegialen Beiträge, die mir geholfen haben, meine Gedanken zu schärfen und meine Perspektiven zu erweitern. Diesen Dank richte ich ebenso an die Mitglieder der *Deutschen Gesellschaft für ökonomische Bildung*, bei deren Veranstaltungen ich stets fachlich wertvolle

Rückmeldungen erhalten und spannende Diskussionen geführt habe. Außerdem möchte ich mich bei der internen Forschungsförderung der Pädagogischen Hochschule Freiburg sowie den Hilfskräften unserer Abteilung für die Unterstützung bei der Transkription der Daten bedanken.

Darüber hinaus danke ich von ganzem Herzen den Intercodierern Dr. Malte Ring und Jürgen Franke für die zweifache, zeitintensive Kodierung mehrerer Interviews sowie die Diskussionen über das Kategoriensystem und die Selektionskriterien, die mir geholfen haben, das Kategoriensystem zu schärfen und dadurch die Qualität meiner Ergebnisse zu verbessern.

Ein weiterer Dank gilt allen Lehrkräften und Schüler:innen, die durch ihre Unterstützung und ihre Teilnahme an meiner Datenerhebung die Basis für die Forschungsergebnisse gelegt haben. Ohne ihre Bemühungen und ihre Offenheit wäre diese Arbeit so nicht möglich gewesen.

Zu guter Letzt möchte ich mich gebührend bei meiner Familie, Anne, Jürgen, Clara und Marlen Franke, meinem Ehemann Moritz Franke sowie meinen Freunden bedanken, die mich in jeder Phase meines Promotionsvorhabens bedingungslos unterstützt haben. Eure Zeit, eure Hilfe und die immer aufmunternden Worte haben mich stets motiviert und mir die Kraft gegeben, alle Herausforderungen zu überstehen. Hervorheben möchte ich darüber hinaus Jürgen, Anne und Moritz Franke, die meine Arbeit Korrektur gelesen haben. Danke für eure Zeit, euer kritisches Auge und die hilfreichen Anmerkungen.

Jana Franke

Inhaltsverzeichnis

1 Einleitung 1

2 Ökonomische Modelle und mathematische Modellierungen
  ökonomischer Modelle 7
  2.1 Wissenschaftstheoretische Auseinandersetzung mit
      Modellen 8
  2.2 Ökonomische Modelle 13
      2.2.1 Charakterisierung ökonomischer Modelle, Theorien
            und Gesetze 14
      2.2.2 Zwei ökonomische Modellverständnisse: Modell als
            Isolation vs. Modell als Konstruktion 19
  2.3 Mathematische Modellierungen ökonomischer Modelle 20
      2.3.1 Geschichte und Relevanz der Quantifizierung der
            Wirtschaftswissenschaft 21
      2.3.2 Mathematisches Modellverständnis und
            mathematische Modellierung 24
      2.3.3 Achsendiagramme als eine mögliche Visualisierung
            mathematischer Modellierungen 27

3 Denken in ökonomischen Modellen 33
  3.1 Denken in ökonomischen Modellen als ein Strukturelement
      ökonomischen Denkens 34
  3.2 Denken in ökonomischen Modellen im Wirtschaftsunterricht ... 35

3.2.1   Umgang mit ökonomischen Modellen mithilfe des
        Modellierungskreislaufs 39
3.2.2   Achsendiagramme im Kontext mathematischer
        Modellierung und des Denkens in ökonomischen
        Modellen 44
3.3   Fachdidaktische und curriculare Relevanz des
        Denkens in ökonomischen Modellen und des
        Preis-Mengen-Diagramms für den Wirtschaftsunterricht 48

4   **Preis-Mengen-Diagramm** 53
4.1   Geschichte der Entwicklung des Preis-Mengen-Diagramms 55
4.2   Theoretische Beschreibung und Herleitung des
        Preis-Mengen-Diagramms 58
        4.2.1   Von der individuellen Nachfrage zur Marktnachfrage ... 58
        4.2.2   Von dem individuellen Angebot zum Marktangebot 61
        4.2.3   Der Marktmechanismus und Veränderungen im
                Marktgleichgewicht 64
        4.2.4   Preiselastizität von Angebot und Nachfrage 67
        4.2.5   Konsumenten- und Produzentenrente als
                Analysewerkzeuge der Wohlfahrtsökonomik 68

5   **Forschungsstand zu Schülervorstellungen bezüglich
    des Preis-Mengen-Diagramms und angestrebte
    Forschungserweiterung** 75
5.1   Definition und Abgrenzung des Begriffs der Vorstellungen 76
5.2   Schülervorstellungen als Ausgangspunkt für Lehr-/
        Lernprozesse 79
5.3   Forschungsstand in der ökonomischen Bildung 82
        5.3.1   Schülervorstellungen zum Modell der Preisbildung
                im vollkommenen Markt 83
        5.3.2   Schülervorstellungen zum Preis-Mengen-Diagramm 86
        5.3.3   Einflussfaktoren auf das Denken in ökonomischen
                Modellen 88
5.4   Forschungsstand in den Didaktiken der Naturwissenschaft
        und der Mathematik 90
5.5   Forschungserweiterung und Ableitung der Forschungsfragen ... 93

6 Forschungsmethodik 97

6.1 Verständnis des qualitativen Paradigmas 98

6.2 Datenerhebung durch Lautes Denken und ein
Leitfadeninterview 102

6.2.1 Lautes Denken zur Datenerhebung für den
Teilbereich des Umgangs mit ökonomischen
Modellen 103

6.2.2 Leitfadeninterview zur Datenerhebung für den
Teilbereich Wissen über ökonomische Modelle 113

6.3 Datenauswertung durch eine qualitative Inhaltsanalyse 120

6.4 Pilotierung des Forschungsdesigns 130

6.4.1 Sample und Forschungsdesign 130

6.4.2 Erhebungsinstrumente des Lauten Denkens und des
Leitfadeninterviews 132

6.4.3 Auswertungsinstrumente der qualitativen
Inhaltsanalyse 135

6.5 Auswahl, Entstehung und Aufbereitung der Daten der
Hauptuntersuchung 137

6.5.1 Datenauswahl durch einen qualitativen
Stichprobenplan 137

6.5.2 Entstehungssituation der Daten 149

6.5.3 Datenaufbereitung durch die Transkription im Sinne
einer Feldpartitur 151

6.6 Diskussion der wissenschaftlichen Güte 158

6.6.1 Allgemeine Gütekriterien für die qualitative
Forschung von Mayring (2016) 160

6.6.2 Inhaltsanalytische Gütekriterien von Krippendorff
(1980) 162

6.6.3 Forschungsethische Kriterien nach Flick (2021) 166

**7 Schülervorstellungen und davon abgeleitete
Lernschwierigkeiten bezüglich des Preis-Mengen-Diagramms** 169

7.1 Schülervorstellungen zur Nachfrage- und zur
Angebotskurve 170

7.1.1 Ergebnisdarstellung: Schülervorstellungen zur
Nachfragekurve 171

7.1.2 Ergebnisdarstellung: Schülervorstellungen zur
Angebotskurve 181

7.1.3   Ergebnisdarstellung: Häufigkeiten der Kategorien
        zu Schülervorstellungen der Nachfrage- und
        Angebotskurve 190

7.1.4   Interpretation und Diskussion der Ergebnisse:
        Schülervorstellungen zur Nachfrage- und
        Angebotskurve 195

        7.1.4.1   Angebotskurve ist schwieriger zu
                  verstehen als die Nachfragekurve 195

        7.1.4.2   Realität als Ausgangspunkt der
                  Kurvenentwicklung 196

        7.1.4.3   Lernschwierigkeit der mathematischen
                  Modellierung, wie beispielsweise der
                  Kumulation, in der Kurvenentstehung 197

        7.1.4.4   Lernschwierigkeit der Unabhängigkeit der
                  Kurven 199

        7.1.4.5   Lernschwierigkeit der Abbildung des
                  funktionalen Zusammenhangs durch die
                  Kurven 200

7.2   Schülervorstellungen zur Entstehung und Änderung von
      Preisen 201

      7.2.1   Ergebnisdarstellung: Entstehung von Preisen 203

      7.2.2   Ergebnisdarstellung: Veränderung von Preisen 207

      7.2.3   Ergebnisdarstellung: Häufigkeiten der Kategorien
              zur Entstehung und Veränderung von Preisen 212

      7.2.4   Interpretation und Diskussion der Ergebnisse:
              Entstehung und Veränderung von Preisen 217

              7.2.4.1   Qualitativ unterschiedliche
                        Schülervorstellungen sind unabhängig von
                        der Darstellung des Modells 217

              7.2.4.2   Lernschwierigkeit der Dominanz
                        anbieterseitiger Schülervorstellungen zu
                        Preisen 219

              7.2.4.3   Lernschwierigkeit der Kumulation 219

              7.2.4.4   Lernschwierigkeit der systemischen
                        Interaktion im Bereich des Umgangs mit
                        ökonomischen Modellen 220

7.3 Fehlkonstruktionen des Preis-Mengen-Diagramms 221

    7.3.1 Ergebnisdarstellung: Fehlkonstruktionen des
Preis-Mengen-Diagramms 223

    7.3.2 Ergebnisdarstellung: Häufigkeiten der Kategorien
zur Entstehung und Veränderung von Preisen 226

    7.3.3 Interpretation und Diskussion der Ergebnisse:
Fehlkonstruktionen des Preis-Mengen-Diagramms 227

        7.3.3.1 Lernschwierigkeit des Übertrags der
mathematischen Kenntnisse 227

        7.3.3.2 Lernschwierigkeit der Zuordnung der
Abgängigkeiten der Variablen Preis und
Menge 228

        7.3.3.3 Lernschwierigkeit des funktionalen
Zusammenhangs von angebotener und
nachgefragter Menge und dem Preis:
Graph-als-Bild-Fehler 229

7.4 Schülervorstellungen zu Verschiebungen und Bewegungen
der Nachfrage- und Angebotskurve 230

    7.4.1 Ergebnisdarstellung: Effekte einer
Nachfrageänderung 233

    7.4.2 Ergebnisdarstellung: Effekte einer
Angebotsänderung 239

    7.4.3 Ergebnisdarstellung: Anpassungsprozesse einer
Preisänderung 246

    7.4.4 Ergebnisdarstellung: Häufigkeiten der Kategorien zu
Verschiebungen und Bewegungen der Nachfrage-
und Angebotskurve 253

    7.4.5 Ergebnisdarstellung: Auswirkungen einer
Nachfrage- und Angebotsänderung auf den Preis 256

    7.4.6 Ergebnisdarstellung: Häufigkeiten der Kategorien
zu Auswirkungen einer Nachfrage- und
Angebotsänderung auf den Preis 261

    7.4.7 Interpretation und Diskussion der Ergebnisse:
Verschiebungen und Bewegungen der Nachfrage-
und Angebotskurve 263

7.4.7.1   Lernschwierigkeit der
          Ceteris-Paribus-Klausel 263
7.4.7.2   Lernschwierigkeit der
          Verschiebungsrichtung nach oben
          und unten vs. nach links und rechts 264
7.4.7.3   Lernschwierigkeit der Lösung in der
          mathematischen Modellierung des
          ökonomischen Modells 266
7.4.7.4   Lernschwierigkeit der Verwechslung von
          Steigung und Höhe 268
7.4.7.5   Lernschwierigkeit der Verwechslung von
          Verschiebung und Bewegung der Kurven 269

8   Fazit und fachdidaktische Implikationen 271
    8.1   Zusammenfassende Diskussion der Ergebnisse 273
          8.1.1   Mathematische Modellierung des Modells der
                  Preisbildung im vollkommenen Markt 273
          8.1.2   Aufbau des Preis-Mengen-Diagramms 275
          8.1.3   Arbeit mit dem Preis-Mengen-Diagramm 277
          8.1.4   Systemische Interaktion von Angebot und Nachfrage ... 279
    8.2   Implikationen für die ökonomische Bildung 280
    8.3   Ausblick 285

Literaturverzeichnis 287

Abbildungsverzeichnis

Abbildung 2.1   Urteil über das Modellsein: die Herstellungs-, Anwendungs- und Beurteilungsperspektive 11

Abbildung 2.2   Preis-Mengen-Diagramm als Beispiel einer grafischen Repräsentation 28

Abbildung 2.3   Überblick über die Kategorisierung depiktionaler Repräsentationen 30

Abbildung 3.1   Strukturelemente des ökonomischen Denkens 35

Abbildung 3.2   Systematisierung der Teilbereiche des Denkens in ökonomischen Modellen 37

Abbildung 3.3   Ökonomisch-mathematischer Modellierungskreislauf 42

Abbildung 3.4   Perspektiven des Modellseins nach Mahr (2015) in Bezug auf die Systematisierung der Teilbereiche des Denkens in ökonomischen Modellen mit integriertem ökonomisch-mathematischen Modellierungskreislauf 47

Abbildung 4.1   Preis-Mengen-Diagramm von Alfred Marshall 57

Abbildung 4.2   Visualisierungen des funktionalen Zusammenhangs der nachgefragten Menge und dem Preis 60

Abbildung 4.3   Visualisierungen des funktionalen Zusammenhangs der angebotenen Menge und des Preises 62

Abbildung 4.4   Angebots- und Nachfrageüberschuss im Preis-Mengen-Diagramm 65

Abbildung 4.5   Auswirkungen von Marktangebots-
und Marktnachfrageänderungen auf
den Gleichgewichtspreis und die
Gleichgewichtsmenge 66

Abbildung 4.6   Auswirkungen einer Marktnachfrageerhöhung
auf den Gleichgewichtspreis und die
Gleichgewichtsmenge 67

Abbildung 4.7   Konsumentenrente im Preis-Mengen-Diagramm 69

Abbildung 4.8   Auswirkungen einer Preissenkung auf die
Konsumentenrente 70

Abbildung 4.9   Produzentenrente im Preis-Mengen-Diagramm 71

Abbildung 4.10   Auswirkungen einer Preiserhöhung auf die
Produzentenrente 71

Abbildung 4.11   Wohlfahrtsmessung mithilfe der Konsumenten-
und der Produzentenrente 72

Abbildung 5.1   Drei typische Schüler:innenfehler beim Umgang
mit funktionalen Zusammenhängen 93

Abbildung 6.1   Veranschaulichung der Entwicklung des
Erhebungsinstruments aus der Systematisierung
der Teile des Denkens in ökonomischen Modellen 102

Abbildung 6.2   Ablaufmodell der qualitativen Inhaltsanalyse
dieser Arbeit 129

Abbildung 6.3   Visualisierung der Darstellungsarten funktionaler
Zusammenhänge 133

Abbildung 6.4   Notenverteilung der Schüler:innen in Mathematik
im Sample 146

Abbildung 6.5   Verteilung der Sprachen unter den Schüler:innen
ohne Deutsch als Muttersprache im Sample 146

Abbildung 6.6   Ranking der Darstellungsarten funktionaler
Zusammenhänge der Schüler:innen im Sample 147

Abbildung 6.7   Verteilung der Schüler:innen im Sample
auf die allgemeinbildenden Gymnasien
in Baden-Württemberg 148

Abbildung 6.8   Notenverteilung der Noten der Schüler:innen im
Sample im Wirtschaftsleistungskurs 149

Abbildung 6.9   Idealtypische Sitzordnung während der
Datenerhebung 150

Abbildung 6.10   Auszug aus dem Verbaltranskript von
Schüler:in 23 153

Abbildung 6.11   Einteilung eines Basisdiagramms für die visuelle
                   Transkription 155
Abbildung 6.12   Auszug aus dem Transkript der auditiven und
                   visuellen Daten von Schüler:in 23 156
Abbildung 7.1   Überblick über die Kategorien zur Verschiebung
                   und Bewegungen der Nachfrage- und
                   Angebotskurve infolge einer Parameteränderung 231
Abbildung 7.2   Überblick über die Kategorien zu Preisänderungen
                   infolge einer Parameteränderung 232
Abbildung 7.3   Übersicht über die Verteilung der Kategorien zur
                   Verschiebung und Bewegung der Nachfrage- und
                   Angebotskurve infolge einer Parameteränderung 255
Abbildung 7.4   Übersicht über die Verteilung der Kategorien zu
                   Effekten einer Nachfrage- oder Angebotsänderung
                   auf den Preis 262
Abbildung 8.1   Schulbuchauszug zu Erklärungen von Angebots-
                   und Nachfrageüberschuss mithilfe des
                   Preis-Mengen-Diagramms 283
Abbildung 8.2   Erklärungen von Angebots- und
                   Nachfrageüberschuss mithilfe des
                   Preis-Mengen-Diagramms 284

Tabellenverzeichnis

Tabelle 2.1   Abgrenzung von Modell und Theorie 15

Tabelle 2.2   Wertetabelle als Beispiel einer numerischen
Repräsentation 27

Tabelle 3.1   Überblick über unterschiedliche Beschreibungen
der Modellierungsprozesse in der
mathematikdidaktischen Literatur 40

Tabelle 6.1   Unterscheidungsmerkmale qualitativer und
quantitativer Forschung 100

Tabelle 6.2   Übersicht über die Aufgaben 1 und 2 des Lauten
Denkens 106

Tabelle 6.3   Übersicht über die Aufgaben 2 bis 5 des Lauten
Denkens und deren Erwartungshorizonte 107

Tabelle 6.4   Themenbereiche und Fragen der Haupterhebung 117

Tabelle 6.5   Selektionskriterien der theoretisch abgeleiteten
Forschungsfragen 127

Tabelle 6.6   Übersicht über die Ausprägungen der Modalkriterien
im Sample der Pilotierung 131

Tabelle 6.7   Geplanter qualitativer Samplingplan des
Samplingprozesses 143

Tabelle 6.8   Erreichter qualitativer Samplingplan des
Samplingprozesses 144

Tabelle 6.9   Prozentuale Übereinstimmung des Vorhandenseins
desselben Codes im Dokument 165

Tabelle 7.1   Überblick über die Kategorien zu
Schülervorstellungen zur Nachfrage- und
Angebotskurve 170

Tabelle 7.2   Überblick über die Kategorien zu
               Schülervorstellungen zur Nachfragekurve 172
Tabelle 7.3   Überblick über die Kategorien zu
               Schülervorstellungen zur Angebotskurve 182
Tabelle 7.4   Übersicht über die Verteilung der Kategorien zu
               Vorstellungen der Nachfragekurve 192
Tabelle 7.5   Übersicht über die Verteilung der Kategorien zu
               Vorstellungen der Angebotskurve 194
Tabelle 7.6   Überblick über die Kategorien zur Entstehung und
               Veränderung von Preisen 202
Tabelle 7.7   Überblick über die Kategorien zur Entstehung von
               Preisen 203
Tabelle 7.8   Überblick über die Kategorien zur Veränderung von
               Preisen 207
Tabelle 7.9   Übersicht über die Verteilung der Kategorien bei der
               Entstehung von Preisen 215
Tabelle 7.10   Übersicht über die Verteilung der Kategorien zu
               Ursachen von Preisänderungen 216
Tabelle 7.11   Gegenüberstellung der Kategorien von Davies (2011)
               und den Kategorien dieser Arbeit des Bereichs C:
               Preisentstehung und -änderung 218
Tabelle 7.12   Überblick über die Kategorien zu Fehlkonstruktionen
               des Preis-Mengen-Diagramms 222
Tabelle 7.13   Übersicht über die Verteilung der Kategorien zu
               Fehlkonstruktionen des Preis-Mengen-Diagramms 227
Tabelle 7.14   Überblick über die Kategorien zu Effekten einer
               Nachfrageänderung 233
Tabelle 7.15   Überblick über die Kategorien zu Effekten einer
               Angebotsänderung 240
Tabelle 7.16   Überblick über die Kategorien zu
               Anpassungsprozessen einer Preisänderung 247
Tabelle 7.17   Überblick über die Kategorien zu Preisänderungen 256

Einleitung 1

„Ich habe Probleme mit dem Ding" (S21, Pos. 24).

Achsendiagramme finden als Visualisierung mathematischer Modellierungen ökonomischer Modelle häufig Anwendung im Schulunterricht. Sie führen jedoch nicht selten zu Aussagen wie der von S21 (Pos. 24) „Ich habe Probleme mit dem Ding". Das hier als „Ding" bezeichnete Objekt ist das Preis-Mengen-Diagramm, mithilfe dessen S21 versucht, lebensweltliche Probleme zu bearbeiten. Dabei ist das Preis-Mengen-Diagramm eines der meistbenutzten Werkzeuge der Mikroökonomie und kann damit als eine der wichtigsten Errungenschaften der Wirtschaftswissenschaft beschrieben werden (Humphrey 1992, S. 3). Das Diagramm veranschaulicht die systemische Interaktion von Nachfrage- und Angebotsseite bei der Preisbildung auf Märkten und basiert beispielsweise auf der mathematischen Modellierung des Modells der Preisbildung im vollkommenen Markt. Der Schnittpunkt der steigenden Angebots- und der fallenden Nachfragekurve bildet das Marktgleichgewicht und zeigt den Gleichgewichtspreis sowie die Gleichgewichtsmenge.

Grundsätzlich zielt der Einsatz von Achsendiagrammen in der Bildung in Fachdisziplinen darauf ab, abstrakte Zusammenhänge leichter erkennbar und diskutierbar zu machen (Fleischmann et al. 2018, 21 ff.). Davies und Mangan (2007, S. 718) betonen beispielsweise, dass Ökonom:innen Graphen benutzen, um Zusammenhänge zwischen den Zusammenhängen aufzuzeigen und somit komplexe Systeme zu veranschaulichen. Ziel dabei ist, die Struktur eines Systems zu untersuchen. Aufgrund dessen beschreiben sie die Fähigkeit zur Auseinandersetzung mit und der Konstruktion von Diagrammen als Teil der ökonomischen

J. Franke, *Achsendiagramme in der ökonomischen Bildung*, https://doi.org/10.1007/978-3-658-44460-0_1

Denk- und Arbeitsweise (vgl. Airey und Linder 2009; Davies und Mangan 2007, 2013; Jägerskog 2020).

Die Vermittlung der ökonomischen Denk- und Arbeitsweise ist in Deutschland unter anderem Aufgabe der weiterführenden Schulen. Die Relevanz ökonomischer Bildung im schulischen Alter (vergleiche (kurz: vgl.) Bank und Retzmann 2012) wird, beispielsweise durch die Einführung eines Pflichtfaches in der Sekundarstufe I, in Baden-Württemberg mit der Bezeichnung „Wirtschaft, Berufs- und Studienorientierung" zum Schuljahr 2016/2017 bekräftigt (vgl. Schmidtbauer und Timmler 2015). Im Zuge dessen setzen sich die Schüler:innen der Gymnasien mit Achsendiagrammen als Visualisierungsform mathematischer Modellierungen ökonomischer Modelle auseinander. Dabei ist es das Preis-Mengen-Diagramm, anhand dessen das Denken in ökonomischen Modellen „besonders gut" (Ministerium für Kultus, Jugend und Sport 2016, S. 9) geschult werden kann. Deshalb wird das Preis-Mengen-Diagramm als Visualisierung der Preisbildung, insbesondere in Gymnasien, bereits in der Sekundarstufe I eingeführt (Ministerium für Kultus, Jugend und Sport 2016, S. 8).

Unter anderem durch die visuelle Darstellung abstrakter Zusammenhänge des Modells der Preisbildung im vollkommenen Markt soll das Preis-Mengen-Diagramm Schüler:innen bei der Auseinandersetzung mit dem Modell helfen. Diesbezüglich sowie bezüglich der Theorie der Preisbildung sind bereits einige Lernhürden und damit Lernschwierigkeiten empirisch belegt. Lernhürden sind im Sinne eines konstruktivistischen Bildes von Lehren und Lernen Differenzen zwischen den Vorstellungen der Schüler:innen und den wissenschaftlichen Vorstellungen (Applis 2017, S. 144). Lernschwierigkeiten sind hingegen breiter gefasst, da sie sich nicht auf wissenschaftlichen Vorstellungen, sondern auf Fachkonzepte beziehen, welche die Basis für die Ableitung wissenschaftlicher Vorstellungen darstellen. Lernschwierigkeiten ergeben sich somit aus konstruktivistischer Perspektive aus Differenzen zwischen den Vorstellungen der Lernenden und den Fachkonzepten (Gold 2018, S. 98 ff.). Sie beziehen sich in der Begriffsverwendung in den Fachdidaktiken, beispielsweise im Gegensatz zur Begriffsdefinition in der Psychologie (Gold 2018, S. 98), auf Schüler:innen mit durchschnittlicher Intelligenz (Nitsch 2015, S. 9).

Sowohl die Herleitung des Begriffs der Lernschwierigkeiten als auch die Herleitung des dem untergeordneten Begriff der Lernhürden basieren somit auf einem konstruktivistischen Bild von Lehren und Lernen. Im Konstruktivismus wird Lernen somit als aktiver Konstruktionsprozess beschrieben, wobei sich die Lernenden ein eigenes Bild des Lernstoffs machen. Dieses wird maßgeblich von den Vorerfahrungen und den Lernsituationen beeinflusst. Für den

Aufbau eines umfassenden Verständnisses müssen Schüler:innen ihre Vorstellungen mit den wissenschaftlichen Erkenntnissen konzeptionell verknüpfen (Krajcik 1991, S. 117). Dies scheint, die Schüler:innen in Bezug auf die Auseinandersetzung mit der Theorie der Preisbildung und dem Modell der Preisbildung im vollkommenen Markt jedoch häufig vor Herausforderungen zu stellen. Deshalb konnten bezüglich der Erklärungen von Schüler:innen zur Preisbildung bereits eine Reihe von Lernschwierigkeiten und Schwellenkonzepten festgestellt werden (siehe Abschnitt 5.3.1, einen Überblick geben beispielsweise Jägerskog (2020) und Davies (2011)). Schwellenkonzepte diesbezüglich sind beispielsweise die Ceteris-Paribus-Klausel und die Marginalanalyse (Sender 2017, S. 25). Als Lernschwierigkeit wurden darüber hinaus unter anderem das Verständnis der systemischen Interaktion von Angebot und Nachfrage (vgl. Davies und Lundholm 2012; Furnham und Lewis 1986; Jägerskog 2020; Leiser und Shemesh 2018; Marton und Pang 2005; Marton und Pong 2005; Strober und Cook 1992) oder das Verständnis der Kumulation (vgl. Leiser und Shemesh 2018; Strober und Cook 1992) empirisch belegt.

Welche Auswirkungen eine Auseinandersetzung der Lernenden mit dem Preis-Mengen-Diagramm auf die entwickelten Vorstellungen dieser haben und inwieweit das populäre Diagramm folglich hilft oder hindert, die dargestellten Lernschwierigkeiten zu überwinden, ist jedoch bisher unklar. Erste empirische Erkenntnisse lassen Hinweise auf verschiedene Vermittlungspotentiale des Preis-Mengen-Diagramms vermuten. So konnte beispielsweise in Bezug auf Inhalte der Naturwissenschaften belegt werden, dass statische Bilder zum Aufbau eines dynamischen, mentalen Modells geeignet sind und dementsprechend mit dem primär statischen Preis-Mengen-Diagramm dynamische, mentale Modelle aufgebaut werden können (vgl. Hegarty 1992; Schnotz und Lowe 2008). Allerdings kann der Einsatz des Preis-Mengen-Diagramms auch zu Herausforderungen für die Schüler:innen führen. Wie das eingangs von S21 aufgegriffene Zitat zeigt, haben Schüler:innen häufig Probleme bei der Auseinandersetzung mit dem Diagramm. Aufgrund dessen haben Achsendiagramme in der ökonomischen Bildung per se keine lernförderliche (vgl. Cohn et al. 2001; Jägerskog 2020), das Preis-Mengen-Diagramm eventuell sogar eine lernhinderliche, Wirkung (Cohn et al. 2001, S. 299).

Davies und Mangan (2013, S. 191) fassen die grundlegende Problematik für allgemeine ökonomische Achsendiagramme zusammen: „[...] relatively little progress has been made in understanding why diagrams are simultaneously so ubiquitous in the practice of teaching and seemingly ineffective in the experience of learning". Demnach wurden nur relativ wenige Fortschritte bei der Beantwortung der Frage gemacht, warum Diagramme in der Lehrpraxis so allgegenwärtig und gleichzeitig in der Lernerfahrung scheinbar unwirksam sind (Davies und Mangan 2013, S. 191). Einen Beitrag zu dieser Forschungslücke leistet diese Dissertation mit der Forschungsfrage: Welche Lernschwierigkeiten lassen sich bei Schüler:innen der 11. und 12. Klasse vierer Gymnasien in Baden-Württemberg in den Bereichen des Wissens über und des Umgangs mit ökonomischen Modellen auf Grundlage der mathematischen Modellierung des Modells der Preisbildung im vollkommenen Markt und dessen Visualisierung durch das Preis-Mengen-Diagramm erkennen? Untersucht wird somit der Zusammenhang zwischen der Darstellung des Modells der Preisbildung im vollkommenen Markt und den auf Basis dessen entwickelten Vorstellungen der Schüler:innen in den Teilbereichen Modellwissen und Umgang mit ökonomischen Modellen des Denkens in ökonomischen Modellen.

Dafür werden theoretische Konstrukte und fachdidaktische Grundlagen analog zu den Entwicklungsschritten hin zu einer mathematischen Modellierung ökonomischer Modelle und dessen Visualisierung durch Achsendiagramme in Kapitel 2 dargestellt. Nach einer kurzen wissenschaftstheoretischen Auseinandersetzung mit Modellen werden die spezifischen Charakteristika ökonomischer Modelle und Modellverständnisse veranschaulicht. Im Zuge dessen erfolgt eine Abgrenzung der Begriffe der ökonomischen Modelle, Theorien und Gesetze. Da ökonomische Modelle häufig die Grundlage für mathematische Modellierungen sind, wird anschließend die Relevanz dieser Arbeitsweise für Ökonom:innen, das mathematische Modellverständnis sowie der Modellierungsprozess veranschaulicht. Dabei wird auch das Achsendiagramm als eine mögliche Form der Visualisierung mathematischer Modellierungen ökonomischer Modelle charakterisiert. Anknüpfend daran wird das Denken in ökonomischen Modellen als Teil der ökonomischen Arbeitsweise strukturiert und dessen Relevanz curricular in Kapitel 3 begründet. Darüber hinaus wird die Bildungsrelevanz des Preis-Mengen-Diagramms durch die Bildungspläne der Sekundarstufe I und II in Baden-Württemberg begründet. Mit einer theoretischen Aufarbeitung des fachwissenschaftlichen Kontexts des Preis-Mengen-Diagramms in Kapitel 4 enden die theoretischen Grundlagen. In Kapitel 5 wird der Forschungsgegenstand der Dissertation, die Vorstellungen der Schüler:innen, dargestellt. Dafür wird zum einen der Begriff der Vorstellung sowie die Rolle von Schülervorstellungen[1] als Ausgangspunkt für Lehr-/Lernprozesse diskutiert. Darüber hinaus wird der

---

[1] Der Begriff der Schülervorstellung ist in der fachdidaktischen Literatur ein feststehender Terminus. Nur wenige Studien verwenden geschlechtsneutrale Bezeichnungen wie beispielsweise den Begriff der Schüler:innenvorstellung. Deshalb folgt diese Arbeit dem fachdidaktischen Konsens und verwendet den geschlechtsspezifischen Begriff der Schülervorstellung. Darunter werden Vorstellungen aller Schüler:innen verstanden (Hamann 2004, S. 42).

Status quo des Forschungsstandes zu Achsendiagrammen in der ökonomischen Bildung aufgezeigt. Ausgehend davon werden die Forschungserweiterung durch diese Dissertation veranschaulicht und die Forschungsfragen von dem übergeordneten Erkenntnisinteresse abgeleitet. Im Zentrum dieser Dissertation stehen folgende, von der Forschungsfrage abgeleitete, Fragen:

- Welche Lernschwierigkeiten lassen sich bei den Schüler:innen bei der Erklärung der Angebots-/Nachfragekurve erkennen?
- Welche Lernschwierigkeiten lassen sich bei den Schüler:innen bei der Erklärung der Preisentstehung und Preisänderung erkennen?
- Welche Lernschwierigkeiten lassen sich bei den Schüler:innen bei der Konstruktion des Preis-Mengen-Diagramms erkennen?
- Welche Lernschwierigkeiten lassen sich bei den Schüler:innen bei der Verschiebung der Nachfrage-/Angebotskurve, ausgehend von der Änderung verschiedener Einflussfaktoren, erkennen?

Um diese Fragen zu beantworten, wurde ein qualitatives Forschungsdesign erarbeitet und im Rahmen einer Pilotierung getestet. Die Erhebungs- und Auswertungsinstrumente und -methoden der Pilotierung sowie der Haupterhebung werden in Kapitel 6 vorgestellt und diskutiert. Zur Datenerhebung wurden die Methode des Lauten Denkens und die Methode des Leitfadeninterviews kombiniert. Nach einer Transkription mit einem für die Daten dieser Arbeit entwickelten Transkriptionssystem wurden diese mithilfe einer induktiven, qualitativen Inhaltsanalyse nach Mayring (2022) ausgewertet. Dabei finden sowohl die Gütekriterien der qualitativen Forschung nach Mayring (2022) als auch die methodenspezifischen Gütekriterien für die qualitative Inhaltsanalyse nach Krippendorf (1980) sowie forschungsethische Fragestellungen Berücksichtigung. In Kapitel 7 werden die entwickelten Schülervorstellungen und die davon abgeleiteten Lernschwierigkeiten der Schüler:innen in Bezug auf das Preis-Mengen-Diagramm analog zu den differenzierten Forschungsfragen dargestellt und diskutiert. Die Dissertation schließt mit einem zusammenfassenden Fazit in Kapitel 8, wobei potenzielle Implikationen für die ökonomische Bildung abgeleitet und sich anschließende Forschungsdesiderate in einem Ausblick aufgezeigt werden.

Ökonomische Modelle und mathematische Modellierungen ökonomischer Modelle

2

Ökonomische Modelle sind ein wichtiges Instrumentarium der Erkenntnisgewinnung in der Wirtschaftswissenschaft und sowohl das Ergebnis von als auch Ausgangspunkt für Modellierungen. Sie entstehen durch bewusste Reduktion der Komplexität des betrachteten Realbereichs und können mithilfe von Verfahren der Mathematisierungen und Modellierungen in mathematischen Modellierungen ökonomischer Modelle exakter gefasst werden. Da diese mathematischen Modellierungen ökonomischer Modelle häufig funktionale Zusammenhänge beschreiben, werden sie, unter anderem mithilfe von Achsendiagrammen, visualisiert.

Mathematische Modellierungen ökonomischer Modelle sind somit das Ergebnis mehrerer Modellierungsschritte und können durch Achsendiagramme visualisiert werden. Da diese Modellierungsschritte, wie beispielsweise die Bewertung der Beziehung der Realität zu ökonomischen Modellen, keinesfalls eindimensional und unkontrovers sind, werden sie im Folgenden dargestellt und die Ergebnisse der Modellierungsschritte charakterisiert. In diesem Sinne wird in einer wissenschaftstheoretischen Auseinandersetzung mit Modellen zuerst die Beziehung zwischen der Realität und Modellen allgemein diskutiert und der Modellbegriff charakterisiert. Diese Charakterisierung ist Grundlage des Verständnisses von ökonomischen Modellen, welche häufig synonym zu ökonomischen Theorien verstanden und deshalb sowohl von ökonomischen Theorien als auch von ökonomischen Gesetzen abgegrenzt werden. Darüber hinaus wird die Geschichte der Entwicklung und die daraus resultierende Relevanz und Charakterisierung von mathematischen Modellierungen ökonomischer Modelle für die ökonomische Arbeitsweise dargestellt. Abschließend werden Achsendiagramme als mögliche Visualisierungsform mathematischer Modellierungen charakterisiert und deren Funktionen diskutiert.

© Der/die Autor(en), exklusiv lizenziert an Springer Fachmedien Wiesbaden GmbH, ein Teil von Springer Nature 2024
J. Franke, *Achsendiagramme in der ökonomischen Bildung*,
https://doi.org/10.1007/978-3-658-44460-0_2

2.1 Wissenschaftstheoretische Auseinandersetzung mit Modellen

Es ist eine in der Geschichte der Menschheit wiederkehrende, erkenntnistheoretische Frage, inwiefern Menschen im Rahmen ihrer beschränkten Erkenntnisfähigkeit in der Lage sind, die Realität zu verstehen, da die Erkenntnisfähigkeit der Menschen beschränkt ist (Mikelskis-Seifert und Euler 2013, S. 18). Diese Problematik bringt Knorr-Cetina dazu zu hinterfragen „wie wir wissen, was wir wissen" (Knorr-Cetina 2002, S. 11), denn die subjektive Wahrnehmung eines Originals ist eine kognitive Repräsentation eines externen, realen oder imaginären Gegenstands oder Phänomens (Terzer 2012, S. 21). Wird deshalb in der folgenden Arbeit von Realität oder vom Realitätsbezug gesprochen, sind stets die subjektiven Beobachtungen und Vorstellungen über das Ausgangsobjekt oder das Ausgangsphänomen der/des Betrachtenden gemeint.

Aufgrund dessen kommt Modellen für die Erkenntnisgewinnung eine besondere Bedeutung zu. Zum einen können Modelle Erklärungen der Welt unterstützen, zum anderen können sie durch Vermittlung und Analyse die Generierung neuer Erkenntnisse fördern (Mahr 2015, S. 329). Da Modellbildung somit eine Grundlage von Erkenntnissen ist (Stachowiak 1973, S. 56) und sie in der Ökonomie und in anderen Wissenschaften eine wichtige Erkenntnismethode darstellt (Arndt 2016, S. 264), folgt eine kurze wissenschaftstheoretische Auseinandersetzung mit der Modellbildung sowie mit Modellen allgemein.

Der Begriff des Modells mit seinen vielfältigen Bedeutungen ist geprägt von großer Diversität (Mittelstraß 2013, S. 423). So kann ein Modell die Bauskizze eines Architekten, ein Entwurf für ein Kleidungsstück, ein physikalisches Experiment oder das deutsche Grundgesetz sein (Krüger et al. 2018, S. 147; Mahr 2015, S. 329). Zusammenfassend kann ein Modell somit aus fast allem gebildet werden, wodurch entsprechend beinahe alles als Modell von etwas anderem angesehen werden kann (Mäki 2005, S. 305). Die skizzierte Eigenschaft des Modellbegriffs als Homonym[1] verdeutlicht die Notwendigkeit der Spezifizierung (Krüger et al. 2018, S. 147). Allerdings liegt weder in den fächerübergreifenden Diskussionen (vgl. Mittelstraß 2005), noch beispielsweise in den Sozial- oder den Naturwissenschaften eine allgemeingültige Definition vor (vgl. Agassi 1995; Gilbert und Justi 2016; Mikelskis-Seifert und Euler 2013). „Ein Blick in die Literatur zu Modellen zeigt schnell, dass es nicht den Modellbegriff gibt" (Mahr 2021, S. 32). Für die

---

[1] Ein Begriff ist ein Homonym, wenn er gleichlautend mehrere, unterschiedliche Bedeutungen hat. Neben dem Begriff des Modells ist der Begriff der Bank ein weiteres Beispiel für ein Homonym. So wird sowohl eine Sitzbank als auch ein Geldinstitut als Bank bezeichnet.

Wirtschaftswissenschaft spezifiziert Dinkelbach (2013, S. I): „Das Wort Modell gehört zu jener Klasse von Begriffen, die sich durch verhältnismäßig häufigen Gebrauch wie auch – zumindest im Rahmen der Wirtschaftswissenschaft – durch eine verhältnismäßig geringe Klarheit ihrer jeweiligen Definitionen auszeichnen". Ein Vergleich der Modellverständnisse von Goldkuhle (1993), Ingham und Gilbert (1991) und Mikelskis-Seifert et al. (2005) verdeutlicht diese Unklarheit in der Definition des Modellbegriffs und folgend in dem Modelverständnis. So gleichen sich die drei Modellverständnisse darin, dass Modelle auf eine Reduzierung der Komplexität des Betrachteten abzielen und auf drei Merkmalen eines Modells von Stachowiak (Stachowiak 1973, S. 131) fußen. Sie unterscheiden sich allerdings unter anderem in ihrer Auffassung des Zusammenhangs von Modell und Theorie (Hausman 1992, S. 75 ff.; Sachse 2020, S. 23) sowie in ihrem Bezug zu verschiedenen Teilen der Modellbildung, wie beispielsweise der Konstruktion und der Auswahl relevanter Aspekte (Mikelskis-Seifert und Euler 2013, S. 27). So grenzen sich Modelle beispielsweise durch ihren normativen Charakter als Set von Annahmen und Schlussfolgerungen, die nicht empirisch überprüft werden müssen, von Theorien ab. Theorien beruhen auf validen Modellen der subjektiven Wahrnehmung der Realität und müssen entsprechend empirisch überprüft werden (Hausman 1992, S. 75 ff.; Sachse 2020, S. 23). Die Ausrichtung moderner Wissenschaften auf Modellbildung hat zur Folge, dass jede Theorie als Modell verstanden werden kann. Umgekehrt funktioniert dies allerdings nicht (Lehner 1995, S. 65).

Die Kontroverse um den Modellbegriff sowie das Desiderat einer allgemein anerkannten Definition mündeten in der Auseinandersetzung über die Merkmale eines Modells. Mithilfe von ontologischen Merkmalen sollte festgelegt werden, wann von Modellen gesprochen werden kann. So beschreiben Modelle beispielsweise eine Transferrelation zwischen zwei Bereichen mit dem Ziel, Verbindungen zwischen diesen herzustellen (Kasper 2010, S. 95; Mikelskis-Seifert und Euler 2013, S. 24). Neben Modellen werden mithilfe dieser Charakterisierung in der fachdidaktischen Literatur die Kategorien der Analogien und der Metaphern beschrieben (Kasper 2010, S. 95; Mikelskis-Seifert und Euler 2013, S. 24). Der Bereich des Bekannten wird dabei als analoger Lern- oder als Analogiebereich bezeichnet, der Bereich des Unbekannten als Ziel- oder primärer Lernbereich (Kasper 2010, S. 95; Mikelskis-Seifert und Euler 2013, S. 24). Modelle beziehen sich auf den Analogiebereich und grenzen sich von den Analogien und Metaphern vor allem durch ihre Komplexität und die Abbildungseigenschaft des Isomorphismus ab (Hentschel 2010, S. 262; Kasper 2010, S. 95; Mikelskis-Seifert und Euler 2013, S. 24). Das Merkmal der Transferrelation von Modellen in Form eines Isomorphismus wird ähnlich auch von Stachowiak (1973) beschrieben. Er beschreibt Merkmale eines Modells, die er als Voraussetzung eines jeden Modells ansieht: das Abbildungsmerkmal, das Verkürzungsmerkmal und das pragmatische Merkmal (Stachowiak 1973, S. 131 ff.):

- Das Abbildungsmerkmal beschreibt, dass Modelle stets Modelle von etwas sind. Modelle sind nicht gleich wie ihr Urbild und können unterschiedlich repräsentiert werden. Mentale Modelle sind beispielsweise Vorstellungen im Kopf, während grafische Modelle Zeichnungen oder Bilder sein können (Fleischmann et al. 2018, S. 22; Stachowiak 1973, S. 131).

- Das Verkürzungsmerkmal beschreibt, dass ein Modell nicht alle Attribute des Originals umfasst, sondern lediglich eine Reduktion dieser ist. Stachowiak schreibt dazu: „Aber sie erfassen im Allgemeinen nicht alle Originalattribute, sondern stets nur solche, die für den Modellbildner relevant sind" (Stachowiak 1980, S. 23). Die erste Auswahl der abgebildeten Attribute erfolgt zwar willkürlich, allerdings wird diese in einem zweiten Schritt auf ihren Pragmatismus überprüft.

- Demnach beschreibt das dritte, das pragmatische Merkmal, dass das Abbildungsmerkmal mit Blick auf drei Bedingungen zu relativieren ist: in Bezug auf die Zielgruppe und den Zweck des Modells sowie in Bezug auf die Funktionen in einem Zeitintervall (Friebel-Piechotta 2021, S. 6).

Diese ontologische Perspektive auf Modelle wird in den jüngeren Diskussionen um den Modellbegriff durch eine epistemologische Perspektive (vgl. Giere 2010; Gilbert und Justi 2016; Mahr 2015) ersetzt. Demnach steht nicht mehr die Relation von subjektiver Wahrnehmung zu Modellen und die Beschreibung von Modellen mithilfe von Merkmalen im Vordergrund (Akman 2020, S. 7; Friebel-Piechotta 2021, S. 6), sondern vielmehr die Nutzung von Modellen zur Erkenntnisgewinnung (Saam und Gautschi 2015, S. 16). Modell ist dementsprechend nach Krüger et al. (2018, S. 147), was als dieses genutzt (vgl. Giere 2010), entwickelt (vgl. Ritchey 2012) oder angesehen (vgl. Mahr 2015) wird.

Mahr beschreibt die epistemologische Perspektive und tätigt dabei grundsätzliche Aussagen über Modelle (vgl. Mahr 2008, 2015, 2021). Seiner Meinung nach kann ein Modell verschiedene Modellobjekte repräsentieren und verschiedene Modellobjekte können das gleiche Modell repräsentieren (Mahr 2015, S. 331). Dabei differenziert Mahr grundsätzlich zwischen dem Modellobjekt, einem durch ein Modell dargestellten Gegenstand oder Phänomen, und dem repräsentierenden Modell. Entsprechend unterscheiden sich die Identitäten des Gegenstands, des Gegenstands als Modellobjekt und des repräsentierenden Modells (Mahr 2015,

S. 331). In der Auffassung, dass Modelle keine direkten, durch eine Abbildungsbeziehung beschreibbaren Modelle eines Originals sind, gleichen sich somit die epistemologische und die ontologische Perspektive auf Modelle (Mahr 2019, S. 25).

Laut Mahr (2015, S. 68) resultiert die Modellauffassung und damit das Urteil des Modellseins aus dem Zusammenspiel dreier Perspektiven: einer Herstellungs-, einer Anwendungs- und einer Beurteilungsperspektive. So ist ein Modell stets „ein Modell von etwas" aus Sicht der Herstellungsperspektive, „ein Modell für etwas" aus Sicht der Anwendungsperspektive und „ein Modell sowohl von als auch für etwas" aus Sicht der Beurteilungsperspektive (Mahr 2021, S. 67 + 75). Abbildung 2.1 veranschaulicht das Zusammenspiel der drei Perspektiven.

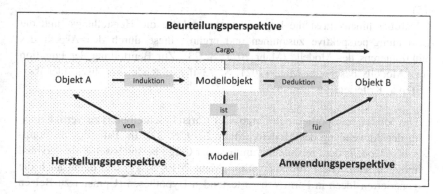

Abbildung 2.1 Urteil über das Modellsein: die Herstellungs-, Anwendungs- und Beurteilungsperspektive. (In Anlehnung an Mahr (2021, S. 74) und Upmeier zu Belzen und Krüger (2010, S. 45))

Die Herstellungsperspektive fokussiert auf die Herstellung und die Wahl von Modellen. Demnach entstehen Modelle nicht willkürlich und voraussetzungslos, sondern ihnen liegt etwas zugrunde, auf das sie sich beziehen. In Abbildung 2.1 ist Objekt A und die damit verbundenen Beobachtungen und Vorstellungen Ausgangspunkt für einen Prozess der Induktion, der gezielten Auswahl, Rollenzuweisung und Abstraktion, wodurch gerechtfertigt ist, im Modellobjekt ein Modell von etwas, von Objekt A, zu beschreiben (Upmeier zu Belzen und Krüger 2010, S. 44)

Die Anwendungsperspektive hingegen verdeutlicht den Gebrauch des hergestellten Modells (Mahr 2015, S. 331). Der Inhalt des Modells wird dafür aus dem Kontext gelöst und auf etwas Neues, in Abbildung 2.1 auf Objekt B, übertragen, mit dem Ziel, etwas zu beobachten, abzuleiten oder zu gestalten (Mahr 2008, S. 206 ff., 2015, S. 331). Dieser Prozess kann als Deduktion beschrieben werden und veranschaulicht, warum von einem Modell für etwas gesprochen werden kann (Mahr 2021, S. 71).

Die Verknüpfung von Herstellungs- und Anwendungsperspektive und damit von Induktion und Deduktion durch Modelle kann als ein „Merkmal des Modellseins" charakterisiert werden (Mahr 2021, S. 71). Die Verknüpfung ergibt sich einerseits aus der Realisierung verschiedener Anforderungen an das Objekt durch die Theorie im Sinne der Induktion und andererseits aus der Auswahl einer Teilmenge der Theorie zur Beobachtung des Objektes im Sinne der Deduktion (Mahr 2021, S. 71). In der Ökonomie sowie in den Naturwissenschaften entwickeln sich Modelle meistens durch eine Kombination dieser beiden Verfahren (Brühl, 2003, 175).

Darüber hinaus fasst die Beurteilungsperspektive die Herstellungs- und die Anwendungsperspektive zusammen und ergänzt diese durch den Aspekt des Funktionierens des Modells (Mahr 2021, S. 73). Zur Beurteilung der Funktion eines Modells beschreibt Mahr (2021, S. 73 ff.) folgende drei disziplinenübergreifende Kriterien:

1. Das Modell transportiert den Cargo. Der Cargo beschreibt das zu Vermittelnde in der Anwendung des Modells (Mahr 2019, S. 32). Im Falle des ökonomischen Modells der Preisbildung umfasst der Cargo beispielsweise die maximal möglich reduzierte Problemsituation (Mahr 2019, S. 27) und damit auch die generierten Ideen in Form von zu testenden Hypothesen (Upmeier zu Belzen und Krüger 2010, S. 44).
2. Das Modell sollte Konsistenz garantieren und somit in sich und in der Anwendung widerspruchsfrei sein. Nur durch das Garantieren einer Konsistenz zwischen dem *von etwas* und dem *für etwas* können Ökonom:innen beispielsweise auf Grundlage von Modellen Entwicklungen prognostizieren (Mahr 2021, S. 73).
3. Das Modell sollte pragmatisch sein. Je klarer beispielsweise die Beziehung zwischen der Herstellungsperspektive, dem von etwas, und der Anwendungsperspektive, dem für etwas, desto besser (Mahr 2021, S. 73).

Das Zusammenspiel der drei Perspektiven beschreibt wissenschaftstheoretisch und damit fächerübergreifend die Modellauffassung. Dementsprechend bildet es die Grundlage der Spezifikation ökonomischer Modelle, welche im Folgenden beschrieben und charakterisiert werden.

2.2 Ökonomische Modelle

Der Gebrauch von Modellen hat im Rahmen der Wissenschaftsgeschichte der Wirtschaftswissenschaft eine Veränderung erfahren. Die Arbeitsweise der Merkantilisten war geprägt von Studien, die meist theoriegeleitet ausgelegt waren und auf die Erklärung ökonomischer Prozesse abzielten (Schmidt 2014, S. 39). Davon grenzte sich die Arbeitsweise der Physiokraten mit Francois Quesnay als ihrem Begründer ab (Schmidt 2014, S. 39). Gefolgt von den Ökonomen William Playfair, William Stanley Jevons und Alfred Marshall etablierte sich die Modellierung als ein wichtiges Werkzeug in der Ökonomie (Raworth 2021, S. 26). Insbesondere durch Marshalls Arbeiten, in denen er mit Diagrammen und mathematischen Gleichungen ökonomische Modelle entwickelte und darstellte, gewannen ökonomische Modelle an Bedeutung (Friebel-Piechotta 2021, S. 7). Die entstandenen Forschungsobjekte wurden 1930 explizit als Modelle bezeichnet (Morgan und Knuuttila 2012, S. 12). Die neue Arbeitsweise des Modellierens hatte sich somit durchgesetzt (Morgan und Knuuttila 2012, S. 12). Dabei ist allerdings auf die geringe Klarheit des Modellbegriffs in den Wirtschaftswissenschaften hinzuweisen (Dinkelbach 2013; Machlup 1960), I). So kann beispielsweise die doppelte Buchführung als Modell bezeichnet und damit die Arbeit mit Modellen bereits früher datiert werden (Morgan und Knuuttila 2012, S. 75).

Eine explizite Verwendung des Modellbegriffs führte Morgan (2012, S. 10) auf das Jahrzehnt der 1930er-Jahre zurück. Ab den 1950er-Jahren war das Modellieren als wissenschaftliche Forschungsmethode zur empirischen und theoretischen Erkenntnisgewinnung sowie zur Politikberatung allgemein anerkannt (Morgan und Knuuttila 2012, S. 3). Die Forschungsvorhaben sowie die Entwicklung der Modelle waren damals wie heute von Mahrs (2008, 2015, 2021) in Abschnitt 2.1 beschriebener Anwendungsperspektive geprägt (Friebel-Piechotta 2021, S. 7; Krüger et al. 2018, S. 141). Die Generierung neuer Erkenntnisse stellte das primäre Forschungsziel dar. Dementsprechend können Modelle beispielsweise als Analyseinstrument (vgl. Loerwald und Stemmann 2012) bei der Förderung des Verständnisses des Geschehenen und des Geschehenden, bei der Simulation verschiedener Handlungsalternativen und bei der Entwicklung von Prognosen helfen und zur Problemlösung beitragen (vgl. Fleischmann et al. 2018; Nemtschinow 1965; Ortlieb et al. 2013).

Wie Erkenntnisse aus Modellen und Theorien abgeleitet werden können und welchen Realitätsgehalt diese haben, wird in der folgenden Charakterisierung von ökonomischen Modellen, Theorien und Gesetzen erläutert. Anschließend werden zwei vorherrschende Modellverständnisse in den Wirtschaftswissenschaften gegenübergestellt.

2.2.1 Charakterisierung ökonomischer Modelle, Theorien und Gesetze

Die Sozialwissenschaften und die Naturwissenschaften unterscheiden sich in ihren Forschungsmethoden und teilweise sogar in ihrer Methodologie (Löhr-Richter 1993, S. 40; Söllner 2021, S. 23). Diese Unterschiede sind häufig auf die Beschaffenheit der Forschungsobjekte zurückzuführen. Während in den letzten Jahrzehnten beispielsweise die Weiterentwicklung von Mess- und Beobachtungsmethoden zur Datenerhebung und -auswertung im Fokus naturwissenschaftlicher Forschungen stand, bezogen sich Weiterentwicklungen in den Sozialwissenschaften im Bereich der Datenauswertung eher auf das theoretische Interpretieren (Mayntz 2005, S. 3). Dabei ist es im Gegensatz zu den Naturwissenschaften laut Söllner (2021, S. 22) ein zentraler Vorteil der Sozialwissenschaften, sich in ihren Forschungsgegenstand hineinversetzen zu können. Unter anderem dadurch bedingt unterscheiden sich Charakteristika naturwissenschaftlicher und sozialwissenschaftlicher Modelle, Theorien und Gesetze. Um dieser Unterscheidung Rechenschaft zu tragen, werden im Folgenden ökonomische Modelle, Theorien und Gesetze charakterisiert und voneinander abgegrenzt. Diese Charakterisierung ist für die Ökonomie[2] allgemein anerkannt.

Charakterisierung und Abgrenzung ökonomischer Modelle und Theorien
Die Begriffe Modell und Theorie werden in den Wirtschaftswissenschaften sowohl als Synonyme als auch als Bezeichnungen für unterschiedliche epistemologische Kontexte verwendet (Söllner 2021, S. 23). Diese Unschärfe in der Begriffsbezeichnung wird von Hausman (1992) und, unter Verwendung anderer Termini[3], auch von Morgan (2001) gelöst. Es ist allerdings darauf hinzuweisen, dass modellieren und theoretisieren nicht trennscharf abgrenzbar sind (Hausman 1992, S. 75). Nichtsdestotrotz unterscheiden sich die beiden Begriffe in mehrfacher Hinsicht, wie in Tabelle 2.1 veranschaulicht wird.

---

[2] Es sei darauf hingewiesen, dass sich Modelle und Theorien der Ökonometrie von denen der Ökonomie unterscheiden (Hausman 1992, S. 75). Da ökonomische Modelle den Ausgangspunkt dieser Arbeit bilden, wird nicht weiter auf den Einsatz den Wortes Modell und die dahinterliegenden Modellverständnisse in der Ökonometrie eingegangen.

[3] Morgan (2001) beschreibt die Zusammensetzung eines Modells aus zwei Komponenten: einer formalen Struktur und einer Geschichte, die das Modell für die Realität anwendbar macht. Die Beschreibung der formalen Struktur gleicht der Beschreibung eines Modells von Hausman (1992). Was Morgan (2001) als Modell bezeichnet, ist im Sinne von Hausman (1992) eine Theorie (Söllner 2021, S. 14).

Tabelle 2.1 Abgrenzung von Modell und Theorie. (Eigene Darstellung in Anlehnung an Hausman 1992, S. 75)

Ökonomisches Modell	Ökonomische Theorie
Besteht aus Annahmen	Besteht aus Behauptungen
Trivial wahr oder weder wahr noch falsch	Wahr oder falsch
Ziel ist die Erforschung von Konzepten	Ziel ist die Formulierung von Forderungen/ Behauptungen
Nicht überprüfbar: ist mathematisch oder konzeptionell nachvollziehbar	Überprüfbar: ist empirisch nachvollziehbar
Definitionen von Prädikaten, Konzepten oder Systemen	Reihe von gesetzesähnlichen Behauptungen

Demnach können ökonomische Modelle als ein Set von Annahmen beschrieben werden, das keine logischen Fehler enthalten darf (Hausman 1992, S. 77). Dieses Set kann sowohl mathematisch als auch verbal formuliert sein. Modelle zielen lediglich auf die Erklärung logischer Zusammenhänge und nicht primär auf die Beschreibung realer Phänomene ab. Sie sind per Definition wahr (Hausman 1992, S. 79). Die aus dem Modell abgeleiteten Zusammenhänge können als analytische Aussagen charakterisiert werden und haben demnach keinen Bezug zur Realität, sondern sind rein logisch konstruiert. Sie sind nach Definition immer wahr oder immer falsch (Hardt 2017, S. 55). Ein Beispiel für immer wahre, analytische Aussagen sind Sätze aus der Mathematik (Söllner 2021, S. 16).

Ein ökonomisches Modell wird zu einer ökonomischen Theorie, indem ein Geltungsanspruch für die Realität formuliert wird. Demnach ist sowohl die Realitätsnähe als auch die empirische Belegbarkeit bei der Charakterisierung einer Theorie in wahr und falsch relevant (Hausman 1992, S. 77). Hardt (2017, S. 55) relativiert die Einstufung einer Theorie in wahr und falsch, indem er darauf hinweist, dass aus dem Modell abgeleitete Theorien nie völlig wahr sein können. So sind ständige Überarbeitungen, Anpassungen und Verbesserungen der Theorie mit Blick auf empirische Daten notwendig (Hardt 2017, 42 f.). Die aus einer Theorie abgeleiteten Zusammenhänge können als synthetische Aussagen beschrieben werden, da sie Aussagen über die reale Welt machen und empirisch überprüfbar sind. Analog zum Ergebnis der empirischen Überprüfung können die Aussagen als wahr oder falsch charakterisiert werden (Söllner 2021, S. 15). Je größer der Geltungsanspruch der Theorie, desto eher können die belegten Zusammenhänge als Gesetze bezeichnet werden (Söllner 2021, S. 14).

Nach obiger Beschreibung der Begriffe kann zum Beispiel von einem Modell der Preisbildung gesprochen werden, wenn dieses lediglich das Zustandekommen eines Preises durch das Zusammenspiel von Angebot und Nachfrage unter bestimmten Annahmen, wie beispielsweise dem vollkommenen Markt, veranschaulicht. Die Realitätsnähe dieser Annahmen sowie deren empirische Belegbarkeit sind für das Modell nicht relevant. Dies ändert sich, sobald von der Theorie der Preisbildung gesprochen wird. Es wird also behauptet, dass die im Modell getroffenen Annahmen auch in der Realität gelten und dass dadurch Preisbildung durch das Zusammenspiel von Angebot und Nachfrage in der realen Welt beschrieben werden kann. Diese Theorie gilt es anschließend mit ihren Gesetzen, wie beispielsweise dem Gesetz der Nachfrage, empirisch zu überprüfen und entsprechend als wahr oder falsch zu klassifizieren (Söllner 2021, 15 f.).

Charakterisierung ökonomischer Gesetze
Im Unterschied zu den Naturwissenschaften sind es in den Sozialwissenschaften die Beweggründe menschlichen Handelns, welche den Ausgangspunkt für Gesetze bilden (Söllner 2021, S. 22). So geht es in den Sozialwissenschaften primär darum, Intentionen, Regeln und Werte menschlichen Handelns zu erkennen und auf Grundlage dessen, analog zu den Naturwissenschaften, Ursache-Wirkungs-Beziehungen zu formulieren (Söllner 2021, S. 21). Sucht man nach allgemeinen Naturgesetzen, wie beispielsweise den Newtonschen Gesetzen in der Ökonomie, so wird man diese unter anderem aufgrund der fehlenden Allgemeingültigkeit nicht finden (Friebel-Piechotta 2021, S. 15). Das wirft die Frage nach einer Charakterisierung ökonomischer Gesetze auf. Friebel-Piechotta (2021, S. 12–17) beantwortet diese mit der Charakterisierung ökonomischer Gesetze durch eine begrenzte Allgemeingültigkeit, keinen Determinismus und die Erkenntnis, dass die Wirtschaft durch den Menschen gestaltet wird (Friebel-Piechotta 2021, S. 13). Angelehnt an diese Systematisierung werden ökonomische Gesetzmäßigkeiten für diese Arbeit wie folgt charakterisiert:

1. Ökonomische Gesetze sind nicht allgemeingültig.
2. Ökonomische Gesetze sind nur bedingt falsifizierbar.
3. Ökonomische Gesetze haben kaum Prognosegüte.

Diese Eigenschaften unterscheiden sozialwissenschaftliche, in diesem Fall ökonomische, Gesetzmäßigkeiten von naturwissenschaftlichen Gesetzen und werden im Folgenden genauer beschrieben.

1. Ökonomische Gesetze sind nicht allgemeingültig.
Bereits John Stuart Mill (1844), John Maynard Keynes (1891) und Lionel Robbins (1932) erkannten die begrenzte Gültigkeit ökonomischer Gesetze (Söllner 2021, S. 27). Sie fassen die ökonomischen Gesetze als qualitative Gesetze auf und beschreiben diese nur als tendenziell gültig (Söllner 2021, S. 27). So beschreibt Mill die Ökonomie als „inexakte" Wissenschaft, deren Gesetze Ausnahmen haben und deshalb nur „Tendenzen" abbilden (Mill 1844, S. 30). Dieser Ansicht schließt sich auch Albert an, der ökonomische Gesetze deshalb als *Quasi-Gesetze* (Albert 2012, S. 65) bezeichnet. Durch die Verwendung des Begriffs *Quasi-Gesetz* und *Quasi-Theorie* trägt Albert der Vorstellung historisch determinierter Gesetze Rechnung (Friebel-Piechotta 2021, S. 14). Mithilfe des Ausdrucks betont er zum einen die Gesetzesmäßigkeit, zum anderen die Unverbindlichkeit ökonomischer Gesetze (Helmer und Rescher 1959, S. 29). Eine Ursache für die Unverbindlichkeit lässt sich beispielsweise auf die Annahmen der ökonomischen Theorie zurückführen:

„Der Hauptgrund dafür [...] besteht darin, dass die Gültigkeit ökonomischer (und anderer sozialwissenschaftlicher) Gesetze von vielen Nebenbedingungen abhängt, die häufig nicht vollständig und nicht genau spezifiziert werden können und deren Vorliegen oder Nichtvorliegen deshalb auch nicht sicher überprüft werden kann" (Söllner 2021, S. 24).

So können ökonomische Gesetze nur dann verlässlich angewendet werden, wenn alle Annahmen der dahinterliegenden Theorie erfüllt sind. Sie sind raumzeitlich auf bestimmte gesellschaftliche Ordnungen begrenzt (Friebel-Piechotta 2021, S. 15) und nur bedingt in dem jeweiligen Einzelfall anwendbar (Söllner 2021, S. 24).

2. Ökonomische Gesetze sind nur bedingt falsifizierbar.
Im Vergleich zu den Naturwissenschaften handelt es sich in den Sozialwissenschaften nicht um geschlossene, sondern um offene, komplexe Systeme (Hayek 1996, S. 285). Die Komplexität der Systeme verdeutlicht die Relevanz der Festlegung von Anfangsbedingungen, unter denen sozialwissenschaftliche Gesetze gelten (Hayek 1996, S. 288). Gleiches gilt analog für ökonomische Gesetze. Ökonomische Gesetzmäßigkeiten haben als synthetische Aussagen empirische Relevanz und müssen demnach im Rahmen ihrer Anwendungsbedingungen empirisch belegt oder falsifiziert werden (Söllner 2021, S. 15).
Der Begriff der Falsifizierung einer Theorie wurde insbesondere von dem Philosophen Karl Popper (1984) in seinem methodologischen Hauptwerk *Logik der Forschung* allgemeinwissenschaftlich geprägt. Demnach ist eine Theorie und ihre Gesetze nur dann falsifizierbar, wenn sie klare Anwendungsbedingungen haben.

Diese bilden den Ausgangspunkt der Falsifizierung (Nutzinger 1989, S. 211), allerdings sind sie laut Friedrich August von Hayek für ökonomische Theorien und Gesetze kaum feststellbar (Hayek 1996, S. 288). Söllner verdeutlicht die grundlegende Problematik: „Die Möglichkeit, dass ein Widerspruch zwischen Empirie und Theorie nicht auf Fehler der Theorie, sondern die Verletzung einer der (unter Umständen zahlreichen) Nebenbedingungen zurückzuführen ist, kann nie völlig ausgeschlossen werden" (Söllner 2021, S. 24). Das bringt Samuelson dazu, mit dem Ausdruck „meaningful theorem" (Samuelson 1947, S. 4) eine Hypothese zu beschreiben, die nur im Prinzip und unter idealen Bedingungen falsifiziert werden kann (Richter 1965, S. 245). Viele der ökonomischen Gesetze lassen sich nur unter idealen Bedingungen überprüfen und falsifizieren (Richter 1965, S. 245). Je spezifischer die Anwendungsbedingungen der Gesetze formuliert sind, das heißt, je weniger allgemeingültig die Gesetze sind, desto besser können sie falsifiziert werden (Richter 1965, S. 246). Popper (1984) zeigt darüber hinaus, dass Gesetze nie endgültig verifiziert werden können. Das bringt ihn dazu, ökonomisches Wissen zu beschreiben als „it can never claim to have attained truth, or even a substitute for it, such as probability" (Popper 1984, S. 112). Demnach gibt es keine endgültigen Aussagen in der Ökonomie, sie befindet sich stets in einem „Versuchsstadium" (Richter 1965, S. 246).

3. Ökonomische Gesetze haben kaum Prognosegüte.

Eine weitere Auswirkung der Komplexität ökonomischer Phänomene ist die begrenzte Prognosegüte ökonomischer Theorien und Gesetzmäßigkeiten. Die Annahme, analog zur Physik, auch in der Ökonomie auf Grundlage kausaler, deterministischer Zusammenhänge sichere Prognosen machen zu können, gilt nicht (Vanberg 2005, S. 15). Grund dafür ist zum einen die allgemeine Analyse der gesamten Entwicklung ökonomischer Sachverhalte, wodurch nur prinzipielle und keine detaillierten Erklärungen dieser möglich sind (Hayek 1967, S. 20) und zum anderen die bedingte Vorhersehbarkeit menschlichen Handelns (Rolle 2005, S. 337).

Mithilfe von ökonomischen Theorien und Gesetzen können lediglich „Erklärungen im Prinzip" und keine „Erklärungen im Detail" gegeben werden (Hayek 1967, S. 20). Die fehlende Determiniertheit ökonomischer Gesetze sowie die allgemeine Anwendung ökonomischer Theorien bringt Nutzinger zu folgender Aussage: „Ökonomische Überlegungen und daraus abgeleitete Gesetzmäßigkeiten liefern keine vollständigen Erklärungen von Geschichte. Solche vollständigen Erklärungen gibt es wohl überhaupt nicht" (Nutzinger 1989, S. 221). So ist die Vorhersage von individuellem Verhalten und damit die Darlegung einer vollständigen Erklärung mithilfe von ökonomischen Gesetzen nicht möglich (Friebel-Piechotta 2021, S. 16). Ökonomische Theorien analysieren die gesamte Entwicklung des Systems und damit das

Resultat vieler individueller Handlungen (Leschke 2012, S. 24). Ein Rückschluss auf einzelne individuelle Handlungen ist demnach nicht zulässig. Darüber hinaus ist die Vorhersage menschlichen Verhaltens problematisch. Die Annahme über eine perfekte Prognose menschlichen Verhaltens führt automatisch zu logischen Widersprüchen (Friebel-Piechotta 2021, S. 16). Eine Prognose auf Grundlage ökonomischer Gesetzmäßigkeiten ist aufgrund der fehlenden Determiniertheit und der Rückwirkungen der Prognose auf das aktuelle Verhalten nur bedingt möglich (Friebel-Piechotta 2021, S. 17).

Die dargestellte Charakterisierung und Abgrenzung ökonomischer Modelle, Theorien und Gesetze ist Grundlage für die folgende Darstellung zweier ökonomischer Modellverständnisse.

2.2.2 Zwei ökonomische Modellverständnisse: Modell als Isolation vs. Modell als Konstruktion

Aussagen von Kritikern im Zuge der früheren *realism of assumptions debate*, der *Realismus der Annahmen-Debatte*, bildeten den Ausgangspunkt der Diskussionen über Modellverständnisse in der Ökonomie. Die bis in die 1970er-Jahren geführte Debatte um die Rechtfertigung der Annahmen ökonomischer Modelle wurde in den 1970er-Jahren von Milton Friedmans *as-if*, seinem *als ob-Ansatz*, abgelöst und lebte erst Anfang der 2000er-Jahre wieder auf (Grüne-Yanoff 2009, S. 1). Auslöser dafür ist der in Abschnitt 2.1 beschriebene Perspektivwechsel in der wissenschaftstheoretischen Debatte um Modelle. Dementsprechend wandte sich auch das Debatteninteresse um ökonomische Modelle ab von den Modellannahmen hin zu der Epistemologie von ökonomischen Modellen (Grüne-Yanoff 2009, S. 1). Dabei lassen sich zwei unterschiedliche, wenn auch nicht trennscharfe (Hardt 2017, S. 134), Modellverständnisse unterscheiden: Modelle als Isolationen und Modelle als Konstruktionen.

Nach dem Modellverständnis des *Modells als Isolation* entstehen Modelle aus einer Isolierung diverser Faktoren. Diese Isolierung entsteht jedoch nicht willkürlich, sondern ist das Resultat verschiedener Prozesse der Verallgemeinerung, Vereinfachung und Abstraktion (Morgan und Knuuttila 2012, S. 53). Ziel der Isolierung ist die Erkundung der Einflüsse einzelner Faktoren auf das Modell und davon deduktiv abgeleitet auf die reale Welt (Morgan und Knuuttila 2012, S. 54).

Dem Modellverständnis *Modell als Isolation* steht das Modellverständnis *Modell als Konstruktion* gegenüber. Modelle entstehen demnach durch fiktive

Konstruktionen der Modellentwicklerin oder des Modellentwicklers (Friebel-Piechotta 2021, S. 10). Sie werden als fiktive Welten mit fiktiven Institutionen, die von fiktiven Kräften und Prinzipien geprägt sind, angesehen (Grüne-Yanoff 2009, S. 2). Somit sind Modelle Konstruktionen eines Modellierers oder einer Modelliererin (Sugden 2009, S. 17) und haben das Ziel, Zweckkonstruktionen eines Modellbauers oder einer Modellbauerin zu sein (Sugden 2009, S. 17). Die Gültigkeit der Zweckkonstruktionen kann über die Plausibilität und die Glaubwürdigkeit beurteilt werden, nicht aber über den Wahrheitsgehalt (Grüne-Yanoff 2009, S. 2). So sollten Modelle mit dem übereinstimmen, was man über die Realität glaubt (Friebel-Piechotta 2021, S. 11). Je größer die Ähnlichkeit zwischen Modell und Realität, desto besser lassen sich nach Sudgen Rückschlüsse aus dem Modell auf die Realität ableiten (Sugden 2013, S. 241).

Beide dargestellten, ökonomischen Modellverständnisse unterscheiden sich jedoch von dem mathematischen Modellverständnis, welches mit Blick auf die zunehmende Relevanz mathematischer Modellierungen ökonomischer Modelle an Bedeutung gewinnt und deshalb folgend dargestellt und unter dem Aspekt der mathematischen Modellierung diskutiert wird.

2.3 Mathematische Modellierungen ökonomischer Modelle

Neben den klassischen Produktionsfaktoren wie Arbeit, Kapital und Boden wird die Mathematik vermehrt als weiterer Produktionsfaktor beschrieben (Grötschel et al. 2009, S. 15; Neumayer 2020, S. 3). Gründe dafür sind die Bedeutung und die Relevanz der Mathematik für die Wirtschaft (Grötschel et al. 2009, S. 15). Greuel et al. (2008, S. V) betonen beispielsweise die Notwendigkeit der Anwendung mathematischer Methoden und Verfahren in der Ökonomie, indem sie die Mathematik als „Schlüssel für bahnbrechende Innovationen" beschreiben. Dank der Mathematik werden Produkte und Dienstleistungen überhaupt erst möglich, andere werden durch sie verbessert (Greuel et al. 2008, S. V). Die von Greuel et al. (2008, S. V) angedeutete Notwendigkeit mathematischer Methoden und Modelle macht Neumayer (2020, S. 3) explizit. Auch für ihn ist die Mathematik notwendiger Schlüssel für die Beschreibung der diversen Probleme in der Ökonomie (Neumayer 2020, S. 3). Grund dafür ist beispielsweise die Zweckdienlichkeit der Mathematik, da durch die Verwendung mathematischer Methoden die Exaktheit und die Genauigkeit erhöht werden (Sauermann 1965, S. 30). Durch einen Modellierungsprozess können mithilfe mathematischer Ausdrücke beispielsweise

Größen klar definiert und Beziehungen eindeutig beschrieben werden. Für Neumayer (2020, S. 1) stellt die mathematische Deduktion in der Ökonomie sogar den Übergang der Wirtschaft zur Wirtschaftswissenschaft dar.

Die Entwicklung der heutigen Relevanz mathematischer Methoden und Verfahren für die Ökonomie wird mit Blick auf die Geschichte der Quantifizierung der Sozialwissenschaften analysiert, um erneut zu verdeutlichen „wie wir wissen, was wir [über Wirtschaft] wissen" (Knorr-Cetina 2002, S. 11). Die Herausarbeitung der heutigen Relevanz mathematischer Modellierungen ökonomischer Modelle steht dabei im Mittelpunkt.

2.3.1 Geschichte und Relevanz der Quantifizierung der Wirtschaftswissenschaft

Die Geschichte der Quantifizierung der Wirtschaftswissenschaft begann weit vor einer Differenzierung der Sozialwissenschaften in verschiedene Disziplinen Ende des 19. Jahrhunderts. Somit beginnt die Geschichte der Quantifizierung der Wirtschaftswissenschaft mit der Quantifizierung der Sozialwissenschaften. Dabei umfasst die Quantifizierung der Sozialwissenschaften folgendes: „Quantification in the social sciences includes mere counting, the development of classificatory dimensions and the systematic use of „social symptoms" as well as mathematical models and an axiomatic theory of measurement" (Lazarsfeld 1982, S. 97). Demnach umfasst die Quantifizierung in den Sozialwissenschaften nicht nur das Zählen, sondern darüber hinaus die systematische Verwendung mathematischer Modelle und Theorien auf soziale Symptome (Lazarsfeld 1982, S. 97).

Die Idee der Quantifizierung der Sozialwissenschaften sowie die Entwicklung erster Methoden entstand in Europa und nicht wie häufig behauptet in den Vereinigten Staaten von Amerika (kurz: USA) (Reichmann 2010, 172 ff.). Die empirischen Forschungsansätze wurden in Europa erarbeitet und anschließend von den USA übernommen. Da die Amerikaner:innen die Forschungspraktiken daraufhin in großem Maße anwendeten, führte dies häufig zu Verwechslungen in der Herkunft (Lazarsfeld 1982, S. 132). Die geschichtliche Entwicklung der Quantifizierung und damit den Ursprung der Entwicklung innerhalb Europas sowie die anschließende Übernahme und Expansion der Methoden in den USA veranschaulicht Lazarsfeld (1982, S. 100–167) durch die Einteilung der Geschichte in drei Phasen:

1. Vorbereitende Phase (1650 – 1800)
2. Pionierphase (1830 – 1880)
3. Professionalisierungsphase (1880 – 1930)

Diese sowie die Erweiterungen von Reichmann (2014, S. 284 f.) werden im Folgenden dargestellt:

1. Vorbereitende Phase (1650 – 1800)
Im Zuge der vorbereiteten Phasen etablierten sich zwei Entwicklungslinien. Zum einen die Befürworter:innen der quantitativen Auswertung sozialer Sachverhalte. Zu diesen gehörten beispielsweise auch John Graunt und William Petty. Als Vertreter:innen der politischen Arithmetik versuchten sie, Geburtsstatistiken und Sterblichkeitstabellen zu berechnen (Wilken 1989, S. 108). Mithilfe der Verwendung von Wahrscheinlichkeitsrechnung konnten vorhandene Unsicherheiten in den Sozialwissenschaften quantifiziert werden. Aufgrund der Relevanz dessen, kann diese Entwicklung als „Meilenstein der sozialwissenschaftlichen Quantifizierung" beschrieben werden (Reichmann 2014, S. 283). Eine zentrale Herausforderung dieser Phase bestand jedoch in der Beschaffung quantitativer Daten über soziale Sachverhalte. Dieser Herausforderung stellten sich Graunt und Petty indem sie versuchten, Prognosen über den Bevölkerungszustand in einigen englischen Städten zu generieren (Reichmann 2014, 282 f.). Ein ähnliches Ziel verfolgte die deutsche Universitätsstatistik mit seinen Vertretern Hermann Conring und Gottfried Achenwall. Diese lehnten jedoch das quantitative Vorgehen der politischen Arithmetik ab und arbeiteten stattdessen qualitativ mit Kategorien und Klassifikationssystemen (Wilken 1989, S. 108). Die Frage nach der richtigen Forschungsmethode und damit das Aufeinanderprallen der beiden Entwicklungslinien gipfelte für die Wirtschaftswissenschaft in mehreren Methodenstreits. Inhaltlicher Schwerpunkt der Auseinandersetzungen waren häufig die Rolle der Mathematik und die Frage nach dem richtigen Grad der Mathematisierung der Ökonomie. Für einen hohen Grad der Mathematisierung spricht beispielsweise die Vereinigung von Theorie und Messung (Söllner 2021, S. 323) sowie die eindeutigere und engere Interpretationsfähigkeit der mathematischen Modelle für die Arbeitsweise mit mathematischen Methoden (Neumayer 2020, S. 2 f.). Kritisiert werden können jedoch beispielsweise der Verlust an empirischer Relevanz (Mellerowicz 1952, S. 145) sowie die Schwierigkeiten bei der Inklusion realitätsnaher Parameter (Söllner 2021, S. 286).

Analog zu der Entwicklung begann für die Wirtschaftswissenschaften beispielsweise der Physiokrat François Quesnay (1758) seine Arbeiten, wie beispielsweise das *Tableau Économique*, mithilfe numerischer Beispiele zu untermauern (Henn 1957, S. 194). Darüber hinaus griff Augustin Cournot (1836) bei der Beschreibung seines Marktmodells auf mathematische Werkzeuge zurück, um die Zusammenhänge übersichtlicher darzustellen (Henn 1957, S. 194).

2. Pionierphase (1830 – 1880)

Die Pionierphase wurde insbesondere durch die Arbeiten von Adolphe Quetelet geprägt. Im Vergleich zur ersten Phase konnte Quetelet für seine Berechnungen des „durchschnittlichen Menschen" (vgl. Böhme 1971) auf Daten aus Volkszählungen zurückgreifen (Reichmann 2014, S. 282; Wilken 1989, S. 109). Dabei unterschied er erstmalig zwischen kontinuierlichen und diskontinuierlichen Variablen und erstellte multivariable Tabellen (Wilken 1989, S. 109).

3. Professionalisierungsphase (1880 – 1930)

Aufbauend auf den Vorarbeiten aus der Pionierphase gelang es Francis Ysidro Edgeworth und Alfred Marshall in der Professionalisierungsphase (Reichmann 2014, S. 183), ihre Gedankenmodelle zur Partialanalyse mithilfe von mathematischen, stochastischen Werkzeugen zu verifizieren (Henn 1957, S. 195). Bisher wurden insbesondere makroökonomische Daten, meistens von nicht-Wissenschaftler:innen, wie beispielsweise Reporter:innen oder Beamten:innen, genutzt (Reichmann 2010, 80 ff.). Die Auseinandersetzung von Wissenschaftler:innen, wie Edgeworth oder Marshall, mit den Daten in den 1920er-Jahren stellt deshalb für Reichmann (2014, S. 284) einen weiteren „Meilenstein" in der Quantifizierung der Wirtschaftswissenschaft dar. So wurde in dieser Zeit insbesondere die Wirtschaftsstatistik wissenschaftlicher und institutionalisierter (Reichmann 2014, S. 284). Diese Entwicklung ging einher mit der Gründung einiger Wirtschaftsforschungsinstitute in den USA und in Europa, welche die quantitative Beschreibung, Analyse und Prognose der Wirtschaft zur Aufgabe hatten. Diese institutionalisierten die quantitative Analyse der Wirtschaft (Reichmann 2014, S. 285)[4]. Damit hatten sie sowohl forschende als auch beratende Funktion.

Als Repräsentant für diese Phase benannte Lazarsfeld (1982, S. 140 f.) jedoch Frédéric LePlay. Zwar wiesen die Arbeiten von LePlay teilweise methodische oder definitorische Unzulässigkeiten auf, nichtsdestotrotz etablierte er einige methodische Neuerungen in der quantitativen Datenanalyse (Wilken 1989, S. 109). So wurde, aufbauend auf den Arbeiten von LePlay, erstmalig zwischen der analytischen, der synthetischen und der diagnostischen Interpretationsrichtung empirischer Daten unterschieden (Wilken 1989, S. 109).

Aufbauend auf den Arbeiten von Lazarsfeld (1982) ergänzte Reichmann (2014, S. 281–285) zwei weitere Phasen:

---

[4] Eine Übersicht über die im deutschsprachigen Raum gegründeten Wirtschaftsforschungsinstitute gibt Coenen (1964).

Ab den 1930er-Jahren erlebte die quantitative Forschung in den Wirtschaftswissenschaften einen neuen Aufschwung. Grund dafür waren unter anderem die
Etablierung und Institutionalisierung nationaler Datensätze, die die Grundlage
für quantitative Auswertungen darstellten (Reichmann 2014, S. 284). Diese Entwicklung ging einher mit der Festigung der ökonomischen Arbeitsweise mithilfe
von Modellen ab den 1930er-Jahren (Morgan 2012, S. 12). Ab den 1940er-
Jahren wurde die Arbeit mit Modellen zu der natürlichen Arbeitsweise der
Ökonom:innen (Morgan 2012, S. 12).

Wirtschaftsdaten waren bisher nicht für alle zugänglich und aufwendig auszuwerten. Das änderte sich jedoch durch die zunehmende Verbreitung von
leistungsstarken Rechnern in der Bevölkerung. Im Zuge der Digitalisierung ab
den 1970er-Jahren hatte ein größerer Personenkreis Zugang zu den Daten, welche
außerdem einfacher auszuwerten waren (Reichmann 2014, S. 283).

Diese Entwicklung führt zu der aktuellen Relevanz der Quantifizierung und
Mathematisierung der Wirtschaftswissenschaft[5]. So scheint es zu Beginn des 21.
Jahrhunderts eine Selbstverständlichkeit zu sein, stets mithilfe von Quantitäten
und Zahlen über Wirtschaftswissenschaft zu sprechen (Reichmann 2014, S. 281).
Heutzutage werden viele ökonomische Problemstellungen mathematisch modelliert, um mithilfe mathematischer Werkzeuge und Analysen Lösungsvorschläge
zu erarbeiten (Arndt 2016, S. 32). Dabei gleichen sich das im Folgenden beschriebene mathematische und die in Abschnitt 2.2.2 beschriebenen ökonomischen
Modellverständnisse nicht vollständig.

2.3.2 Mathematisches Modellverständnis und mathematische Modellierung

Das Begriffsverständnis des Modellbegriffs ist in der Ökonomie und in der
Mathematik unterschiedlich. Nach Lehner (1995, S. 60) gibt es sogar deutliche
Differenzen zwischen dem Modellverständnis in der Ökonomie und dem Modellverständnis in der Mathematik. Den Hauptunterschied sieht er in dem Verhältnis
von Modell und Realität (Lehner 1995, S. 60). Beide in Abschnitt 2.2.2 dargestellten ökonomischen Modellverständnisse basieren auf einer Kohärenz zwischen
Realität und Modell. Bei dem Modellverständnis *Modell als Isolation* entsteht die

---

[5] Mithilfe von Aktionen wie beispielsweise dem Jahr der Mathematik 2008 des Bundesmi-
nisteriums für Bildung und Forschung und anderen Einrichtungen wird die Öffentlichkeit
über die Relevanz der Mathematik in den verschiedenen Disziplinen informiert. Für die Wirtschaftswissenschaft übernehmen dies unter anderem die Arbeiten von Greuel et al. (2008)
und Grötschel et al. (2009).

Kohärenz aus der Ableitung des Modells durch Komplexitätsreduktion aus der Realität. Darüber hinaus wird auch bei dem Modellverständnis *Modell als Konstruktion* eine Kohärenz zwischen Realität und Modell angestrebt, indem diese möglichst plausibel und glaubwürdig konstruiert sein sollten. Dahingegen zielen Modelle in einem mathematischen Modellverständnis nicht auf diese Kohärenz ab. Sie bezeichnen lediglich ein von der Theorie abgebildetes System (Lehner 1995, S. 60). Dementsprechend liegt der mathematischen Modellvorstellung eine Disparität zwischen Mathematik und dem „Rest der Welt" zugrunde (Leufer 2016, S. 20 f.).

In Bezug auf die Zielsetzung des Modells lassen sich mathematische Modelle in drei, aufeinander aufbauende Modellarten unterscheiden (Lehner 1995, S. 64 ff.):

1. Beschreibungsmodelle:
   Beschreibungsmodelle zielen auf die Beschreibung des Betrachtungsgegenstands mithilfe von Sätzen, Axiomen und Relationen ab. Dabei sind sie im Gegenzug zu den anderen Modellarten rein deskriptiv (Richter 2009, S. 3 f.).
2. Erklärungsmodelle:
   Durch die Ergänzung eines Beschreibungsmodells um mindestens eine nomische Hypothese[6] entwickelt sich ein Erklärungsmodell (Richter 2009, S. 4). Das Erklärungsmodell setzt sich mit der Frage nach dem 'Warum' auseinander, indem es Ursache-Wirkungs-Beziehungen zwischen verschiedenen Variablen darstellt (Gebhardt 2018, S. 143; Wenturis et al. 1992, S. 369). Im Rahmen des Modells wird beispielsweise die gesetzmäßige Veränderung einer Größe unter Voraussetzung verschiedener anderer wirtschaftlicher Größen erklärt (Albach 1965, S. 63).
3. Entscheidungsmodelle:
   Durch Mathematisierungen entstehen aus den Erklärungsmodellen sogenannte Entscheidungsmodelle (Heinen 1985, S. 215). Diese zielen auf die Herausarbeitung der optimalen Entscheidung ab (Albach 1965, S. 63). Beispielsweise kann mithilfe eines mathematischen Entscheidungsmodells die optimale Bestellmenge in Bezug zu Lagerkosten und Bestellkosten berechnet werden (Albach 1965, S. 69 ff.).

Die Unterscheidung in die drei Modellarten ist in der Wirtschaftswissenschaft eher nicht geläufig. So wird selten zwischen Modellen zur Beschreibung, Erklärung und Entscheidung differenziert. Nichtsdestotrotz ist diese Unterscheidung

---

[6] Nach Alperslan (2006, S. 5) ist eine nomische Hypothese eine „nicht-tautologische, hypothetische Aussage über einen gesetzesartigen Sachverhalt".

auf ökonomische Modelle anwendbar. So ist das Marktgleichgewicht mit den dazugehörigen Bedingungen ein Beispiel für ein Erklärungsmodell (Albach 1965, S. 63 ff.).

Um der Diskrepanz zwischen dem mathematischen und dem ökonomischen Modellverständnis gerecht zu werden, wird im Folgenden nicht von einem mathematischen Modell ökonomischer Sachverhalte, sondern von der mathematischen Modellierung ökonomischer Modelle gesprochen. So ist es das ökonomische und nicht das mathematische Modellverständnis, das mathematischen Modellierungen ökonomischer Modelle zugrunde liegt.

Der Begriff der mathematischen Modellierung beschreibt dabei die Überführung von Problemen aus verschiedenen Anwendungswissenschaften, wie beispielsweise der Ökonomie, mithilfe von mathematischen Werkzeugen in mathematische Modelle (Eck et al. 2017, S. 1). Die Beschreibung einer Situation in einem mathematischen Modell ist somit das Ergebnis der Anwendung der Mathematik auf eine Situation der Realität und damit des Vorgangs der Mathematisierung der Situation (Müller und Wittmann 1984, S. 253). Ziel des Prozesses ist die Ableitung von Lösungen für das Ausgangsproblem durch die Bearbeitung der mathematischen Modellierung (Ortlieb et al. 2013, S. 1). Damit bildet die Modellierung eine doppelte Schnittstelle zwischen der „äußeren Welt" und der Mathematik (Ortlieb et al. 2013, S. 5). Zum einen werden mithilfe von Alltagswissen mathematische Ideen entwickelt, zum anderen kann durch die Mathematisierung neues Wissen über die Realität erzeugt werden (Krauthausen 2018, S. 126). Dementsprechend nehmen durch mathematische Modellierungen entstandene mathematische Modelle eine Sonderrolle bezüglich der Relation zur Realität ein. Während mathematische Modelle nicht grundsätzlich auf eine Kohärenz zur Realität abzielen, bildet die Realität den Ausgangspunkt der mathematischen Modellierung. Eine entsprechende Kohärenz ist hierbei zwangsläufig gegeben.

Die wesentlichen Bestandteile einer mathematischen Modellierung sind ein Anwendungsproblem, diverse Modellannahmen sowie eine mathematische Problemstellung wie beispielsweise eine Gleichung oder ein Optimierungsproblem (Eck et al. 2017, S. 3). Da es für einen Gegenstand oder ein Phänomen mehrere mathematische Modellierungen geben kann, werden mathematische Modellierungen unter anderem mithilfe der folgenden drei Kriterien beurteilt (Hertz und Helmholtz 1894, S. 2 f.; Ortlieb et al. 2013, S. 4):

1. Zulässigkeit: Ein Modell ist zulässig, wenn es keine logischen Fehler enthält. Diese innermathematische Frage kann in jedem Einzelfall beantwortet werden.

2. Richtigkeit: Dieses Kriterium kann nicht im mathematischen Sinn, sondern lediglich über Erfahrungen überprüft werden. So ist ein Modell richtig, wenn es dem betrachteten Gegenstandsbereich nicht widerspricht.
3. Zweckmäßigkeit: Die Zweckmäßigkeit eines Modells kann mit Blick auf die Komplexität beantwortet werden. So sollten Modelle möglichst einfach gehalten werden und gleichzeitig alle nötigen Faktoren integrieren.

Die durch Modellierung entstandenen mathematischen Modellierungen ökonomischer Modelle spiegeln häufig funktionale Zusammenhänge wider. Diese funktionalen Zusammenhänge können unterschiedliche „Gesichter" haben (Leuders und Prediger 2005, S. 4), welche folgend beschrieben werden.

2.3.3 Achsendiagramme als eine mögliche Visualisierung mathematischer Modellierungen

Klassifizieren lassen sich die Visualisierungen der funktionalen Zusammenhänge in verbale, numerische, symbolische und grafische Repräsentationen (im Folgenden: Leuders und Prediger (2005, S. 4 f.):

- Verbale Repräsentationen umfassen die textliche Beschreibung oder Erklärung einer mathematischen Modellierung eines ökonomischen Modells. Dementsprechend könnte das Gesetz der Nachfrage wie folgt verbal visualisiert werden: Die Nachfrage nach einem normalen Gut nimmt mit einer Zunahme des Preises ab.
- Symbolische Repräsentationen hingegen visualisieren funktionale Zusammenhänge mithilfe von Funktionsthermen. So könnte die Nachfragekurve wie folgt symbolisch repräsentiert werden: $f(x) = -\frac{\Delta p}{\Delta x} \cdot x + t$ für $x = Menge$ und $p = Preis$
- Numerische Repräsentationen entsprechen der Beschreibung mithilfe von Tabellen wie beispielsweise einer Wertetabelle. Die Nachfrage nach einem Gut könnte somit wie in Tabelle 2.2 dargestellt werden.

Tabelle 2.2 Wertetabelle als Beispiel einer numerischen Repräsentation. (Eigene Darstellung)

Menge in Stück	0	5	10	15	20
Preis in €	16	12	8	4	0

- Grafische Repräsentationen visualisieren den Funktionsgraphen eines funktionalen Zusammenhangs wie beispielsweise die Nachfragekurve in einem Achsendiagramm (siehe Abbildung 2.2).

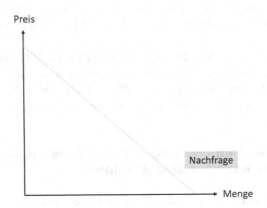

Abbildung 2.2 Preis-Mengen-Diagramm als Beispiel einer grafischen Repräsentation. (Eigene Darstellung)

Somit gehören Diagramme und damit auch Achsendiagramme in den Bereich der grafischen Repräsentationen. Über diese Kategorisierung hinaus sind die Definitionen eines Diagramms jedoch divers. So finden sich in allgemeinen Wörterbüchern, wie auch in Lexika, viele unterschiedliche und uneinheitliche Erklärungen (Bucher 2006, S. 114). Im Vergleich zu den akademischen Lexika ist es die Semiotik, die Lehre der Zeichen, mithilfe derer sich dem Begriff des Diagramms genähert werden kann. Entsprechend fußt das Verständnis von Diagrammen für diese Arbeit auf der Semiotik und wird im Folgenden ausgeführt.

Grundsätzlich beschäftigt sich die Semiotik mit dem Gebrauch der zur Verfügung stehenden semiotischen Ausdrucksmöglichkeiten und beschreibt unterschiedliche Zeichenarten und Zeichensysteme (Nöth 2000, S. XIf.). Dabei umfasst der Begriff des Zeichens alles, was etwas anderes repräsentiert oder anzeigen kann und in einer speziellen Beziehung zu etwas anderem steht, wie beispielsweise ein Wort, eine Verkehrstafel, ein Diagramm oder ein Halbzeitpfiff des Schiedsrichters (Nöth 2000, S. 63). Peirce (1906) erarbeitete in seinem Werk *Prolegomena to an Apology for Pragmaticism* erstmalig eine bis heute verwendete Zeichentheorie. In dieser werden Zeichen durch die Art ihres Bezugs auf den durch sie bezeichneten Gegenstand in Index-, Symbol- und Ikonzeichen eingeordnet (im Folgenden Peirce (1906, S. 495 ff.)):

- Indexzeichen: Die Kategorie des Indexzeichens, auch indexikalisches Zeichen genannt, umfasst Zeichen, die in einem Folge-Verhältnis zum Bezeichneten oder Gemeinten stehen (Linke et al. 2004, S. 20). So wird etwas sinnlich Wahrnehmbares durch unsere Auffassung als Folgeglied in einem Wenn-dann-Verhältnis zu einem Indexzeichen. Voraussetzung dafür ist unser Erfahrungswissen von der Welt. Beispielhaft hierfür ist die Bezeichnung von Punkten in der Geometrie mit einem Großbuchstaben (Kautschitsch 2020, S. 20).

- Symbolzeichen: Die Symbolzeichen sind durch ihre beliebige Struktur und ihre lediglich durch den Gebrauch entstandene Beziehung zu dem durch sie repräsentierten Gegenstand charakterisiert. Demnach beruht die Beziehung des Zeichens zu dem bezeichneten Gegenstand im Vergleich zum Ikon oder zum Index weder auf einem Folgeverhältnis noch auf Ähnlichkeit. Da der Zusammenhang willkürlich ist, muss dieser für jedes Zeichen gelernt werden. Verkehrszeichen oder Rechenzeichen sind Beispiele für diese Kategorie.

- Ikonzeichen: Ikonzeichen sind geprägt durch eine Ähnlichkeitsbeziehung zwischen Bezeichnetem und Zeichen. Durch diese Ähnlichkeit wird das Bezeichnete in seinem Abbild wiedererkannt. Das Abbild soll vor allem Relationen aufzeigen und logisch in seiner Form sein (Bakker und Hoffmann 2005, S. 338 ff.). Beispiele hierfür sind die Fotos, Gemälde oder geometrische Figuren in der Mathematik.

Da zweidimensionale Diagramme keine Folge-Verhältnisse darstellen, handelt es sich hierbei nicht um Indexzeichen. Die Einordnung von Diagrammen in die Ikon- oder die Symbolzeichen gestaltet sich allerdings laut Brunner Brunner (2009, S. 210) aufgrund der folgenden Problematik als schwierig (im Folgenden Brunner (2009, S. 210 f.): Auf der einen Seite ist die Form von Diagrammen teilweise durch Konventionen festgelegt, was eine Einordnung in die Symbolzeichen rechtfertigen würde, auf der anderen Seite zeigen Diagramme strukturelle Gemeinsamkeiten mit dem Bezeichneten auf, was für eine Einordnung in die Ikonzeichen spricht. Ein Beispiel für das Beschriebene ist die Einordnung einer Stadtkarte in die Zeichengattungen. Auf der Karte wird die Struktur der Stadt reproduziert, eine Eigenschaft von Ikonzeichen. Um die in der Karte visualisierten Informationen, welche meist durch kleine Symbolzeichen, wie beispielsweise dem U-Bahnzeichen angegeben sind, zu verstehen, bedarf es symbolischer Erläuterungen.

Schnotz (2001, S. 296) löst dieses Dilemma, indem er den Begriff der Ikone ausweitet, auf Zeichen, die durch gemeinsame Strukturmerkmale und damit aufgrund bestimmter Analogierelationen mit dem bezeichneten Sachverhalt verknüpft sind. Durch diese Öffnung ist die Unterscheidung in Symbol- und Ikonzeichen analog zu der Charakterisierung von Repräsentationen in Deskriptionen und Depiktionalen (Ring 2020, S. 8; Schnotz und Bannert 2003, S. 143 f.). Dabei vermitteln deskriptionale Repräsentationen Informationen über Symbole wie beispielsweise über Wörter oder Formeln (Ring 2020, S. 8). Im Vergleich zu den depiktionalen Repräsentationen findet sich hier keine Ähnlichkeitsbeziehung zwischen dem Bezeichneten und der Repräsentation (Schnotz und Bannert 2003, S. 143). Depiktionale Repräsentationen hingegen entsprechen den Ikonzeichen und sind durch logische oder grafische Ähnlichkeiten mit dem Bezeichneten verknüpft (Schnotz und Bannert 2003, S. 143). Abbildung 2.3 veranschaulicht die Kategorisierung depiktionaler Repräsentationen von Ring (2020, S. 9).

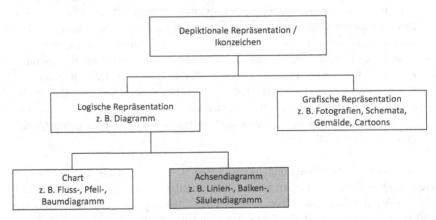

Abbildung 2.3 Überblick über die Kategorisierung depiktionaler Repräsentationen. (In Anlehnung an Ring (2020, 9))

Grafische Repräsentationen sind beispielsweise Fotografien, Zeichnungen oder Gemälde (Ring 2020, S. 8 f.).

Zu der Gattung der logischen Repräsentationen lassen sich Diagramme, welche als „logische Bilder" (Schnotz 2001, S. 296) verstanden werden, einordnen. Wie erläutert geht die Beschreibung des Ikons als Spezialform über die Beschreibung eines reinen Ikons hinaus (Brunner 2009, S. 210). Demnach wird der

Diagrammbegriff in dieser Arbeit verstanden als eine depiktionale Repräsentation, als ein Ikonzeichen, welches Index- und Symbolzeichen enthält und eine logische Ähnlichkeitsbeziehung mit dem Bezeichneten aufweist (Kautschitsch 2020, S. 56). Es wird hauptsächlich zur Abbildung von Relationen und Regeln sowie zum Experimentieren innerhalb der Syntax eines Repräsentationssystems verwendet (Kautschitsch 2020, S. 56).

Die logischen Repräsentationen werden von Ring (2020, S. 9) weiter differenziert in Charts und Achsendiagramme. Charts visualisieren qualitative Zusammenhänge beispielsweise in Fluss-, Pfeil- oder Baumdiagrammen (Lachmayer et al. 2007, S. 147). Das Lesen von Charts bedarf keiner speziellen Leseregeln. Achsendiagramme stellen einen quantitativen Zusammenhang dar und müssen nach bestimmten Regeln gelesen werden (Ring 2020, S. 9). Sie veranschaulichen die Korrelation zweier Variablen, einer unabhängigen, welche meistens auf der Abszisse abgetragen wird, und einer abhängigen Variable, die meist auf der Ordinate abgetragen wird. Beispielhaft sind hierfür Balken-, Säulen- oder Liniendiagramme (Lachmayer et al. 2007). Der im Liniendiagramm abgebildete Funktionsgraph ist dabei sowohl „visuelle Repräsentation eines mathematischen Objekts" (Holzäpfel et al. 2016, S. 101) als auch Lerngegenstand selbst (Dreher 2020, S. 14).

Denken in ökonomischen Modellen 3

Allgemein wird der Begriff „Denken" in der wissenschaftlichen Literatur in diversen Kontexten verwendet (Siebenhüner 1995, S. 3). Siebenhüner (1995) grenzt das alltägliche von dem wissenschaftlichen Denken ab und diskutiert darüber hinaus die Konkretisierung des Denkens bezüglich verschiedener Einzelwissenschaften. Demnach ist die Beschreibung eines ökonomischen Denkens und die Abgrenzung des ökonomischen Denkens zu anderen einzelwissenschaftlichen Denkweisen keinesfalls eindeutig. Bereits die Abgrenzung der Einzelwissenschaften ist kontrovers und kann über verschiedene Zugänge, wie beispielsweise den Gegenstand (Krüger 1987, S. 111), die Methode (Siebenhüner 1995, S. 6), dem Erkenntnisinteresse (Habermas 1968), der Wissenschaft sowie einer disziplinübergreifenden Theorieentwicklung (Krüger 1987, S. 115 ff.), erfolgen.

Siebenhüners (1995, S. 14 ff.) Versuch, die Einzelwissenschaft Ökonomie mithilfe dieser Zugänge zu konkretisieren und abzugrenzen wird im Folgenden dargestellt. Auf Grundlage seiner Abgrenzung wird das Denken in Modellen als ein Strukturelement ökonomischen Denkens ausgeführt. Diese Ausführung legt die in Kapitel 2 dargestellten Charakterisierungen der Begriffe Modell, ökonomisches Modell und mathematische Modellierung eines ökonomischen Modells zugrunde. Anschließend wird das Strukturelement *Denken in ökonomischen Modellen* systematisiert und durch Erkenntnisse aus den Didaktiken der Naturwissenschaft und der Mathematik erweitert. Diese Erweiterung beziehen sich dabei insbesondere auf den Teilbereich des *Umgangs mit ökonomischen Modellen* und somit sowohl auf die Modellanwendung als auch auf die Konstruktion und Dekonstruktion ökonomischer Modelle. Ferner wird die Rolle und Relevanz von Achsendiagrammen in diesem Kontext dargestellt. Abschließend

J. Franke, *Achsendiagramme in der ökonomischen Bildung*, https://doi.org/10.1007/978-3-658-44460-0_3

wird die Bildungsrelevanz des Denkens in ökonomischen Modellen und des Preis-Mengen-Diagramms für den Wirtschaftsunterricht mit Blick auf die ökonomische Bildung legitimiert.

3.1 Denken in ökonomischen Modellen als ein Strukturelement ökonomischen Denkens

Siebenhüner (1995, S. 14 ff.) zufolge ist ökonomisches Denken eine disziplinbezogene Beschreibung wissenschaftlichen Denken. Ökonomisches Denken wird und wurde aufgrund seiner Mehrdimensionalität und Interdisziplinarität unterschiedlich thematisiert (Weyland et al. 2022, S. 8). Beispiele dafür sind Spranger (1950), Englis (1925), Weber (1958), Biervert und Wieland und Mag (1988). Auf Grundlage der verschiedenen Ansätze leitet Siebenhüner (Siebenhüner 1995, S. 26 ff.) sechs Strukturelemente ökonomischen Denkens ab: das Zweck-Mittel-Denken, die Quantifizierung, das Bestreben zu Wertfreiheit, das Gesetzesdenken (lineare Kausalität), das Modelldenken sowie die Zeitsicht (stetige Veränderung). Das Modelldenken und somit das *Denken in ökonomischen Modellen* umfasst demnach eines der sechs Strukturelemente (Siebenhüner 1995, S. 23). In Siebenhüners (1995, S. 26) Beschreibung des Denkens in ökonomischen Modellen wird insbesondere die von Mahr (2008, 2015, 2021) in Abschnitt 2.1 beschriebene Herstellungsperspektive deutlich. Er beschreibt das *Denken in ökonomischen Modellen* wie folgt: „das rational vorgeht und von bestimmten mehr oder minder realitätsadäquaten Annahmen ausgehend, zu mitunter grob vereinfachten, idealisierten und meist fiktiven Abbildern der Wirklichkeit […] gelangt" (Siebenhüner 1995, S. 26). Demnach steht insbesondere die Entwicklung von Modellen im Fokus.

Arndt (2006, S. 4) charakterisiert, auf Grundlage von Ossimitz (2000, S. 52), das systemische Denken als ein weiteres Strukturelement ökonomischen Denkens und ordnet diesem neben dem vernetzen, dem dynamischen und dem systemischen Denken auch das *Denken in ökonomischen Modellen* unter. Entsprechend umfasst das ökonomische Denken auf Grundlage der dargestellten Erkenntnisse von Siebenhüner (1995, S. 26) und der Differenzierung von Ossimitz (2000, S. 52) und Arndt (2006, S. 4) unter anderem die in Abbildung 3.1 veranschaulichten Facetten.

Das von Siebenhüner (1995, S. 14 ff.) mithilfe der Herstellungsperspektive beschriebene Modelldenken als Teil des ökonomischen Denkens wird von Arndt (2006, S. 4) um die Anwendungsperspektive erweitert. Er beschreibt Modelle als unterschiedliche Vereinfachungen und das Wissen über die Vereinfachungen als

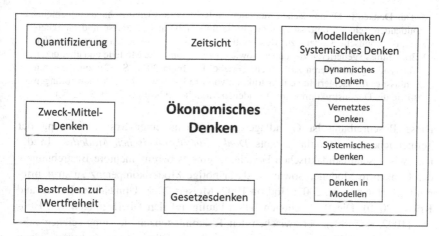

Abbildung 3.1 Strukturelemente des ökonomischen Denkens. (Eigene Darstellung)

Voraussetzung für die Erkenntnis, dass die Ergebnisse nicht direkt auf die Realität übertragen werden können (Arndt 2016, S. 23). Diese ganzheitliche Perspektive auf das *Denken in ökonomischen Modellen* vertritt auch Mahr (2021, S. 198), indem er sowohl die Modellanwendung und damit die Anwendungsperspektive als auch die Modellbildung und damit die Herstellungsperspektive als konstruktive Beziehungen des Modellobjekts identifiziert. Für Ossimitz (2000, S. 52 ff.) umfasst das Denken in Modellen darüber hinaus auch die Konstruktion eigener Modelle wie beispielsweise Wirkungsdiagramme.

Da sich das *Denken in ökonomischen Modellen* besonders gut eignet um ökonomisches Denken zu schulen (Kruber 1995, S. 112), wird das Strukturelement *Denken in ökonomischen Modellen* folgend mit Blick auf den Wirtschaftsunterricht spezifiziert und systematisiert.

3.2 Denken in ökonomischen Modellen im Wirtschaftsunterricht

Die allgemeine Beschreibung des Strukturelements *Denken in ökonomischen Modellen* kann für den Wirtschaftsunterricht spezifiziert werden:

„Das Denken in ökonomischen Modellen im Rahmen des Unterrichts an allgemeinbildenden Schulen umfasst zum einen die notwendigen Kenntnisse und Fähigkeiten, ökonomische Modelle zur Beschreibung einzusetzen, mit ihnen zweckgebunden
Erkenntnisse generieren zu können, sowie über ökonomische Modelle und über deren
Verwendung reflektieren zu können" (Friebel-Piechotta 2021, S. 52); zum anderen
umfasst es die zielgerichtete Konstruktion von Modellen und deren Visualisierungen
sowie die Dekonstruktion von vorhandenen Modellen (Ossimitz 2000, S. 52 ff.).

Diese Beschreibung ist Grundlage des Versuchs einer Systematisierung der
Teilbereiche des Strukturelements *Denken in ökonomischen Modellen.* In der
naturwissenschaftsdidaktischen Forschung gibt es bereits mehrere Bestrebungen,
das Denken in Modellen sowie die dafür nötige Modellkompetenz zu strukturieren (vgl. Henze et al. 2007; Hodson 1992; Meisert 2008; Upmeier zu Belzen und
Krüger 2010). Die Bestrebungen fußen häufig auf den Überlegungen von Hodson (1992, S. 548 f.), der zwischen den Teilkompetenzen „learning science", die
Aneignung von Wissen, „doing science", die Ausführung von fachspezifischen
Methoden zur Erkenntnisgewinnung und „learning about science", die Reflexion
der Methodologie und der Philosophie des Faches unterscheidet. Analog zu der
Beschreibung dieser Teilkompetenzen der Modellkompetenz differenziert Mei-
sert (2008, S. 244) in die drei Teilbereiche „Modellwissen", „Modellarbeit" und
„Modellverständnis". Die Teilkompetenzen sind keinesfalls disjunkt zu betrach-
ten, sondern sie fundieren, erweitern und differenzieren sich gegenseitig (Meisert
2008, S. 244). Demnach sollte das Lernen mithilfe von Modellen sowie der Prozess der Modellierung stets von einer kritischen Reflexion der Rolle und der
Natur der Modelle in der Fachwissenschaft begleitet werden (Henze et al. 2007,
S. 105).

Während die Bestrebungen zur Entwicklung eines Strukturmodells der Diagrammkompetenz in den Naturwissenschaften bereits einige Erkenntnisse lieferte
(vgl. Lachmayer 2008), steht die Entwicklung eines fachspezifischen Strukturmodells für die ökonomische Bildung noch am Anfang. Friebel-Piechotta (2021,
S. 52 ff.) hat beispielsweise, angelehnt an die Systematisierung der Teilbereiche
des Denkens in Modellen aus den Naturwissenschaften, ein Ziel-Inhalts-Konzept
zum Denken in ökonomischen Modellen entwickelt. Dieses arbeitet auch mit
der Unterteilung des Strukturelements in drei Bereiche: Modellwissen, Modellanwendung, Modellreflexion. Aufbauend auf dem Ziel-Inhalts-Konzept von
Friebel-Piechotta (2021, S. 52 ff.) und den dargestellten Erkenntnissen aus
den Naturwissenschaften können die Teilbereiche des *Denkens in ökonomischen Modellen* für die ökonomische Bildung wie in Abbildung 3.2 dargestellt,
systematisiert werden.

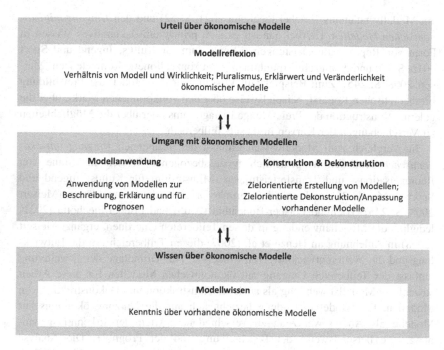

Abbildung 3.2 Systematisierung der Teilbereiche des Denkens in ökonomischen Modellen. (in Anlehnung an Friebel-Piechotta (2021, S. 53) und Meisert (2008, S. 245))

Demnach gliedert sich das Strukturelement *Denken in ökonomischen Modellen* in die drei Teilbereiche *Wissen über ökonomische Modelle*, *Umgang mit ökonomischen Modellen* und damit sowohl die Modellanwendung als auch die Konstruktion und Dekonstruktion von Modellen und das *Urteil über ökonomische Modelle*, worunter die Modellreflexion fällt. Aufgrund der steigenden Komplexität der Teilbereiche, angelehnt an die Anforderungsbereiche des Bildungsplans in Baden-Württemberg (Ministerium für Kultus, Jugend und Sport 2016, S. 22), sind die Teilbereiche im Unterschied zu der Darstellung von Meisert (2008, S. 245) und Friebel-Piechotta (2021, S. 53) hierarchisch angeordnet. Alle Bereiche stehen in Beziehung zueinander und beeinflussen sich gegenseitig. Sie sind somit keinesfalls trennscharf, sondern beschreiben Schwerpunktsetzungen.

Das *Wissen über ökonomische Modelle* (Leisner-Bodenthin 2006) umfasst die Kenntnisse über vorhandene, ökonomische Modelle. Diese bilden die Basis für ein Modellverständnis (Friebel-Piechotta 2021, S. 52) und den *Umgang mit ökonomischen Modellen*. Hierbei handelt es sich primär um deklaratives Wissen in Form von Reproduktionsleistungen (Ministerium für Kultus, Jugend und Sport 2016, S. 22) und damit schwerpunktmäßig um konzeptionelle Kompetenzen (Meisert 2008, S. 245). Zum Beispiel fällt Wissen über das Modell der Preisbildung im theoretischen Kontext, beispielsweise über den vollkommenen Markt, über die gelernte Konstruktion des Preis-Mengen-Diagramms oder über die Möglichkeiten zu Verschiebungen der Kurven in diesen Teilbereich.

Im Vergleich zum Modellwissen umfasst der Teilbereich *Umgang mit ökonomischen Modellen* hauptsächlich prozessbezogenes Wissen im Sinne von Reorganisations- und Transferleistungen (Ministerium für Kultus, Jugend und Sport 2016, S. 22) und erfordert primär prozedurale Kompetenzen (Meisert 2008, S. 245). Während Leisner-Bodenthin (2006) und Friebel-Piechotta (2021) lediglich die Modellanwendung in diesen Teilbereich einordnen, ergänzt Meisert (2008) in Anlehnung an Henze et al. (2007) diesen Teilbereich um die Entwicklung und die Weiterentwicklung von Modellen. Auf Grundlage der Erweiterung umfasst der Teilbereich Umgang mit ökonomischen Modellen für diese Arbeit sowohl die Modellanwendung als auch die Konstruktion und Dekonstruktion von Modellen. Die Modellanwendung bezieht sich auf die Nutzung ökonomischer Modelle als Analysewerkzeug zu verschiedenen Arten der Erkenntnisgewinnung, wie beispielsweise der Beschreibung und der Prognose. Die Analyse der Auswirkungen von Nachfrage- oder Angebotsänderungen auf den Gleichgewichtspreis oder die -menge in Alltagsbeispielen sind konkrete Fälle für eine Modellanwendung. Der zweite Bereich, die Konstruktion und die Dekonstruktion ökonomischer Modelle, umfasst sowohl die Reorganisation und Adaption ökonomischer Modelle zur Problemlösung mit dem Ziel der Erkenntnisgewinnung. Demnach fällt beispielsweise die Anpassung eines bereits existierenden ökonomischen Modells zur Lösung eines Problems in den Bereich der Dekonstruktion von Modellen. Die eigenständige Konstruktion und Dekonstruktion von Modellen eröffnet Einblicke in die Aktivitäten der wissenschaftlichen Erkenntnisgewinnung des Fachs (Meisert 2008, S. 245).

Den beiden dargestellten Teilbereichen übergeordnet ist der Teilbereich des *Urteils über ökonomische Modelle*. Dabei handelt es sich erneut um konzeptuelle Kompetenzen (Meisert 2008, S. 246), wobei insbesondere Leistungen der Reflexion und der Problemlösung im Fokus stehen (Ministerium für Kultus, Jugend und Sport 2016, S. 22). Das Urteil im Sinne eines Meta-Modellverständnisses entsteht im Zuge der Modellreflexion, der kritischen Auseinandersetzung mit verschiedenen Aspekten des Modells (Friebel-Piechotta 2021, S. 54). Dazu gehört sowohl eine kontextspezifische als auch eine kontextübergreifende Reflexion des Modells (vgl. Grünkorn 2014). Dabei umfasst der Bereich „den reflexiven Umgang mit neuen Problemstellungen, eingesetzten Methoden und gewonnenen Erkenntnissen, um zu Begründungen, Urteilen und Handlungsoptionen zu gelangen" (Ministerium für Kultus, Jugend und Sport 2016, S. 22). Zum Beispiel soll sowohl das Modell und sein Verhältnis zur Wirklichkeit im Sinne einer kontextspezifischen Reflexion als auch die grundsätzliche Pluralität von ökonomischen Modellen durch eine kontextübergreifende Reflexion analysiert werden (Grünkorn 2014, S. 137). Demnach gehört unter anderem die Analyse der Grenzen des Modells der Preisbildung zu diesem Teilbereich (Terzer und Upmeier zu Belzen 2008, S. 37).

Alle drei Teilbereiche zusammen bilden die Fähigkeit, mit Modellen zu arbeiten. Dabei beeinflussen sie sich gegenseitig. Der Kompetenzerwerb muss nicht chronologisch erfolgen. So kann beispielsweise die Reflexion über Annahmen des Modells Ausgangspunkt für eine Bereitschaft der Dekonstruktion des Modells sein (Ministerium für Kultus, Jugend und Sport 2016, S. 8).

Da, wie in Abschnitt 2.3 dargestellt, die Mathematik für die Arbeitsweise in der Ökonomie große Bedeutung hat, wird die dargestellte Systematisierung der Teilbereiche des *Denkens in ökonomischen Modellen* im Folgenden um weitere Aspekte aus Diskursen der Mathematikdidaktik ergänzt. Konkret muss beispielsweise der Teilbereich des *Umgangs mit ökonomischen Modellen* und dabei sowohl die Modellanwendung als auch die Konstruktion und Dekonstruktion ökonomischer Modelle um den Aspekt der mathematischen Modellierung erweitert werden.

3.2.1 Umgang mit ökonomischen Modellen mithilfe des Modellierungskreislaufs

Die mathematische Modellierung hat seit den 1980er-Jahren einen deutlichen Bedeutungszuwachs erlebt (Greefrath 2018, S. 16). So verdeutlichte beispielsweise Blum (1985) in seinem Aufsatz mit dem Titel *Anwendungsorientierter Mathematikunterricht in der didaktischen Diskussion* die Relevanz der mathematischen Modellierung für die Befähigung von Lernenden zur erfolgreichen Bearbeitung und Analyse realer Probleme[1]. Somit beschreibt die mathematische Modellierung nach Blum (Blum 1985) die Übersetzung zwischen der Realität und der Mathematik, weshalb in diesem Kontext häufig von der Mathematik und

---

[1] Greefrath (2018, S. 16 f.) beschreibt die Entwicklung des Bedeutungszuwachses ausführlich.

dem „Rest der Welt" gesprochen wird (Blum und Leiß 2005, S. 19; Meister und Upmeier zu Belzen 2018, S. 94; Pollak 1979, S. 233). Dabei steht jedoch nicht die Auseinandersetzung mit einer fertigen Übersetzung, einem fertigen Modell, im Fokus. Die mathematische Modellierung als Aspekt der angewandten Mathematik konzentriert sich eher auf die Betrachtung des gesamten Modellierungsprozesses (Greefrath 2018, S. 15; Leufer 2016, S. 29). Theoretische Idealisierungen dieses Modellierungsprozesses werden in der mathematikdidaktischen Literatur unterschiedlich veranschaulicht (Leufer 2016, S. 29). Dabei haben sie jedoch gemein, dass sie Lernende bei Aufgaben der mathematischen Modellierung als Orientierungsrahmen unterstützen wollen. Einen Überblick über die unterschiedlichen Beschreibungen des Modellierungsprozesses geben unter anderem Borromeo Ferri und Kaiser (2008), Greefrath et al. (2013) und Meyer und Voigt (2010, S. 118):

Tabelle 3.1 Überblick über unterschiedliche Beschreibungen der Modellierungsprozesse in der mathematikdidaktischen Literatur. (in Anlehnung an Meyer und Voigt (2010, S. 118 ff.))

Keine Sequenzierung,	Sequenzierung	
Einzelne Aspekte	**Linear**	**Kreislauf**
Aspekt 1 Aspekt 2 Aspekt 3 …	Aspekt 1 ↓ Aspekt 2 ↓ Aspekt 3 ↓ …	Aspekt 2 / Aspekt 1 / Aspekt 3 (im Kreislauf angeordnet mit Pfeilen)
Die Modellierungsaspekte werden unabhängig voneinander, in beliebiger Reinfolge ausgeführt.	Die Modellierungsaspekte werden in linearer Reinfolge ausgeführt.	Die Modellierungsaspekte werden linear ausgeführt und schließen in einem Kreislauf. Die einzelnen Aspekte werden im Modellierungsprozess mehrfach durchlaufen.
(vgl. Bell 1993, S. 76; Steiner 1976, S. 225 ff.)	(vgl. Müller und Wittmann 1984, S. 253)	(vgl. Fischer und Malle 1985, S. 101; Pollak 1979, S. 236 f.)

Wie in Tabelle 3.1 dargestellt, können Modellierungsprozesse grundsätzlich nach der Sequenzierung unterschieden werden. Zum Beispiel beschreiben Bell

(1993) und Steiner (1976) Modellierungsprozesse, die ohne Sequenzierung und damit in beliebiger Abfolge stattfinden. Die Prozesse mit Sequenzierung können weiter in lineare und kreislaufförmige Prozesse unterteilt werden (Meyer und Voigt 2010, S. 118 ff.). Diese unterscheiden sich darin, dass die Aspekte bei kreislaufförmigen Prozessen linear, jedoch mehrfach durchlaufen werden. Als Ausgangspunkt für diese sequenziellen, kreislaufförmigen Modellierungsprozesse werden häufig die Arbeiten von Pollak (1979, S. 233) angesehen (Blum 1985, S. 200; Borromeo Ferri 2006, S. 89; Meyer und Voigt 2010, S. 118; Prediger 2010, S. 6).

Aufbauend auf den Arbeiten Pollaks entwickelten beispielsweise Blum und Leiß (2005, S. 19) einen siebenschrittigen Modellierungskreislauf, der sich in der Mathematikdidaktik durchsetzte (Leufer 2016, S. 30). Wissen über diesen Kreislauf gilt als strukturelle Grundlage für unterschiedliche didaktische Aufgaben, wie beispielsweise die Kompetenzformulierung, die Aufgabenformulierung und die Diagnostik von Lernhürden (Prediger 2010, S. 7). Deshalb wird dieses, mit Blick auf die Bedeutung für die diagnostische Kompetenz von Lehrkräften, als „unverzichtbar" beschrieben (Borromeo Ferri et al. 2013, S. 3). Zur Nutzung des mathematischen Modellierungskreislaufs in anderen Fachdisziplinen bedarf es einer Adaption dieses. So erarbeiteten Meister und Upmaier zu Belzen (2018, S. 97) einen Modellierungskreislauf zur naturwissenschaftlich–mathematischen Modellierung. Eine Adaption des Modellierungskreislaufs auf die Arbeit mit ökonomischen Modellen ist somit unerlässlich. Abbildung 3.3 veranschaulicht eine mögliche, adaptierte Form.

Der Kreislauf beschreibt den idealisierten Ablauf einer mathematischen Modellierung eines ökonomischen Problems oder einer ökonomischen Frage. In der Praxis ist häufig eine wiederholte Durchführung des Kreislaufs zur Lösung einer Modellierungsaufgabe notwendig (Wolf 2017, S. 48). Da laut Ortlieb et al. (2013, S. 5) die eigentlichen Schwierigkeiten im Detail liegen, werden folgend die einzelnen Schritte beschrieben und erläutert:

1. Konstruieren/Verstehen

Ausgangspunkt des Modellierungsprozesses ist eine Realsituation, wie beispielsweise ein Problem oder eine Frage in einer Anwendungswissenschaft (Ortlieb et al. 2013, S. 4). Von der Realsituation ausgehend erzeugt die Modelliererin oder der Modellierer durch Prozesse des Verstehens und des Konstruierens ein Situationsmodell. Der Begriff des Situationsmodells stammt ursprünglich aus der Forschung zum Textverständnis (Wolf 2017, S. 49). In diesem Sinne beschreibt das Situationsmodell den semantischen Zusammenhang, den eine Person beim Lesen eines Textes automatisch erzeugt (Reusser 1995, S. 136). Es modelliert

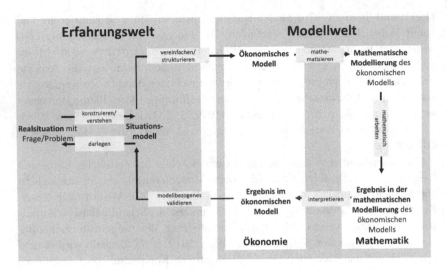

Abbildung 3.3 Ökonomisch-mathematischer Modellierungskreislauf. (in Anlehnung Meister und Upmeier zu Belzen (2018, S. 97))

demnach die kognitive Struktur, auf der der anschließende Verstehensprozess aufbaut und spiegelt somit das persönliche Verständnis der Modelliererin oder des Modellierers der Realsituation wider (Reusser 1995, S. 136; Wolf 2017, S. 49).

2. Vereinfachen/Strukturieren
Ausgehend von dem Situationsmodell gilt es, durch die Prozesse des Vereinfachens und des Strukturierens das Problem zu definieren und daraufhin ein ökonomisches Modell zu entwickeln. Dazu sollte sich die Modellentwicklerin oder der Modellentwickler zuerst mit dem Problem vertraut machen und Beobachtungen über dieses anstellen (Blum 1985, S. 201). Anschließend kann ausgehend von den Beobachtungen des Problems, eine Fragestellung entwickelt werden (Ortlieb et al. 2013, S. 6). Die genaue Präzisierung der Problem- und der Fragestellung ist insbesondere für die Sozialwissenschaften häufig von großem Nutzen (Ortlieb et al. 2013, S. 6).

Sind Problem- und Fragestellung definiert, muss das Problem vereinfacht und eine Auswahl der Daten getroffen werden (Blum 1985, S. 201). Werden alle

Informationen aus dem Situationsmodell ins ökonomische Modell integriert, so handelt es sich um eine isomorphe Abbildung (Lehner 1995, S. 61). Dahingegen werden bei homomorphen Abbildungen lediglich die Informationen berücksichtigt, die für die Problemlösung relevant sind (Lehner 1995, S. 61). Die Einstufung der Relevanz erfolgt mit Blick auf die entwickelte Fragestellung (Eck et al. 2017, S. 2). In der Praxis ist es häufig nicht möglich oder nicht sinnvoll, die komplexen realen Probleme in das Modell im Sinne einer isomorphen Abbildung zu übertragen. Eine Integration von Aspekten ist beispielsweise nicht möglich, wenn Daten fehlen und nicht sinnvoll, wenn das Modell durch die Integration unlösbar wird (Eck et al. 2017, S. 1). Das Produkt des Konstruktionsprozesses ist das ökonomische Modell, welches zum einen Aussagen über die reale Anwendungssituation enthält und zum anderen durch die Idealisierung eine mathematische Näherung ermöglicht (Wolf 2017, S. 47).

3. Mathematisieren

Ausgehend von dem ökonomischen Modell und der Problemstellung wird, durch eine Mathematisierung im Sinne einer mathematischen Modellierung, eine mathematische Modellierung des ökonomischen Modells entwickelt. Der Prozess der Mathematisierung umfasst die Übersetzung der Problemstellung und der vorhandenen Daten und Gesetzmäßigkeiten in die Mathematik (Blum 1985, S. 202). Ob die mathematische Modellierung des ökonomischen Modells deskriptiv, beschreibend oder prädiktiv formuliert wird, hängt von der Problemstellung oder Fragestellung ab (Wolf 2017, S. 47). Sollte eine eindeutige Formulierung des mathematischen Problems nicht möglich sein, so müssen alternative mathematische Probleme formuliert werden, die klar von dem Problem aus dem ökonomischen Modell zu trennen sind (Ortlieb et al. 2013, S. 7). Ziel des Prozesses ist die Entwicklung einer wohlgestellten mathematischen Modellierung eines ökonomischen Modells, die mit akzeptablem Aufwand lösbar ist (Eck et al. 2017, S. 2).

4. Mathematisch arbeiten

Auf die Entwicklung der mathematischen Modellierung folgt die Bearbeitung dessen mit Blick auf die mathematische Problemstellung. Durch Berechnungen, Fallunterscheidungen und weiteren mathematischen Überlegungen können bestenfalls mathematische Ergebnisse entwickelt werden (Wolf 2017, S. 49). Neben der analytischen Bearbeitung kann die mathematische Modellierung des ökonomischen Modells auch mit dem Computer simuliert werden (Ortlieb et al. 2013, S. 4).

5. Interpretieren und 6. Modellbezogenes Validieren und 7. Darstellen
Die anschließende Interpretation und die Validierung der in der mathematischen
Modellierung des ökonomischen Modells generierten Ergebnisse bezüglich der
Realsituation sind insbesondere für Blum (1985, S. 203) von besonderer Bedeutung. Dafür müssen die mathematischen Ergebnisse zuerst in die Sprache des
ökonomischen Modells durch Interpretation übersetzt werden (Wolf 2017, S. 48).
Nach der Übersetzung muss die ökonomische Lösung mit Blick auf die Problemstellung aus dem Situationsmodell und unter anderem unter Anbetracht der im
Modellierungsprozess angenommenen Modellannahmen validiert werden. Sollte
das Ergebnis nicht realistisch oder hinreichend sein, so kann der Kreislauf erneut
durchlaufen werden (Krauthausen 2018, S. 127). Im Zuge des zweiten Durch-
laufs können die entwickelten Modelle modifiziert, überdacht oder völlig neu
konstruiert werden (Blum 1985, 205 f.).

Die Übersetzungen und damit das ständige Wechselspiel zwischen der Ebene
der Mathematik, der Ökonomie und der Ebene der Realität sind allerdings
durchaus problematisch (Krauthausen 2018, S. 127). Grund dafür sind natürliche Diskontinuitäten zwischen der Lebenswelt und den arithmetischen Begriffen
(Winter 1994, S. 11). So sind die im Modell erarbeiteten Beziehungen keine
unmittelbaren Abbilder der Realität, sondern das Ergebnis diverser Idealisierungen (Krauthausen 2018, S. 127). Unter Beachtung dessen müssen die Ergebnisse
des Modellierungsprozesses bezüglich der Ausgangssituation, der Realsituation,
dargestellt werden.

Zusammenfassend muss der Modellierungskreislauf als Teil der Bereiche der
Systematisierungen des *Denkens in ökonomischen Modellen* integriert werden.
Während die Schritte 1–4 primär in den Bereich des *Umgangs mit ökonomischen
Modellen* fallen, sind die Schritte 5–7 hauptsächlich dem *Urteil über ökonomische
Modelle* zuzuordnen. Welche Rolle Achsendiagramme im Kontext mathemati-
scher Modellierungen sowie des *Denkens in ökonomischen Modellen* spielen, wird
im Folgenden dargestellt.

3.2.2 Achsendiagramme im Kontext mathematischer Modellierung und des Denkens in ökonomischen Modellen

Achsendiagramme und damit auch Liniendiagramme sind, wie in Abschnitt 2.3.3
beschrieben, eine mögliche Form der Visualisierung mathematischer Modellierungen ökonomischer Modelle. Dabei haben sie als Visualisierungsform sowohl

in der Ökonomie als auch in der ökonomischen Bildung lange Traditionen. Achsendiagramme in Form von Liniendiagrammen waren bereits Bestandteil der ersten ökonomischen Modelle, wie beispielsweise dem Austausch-Diagramm von Edgeworth (1881, S. 28) oder der Nutzenkurve von Jevons (1971, S. 49). Durch den Einsatz der Liniendiagramme werden abstrakte Zusammenhänge erkennbar und diskutierbar (Fleischmann et al. 2018, S. 21 ff.). Zum Beispiel benutzten Ökonom:innen Achsendiagramme und somit auch Liniendiagramme, um über die dargestellten Beziehungen die Funktionsweise eines Systems zu untersuchen (Davies und Mangan 2007, S. 720). Dazu gehört auch die Ableitung und Überprüfung wissenschaftlicher Hypothesen mit dem Ziel der Erkenntnisgewinnung (Meister und Upmeier zu Belzen 2018, S. 90). Aufgrund des breiten Einsatzspektrums vergleichen Samuleson und Nordhaus (2016, S. 45) die Bedeutung von Achsendiagrammen für die Ökonomie mit der Bedeutung von Hammer und Säge für einen Zimmermann.

Entsprechend sind Achsendiagramme ein wichtiges Werkzeug in der ökonomischen Bildung, da sie unter anderem die Kommunikation über die komplexen Modelle vereinfachen (Cohn und Cohn 1994; Demir und Tollison 2015). Beispielsweise sind qualitative Liniendiagramme durch die Abbildung von Trends für die ökonomische Bildung besonders relevant (Meister und Upmeier zu Belzen 2018, S. 91). Da diese in der Fachliteratur jedoch häufig mithilfe des Begriffs des Achsendiagramms oder des Diagramms allgemein betitelt werden, folgt diese Arbeit dem begrifflichen Konsens (vgl. Cohn und Cohn 1994; Jägerskog et al. 2019; Ring 2020; Strober und Cook 1992). Im Folgenden bezieht sich der Begriff des Achsendiagramms somit stets auf qualitative Liniendiagramme.

Mithilfe des qualitativen Liniendiagramms des Preis-Mengen-Diagramms kann dementsprechend, wie in Kapitel 4 beschrieben, die systemische Interaktion von Angebots- und Nachfrageseite bei der Preisbildung auf Märkten veranschaulicht werden. Ring (2020, S. 12) beschreibt die Fähigkeit mit Achsendiagrammen umzugehen darüber hinaus als Teil der Fachwissenschaft der Ökonomie. Der Umgang mit Diagrammen im Ökonomieunterricht umfasst nach seiner Auffassung die Kompetenzen, Diagramme zu lesen, zu interpretieren, zu evaluieren und zu konstruieren (Ring 2020, S. 25).

Diese Kompetenzen sind Bestandteil des in Abschnitt 3.2.1 dargestellten mathematisch-ökonomischen Modellierungskreislaufs bezüglich der Auseinandersetzung mit allgemeinen ökonomischen Modellen. Demnach hat dieser sowohl für die Konstruktion und Dekonstruktion allgemeiner ökonomischer Modelle als auch für die Auseinandersetzung mithilfe von Achsendiagrammen als Visualisierung vorhandener ökonomischer Modelle im Sinne der Modellanwendung Relevanz. Am Beispiel des *Umgangs mit ökonomischen Modellen* und dabei insbesondere der Modellanwendung mithilfe von Achsendiagrammen wird die Zusammenführung wirtschaftsdidaktischer (vgl. Ring 2020), mathematikdidaktischer (vgl. Lachmayer 2008), naturwissenschaftsdidaktischer (vgl. Meister und Upmeier zu Belzen 2018) und wissenschaftstheoretischer Erkenntnisse (vgl. Mahr 2008, 2011, 2015, 2021) in 7 beispielhaft dargestellt.

Der Einsatz des Achsendiagramms im Unterricht stellt den Ausgangspunkt für die Einteilung der Schritte des Modellierungskreislaufs in die in Abschnitt 2.1 beschriebene Anwendungs- und Herstellungsperspektive (Mahr 2011, 2015) dar. So unterscheiden Meister und Upmeier zu Belzen (2018, S. 91 ff.) zwischen einem medialen Einsatz und einem methodischen Zugang. Der mediale Einsatz von Modellen bedient die Herstellungsperspektive und damit die Konstruktion von Modellen zur Demonstration (Meister und Upmeier zu Belzen 2018, S. 91). Werden Achsendiagramme im Rahmen des Unterrichts zur Darstellung eines ökonomischen Objekts durch einen Lernenden genutzt, dient dies dem medialen Einsatz. Die entsprechenden Schritte des Modellierungskreislaufs sind in Abbildung 3.4 dunkelgrau umrandet. Werden Achsendiagramme im Unterricht zur Erkenntnisgewinnung eingesetzt, beispielsweise durch die Ableitung von Trends oder durch die Überprüfung von Hypothesen, dienen sie dem methodischen Zugang. Dabei wird das Modell im Sinne der Anwendungsperspektive als ein „Modell für etwas" betrachtet (Meister und Upmeier zu Belzen 2018, S. 92). Entsprechend dieser Perspektive muss der Modellierungskreislauf um die Gewinnung von Daten zur Überprüfung der erarbeiteten Vorhersagen erweitert werden (Meister und Upmeier zu Belzen 2018, S. 97). Diese Schritte sind im Modellierungskreislauf mit einem gepunkteten Hintergrund gekennzeichnet. Einige Schritte im Modellierungskreislauf können, je nach Zielorientierung, sowohl der Herstellungs- als auch der Anwendungsperspektive dienen. Diese sind in der Abbildung sowohl dunkelgrau umrandet als auch mit einem gepunkteten Hintergrund gekennzeichnet. Wird beispielsweise ausgehend von einem ökonomischen Modell oder Problem eine mathematische Modellierung mit dem Ziel der Vorhersage erarbeitet und gelöst, dient dies der Anwendungsperspektive und dem methodischen Zugang. Zielt die mathematische Lösung jedoch auf die Erstellung von Resultaten im Zuge des medialen Einsatzes ab, so sind die Schritte der Herstellungsperspektive zuzuordnen. Dabei sind es insbesondere die dunkelgrau umrandeten als auch gepunkteten Modellierungsschritte, in die Aspekte der Diagrammkompetenz integriert wurden (Meister und Upmeier zu Belzen 2018, S. 101). So inkludiert beispielsweise die Interpretation einer mathematischen Lösung, mit Blick auf das mathematische Modell in Bezug auf Achsendiagramme, die von Ring (2020, S. 25) beschriebenen Kompetenzen, Achsendiagramme zu interpretieren und zu evaluieren.

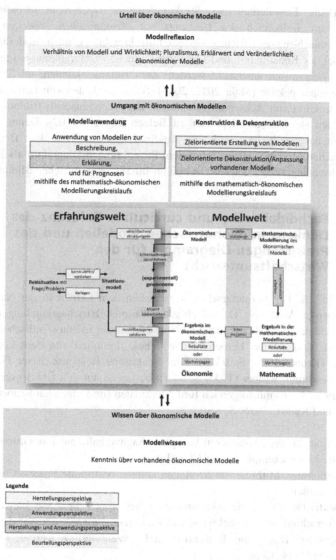

Abbildung 3.4 Perspektiven des Modellseins nach Mahr (2015) in Bezug auf die Systematisierung der Teilbereiche des Denkens in ökonomischen Modellen mit integriertem ökonomisch-mathematischen Modellierungskreislauf. (in Anlehnung Friebel-Piechotta (2021, S. 53), Meisert (2008, S. 245) und Meister und Upmeier zu Belzen (2018, S. 97))

Durch die Erweiterung des Strukturelements *Denken in ökonomischen Modellen* im Teilbereich des *Umgangs mit ökonomischen Modellen* durch den ökonomisch-mathematischen Modellierungskreislauf können Modellierungsschritte bei der Konstruktion und Dekonstruktion von Diagrammen aufgeschlüsselt und systematisch untersucht werden. Zum Beispiel können, im Sinne der Herstellungsperspektive (Mahr 2011, 2015), Schwierigkeiten von Lernenden bei der Konstruktion von Achsendiagrammen in der ökonomischen Bildung analysiert werden (Meister und Upmeier zu Belzen 2018, S. 102). Denn, wie im Folgenden dargestellt, ist sowohl die Auseinandersetzung mit dem Denken in ökonomischen Modellen als auch mit dem Preis-Mengen-Diagramm als Beispiel eines Achsendiagramms, einer der zentralen Inhalte ökonomischer Bildung.

3.3 Fachdidaktische und curriculare Relevanz des Denkens in ökonomischen Modellen und des Preis-Mengen-Diagramms für den Wirtschaftsunterricht

Abeli (1967, S. 109 ff.) unterscheidet zwischen dem Lernen in der Natur und dem Lernen an Modellen. Da jedoch zum Beispiel Betriebserkundungen und -praktika und damit das Lernen in der Natur nur schwer in den schulischen Alltag integrierbar sind, ist das Lernen in der Schule dominiert von dem Lernen an Modellen (Kruber 1995, S. 93 f.). Die didaktische Relevanz dieser Form des Lernens beschreibt Kruber (1995, S. 94 f.) basierend auf den Überlegungen von Kaiser (1976, S. 86) mit folgenden fünf Merkmalen (im Folgenden Kruber (1995, S. 94 f.) und Kaiser (1976, S. 86)):

- Reduktion: Modelle reduzieren komplexe Sachverhalte auf ihre Grundstrukturen. Sie haben exemplarischen Charakter.
- Akzentuierung: Mithilfe von Modellen können bestimmte Prozesse hervorgehoben werden.
- Perspektivität: Durch die Akzentuierung bestimmter Prozesse können diese unter verschiedenen Perspektiven und Zielsetzungen analysiert werden.
- Transparenz: Durch die Reduktion und Akzentuierung werden komplexe Vorgänge überschaubar.
- Produktivität: Modelle sind für unterschiedliche Lehr-Lernsettings ergiebig.

Somit kann mithilfe von Modellen die Realität akzentuiert, didaktisch reduziert und dadurch transparent dargestellt werden (Kruber 1995, S. 113). Deswegen ermöglichen sie die Analyse von Situationen beispielsweise durch die Teilnahme an Entscheidungsprozessen der Gesellschaft oder durch das Abwägen von Handlungsalternativen (Kruber 1995, S. 113). Dabei sollte eine Reflexion über die Reichweite und die Grenzen der Modelle stets Teil des Unterrichts sein (Kruber 1995, S. 114). Fehlt beispielsweise die Reflexion darüber, so kann es dazu kommen, dass Schüler:innen Schwierigkeiten in dem Verständnis des Zusammenhangs von Modell und Realität haben (Kruber 1995, S. 113).

Gelingt der Einsatz von Modellen im Unterricht, können diese einen signifikanten Beitrag zur Erreichung der ökonomischen Ziele leisten (Krol et al. 2006, S. 62 ff.; Kruber 1995, S. 98 f.). Gründe dafür sind nach Friebel-Piechotta (2021, S. 32 f.) beispielsweise folgende (im Folgenden Friebel-Piechotta (2021, S. 32 f.)):

- Ein strukturelles Verständnis von ökonomischen Prozessen, gesellschaftlichen Problemen und entsprechenden Lösungsansätzen wird aufgebaut.
- Ein angemessenes Wissenschaftsverständnis wird durch das Urteilen über ökonomische Modelle für die Wirtschaftswissenschaft entwickelt.
- Bezüglich des Wirtschaftsunterrichts werden die Zielsetzungen des wissenschaftspropädeutischen Unterrichts in der gymnasialen Oberstufe erreicht.

Somit ist das *Denken in ökonomischen Modellen* eine Grundlage zur Ausbildung von mündigen, tüchtigen und verantwortungsvollen Wirtschaftsbürger:innen (Kruber 1995, S. 99 f.).

Die dargestellte didaktische Relevanz des Strukturelements spiegelt sich beispielsweise im Bildungsplan Baden-Württembergs von 2016 für das Fach Wirtschaft, Berufs- und Studienorientierung wider. So bildet das Denken in Modellen einen von fünf Bestandteilen der Analysekompetenz. Es wird dort wie folgt beschrieben: „[Die Schüler:innen können] modellhaftes Denken nachvollziehen und in Modellen denken (zum Beispiel Marktmodell, ökonomisches Verhaltensmodell) und das Verhältnis von Modell und Wirklichkeit reflektieren (I–III)" (Ministerium für Kultus, Jugend und Sport 2016, S. 11). Demnach erfordert das *Denken in ökonomischen Modellen* Kompetenzen auf allen drei Dimensionen: der Dimension der individuellen Entscheidung, der wirtschaftlichen Beziehung und der Ordnung und des Systems (Ministerium für Kultus, Jugend und Sport 2016, S. 6).

Analog zu der Systematisierung in Abbildung 3.2 lassen sich die Kompetenzen des Bildungsplans in die drei Teilbereiche des *Denkens in ökonomischen Modellen* einordnen. Der Bereich des *Wissens über ökonomische Modelle* ist an einigen Stellen beschrieben. So lernen die Schüler:innen im Laufe ihrer Schulzeit

mehrere ökonomische Modelle, wie beispielsweise das Modell der Preisbildung
oder des Wirtschaftskreislaufs, kennen (Ministerium für Kultus, Jugend und Sport
2016, S. 8). Im Sinne des *Umgangs mit ökonomischen Modellen* werden folgende
Kompetenzen explizit genannt:

- Analyse von Modellen (Ministerium für Kultus, Jugend und Sport 2016, S. 8)
- Bildung von Modellen (Ministerium für Kultus, Jugend und Sport 2016, S. 8)
- Dekonstruktion von Modellen (Ministerium für Kultus, Jugend und Sport
  2016, S. 8)

Aufgrund der in Abschnitt 2.3.1 beschriebenen Relevanz der mathematischen
Modellierung für die ökonomische Bildung umfassen die drei genannten Bereiche
auch Kompetenzen aus dem Bereich des anwendungsorientierten Mathematikunterrichts[2] (Borromeo Ferri et al. 2013, S. 2). Grundsätzlich zielt der
anwendungsorientierte Mathematikunterricht unter anderem auf die Förderung
der Problemlösekompetenzen sowie der Anwendung von Mathematik in anderen Bereichen und damit der Herausstellung des allgemeinbildenden Charakters
der Mathematik ab (Westermann 2017, S. 148). Für die ökonomische Bildung
sind in diesem Kontext die Kompetenzen zur mathematischen Modellierung, eine
von fünf zentralen mathematischen Kompetenzen in der Mathematikdidaktik,
besonders relevant (Krauthausen 2018, S. 126).

Zusätzlich werden für den dritten Teilbereich, das *Urteil über ökonomische
Modelle*, folgende Kompetenzen beschrieben:

- Pluralismus ökonomischer Modelle (Ministerium für Kultus, Jugend und Sport
  2016, S. 3)
- Verhältnis von Modell und Wirklichkeit (Ministerium für Kultus, Jugend und
  Sport 2016, S. 3)
- Erklärwert und Veränderlichkeit ökonomischer Modelle (Ministerium für
  Kultus, Jugend und Sport 2016, S. 8)
- Überprüfung ökonomischer Modelle und Annahmen (Ministerium für Kultus,
  Jugend und Sport 2016, S. 9)

---

[2] Die Ziele und Kompetenzen des anwendungsorientierten Mathematikunterrichts beschreiben Borromeo Ferri et al. (2013, S. 1–9).

Zusammengefasst wird deutlich, dass die theoretisch hergeleitete Beschreibung des Strukturelements als ganzheitlicher Ansatz auch im Bildungsplan in reduzierter Form abgebildet wird. Zu allen Teilbereichen lassen sich explizit formulierte Kompetenzen finden.

Gleiches gilt für das Thema der Preisbildung. So ist das Preis-Mengen-Diagramm beispielsweise fester Bestandteil der Kompetenzziele des Bildungsplans des Fachs Wirtschaft/Beruf- und Studienorientierung in Baden-Württemberg (Ministerium für Kultus, Jugend und Sport 2016, S. 8 + 16). Das Diagramm wird als Visualisierung der Preisbildung bereits in der Mittelstufe im Gymnasium eingeführt, um unter anderem die reduzierte Betrachtung einzelner Einflussgrößen auf die Preisbildung zu systematisieren (Ministerium für Kultus, Jugend und Sport 2016, S. 8).

Zusätzlich zu den inhaltlichen Kompetenzen ist die systematische Auseinandersetzung mit Achsendiagrammen Teil der prozessbezogenen Kompetenzen (Ministerium für Kultus, Jugend und Sport 2016, S. 11). Dabei kann zwischen zwei Zugangsweisen unterschieden werden. Zum einen der Umgang mit und die Informationsentnahme aus bereits vorhandenen Grafiken, zum anderen die eigenständige Konstruktion von Grafiken. Diese Zugangsweisen werden durch verschiedenste Aufgaben in Schulbüchern geschult (Ring 2020, S. 104 ff.) und sind elementarer Bestandteil des Wirtschaftsabiturs in Baden-Württemberg (vgl. Burghardt 2013). So sind domänenspezifische Grafiken, wie beispielsweise das Preis-Mengen-Diagramm, häufig Bestandteil von Wirtschaftsschulbüchern (Ring 2020, S. 106 f.). In den zu bearbeitenden Materialien des Wirtschaftsabiturs von 2011 bis 2013 ist immer mindestens eine Grafik enthalten (Burghardt 2013, S. 2013–17 + 2012–02 + 2011–12).

Preis-Mengen-Diagramm 4

Grundsätzlich fallen die Analyse von Nachfrage und Angebot und somit die Modelle und die Theorie der Preisbildung in den Bereich der Mikroökonomie. Als ein Bereich der Volkswirtschaftslehre[1] konzentriert sich die Mikroökonomie schwerpunktmäßig auf die Analysen von Entscheidungen einzelner Akteure auf Märkten und somit auf die Funktionsweise von Märkten (Pindyck und Rubinfeld 2018, S. 29). Mithilfe des Optimierungs- und des Gleichgewichtsprinzips versuchen Ökonom:innen, menschliches Verhalten für mikroökonomische Analysen zu modellieren (Varian 2016, S. 2). Das Optimierungsprinzip ist laut Varian (2016, S. 2 f.) fast tautologisch und besagt, dass Menschen ausgehend von ihrer Kaufkraft versuchen, das für sich beste Konsummuster zu wählen. Das Gleichgewichtsprinzip hingegen besagt, dass sich die Preise[2] auf Märkten so lange anpassen, bis die nachgefragte Menge gleich der angebotenen Menge ist (Varian 2016, S. 2 f.). Diese beiden Prinzipien sind beispielsweise Ausgangspunkt von Analysen der Funktionsweise von Märkten. Dabei gilt grundsätzlich, dass auf einem Markt Anbieter:innen und Nachfrager:innen interagieren und somit den Preis für Produkte sowie das Produktsortiment bestimmen (Pindyck und Rubinfeld 2018, S. 29). Diese beiden Konstrukte, Angebot und Nachfrage, haben somit

---

[1] Zuckarelli (2023, S. 4) veranschaulicht in Abbildung 1.1 eine mögliche Einteilung der Volkswirtschaft in verschiedene Bereiche.

[2] Der Begriff des Preises ist neben dem Begriff des Modells ein weiteres Homonym. Demnach beschreibt der Begriff in dem Ausdruck „Lob, Preis und Ehr" beispielsweise eine Form des Lobes (Dudenredaktion 2015, S. 1378). Darüber hinaus beschreibt er eine Auszeichnung in Form eines Geldwertes oder den Preis für Produkte (Dudenredaktion 2015, S. 1378). In der Volkswirtschaft wird unter dem Begriff des Preises häufig der Marktpreis und damit der Preis von Gütern auf Märkten verstanden.

J. Franke, *Achsendiagramme in der ökonomischen Bildung*, https://doi.org/10.1007/978-3-658-44460-0_4

folgende grundsätzliche Funktion: Sie sind „die Triebkräfte für das Funktionie-
ren einer Marktwirtschaft" (Mankiw und Taylor 2012, S. 18). Deshalb ist das
Wissen über sie Ausgangspunkt (siehe Abschnitt 3.1) der Bewertungen von und
des Urteils über Ereignisse und wirtschaftspolitische Maßnahmen (Mankiw und
Taylor 2012, S. 18). Das „starke Instrumentarium" der Analyse von Angebot und
Nachfrage kann zur Analyse und Lösung vieler gesellschaftlicher und politischer
Probleme eingesetzt werden (Pindyck und Rubinfeld 2018, S. 34). Dabei zielt
es als Erklärungsmodell (siehe Abschnitt 2.3.2) der Preisbildung insbesondere
auf die Erklärung der Ursache-Wirkungsbeziehungen zwischen verschiedenen
Variablen ab.

Darüber hinaus können Märkte jedoch unterschiedliche Formen annehmen
(Mankiw und Taylor 2012, S. 78). So unterscheiden sie sich beispielsweise in
ihrer Organisiertheit, also dem rechtlichen und institutionellen Rahmen, in dem
sich die Marktteilnehmenden bewegen (Mankiw und Taylor 2012, S. 78) oder
in den angebotenen Gütern, wie beispielsweise auf Faktor- und Gütermärkten
(Baba et al. 2007, S. 61). Mithilfe der Definitionen der Märkte werden solche
Eigenschaften sowie die Interaktionspartner beschrieben (Pindyck und Rubinfeld
2018, S. 29). Die am leichtesten zu untersuchende Marktform ist laut Mankiw
und Taylor (2012, S. 79) der Wettbewerbs- oder Konkurrenzmarkt. Die synony-
men Begriffe beschreiben eine Marktform, bei der mehrere Nachfrager:innen auf
mehrere Anbieter:innen treffen, sodass der Einfluss eines einzelnen Marktteilnehmenden auf den Preis sehr gering bis nicht vorhanden ist (Mankiw und Taylor
2012, S. 106; Pindyck und Rubinfeld 2018, S. 30). Der Preis ergibt sich somit
aus der Interaktion aller Nachfrager:innen und Anbieter:innen. Die aus der Interaktion auf einem vollständigen Wettbewerbs- oder Konkurrenzmarkt gebildeten
Preise werden als Marktpreise betitelt (Pindyck und Rubinfeld 2018, S. 30).

Entsprechend der Kategorisierung in Abschnitt 2.2.1 muss bei der Ausein-
andersetzung mit dem ökonomischen Konstrukt der Preisbildung zwischen der
Theorie und Modellen der Preisbildung unterschieden werden. Die Theorie der
Preisbildung beschreibt grundlegende Systemzusammenhänge und kann durch
Beobachtungen validiert werden (Hausman 1992, S. 75). Ausgehend von der
Theorie der Preisbildung können durch Annahmen Modelle konstruiert werden, die unter anderem zur Generierung von Prognosen dienen können (Pindyck
und Rubinfeld 2018, S. 28). Die im Modell generierten Prognosen können
anschließend unter Berücksichtigung der Modellannahmen auf einen Gültigkeits-
anspruch in anderen Modellen oder in der Realität überprüft werden (Mankiw
und Taylor 2012, S. 79). Ein Beispiel hierfür ist das Modell der Preisbildung im
vollkommenen Markt (Sendker und Müller 2016, S. 2). In diesem Modell gelten

die Annahmen des vollkommenen Marktes und somit (im Folgenden Zuckarelli (2023, S. 241 ff.)):

- die Abwesenheit von zeitlichen, räumlichen und persönlichen Präferenzen
- die Homogenität der Güter und dadurch die Abwesenheit von qualitativen Präferenzen
- das Vorhandensein von vollständiger Konkurrenz, vollkommener Markttransparenz sowie der vollkommenen Informiertheit und Rationalität der Marktteilnehmenden

Anbieter:innen und Nachfrager:innen nehmen den Marktpreis als gegeben an und können deshalb im Modell als Preisnehmer:innen und als Mengenanpasser:innen bezeichnet werden (Mankiw und Taylor 2012, S. 78).

Darüber hinaus wird der Arbeit mit ökonomischen Modellen, zur isolierten Betrachtung der Änderung einer unabhängigen Variable auf die abhängige Variable, häufig die Ceteris-Paribus-Klausel zugrunde gelegt (Zuckarelli 2023, S. 65). Analog zu der freien Übersetzung des lateinischen Begriffs Ceteris-Paribus „unter sonst gleichen Umständen" beschreibt die Annahme die Konstanz aller, bis auf einer, unabhängigen Variablen (Zuckarelli 2023, S. 65). Durch die Isolation wird der Effekt der einen unabhängigen Variable auf die abhängige Variable ohne weitere Einflussfaktoren sichtbar (Zuckarelli 2023, S. 65).

Die historische Entwicklung des Preis-Mengen-Diagramms sowie der fachwissenschaftliche Hintergrund dessen werden im Folgenden dargestellt.

4.1 Geschichte der Entwicklung des Preis-Mengen-Diagramms

Das Preis-Mengen-Diagramm, das umgangssprachlich auch Marshalls Kreuz oder Marshalls Schere genannt wird, wird von den meisten Wissenschaftler:innen Alfred Marshall zugeschrieben (Edling 2023, S. 285). Mithilfe des Preis-Mengen-Diagramms aus Abbildung 4.1 wird die systemische Interaktion von Angebots- und Nachfrageseite bei der Preisbildung auf Märkten veranschaulicht.

Marshall veröffentlichte die Theorie zusammen mit dem Diagramm zuerst 1879 in seinem Werk *Pure Theory of Domestic Values* und anschließend in seinem berühmten Werk *Principles of Economics* im Jahr 1890. Laut Humphrey (1992, S. 3) ist Marshall der wohl einflussreichste und prominenteste Vertreter der Theorie der Preisbildung.

Nichtsdestotrotz haben einige Wissenschaftler:innen vor ihm bereits erste Entwürfe des Modells und Überlegungen zur Theorie entwickelt und somit Vorarbeiten für die Arbeit von Marshall geleistet. So zeichnete Antoine-Augustin Cournot (1836) in seinem Werk *Recherches sur les principes mathématiques de la théorie des richesses (Research into the Mathematical Priciples of the Theory of Wealth)* erstmalig die Marktnachfrage- und anschließend die Marktangebotskurve für ein Gut in einer Grafik und berechnete dabei beispielsweise das wohlfahrtsmaximierende Marktgleichgewicht (Humphrey 1992, S. 4). Diese von Cournot entwickelte Grafik unterscheidet sich von Marshalls Grafik vor allem durch die vertauschte Achsenbeschriftung. So steht bei Cournot die Menge auf der Ordinate und der Preis auf der Abszisse. Der deutsche Ökonom Karl Heinrich Rau entwickelte drei Jahre nach der Veröffentlichung von Cournots Werk ein weiteres Preis-Mengen-Diagramm in seinem Werk *Grundsätze der Volkswirtschaftslehre* im Jahr 1841. Rau entwickelte seine Theorie unabhängig von der Cournots, da er diese wohl nicht kannte (Hennings 1979, S. 6). Im Unterschied zu Cournot und damit im Einklang mit Marshall setzte Rau den Preis auf die Ordinate und die Menge auf die Abszissenachse. Außerdem erklärte Rau erstmalig die Stabilität des markträumenden Gleichgewichts (Humphrey 1992, S. 5). Sowohl Cournot als auch Rau verstanden die Nachfragekurve als Abbildung der empirischen Verkäufe. Jules Dupuit (1952) hingegen beschrieb 1844 die Nachfragekurve als Abbildung des Grenznutzens und entwickelte ausgehend von dieser Erkenntnis das erste Wohlfahrtstheorem (Humphrey 1992, S. 6). Im Rahmen seiner Wohlfahrtsbetrachtungen analysierte er beispielsweise die Auswirkungen von Monopolpreisen, von diskriminierenden Preisen und von Gütersteuern (Humphrey 1992, S. 6). Dabei konzentrierte er sich ausschließlich auf die Nachfragekurve. Hans von Mangoldt (1863) hingegen baute mit seinem Werk *Grundriss der Volkswirtschaftslehre* auf die Arbeit von Rau auf und nahm damit die Angebotskurve wieder in den Fokus. Mit Blick auf die Kostenentwicklungen bildete er erstmalig verschiedene Verläufe der Angebotskurve ab. Humphrey (1992, S. 11) beschreibt diese Entdeckung als Mangoldts „most enduring contribution", seinen nachhaltigsten Beitrag. Darüber hinaus analysierte Mangoldt die Änderungen in Gleichgewichtspreis und Gleichgewichtsmenge bei Verschiebungen der Angebots- und Nachfragekurven.

Ein weiterer Wissenschaftler, der unabhängig von Cournot, Rau, Dupuit und Mangold ein Preis-Mengen-Diagramm entwickelte, ist Fleeming Jenkin (Humphrey 1992, S. 21; Jenkin 1870). Er revolutionierte beispielsweise die Idee der Produzentenrente und stellte erstmalig einen Zusammenhang zum Arbeitsmarkt her mit dem Ziel, die Lohnbildung zu erklären (Humphrey 1992, S. 21). In seinen ersten Arbeiten bildete Jenkins (1870) den Preis auf der Abszisse und

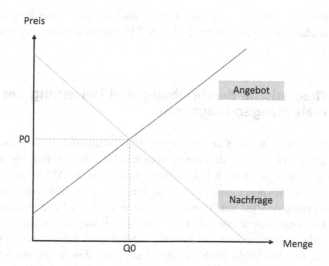

Abbildung 4.1 Preis-Mengen-Diagramm von Alfred Marshall. (In Anlehnung an Marshall (2013, 288))

die Menge auf der Ordinate ab (Strober und Cook 1992, S. 139). Zur gleichen Zeit lehrte Marshall bereits über Angebot und Nachfrage, hatte allerdings noch nichts veröffentlicht. Nichtsdestotrotz behauptete Marshall, seine Theorien unabhängig von Jenkins Veröffentlichungen entworfen zu haben und damit Begründer des Preis-Mengen-Diagramms und der zugehörigen Theorie zu sein (Humphrey 1992, S. 20). Dafür spricht der geringe Bekanntheitsgrad von Jenkins Theorie (Brownlie und Lloyd Prichard 1963, S. 215 f.). Aufgrund von verschiedenen abwertenden Kommentaren anderer Wirtschaftswissenschaftler:innen und Jenkins fehlender ökonomischer Ausbildung wurden seine Innovationen nicht weiter bekannt (Brownlie und Lloyd Prichard 1963, S. 215 f.).

Die Entwicklungsgeschichte verdeutlicht, dass das Preis-Mengen-Diagramm keinesfalls eine Erfindung eines, sondern vielmehr eine unabhängige Entwicklung von primär fünf Wirtschaftswissenschaftlern ist. Dazu gehören Cournot, Rau, Dupuis, Jenkins und Marshall. Die Theorien, auf denen das Preis-Mengen-Diagramm basiert, werden heutzutage zwar Marshall zugeschrieben, sie wurden allerdings von seinen Vorgängern bereits angedacht. Dennoch war es Marshall, der der Theorie eine abschließende, allumfassende und überzeugende Systematik verlieh (Marshall 1890, 2013). Dieser Beitrag und nicht die Erfindung des Diagramms, machte ihn laut Humphrey (1992, S. 21) nachhaltig zum Begründer und Namensgeber.

4.2   Theoretische Beschreibung und Herleitung des Preis-Mengen-Diagramms

Das Preis-Mengen-Diagramm und damit die Theorie und die Modelle der Preisbildung eignen sich sowohl als Instrumentarium für eine positive als auch für eine normative Analyse. Während die positive Analyse in der Mikroökonomie auf Erklärungen und Prognosen, ausgehend von dem Ist-Zustand, abzielt, beschäftigt sich die normative Analyse mit Szenarien, die hypothetische Fälle und Bewertungen von Handlungsalternativen betreffen. Fragen der normativen Analyse gehen somit über die Erklärung und die Prognose durch eine Bewertung dieser hinaus (Pindyck und Rubinfeld 2018, S. 28). Analog werden im Folgenden zuerst einige Instrumente der positiven Analyse des Preis-Mengen-Diagramms eines vollkommenen Marktes dargestellt[3]. Dafür wird die Marktnachfrage und das Marktangebot hergeleitet, um darauf aufbauend Marktgleichgewichte sowie Preiselastizitäten zu erläutern. Anschließend werden Instrumentarien zur Analyse von normativen Fragen der Wohlfahrtsökonomik dargestellt.

4.2.1   Von der individuellen Nachfrage zur Marktnachfrage

Zentrales Ziel der Nachfrager:innen ist grundsätzlich die Bedürfnisbefriedigung. Dabei ergibt sich die Notwendigkeit des Wirtschaftens für die Nachfrager:innen aus der Knappheit der Güter und des Einkommens. Die Güter und die eigene Kaufkraft sind, im Vergleich zu den Bedürfnissen, begrenzt (Baba et al. 2007, S. 11; Eckstein und Weitz 2015, S. 32). Somit versuchen die Nachfrager:innen stets die günstigste Güterallokation zu wählen, die die eigenen Bedürfnisse am besten befriedigt und dadurch den größten individuellen Nutzen stiftet (Baba et al. 2007, S. 12).

---

[3] Die folgenden Ausführungen orientieren sich aufgrund der Bedeutung für die Sekundarstufe II (Ministerium für Kultus, Jugend und Sport 2016) und den in Abschnitt 6.2 vorgestellten Erhebungsinstrumenten stets an der Modellannahme des vollkommenen Marktes und sind unter anderem deswegen keinesfalls allumfassend.

Die Nachfragemenge beschreibt dabei die Menge, die die Nachfrager:innen kaufen können und wollen (Mankiw und Taylor 2012, S. 80). Grundlage der Abwägungen ist das in Kapitel 4 beschriebene Optimierungsprinzip. Konsument:innen versuchen, mit den vorhandenen Mitteln unter Berücksichtigung ihrer Präferenzen die bestmögliche Konsumentscheidung zu treffen (Varian 2016, S. 323). Demnach ist die nachgefragte Menge beispielsweise abhängig von dem Einkommen und den Preisen der Güter (Varian 2016, S. 125). Bei gewöhnlichen Gütern sinkt unter sonst gleichen Bedingungen die nachgefragte Menge nach einem Gut mit steigendem Preis (Varian 2016, S. 106)[4]. Nachfragemenge und Preis stehen somit in einem negativen Zusammenhang zueinander. Da dieser funktionale Zusammenhang für alle gewöhnlichen Güter einer Volkswirtschaft gültig ist, wird er als Gesetz der Nachfrage betitelt (Mankiw und Taylor 2012, S. 80). Neben dem Preis ist das Einkommen ein weiteres Beispiel für einen Einflussfaktor auf die Nachfragemenge. Je höher das Einkommen der Konsument:innen, desto mehr können sie für ein Gut ausgeben (Pindyck und Rubinfeld 2018, S. 50).

Änderungen der Nachfrage werden je nach Auslöser in zwei Effekte differenziert. Ändert sich die Nachfrage aufgrund einer Preisänderung, so wird dies als Substitutionseffekt bezeichnet. Ändert sich die Nachfrage hingegen aufgrund einer Veränderung des Einkommens und somit der Kaufkraft der Konsument:innen, spricht man von einem Einkommenseffekt. Die gesamte Änderung der Nachfrage bei einer Preisänderung ergibt sich mithilfe der Slutsky-Gleichung aus der Summe von Einkommens- und Substitutionseffekt (Varian 2016, S. 171). Dementsprechend müssen bei der Analyse von Preisänderungen und deren Auswirkungen auf die Nachfrage stets beide Effekte berücksichtigt werden. Ausgehend von der Slutsky-Gleichung wird die Nachfrage nach gewöhnlichen Gütern bei einer Preissteigerung stets sinken, da sich Einkommens- und Substitutionseffekt gegenseitig verstärken (Varian 2016, S. 161).

Allgemein kann die Richtung des funktionalen Zusammenhangs zwischen Preis und Nachfrage Ceteris-Paribus (Pindyck und Rubinfeld 2018, S. 51) wie in Abbildung 4.2 visualisiert werden.

Somit ist, wie bereits in Abschnitt 2.3.3 beschrieben, die grafische Darstellung der Nachfragekurve mithilfe des Preis-Mengen-Diagramms eine von mehreren möglichen Visualisierungsformen. Bei ihr wird analog zur Konvention in der Ökonomie der Preis auf der Ordinate und die Menge auf der Abszisse abgetragen (Mankiw und Taylor 2012, S. 172). Die Nachfragekurve setzt somit

---

[4] Gewöhnliche Güter beschreiben nur eine von verschiedenen Güterarten. Einen Überblick über weitere Güterarten gibt beispielsweise Varian (2016, S. 116).

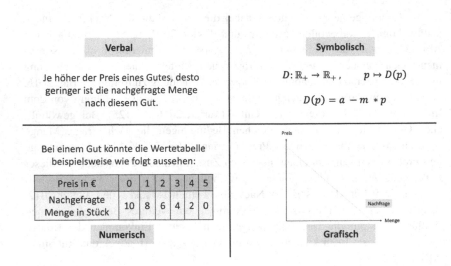

Abbildung 4.2 Visualisierungen des funktionalen Zusammenhangs der nachgefragten Menge und dem Preis. (Eigene Darstellung)

den Preis in Beziehung zu der nachgefragten Menge eines Gutes und gibt die nachgefragte Menge bei den verschiedenen Preisen an (Varian 2016, S. 4). Die Werte auf der Nachfragekurve entsprechen der maximalen Zahlungsbereitschaft der Konsument:innen (Mankiw und Taylor 2012, S. 172). Der Schnittpunkt von Nachfragekurve und Abszisse wird als Sättigungsmenge bezeichnet. Ab diesem Punkt stiftet der Konsum einer weiteren Einheit des Gutes der Nachfragerin oder dem Nachfrager keinen weiteren Nutzen. Der Grenznutzen und somit auch die Zahlungsbereitschaft sind demnach in der Sättigungsmenge gleich null (Bofinger 2011, S. 65). Der Schnittpunkt der Nachfragekurve mit der Ordinate veranschaulicht den Preis, bei dem die Konsumentin oder der Konsument das Gut nicht mehr nachfragt, da der Preis höher ist als der erwartete Grenznutzen des Konsums. Dieser wird als Prohibitivpreis bezeichnet (Bolza 1966, S. 182).

Ceteris-Paribus werden alle Variablen bis auf den Preis bei der grafischen Darstellung der Nachfragekurve konstant gehalten (Mankiw und Taylor 2012, S. 85). Somit ist die Nachfragekurve das Ergebnis von mathematischer Modellierung und entsteht nicht durch einen direkten Übertrag von empirischen Erkenntnissen. Dadurch resultiert eine Änderung des Preises in einer Bewegung auf der Nachfragekurve und in einer Veränderung der nachgefragten Menge (Mankiw und Taylor

2013, S. 85). Sollte sich jedoch einer der bisher konstant gehaltenen Einflussfaktoren, wie beispielsweise die Vorlieben der Konsumentin oder des Konsumenten, das Einkommen oder die Erwartungen der Konsumentin oder des Konsumenten ändern, verschiebt sich die Nachfragekurve nach links und rechts. Aus mathematischer Sicht sind die Verschiebungen nach rechts oder nach oben und nach links oder nach unten aufgrund der negativen Steigung der Nachfragekurve sowie der Unendlichkeit des linearen Graphen in $\mathbb{R}^+$ äquivalent. Demnach ergibt sich aus der Änderung des Preises ein Nachfrageanstieg oder ein Nachfragerückgang (Mankiw und Taylor 2012, S. 83).

Bisher wurde stets die Konsumentscheidung einer Konsumentin oder eines Konsumenten analysiert. Für Aussagen über die Beziehung zwischen Erlös und Nachfrage oder die Funktionsweise von Märkten muss jedoch die Konsumentscheidung aller Konsument:innen betrachtet werden (Varian 2016, S. 299). Ein Maß dafür ist die Marktnachfrage. Diese ergibt sich aus der Kumulation, also der Summe der Konsumentscheidungen der einzelnen Konsument:innen (Mankiw und Taylor 2012, S. 82). Die mathematische Modellierung der Marktnachfrage stellt einen funktionalen Zusammenhang zwischen der nachgefragten Gesamtmenge eines Gutes und dem Preis dar (Mankiw und Taylor 2012, S. 82). Dieser kann grafisch mithilfe der Marktnachfragekurve visualisiert werden. Analog zur theoretischen Herleitung ergibt sich die Marktnachfragekurve aus der horizontalen Addition der individuellen Nachfragekurven (Varian 2016, S. 316). Mithilfe dieses Ansatzes kann beispielsweise der Einfluss einer einzelnen Konsumentscheidung auf die Marktnachfrage veranschaulicht werden (Mankiw und Taylor 2012, S. 82). Entsprechend werden alle Einflussfaktoren, außer dem Preis, konstant gehalten. Während bei der individuellen Nachfragekurve beispielsweise das Einkommen einen Einflussfaktor darstellt, ist die Verteilung des Einkommens ein Einflussfaktor auf die Marktnachfrage (Varian 2016, S. 299).

4.2.2 Von dem individuellen Angebot zum Marktangebot

Das zentrale Ziel der Anbieter:innen ist die Gewinnmaximierung. Dabei ergibt sich der Gewinn aus der Differenz von Erlösen und Gesamtkosten. Die Gesamtkosten sind die Summe aus fixen, von der Outputmenge unabhängigen und variablen, von der Outputmenge abhängigen Kosten (Varian 2016, S. 421). Dadurch hängt die angebotene Menge nicht nur vom Preis, sondern beispielsweise auch von den Produktionskosten ab (Pindyck und Rubinfeld 2018, S. 49).

Zur Produktion einer Menge über der langfristigen Preisuntergrenze des Betriebs-
optimums müssen die Grenzkosten, die Kosten einer weiteren Produktionseinheit,
die durchschnittlichen Produktionskosten übersteigen (Zuckarelli 2023, S. 233 f.).
Die Angebotsmenge beschreibt dabei die Menge, die die Anbieter:innen verkaufen können und wollen (Mankiw und Taylor 2012, S. 88). Auch dieser Abwä-
gungsentscheidung liegt, entsprechend der Entscheidung der Nachfrager:innen,
das Optimierungsprinzip zugrunde. Die Produzent:innen versuchen, mit Blick
auf ihre Mittel und die Kosten, die für sich beste Angebotsmenge zu bestimmen
(Varian 2016, S. 323). Mit Blick auf das zentrale Ziel der Gewinnmaximierung
beschreibt somit ein positiver, funktionaler Zusammenhang die Beziehung von
Preis und angebotener Menge (Varian 2016, S. 421). Dieser funktionale Zusammenhang wird als Gesetz des Angebots beschrieben. Das Gesetz besagt: Je höher
der Marktpreis, desto höher ist die angebotene Menge (Mankiw und Taylor 2012,
S. 89).

Die Richtung des allgemeinen, funktionalen Zusammenhangs unter der
Ceteris-Paribus-Klausel zwischen Preis und Angebot kann, wie in Abbildung 4.3
dargestellt, visualisiert werden.

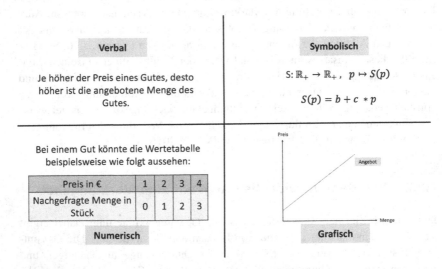

Abbildung 4.3 Visualisierungen des funktionalen Zusammenhangs der angebotenen
Menge und des Preises. (Eigene Darstellung)

Somit ist auch hier die grafische Darstellung mithilfe der Angebotskurve im Preis-Mengen-Diagramm eine mögliche Form der Visualisierung. Analog zur Nachfragekurve wird auch hier im Preis-Mengen-Diagramm der Preis auf der Ordinate und die Menge auf der Abszisse abgetragen (Mankiw und Taylor 2012, S. 80). Sie ist jedoch positiv geneigt, da ein positiver Zusammenhang zwischen Preis und angebotener Menge zugrunde liegt (Pindyck und Rubinfeld 2018, S. 48). Grund dafür sind beispielsweise die steigenden Grenzkosten (Zuckarelli 2023, S. 233 f.). Die Angebotskurve schneidet die Ordinate aufgrund der fixen Kosten nicht im Ursprung. Erst wenn der Preis dem Betriebsminimum gleicht, rentiert sich die Produktion und der Verkauf der Güter für die Anbieterin oder den Anbieter langfristig, da die Grenzkosten die durchschnittlichen Kosten in dem Punkt schneiden.

Sollte sich unter sonst gleichen Bedingungen der Preis des Produktes ändern, so führt dies, analog zur Nachfragekurve, zu einer Bewegung auf der Angebotskurve und somit zu einer Änderung der angebotenen Menge (Mankiw und Taylor 2012, S. 92). Ändern sich jedoch andere Bestimmungsfaktoren des Angebots, wie beispielsweise Input- oder Einkaufspreise, die Erwartungen der Anbieterin oder des Anbieters oder gibt es technischen Fortschritt in der Produktion, so führt dies zu einer Verschiebung der Angebotskurve nach links und rechts. Im Vergleich zur Nachfragekurve sind die Begriffe oben und unten aufgrund der positiven Steigung der Kurve anders verteilt. Eine Verschiebung der Angebotskurve nach rechts gleicht somit einer Verschiebung nach unten, eine Verschiebung nach links einer Verschiebung nach oben. Diese Änderungen in den Bestimmungsgrößen führen folgend zu einem Angebotsanstieg oder -rückgang (Mankiw und Taylor 2012, S. 106).

Analog zur Marktnachfrage ist das Marktangebot ein aggregiertes, also kumuliertes Maß für das Verhalten aller Anbieter:innen. Demnach ist das Marktangebot die Summe der individuellen Angebote aller Verkäufer:innen (Mankiw und Taylor 2012, S. 89) und dadurch ein Instrument zur Analyse der Funktionsweise des Marktes (Varian 2016, S. 299). Der funktionale Zusammenhang der mathematischen Modellierung des Marktangebots zwischen der angebotenen Gesamtmenge und dem Preis kann mithilfe der Marktangebotskurve visualisiert werden. Analog zur Marktnachfragekurve ist diese die horizontale Summe der individuellen Angebotskurven (Varian 2016, S. 316).

4.2.3 Der Marktmechanismus und Veränderungen im Marktgleichgewicht

Der Vergleich unterschiedlicher Gütermengen (Varian 2016, S. 19) sowie die Analyse von Gleichgewichten stellen zwei von mehreren Erkenntniszielen, die mithilfe des Preis-Mengen-Diagramms bearbeitet werden können, dar. Dabei wird der Begriff des Gleichgewichts in der Wirtschaftswissenschaft unterschiedlich definiert (Varian 2016, S. 3). Im Fall des Modells der Preisbildung im vollkommenen Markt beschreibt das Gleichgewicht einen stabilen Zustand, in dem angebotene und nachgefragte Gesamtmenge gleich sind (Mankiw und Taylor 2012, S. 93). Das Verhalten der Konsument:innen und der Produzent:innen ist im Fall des Marktgleichgewichts konsistent (Varian 2016, S. 3).

Ein Kriterium zum Vergleich von Gütermengen ist das nach dem Soziologen und Ökonomen Vilfredo Pareto benannten Kriterium der Pareto-Effizienz (Varian 2016, S. 16 f.). Pareto-Effizienz ist eines von mehreren Zielen der Wirtschaftspolitik und beschreibt einen Zustand, bei dem keine Pareto-Verbesserung möglich ist. Die Chance zur Pareto-Verbesserung ist dann gegeben, wenn es eine Möglichkeit gibt, eine Person besser zu stellen, ohne jemand anderes schlechter zu stellen (Varian 2016, S. 16 f.). Ein solcher Zustand wird entsprechend als Pareto-Ineffizienz bezeichnet (Varian 2016, S. 16 f.). Eine pareto-effiziente Gütermenge ist beispielsweise der Schnittpunkt von Marktnachfrage- und Marktangebotskurve. Abbildung veranschaulicht den Schnittpunkt der beiden Kurven. Die angebotene Gesamtmenge entspricht der nachgefragten Gesamtmenge, sodass der Markt „geräumt" ist (Mankiw und Taylor 2012, S. 93). Aufgrund der Pareto-Effizienz hat keiner der ökonomischen Akteur:innen einen Grund, sein Verhalten zu ändern (Varian 2016, S. 7). Dementsprechend ist das Gleichgewicht unter der Annahme konstanter Einflussfaktoren auf Marktnachfrage und Marktangebot stabil, da sich die verschiedenen Kräfte die Waage halten (Mankiw und Taylor 2012, S. 93).

Die Existenz eines Marktgleichgewichts ergibt sich aus der Beweglichkeit des Marktpreises. Aufgrund dessen kann stets gewährleistet werden, dass Angebot und Nachfrage zur Übereinstimmung kommen (Varian 2016, S. 2). Die Erreichung des Marktgleichgewichts ergibt sich aus der Analyse der paretoineffizienten Punkte.

Liegt der Marktpreis, wie in Abbildung 4.4 skizziert, beispielsweise über dem Gleichgewichtspreis P0 in dem Preis C1, herrscht auf dem Markt ein Angebotsüberschuss, welcher zu einem Rückgang des Marktpreises führt. Liegt der Marktpreis hingegen unter dem Gleichgewichtspreis auf dem Preis C2, so liegt ein Nachfrageüberschuss vor. Der Überschuss an Nachfrage führt langfristig zu

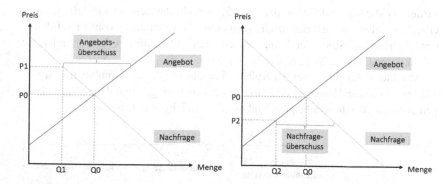

Abbildung 4.4 Angebots- und Nachfrageüberschuss im Preis-Mengen-Diagramm. (Eigene Darstellung)

einer Erhöhung des Marktpreises (Mankiw und Taylor 2012, S. 106)[5]. In beiden Fällen haben Nachfrager:innen und Anbieter:innen so lange einen Grund zur Verhaltensänderung, was in einer Änderung des Marktpreises resultiert, bis der Preis im Gleichgewichtspreis P0 liegt (Mankiw und Taylor 2012, S. 95). Somit sind es die Entscheidungen von Nachfrager:innen und von Anbieter:innen, die den Marktpreis stets in Richtung des Gleichgewichtspreises lenken (Mankiw und Taylor 2012, S. 106 f.). Die systemische Interaktion von Nachfrage und Angebot und somit das „Phänomen der Preisanpassung" (Mankiw und Taylor 2012, S. 95) lässt sich in einem Gesetz aus Nachfrage und Angebot zusammenfassen. Dieses besagt, dass sich der Marktpreis so lange anpasst, bis Nachfrage und Angebot übereinstimmen (Mankiw und Taylor 2012, S. 95).

Bisher wurden alle Einflussfaktoren, den Preis ausgenommen, auf Marktnachfrage und Marktangebot konstant gehalten. Variieren diese, so kann es, wie bereits beschrieben, zu Änderungen der Marktnachfrage und des Marktangebots kommen. Der Vergleich zweier Marktgleichgewichte ist Gegenstandsbereich der komparativen, der vergleichenden Statik (Varian 2016, S. 19 + 105). Im Sinne der komparativen Statik steht lediglich die Analyse und der Vergleich von Gleichgewichten, nicht jedoch die Überführung von Gleichgewichten im Fokus (Varian 2016, S. 9). So kann die Einstellung eines Marktgleichgewichts viel Zeit in Anspruch nehmen (Varian 2016, S. 9) und auf unterschiedlichen Märkten stark

---

[5] Grund für die Anpassungsprozesse des Marktpreises ist beispielsweise der in Abschnitt 4.2.5 erklärte, mit den Überschüssen einhergehende, gesamtwirtschaftliche Wohlfahrtsverlust, welcher im Sinne der unsichtbaren Hand langfristig bereinigt wird.

variieren (Mankiw und Taylor 2012, S. 95). Sowohl die Zeit der Einstellung eines Gleichgewichts als auch potenzielle temporäre Abweichungen vom Marktgleichgewicht sind im Sinne der komparativen Statik allerdings nicht von Interesse (Mankiw und Taylor 2012, S. 95; Varian 2016, S. 9).

Abbildung 4.5 gibt einen Überblick über die möglichen Kombinationen von Marktnachfrageänderungen und Marktangebotsänderungen und deren Auswirkungen auf den Gleichgewichtspreis und auf die Gleichgewichtsmenge.

	Keine Angebotsänderung	Angebotsanstieg	Angebotsrückgang
Keine Nachfrageänderung	• Gleichgewichtsmenge unverändert • Gleichgewichtspreis unverändert	• Gleichgewichtsmenge sinkt • Gleichgewichtspreis sinkt	• Gleichgewichtsmenge sinkt • Gleichgewichtspreis steigt
Nachfrageanstieg	• Gleichgewichtsmenge steigt • Gleichgewichtspreis steigt	• Gleichgewichtsmenge steigt • Gleichgewichtspreis nicht eindeutig	• Gleichgewichtsmenge nicht eindeutig • Gleichgewichtspreis steigt
Nachfragerückgang	• Gleichgewichtsmenge sinkt • Gleichgewichtspreis sinkt	• Gleichgewichtsmenge nicht eindeutig • Gleichgewichtspreis sinkt	• Gleichgewichtsmenge sinkt • Gleichgewichtspreis nicht eindeutig

Abbildung 4.5 Auswirkungen von Marktangebots- und Marktnachfrageänderungen auf den Gleichgewichtspreis und die Gleichgewichtsmenge. (In Anlehnung an Mankiw und Taylor (2012, S. 104))

Mithilfe des Preis-Mengen-Diagramms können diese Wirkungsmechanismen visualisiert werden. Die in Abbildung 4.5 als Anstieg oder Rückgang beschriebene Veränderung resultiert grafisch in einer Verschiebung der entsprechenden Kurve. Aufgrund der Verschiebung ändert sich das Marktgleichgewicht und damit der Gleichgewichtspreis und die Gleichgewichtsmenge (Mankiw und Taylor 2012, S. 106 f.). Zum Beispiel führt ein Anstieg der Marktnachfrage bei unverändertem Marktangebot laut Abbildung 4.5 zu einem Anstieg von Gleichgewichtspreis und Gleichgewichtsmenge.

Mathematisch modelliert verschiebt sich die Nachfragekurve, wie in Abbildung 4.6 dargestellt, bei einem Nachfrageanstieg nach rechts. Durch die Verschiebung des Marktgleichgewichts erhöht sich der Gleichgewichtspreis von P0 auf P1 und die Gleichgewichtsmenge von Q0 auf Q1.

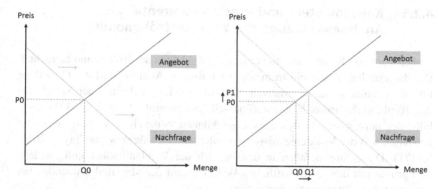

Abbildung 4.6 Auswirkungen einer Marktnachfrageerhöhung auf den Gleichgewichtspreis und die Gleichgewichtsmenge. (Eigene Darstellung)

4.2.4 Preiselastizität von Angebot und Nachfrage

Das Gesetz der Nachfrage und das Gesetz des Angebots geben an, wie Nachfrage und Angebot auf eine Preisänderung reagieren (Mankiw und Taylor 2012, S. 112). Neben der Wirkungsrichtung ist zusätzlich das Wirkungsmaß bei der Analyse von Ereignissen von Interesse. Wie empfindlich Nachfrage und Angebot auf eine Preisänderung reagieren, gibt die Preiselastizität der Nachfrage und die Preiselastizität des Angebots an (Mankiw und Taylor 2012, S. 111). Neben der Preiselastizität ist die Steigung der Kurven ein weiteres Maß für die Empfindlichkeit der Menge auf eine Preisänderung. Allerdings bringt die Steigung als Wirkungsmaß einige Nachteile, wie beispielsweise die Abhängigkeit von den Einheiten, in denen Preis und Menge gemessen werden, mit sich. Aufgrund dessen benutzen Ökonom:innen das dimensionslose Maß der Elastizität für die Analyse von Wirkungen (Varian 2016, S. 304). Dabei gibt es neben der Preiselastizität weitere Elastizitätsmaße, wie die Einkommenselastizität oder die Kreuzpreiselastizität (Mankiw und Taylor 2012, S. 123 f.).

In Abhängigkeit von der Empfindlichkeit werden die Kurven in die Kategorien *vollkommen elastisch (Preiselastizität → ∞), elastisch (Preiselastizität > 1), proportional (Preiselastizität = 1), unelastisch (0 < Preiselastizität < 1)* und *vollkommen unelastisch (Preiselastizität = 0)* eingeteilt. Berechnet werden die Preiselastizitäten durch die Division von der Prozentänderung der Menge und der Prozentänderung des Preises. Aufgrund der negativen Steigung wird bei der Preiselastizität der Nachfrage stets der Betrag genommen (Varian 2016, S. 304).

4.2.5 Konsumenten- und Produzentenrente[6] als Analysewerkzeuge der Wohlfahrtsökonomik

Bisher wurde im Rahmen einer positiven Analyse stets der Ist-Zustand betrachtet. Die dargestellten Analyseinstrumente der positiven Analyse sind die Grundlage für die Instrumente der normativen Analyse, welche wieder auf der Marktform des Wettbewerbsmarkts basieren (Pindyck und Rubinfeld 2018, S. 371). Mithilfe der normativen Analysewerkzeuge können beispielsweise Fragen zu der Erwünschtheit der Marktergebnisse bearbeitet werden (Mankiw und Taylor 2012, S. 171). Diese Fragen fallen in den Bereich der Wohlfahrtsökonomik, welche sich primär mit dem wirtschaftlichen Wohlbefinden der Marktteilnehmenden bei verschiedenen Gütermengen beschäftigt.

Der Begriff der Wohlfahrt stammt von dem englischen Begriff „welfare" ab und steht für alle gesellschaftlich angestrebten Ziele wie beispielsweise Frieden, Sicherheit, Wohlstand und Gerechtigkeit (Blohm 1978, S. 3). Somit spielen sowohl die individuelle Wohlfahrt als auch die Gesamtwohlfahrt, eine Rolle bei der Analyse von Wohlbefinden (Blohm 1978, S. 3). Analog zu dieser Unterscheidung hat sich in der Ökonomie die Differenzierung zwischen dem subjektiven Wohlbefinden und dem objektiven, ökonomischen Wohlbefinden durchgesetzt (Mankiw und Taylor 2012, S. 172). Das subjektive Wohlbefinden beschreibt den individuellen Zustand einer Person und ist mit der individuellen Wohlfahrt gleichzusetzen. Gemessen werden kann diese beispielsweise mithilfe der Lebenszufriedenheit (Mankiw und Taylor 2012, S. 172). Die Gesamtwohlfahrt entspricht hingegen dem objektiven, ökonomischen Wohlbefinden und kann mithilfe von Operatoren, wie beispielsweise dem Lebensstandard oder der Lebenserwartung, gemessen werden (Mankiw und Taylor 2012, S. 172). Die Termini der Gesamtwohlfahrt und der objektiven, ökonomischen Wohlfahrt werden häufig unter dem Begriff der Lebensqualität subsumiert (Blohm 1978, S. 3).

Die Wohlfahrt der Konsument:innen und damit die Gewinne oder Verluste, die sich aus einem Marktergebnis für die Konsument:innen ergeben, werden durch die Konsumentenrente erfasst. Diese misst den aggregierten Nettovorteil, den die Konsument:innen aus einem Mark ziehen (Pindyck und Rubinfeld 2018, S. 371). Grundlage der Konsumentenrente ist die Annahme der Nationalökonom:innen, dass sich die Nachfrager:innen rational verhalten und ihre Präferenzen in den Konsumentscheidungen berücksichtigen. Aufgrund dessen

---

[6] Analog
zur Konvention in der Ökonomie wird die maskuline Form der Begriffe Konsumenten- und Produzentenrente verwendet. Diese beziehen sich jedoch auf alle Geschlechter.

kann angenommen werden, dass die Konsumentenrente den Nutzen der Konsument:innen widerspiegelt (Mankiw und Taylor 2012, S. 178). Rechnerisch ergibt sich die Konsumentenrente für jede:n Nachfrager:in aus der Differenz ihrer Zahlungsbereitschaft und des Marktpreises. Da die Zahlungsbereitschaft den Nutzen widerspiegelt, den die Konsument:innen einem Gut beimessen, gibt die Konsumentenrente den Nettonutzen des Konsums eines Gutes an (Varian 2016, S. 294). Grafisch kann die Konsumentenrente mithilfe der Nachfragekurve visualisiert werden. Wie bereits beschrieben spiegelt die Marktnachfragekurve die Zahlungsbereitschaft aller Konsument:innen im Markt und somit den Nutzen, den die Konsument:innen dem Konsum eines Gutes beimessen. Wie in Abbildung 4.7 veranschaulicht, ergibt sich die Konsumentenrente somit aus der Differenz zwischen Marktnachfragekurve und Marktpreis (Mankiw und Taylor 2012, S. 176).

Abbildung 4.7
Konsumentenrente im
Preis-Mengen-Diagramm.
(Eigene Darstellung)

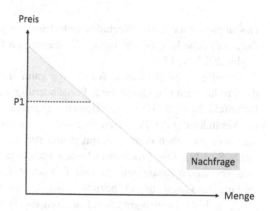

In diesem Fall entspricht die Konsumentenrente dem hellgrauen Dreieck unter der Marktnachfragekurve.

Mithilfe der Konsumentenrente können beispielsweise die Auswirkungen von Preisänderungen auf die Nachfrager:innen analysiert werden (Pindyck und Rubinfeld 2018, S. 185). Sollte sich der Marktpreis, wie beispielsweise in Abbildung 4.8 dargestellt, von Preis P1 auf P2 verringern, so führt dies zu einer höheren Wohlfahrt der Konsument:innen. Die Fläche der zusätzlichen Rente hat Trapezform und visualisiert die aus der Preisänderung resultierende Nutzenerhöhung (Varian 2016, S. 294).

Das dunkelgraue Dreieck beschreibt den Nettovorteil der Konsument:innen, die entweder neu am Marktgeschehen teilnehmen oder die mehr Menge nachfragen. Ihre Zahlungsbereitschaft ist nun gleich oder höher als der Marktpreis.

Abbildung 4.8
Auswirkungen einer
Preissenkung auf die
Konsumentenrente. (Eigene
Darstellung)

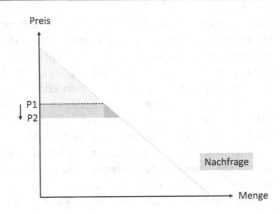

Das angrenzende graue Rechteck unterhalb der gestrichelten Linie verdeutlicht die zusätzliche Konsumentenrente der bisherigen Konsument:innen (Mankiw und Taylor 2012, S. 174).

Mithilfe eines ähnlichen Werkzeugs kann der Gewinn und der Verlust für die Produzent:innen durch eine Preisänderung bestimmt werden (Pindyck und Rubinfeld 2018, S. 371). Eine Bewertung dessen ergibt sich aus der Betrachtung der Veränderung der Produzentenrente. Die Produzentenrente ergibt sich aus der Differenz zwischen dem Marktpreis und den Grenzkosten (Mankiw und Taylor 2012, S. 179). Die Produktionskosten setzen sich aus dem Geldwert und den Faktoreinsätzen zusammen, die eine Produzentin oder ein Produzent bei der Herstellung des Gutes ausgibt, beziehungsweise einsetzen muss (Mankiw und Taylor 2012, S. 179). Dementsprechend umfasst die Produzentenrente jene Zahlungen, die über den Mindestpreis für die Produktion eines Gutes hinausgehen (Varian 2016, S. 491).

Da diese Kosten mithilfe der Angebotskurve visualisiert werden, ergibt sich die Produzentenrente grafisch wie in Abbildung 4.9 dargestellt.

Das hellgraue Dreieck beschreibt die Fläche zwischen Angebotskurve und Marktpreis und veranschaulicht die Produzentenrente.

Die Auswirkungen einer Preisänderung auf die Produzent:innen können beispielsweise mithilfe der Produzentenrente analysiert werden. Erhöht sich beispielsweise der Marktpreis, wie in Abbildung 4.10 visualisiert von P1 auf P2, so erhöht sich die Produzentenrente um die recht- und die dreieckige Fläche über der gestrichelten Linie.

Abbildung 4.9
Produzentenrente im
Preis-Mengen-Diagramm.
(Eigene Darstellung)

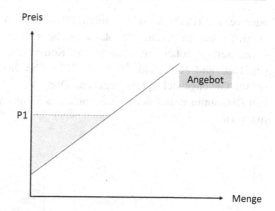

Abbildung 4.10
Auswirkungen einer
Preiserhöhung auf die
Produzentenrente. (Eigene
Darstellung)

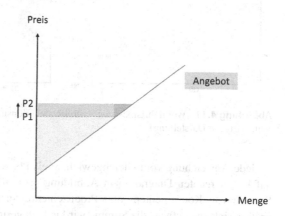

Die rechteckige Fläche veranschaulicht die zusätzliche Produzentenrente der bereits bei dem Preis P1 am Markt teilnehmenden Produzent:innen. Das dunkelgraue Dreieck hingegen verdeutlicht die Produzentenrente der aufgrund des höheren Marktpreises neu am Markt teilnehmenden Produzent:innen sowie der Produzent:innen, die ihre Produktionsmenge erhöht haben (Mankiw und Taylor 2012, S. 179)

Durch eine systematische Analyse von Konsumenten- und Produzentenrente können die Auswirkungen von Markteingriffen, wie beispielsweise von staatlichen Interventionen wie Steuern oder Mindestpreise, bewertet werden. Die Gegenüberstellung der beiden Renten zeigt auf, wer in welchem Maß gewinnt

oder verliert (Pindyck und Rubinfeld 2018, S. 372). Bewertet werden die Markt-
eingriffe mit Blick auf die ökonomische Effizienz. Die Eingriffe sind umso
effizienter, je höher die Summe aus Konsumenten- und Produzentenrente ist
(Pindyck und Rubinfeld 2018, S. 377). Die höchste ökonomische Effizienz
ist im Gleichgewichtspreis gegeben. Dort ist, wie in Abbildung 4.11 im lin-
ken Diagramm visualisiert, die Summe aus Konsumenten- und Produzentenrente
maximal.

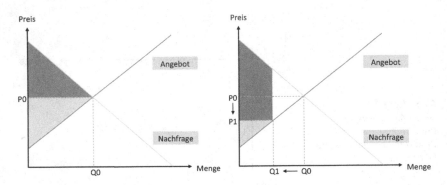

Abbildung 4.11 Wohlfahrtsmessung mithilfe der Konsumenten- und der Produzentenrente. (Eigene Darstellung)

Jede Abweichung vom Gleichgewichtspreis P0, wie beispielsweise nach unten
auf P1 im rechten Diagramm in Abbildung 4.11, führt zu einer Minderung der
Summe von Konsumenten- und Produzentenrente. Die Konsumentenrente ver-
größert sich zwar etwas, die Summe wird jedoch geringer. Die Differenz zwischen
der Summe vor und nach der Preissenkung veranschaulicht das weiße Dreieck
zwischen Angebots- und Nachfragekurve. Die Preissenkung führt in Folge dessen zu einer Wohlfahrtsminderung um die Größe der weißen Fläche (Mankiw
und Taylor 2012, S. 188). Das Beispiel verdeutlicht, warum die Gütermenge
im Marktgleichgewicht ökonomisch am effizientesten ist. Darüber hinaus wird
erkenntlich, dass die Gütermengen in einem vollkommenen Markt durch die
wirkenden Kräfte ökonomisch effizient verteilt werden (Pindyck und Rubinfeld 2018, S. 703). Diese Erkenntnis liegt der von Adam Smith beschriebenen
Theorie der unsichtbaren Hand zugrunde. Demnach werden die Ressourcen und
somit die Güter im Zusammenspiel der Marktkräfte effizient verteilt, ohne dass
regulierend eingegriffen werden muss (Smith 1999, S. 371). Zwar lassen sich
effiziente Ergebnisse auch durch staatliche Eingriffe, beispielsweise mittels einer

Planwirtschaft, erzielen, gemessen an den dafür notwendigen, hohen Informationskosten ist die Lösung im vollkommenen Markt jedoch vorzuziehen (Pindyck und Rubinfeld 2018, S. 704). Die grundlegende Erkenntnis wird in dem ersten Hauptsatz der Wohlfahrtsökonomik treffend zusammengefasst: Auf einem Wettbewerbsmarkt handelnde Marktteilnehmer:innen führen alle gegenseitig vorteilhaften Geschäfte durch, wodurch die sich ergebende Gleichgewichtsallokation der Güter ökonomisch effizient ist (Pindyck und Rubinfeld 2018, S. 703).

Forschungsstand zu Schülervorstellungen bezüglich des Preis-Mengen-Diagramms und angestrebte Forschungserweiterung

5

"Be careful how you interpret the world: It is like that" (Heller, 1975, S.23). Mit diesen Worten betont der Essayist Erich Heller (1975, S. 23) die grundlegende Relevanz von Vorstellungen für das eigene Verständnis der Welt. So haben individuelle Interpretationen der Welt unter anderem Auswirkungen darauf, wie eine Person die Welt wahrnimmt (Philipp 2007, S. 258). Einen objektiven Blick auf die Welt und auf die Dinge in der Welt zu werfen, ist daher kaum möglich. Der Blick auf die Welt fällt stets durch die Linse unserer Vorstellungen (Philipp 2007, S. 257 f.). Diese Linse und somit die Vorstellungen verändern den Blick auf die Welt und beeinflussen somit auch Interpretationen dieser (Kirchner 2016, S. 55).

Über diese grundsätzliche Erkenntnis hinaus unterscheiden sich die Definitionen und Auffassungen des Begriffs der Vorstellung zwischen, als auch innerhalb der Fachdidaktiken. Deshalb wird folgend zuerst der Begriff der Vorstellung, mit Blick auf die ökonomische Bildung, von nahestehenden Begriffen wie beispielsweise der Überzeugung, dem Wissen oder der subjektiven Theorien abgegrenzt und anschließend definiert. Diese Definition ist Ausgangspunkt des folgend dargestellten Verständnisses von Vorstellungen von Schüler:innen und deren Relevanz für die Unterrichtsgestaltung. Empirische Erkenntnisse zu Schülervorstellungen zum *Denken in ökonomischen Modellen* sowie zum Modell der Preisbildung im vollkommenen Markt und dessen Visualisierung durch das Preis-Mengen-Diagramm werden anschließend dargestellt. Dafür werden zuerst empirische Erkenntnisse aus der ökonomischen Bildung veranschaulicht, welche nach einer Diskussion über die Gültigkeit durch Erkenntnisse der Didaktiken der Naturwissenschaften und der Mathematik um empirische Erkenntnisse aus diesen Bereichen erweitert werden. Ausgehend von der Darstellung des Forschungsstandes wird die Relevanz der Beantwortung der Forschungsfragen sowie die dadurch angestrebte Forschungserweiterung der Dissertation herausgearbeitet.

© Der/die Autor(en), exklusiv lizenziert an Springer Fachmedien Wiesbaden GmbH, ein Teil von Springer Nature 2024
J. Franke, *Achsendiagramme in der ökonomischen Bildung*,
https://doi.org/10.1007/978-3-658-44460-0_5

5.1 Definition und Abgrenzung des Begriffs der Vorstellungen

Über die grundsätzliche Erkenntnis hinaus, dass Vorstellungen den Blick auf die Welt verändern, unterscheiden sich die Definitionen und Auffassungen des Begriffs der Vorstellung zwischen als auch innerhalb der Fachdidaktiken. Zum Beispiel wird in der Mathematikdidaktik, im Vergleich zur Wirtschaftsdidaktik, zusätzlich zwischen den Begriffen Schülervorstellungen (siehe Abschnitt 5.2) und Grundvorstellungen unterschieden. Der Begriff der Grundvorstellung wurde erstmals von Hofe (1995) herausgearbeitet und gewinnt seither stetig an Popularität in der Mathematikdidaktik (Stalle und Clüver 2021, S. 554). Mittlerweile findet das Grundvorstellungskonzept sowohl in der schulischen Leistungsmessung (vgl. Prediger 2008; vom Hofe et al. 2005; Wartha 2007) als auch auf schulpraktischer Ebene (vgl. Greefrath et al. 2016; Padberg und Wartha 2017; Ständige Konferenz der Kultusminister der Länder in der Bundesrepublik Deutschland 2015) regelmäßig Anwendung. Auf Grundlage der Grundvorstellung können die Lernenden anschließend ein eigenes Erklärungsmodell (siehe Abschnitt 2.3.2) zu einem mathematischen Zusammenhang entwickeln (Kaufmann 2021, S. 25). Von dem Begriff der Schülervorstellungen grenzt sich der Begriff der Grundvorstellungen beispielsweise durch den normativen Ansatz ab. So sollen Schüler:innen die Grundvorstellungen, also die „normativen Leitlinien" (vom Hofe 1995, S. 259), entwickeln, um damit mathematische Probleme richtig lösen zu können. Eine solche grundsätzliche Differenzierung zwischen den Vorstellungsbegriffen und der Zielorientierung der Forschung lässt sich in der Wirtschaftsdidaktik nicht finden. Nichtsdestotrotz gibt es innerhalb der Fachliteratur zur ökonomischen Bildung diverse Termini, die synonym zu dem Begriff der Vorstellung benutzt werden wie beispielsweise *Überzeugungen, subjektive Theorien, Konstrukte* und *Wissen* (Kirchner 2016, S. 57). Darüber hinaus gibt es eine Reihe von Komposita wie beispielsweise *Vorstellungsfiguren* und *Vorstellungskonzepte* (Klee 2008, S. 27). Klare Abgrenzungen der Begriffe sind dabei selten (Blömeke 2012, S. 18). Einen Beitrag zu einer solchen Abgrenzung leistet Kirchner (2016, S. 58 f. + 83 f.). Ihrer Ausarbeitungen nach lassen sich die Begriffe *Überzeugungen, subjektive Theorien, Konstrukt* und *Wissen* wie folgt von dem Begriff der Vorstellung abgrenzen:

- *Überzeugungen*: Vorstellungen zielen auf eine kognitive Komponente ab. Der Begriff der Überzeugung hingegen suggeriert „eine (mit Vehemenz vertretene) identitätsstiftende Ansicht" und somit eher eine emotionale Komponente

(Kirchner 2016, S. 58). Vorstellungen können zwar auch mit Vehemenz vertreten werden, allerdings gilt das nicht gleichermaßen für alle Vorstellungen (Kirchner 2016, S. 58).

- *Subjektive Theorien* und *Konzepte*: Der Begriff der subjektiven Theorien und der Begriff des Konzeptes implizieren eine logische, konsistente und abgeschlossene Theorie (Kirchner 2016, S. 59). Vorstellungen hingegen müssen nicht widerspruchsfrei oder in sich konsistent sein (Kirchner 2016, S. 59; Wischmeier 2012, S. 169 f.).
- *Wissen*: Um die Begriffe des Wissens und der Vorstellung voneinander abzugrenzen, entwickelt Kirchner (2016, S. 83) auf Grundlage einer Literaturanalyse vier Kriterien zur systematischen Abgrenzung (im Folgenden Kirchner (2016, S. 83 f.)):

  o Dimensionalität: Wissen ist eindimensional, Vorstellungen sind mehrdimensional.
  o Grad der Übereinstimmung mit anderen: Wissen ist Konsens in der Wissensgemeinschaft (Philipp 2007, S. 259), Vorstellungen sind individuell und können, müssen aber nicht, geteilt werden.
  o Konsistenz: Wissen ist überprüfbar konsistent, während Vorstellungen dieses Kriterium nicht immer erfüllen (Wischmeier 2012, S. 169 f.).
  o Veränderbarkeit: Im Vergleich zu eher stabilen Vorstellungen (Kunter und Pohlmann 2015, S. 264) ist Wissen durch Lehr-Lern-Prozesse veränderbar.

Durch die Abgrenzung der Begriffe werden bereits einige Eigenschaften von Vorstellungen deutlich. Demnach sind Vorstellungen mehrdimensionale kognitive Komponenten, die nicht zwingend widerspruchsfrei oder überprüfbar sein müssen. Sie tragen über das soziale Umfeld zur Identitätsbildung bei (Kirchner 2016, S. 65; Oser und Steinmann 2012, S. 443 f.; Reusser und Pauli 2014, S. 644) und sind entsprechend abhängig von diesem (Fives und Bühl 2012, S. 473; Kirchner 2016, S. 65). Dabei haben insbesondere das soziale, institutionelle und kulturelle Umfeld und dementsprechend beispielsweise auch das Alter oder der sozioökonomische Status der Lernenden Auswirkungen auf die entwickelten Vorstellungen (Arndt 2020, S. 302; Heilman 2001, S. 723). Darüber hinaus gelten Vorstellungen grundsätzlich als stabil (Birke 2013, S. 89). Sie sind stabiler, je mehr Einfluss sie auf die Persönlichkeit des Individuums (Durden 2018, S. 3; Kirchner 2016, S. 71) und dadurch auf dessen Handlungen und Entscheidungen haben (Kirchner 2016, S. 65; Oser und Blömeke 2012, S. 415). Durch ausreichende Erfahrungen können sie allerdings verändert werden (Kirchner 2016, S. 65). Da Vorstellungen häufig

unterbewusst vorliegen, können sie meistens nicht direkt geäußert oder hinterfragt
werden (Fives und Bühl 2012, S. 473; Kirchner 2016, S. 65; Reusser und Pauli
2014, S. 646). Die Vorstellungen werden von den Individuen als wahr aufgefasst
und müssen nicht wissenschaftlich überprüfbar sein (Birke 2013, S. 89; Kirchner
2016, S. 65; Wischmeier 2012, S. 169). Alle diese Eigenschaften und Funktionen
werden von Kirchner (2016, S. 78) in der folgenden Definition gebündelt:

> „Eine Vorstellung ist eine relativ stabile, wenngleich erfahrungsbasiert veränder-
> bare, kontextabhängige Kognition. Sie umfasst die theorieähnlichen, wenn auch
> nicht widerspruchsfreien Gedanken eines oder mehrerer Individuen zu einem
> Objekt(-bereich). Vorstellungen können, müssen den Vorstellungsträgern aber nicht
> immer, bewusst sein. Sie stiften Identität und haben darüber hinaus eine kognitive
> Strukturierungs- und Ordnungsfunktion. Vorstellungen nehmen Einfluss auf das
> Handeln von Individuen."

Auf Grundlage von Kirchners Definition kann der Begriff der Vorstellung weiter
differenziert werden. Für diese Arbeit sind dafür insbesondere die Begriffe der
wissenschaftlichen Vorstellung, des *Präkonzepts* und der *alternativen Vorstellung*
bedeutend[1]:

- *Wissenschaftliche Vorstellungen*: Die von einer Wissenschaftsgemeinschaft
  zu einem bestimmten Zeitpunkt als richtige Erklärung eines Konstrukts
  beschriebene Vorstellung, wird als *wissenschaftliche Vorstellung* bezeichnet
  (Dannemann 2015, S. 8).
- *Präkonzept*: Beruht eine Vorstellung auf den Erfahrungen aus dem Alltag,
  so kann sie als Alltagsvorstellung bezeichnet werden (Barthes 1964, S. 85).
  Demnach stellen Alltagsvorstellungen im Vergleich zu wissenschaftlichen Vorstellungen, eine „lebensweltliche Vorstellung" dar (Kattmann et al. 1997,
  S. 11), da sie Erklärungen bieten, die im Alltag gültig und ausreichend erklä-
  rend sind (Kaufmann 2021, S. 18). In der ökonomischen Bildung hat sich
  mit Blick auf Lernende der Begriff der *Präkonzepte* durchgesetzt. *Präkonzepte* ähneln den Alltagsvorstellungen, fokussieren jedoch häufig auf Lernende
  und auf ihre Sichtweisen vor dem Unterricht (Arndt 2020, S. 300). Dabei
  liegt dem Begriff jedoch nicht das in Abschnitt 2.2.1 beschrieben Verständnis des Konzeptbegriffs als logische, konsistente und abgeschlossene Theorie

---

[1] Einen Überblick über weitere Ausdifferenzierung des Vorstellungsbegriffs geben Gropengießer und Marohn (2018) und Kaufmann (2021).

zugrunde, sondern der Begriff der Vorstellung. Alternative Begriffe für *Prä-konzepte* und Alltagsvorstellungen sind die Begriffe *naive Theorien* oder *intuitive Vorstellungen* (Mischo 2013, S. 134).

- *Alternative Vorstellungen*: Häufig stimmen Präkonzepte und *wissenschaftliche Vorstellungen* nicht überein. Diese Diskrepanz in den Anfängen der Vorstellungsforschung führte dazu, solche *Präkonzepte* als Fehlvorstellungen zu beschreiben (Gropengießer und Marohn 2018, S. 52). Auf Grundlage der negativen Konnotation des Begriffs Fehlvorstellung geriet dieser in den 1980er-Jahren in die Diskussion. So impliziert der Begriff beispielsweise, dass die Vorstellungen eliminiert und korrigiert werden müssen, obwohl sie im Alltag durchaus sinnhafte Anwendung finden können. Somit wurde der Begriff von der wertneutralen Bezeichnung als *alternative Vorstellungen* abgelöst (Wandersee et al. 1994, S. 178).

Die Bedeutung der beschriebenen Spezialisierungen des Vorstellungsbegriff für die Gruppe der Schüler:innen wird folgend beschrieben.

5.2 Schülervorstellungen als Ausgangspunkt für Lehr-/Lernprozesse

Schüler:innen betreten den Unterricht mit *Präkonzepten*, die sich durch bisherige Erfahrungen gebildet und bewährt haben. Die *Präkonzepte* können mit *wissenschaftlichen Vorstellungen* übereinstimmen, müssen es aber nicht. So wird beispielsweise der ökonomische Begriff des Gewinns umgangssprachlich anders belegt als fachwissenschaftlich. Es kann folglich sein, dass die Schüler:innen mit *alternativen Vorstellungen* in den Unterricht kommen (Petermann et al. 2008, S. 110). Die Planung und die Gestaltung von Unterricht sollten auf diesen aufbauen. Für Diesterweg (1849) ist eine Beschulung der Lernenden ohne Kenntnis der Standpunkte und somit der Vorstellungen der Schüler:innen nicht möglich (Gropengießer und Marohn 2018, S. 49), da diese das Verständnis der Schüler:innen sowie die Erklärungen dieser beeinflussen. Deshalb sollten die Vorstellungen der Lernenden vor der Beschulung dieser ermittelt und anschließend berücksichtigt werden (Ausubel 1968, S. iv). Dieser Grundsatz ist beispielsweise durch Leitsätze wie „Die Schüler:innen dort abholen, wo sie stehen" heute noch fester Bestandteil der Konzeption von Unterricht (Hamann 2004, S. 42). Insbesondere für die ökonomische Bildung ist der Leitsatz bedeutend, da Schüler:innen bereits reichhaltige Erfahrungen in ökonomisch geprägten Alltagssituationen sammeln konnten (Arndt 2020, S. 299). Auf der Basis dieser Alltagserfahren entwickeln die Schüler:innen *Präkonzepte,* die ihre Sicht auf die Welt und auf den ökonomischen Sachverhalt beeinflussen (Friebel et al. 2016, S. 177). Diese *Präkonzepte* sind somit die Linse, durch die die Lernenden Neues stets betrachten werden (Duit 2004b, S. 1). Eine Erfassung und anschließend eine Berücksichtigung der Linse, also der Vorstellungen der Lernenden in Lehr-Lernprozessen, ist deshalb eine der „elementaren Aufgaben" von theoretischen und empirischen Forschungen im der Bereich der ökonomischen Bildung (Arndt 2020, S. 299). Diese Relevanz rückt Lernvoraussetzungen in den „didaktischen Mittelpunkt" (Arndt 2020, S. 300). Entsprechend gilt es, Lehr-Lernprozesse anhand der *Präkonzepte* der Schüler:innen auszurichten, da diese durch entsprechende Erfahrungen verändert werden können. Berücksichtigen Lehr-Lernprozesse die *Präkonzepte* nicht, können diese Lernhindernisse darstellen (Friebel et al. 2016, S. 177).

Entsprechend nimmt die Betrachtung von Vorstellungen der Lernenden im Modell der Didaktischen Rekonstruktion eine zentrale Rolle ein. Das Modell der Didaktischen Rekonstruktion von Kattmann et al. (1997), basiert unter anderem auf Klafkis Ansatz der didaktischen Analyse, dem Strukturmodell der Berliner Schule, der Elementarisierung sowie der diskursiven Legitimierung von Unterrichtseinheiten (Kattmann et al. 1997, S. 8 ff.). Grundlage ist eine Definition des Begriffs der Didaktischen Rekonstruktion, welche auf die Beschreibung von Kattmann (1992) zurückgeht. „Die Didaktische Rekonstruktion umfasst sowohl das Herstellen pädagogisch bedeutsamer Zusammenhänge, das Wiederherstellen von im Wissenschafts- und Lehrbetrieb verlorengegangenen Sinnbezügen, wie auch den Rückbezug auf Primärerfahrungen sowie auf originäre Aussagen der Bezugswissenschaften" (Kattmann et al. 1997, S. 4). Im Mittelpunkt steht demnach der Prozess des Lernens und des Lehrens, wobei die inneren Anschauungen der Lernenden für den Lernprozess zentral sind (Reinfried et al. 2009, S. 405). Grund dafür ist unter anderem, dass die Inhalte des Schulunterrichts nicht durch den Wissenschaftsbereich vorgegeben sind, sondern von der Lehrkraft mit Blick auf pädagogische Zielsetzungen erst entwickelt, also „didaktisch rekonstruiert", werden (Kattmann et al. 1997, S. 4). Ziel des Modells ist demnach die Unterrichtsplanung durch ein iteratives, von vielen Perspektivwechseln geprägtes, Vorgehen, wobei die *Präkonzepte* der Schüler:innen und die fachlichen Inhalte gleichmäßig betrachtet werden (Duit 2004a, S. 1).

Da jedoch die Vorstellungen und somit auch die *Präkonzepte* der Lernenden als relativ stabil gelten, ist eine Untersuchung von Wegen und Voraussetzungen für eine Vorstellungsänderung besonders relevant (Arndt 2020, S. 300; Kirchner 2016, S. 78). Damit beschäftigt sich seit den 1980er-Jahren die Conceptual Change Theorie, die Theorie des Konzeptwechsels (vgl. Carey 1985; Posner et al. 1982; Vosniadou und Brewer 1987), welche im konstruktivistischen Bild

des Lernens sowie in den Zielen des Lernens mit dem Modell der Didaktischen Rekonstruktion übereinstimmt (Kattmann et al. 1997, S. 6). Die Theorie
wurde erstmalig als Bestandteil von Kuhns Theorie des Paradigmenwechsels, auf
Grundlage der von San Carey und Michael Poser eingeführten Debatte um Schülervorstellungen, entwickelt (Hohen et al. 2003, S. 95). Während die Conceptual
Change Theorie zuerst hauptsächlich für die Naturwissenschaften einen Bezugs-
rahmen darstellte (vgl. Carey 1985; Posner et al. 1982; Vosniadou und Brewer
1987), ist sie heute auch Teil des Forschungsportfolios der Sozialwissenschaften (Arndt, 2020, 300; vgl. Vosniadou & Mason, 2012) sowie der ökonomischen
Bildung (vgl. Birke, 2013).

Im Zentrum der Theorie des konzeptuellen Wandels steht die Auseinandersetzung mit der gezielten Veränderung von Vorstellungen (vgl. Gregoire
2003; Mason 2010; Pintrich et al. 1993). Im Falle von Schüler:innen steht die
Vorstellungsänderung im Rahmen des Unterrichts im Mittelpunkt des Forschungsinteresses. Wie bereits beschrieben betreten Schüler:innen den Unterricht mit Vorstellungen, sogenannten *Präkonzepten*, die sich durch Alltagserfahrungen gebildet
und bewährt haben. Da diese nicht zwingend mit den wissenschaftlichen Theorien
übereinstimmen, sollte die Überwindung der dadurch entstehenden Diskrepanz
zentral für den Unterricht sein (Hohen et al. 2003, S. 95). Die Voraussetzungen
für eine Vorstellungsänderung sowie der Weg dieser Vorstellungsänderung unterscheiden sich allerdings in verschiedenen Werken (Gropengießer und Marohn
2018, S. 57). Darüber hinaus wird beispielsweise zwischen weichen und harten
Vorstellungsänderungen unterschieden. Weiche Vorstellungsänderungen zeichnen
sich dadurch aus, dass das Vorwissen der Schüler:innen differenziert, modifiziert
und erweitert wird. Dafür wird häufig der Begriff der *conceptual reconstruction*,
der *konzeptionellen Rekonstruktion,* verwendet (Kattmann et al. 1997, S. 6; Reinfried et al. 2009, S. 405). Der Begriff des *conceptual change*, des *Konzeptwechsels*
bezeichnet hingegen eine harte Vorstellungsänderung und damit das Ersetzen
der Präkonzepte durch die wissenschaftlichen Vorstellungen (Hohen et al. 2003,
S. 95). Auch die Grundlagen zur Initiierung einer Vorstellungsänderung unterscheiden sich in den verschiedenen theoretischen Rahmungen (Gropengießer und
Marohn 2018, S. 59 f.). Dominant ist dabei allerdings häufig der bereits von
Posner et al. (1982) beschriebene kognitive Konflikt sowie die Analogie (vgl.
Widodo und Duit 2005) als Ausgangslage für eine Vorstellungsänderung.

Grundlegend kann festgehalten werden, dass alle Arten der Vorstellungsänderung stets eine Auseinandersetzung mit den *Präkonzepten* der Lernenden
voraussetzen. Nur mit Kenntnis der Präkonzepte können vorstellungsverändernde
Lehr-Lernsettings entwickelt werden (Arndt 2020, S. 302). Unter anderem mit

der Erhebung[2] von Vorstellungen beschäftigt sich die Phänomenographie, einem Ansatz der Theorie des Conceptual Change, indem sie ein Instrumentarium zur Aufdeckung von Vorstellungen bietet (Birke und Seeber 2011, S. 60). Dieser Forschungsansatz wurde in den 70er-Jahren in Schweden entwickelt und geht primär auf Marton zurück (Murmann 2013, S. 190). Er beschreibt die qualitative Forschungsmethode als geeignet, um die unterschiedlichen Arten und Weisen zu erfassen, in denen Menschen die Phänomene ihrer Lebenswelt wahrnehmen, konzeptualisieren und verstehen (Marton 1986, S. 31). Während der Forschungsansatz in Deutschland noch nicht sehr verbreitet ist (Birke und Seeber 2011, S. 60), erfährt er insbesondere in Schweden, Großbritannien, Australien und Hongkong viel Zulauf (Åkerlind 2005, S. 321). Phänomene können dabei sowohl Realbegegnungen als auch abstrakte Sachverhalte wie beispielsweise der Preis sein (Birke und Seeber 2011, S. 60).

5.3 Forschungsstand in der ökonomischen Bildung

Entsprechend der hohen Relevanz von Vorstellungen für das Lehren und Lernen werden diese bereits seit den 1970er-Jahren in den Naturwissenschaften erhoben. Während sich erste Arbeiten auf Schülervorstellungen von Fachkonzepten konzentrierten, rückte in den 1980er-Jahren die Erfassung von Schülervorstellungen zu naturwissenschaftlichem Denken und Arbeiten vermehrt in den Mittelpunkt (Gropengießer und Marohn 2018, S. 51). Die Geschichte in der ökonomischen Bildung hingegen reicht nicht so weit zurück. Grund dafür ist zum einen die jüngere fachdidaktische Entwicklung (Kirchner 2016, S. 63) und zum anderen die spätere Fokussierung auf die empirische Forschung (Birke 2013, S. 87). Nichtsdestotrotz gibt es heute bereits eine Reihe von Forschungsarbeiten zu Schülervorstellungen im Fachbereich der ökonomischen Bildung[3]. Mit Blick auf das Forschungsinteresse dieser Arbeit werden zuerst die reichhaltigen Erkenntnisse aus der ökonomischen Bildung zu Schülervorstellungen zum Modell der Preisbildung im vollkommenen Markt dargestellt und anschließend die vereinzelten

---

[2] Wie in Abschnitt 5.1 beschrieben, liegen Vorstellungen häufig nicht bewusst vor und können demnach nicht explizit erhoben werden (Gropengießer 2003, S. 106). Die Erhebung von Vorstellungen entspricht einer zweifachen Interpretation: Fachdidaktiker konstruieren Vorstellungen auf Grundlage der Erklärungen und Äußerungen von Schüler:innen bezüglich eines Sachverhalts (Gropengießer und Marohn 2018, S. 50). Durch systematische Interpretationen und Auswertungen versucht diese Arbeit, sich den Vorstellungen zu nähern.

[3] Einen thematisch sortierten Überblick über einige Forschungsarbeiten gibt beispielsweise Arndt (2020, S. 299–311).

Forschungserkenntnisse zu Schülervorstellungen zum Preis-Mengen-Diagramm ausgeführt. Inwieweit verschiedene Einflussfaktoren Auswirkungen auf die Fähigkeit von Schüler:innen zum *Denken in ökonomischen Modellen* haben, wird daraufhin unter Berücksichtigung empirischer Erkenntnisse herausgearbeitet. Die Erkenntnisse aus dem Bereich der ökonomischen Bildung werden anschließend, nach einer Debatte über die Gültigkeit von Erkenntnissen aus den Didaktiken der Naturwissenschaften und der Mathematikdidaktik für die ökonomische Bildung, erweitert.

5.3.1 Schülervorstellungen zum Modell der Preisbildung im vollkommenen Markt

Einige der Forschungsarbeiten aus dem Fachbereich der ökonomischen Bildung setzen sich mit dem Wissen und den Vorstellungen der Lernenden von der Preisbildung und von Preisen auseinander[4] (vgl. Berti und Grivet 1990; Birke und Seeber 2011; Cohn et al. 2004; Dahlgren et al. 1984; Davies 2019; Davies und Lundholm 2012; Davies und Mangan 2013; Ignell et al. 2017; Jägerskog et al. 2019; Jägerskog 2020; Leiser und Halachmi 2006; Marton und Pang 2005; Marton und Pong 2005; Pong 1991; Strober und Cook 1992; Thompson und Siegler 2000). Zusammenfassend haben die Arbeiten gemein, dass eine Anzahl qualitativ unterschiedlicher Vorstellungen, beispielsweise zur Entstehung und zur Änderung von Preisen, vorliegt. Dabei ist das Verständnis der Lernenden von der Interaktion von Angebot und Nachfrage häufig ein zentrales Kriterium der Preisvorstellungen (Davies und Lundholm 2012, S. 80). Darüber hinaus wurde in Bezug zu Vorstellungen zur Preisbildung deutlich, dass viele Lernende ein vereinfachtes Verständnis der Preisbildung haben und somit Rückkopplungseffekte des komplexen Systems nicht bedenken (Jägerskog 2020, S. 2; Leiser und Shemesh 2018, S. 11). Demnach beschreiben die Schüler:innen häufig nur unidirektionale Beziehungen zwischen dem Preis und der nachgefragten oder der angebotenen Menge, anstatt bidirektionale Beziehungen zwischen den Variablen des Preises und der jeweiligen Menge zu erklären (Jägerskog et al. 2019, S. 99). Insbesondere Schüler:innen haben häufig Schwierigkeiten, die Preisbildung als eine Interaktion von Nachfrage und Angebot zu verstehen (vgl. Davies 2011; Furnham und Lewis 1986; Leiser und Shemesh 2018; Marton und Pang 2005; Marton und Pong 2005; Strober und Cook 1992). So haben zum Beispiel Marton und Pong (2005) und Davies (2011) nachgewiesen, dass Schüler:innen den Preis als von der Nachfrage-

---

[4] Der Unterschied zwischen Wissen und Vorstellung wird in Abschnitt 5.1 beschrieben.

oder von der Angebotsseite determiniert sehen, nicht aber aus der Interaktion der
beiden Seiten. Dementsprechend führen die wenigsten Lernenden eine Preisänderung auf eine Veränderung der Nachfrage und des Angebots zurück (Marton
und Pang 2005, S. 176). Qualitativ unterschiedliche Vorstellungen zur Änderung
von Preisen sind folgende fünf: Veränderung der Merkmale der Güter; Ausschließliche Änderung der Nachfrage; Ausschließliche Änderung des Angebots;
Veränderung der Nachfrage und des Angebots (ohne Vergleich des Ausmaßes
der Veränderung); Veränderung des Angebots und der Nachfrage (unter Berücksichtigung der relativen Veränderungen) (Marton und Pang 2005, S. 173–176).
Die meisten Lernenden führen allerdings eine Preisänderung auf eine Änderung
der Produkteigenschaften, eine Änderung der Nachfrage oder eine Änderung des
Angebots zurück (Marton und Pang 2005, S. 173–176). Ähnliche Erklärungska-
tegorien zeigen sich in weiteren Forschungsarbeiten (vgl. Leiser und Halachmi
2006; Thompson und Siegler 2000). Die Ergebnisse der benannten sowie weiterer
Forschungsarbeiten konsolidierte Davies (2011, S. 102). Durch die Zusammenführung von Erkenntnissen der Sozialpsychologen (vgl. Berti & Grivet, 1990;
Thompson & Siegler, 2000; Leiser & Halachmi, 2006) und der Phänomenologen (vgl. Dahlgren, 1984; Pong, 1998; Marton & Pong, 2005; Pang & Marton,
2005; Marton & Pang, 2008) entwickelte er folgende vier, qualitativ unterschiedliche Vorstellungen von Preisen: Preis spiegelt den inneren Wert wider; Preis
spiegelt das Angebot wider; Preis spiegelt die Nachfrage wider – was die Verbrau-
cher:innen zu zahlen bereit sind; Preis spiegelt die Kombination von Nachfrage
und Angebot wider (Davies 2011, S. 102). Diese Vorstellungen können um Variationen zu dem Aspekt der Preisfestsetzung ergänzt werden (vgl. Davies 2019;
Durden 2018). Vorstellungen von Lernenden dazu sind beispielsweise folgende:
Preise werden von einzelnen Produzenten beschrieben; Preise werden von Marktkräften bestimmt; Preise hängen vom Wettbewerb und der Marktform ab (Durden
2018, S. 12 ff.; Jägerskog 2020, S. 65). Unter den Marktkräften verstehen die
Lernenden die Nachfrage und das Angebot, die, wenn auch mit unterschiedlich
großem Einfluss, die Preisfestsetzung beeinflussen (Durden 2018, S. 12). Nach
der letztgenannten Vorstellung beschreiben die Lernenden beispielsweise einen
Einfluss des Wettbewerbs auf den Preis, indem der Preis der Konkurrenz bei der
eigenen Preisfestsetzung betrachtet werden sollte (Durden 2018, S. 12). Dabei
muss grundsätzlich berücksichtigt werden, dass der Kontext, wie beispielsweise
Produktmerkmale, die Vorstellung zu Preisen und der Preisbildung beeinflussen (Davies 2019, S. 19). Außerdem wird deutlich, dass die Vorstellungen von
Lernenden und somit deren Argumentationsstrategien immer komplexer werden,
jedoch noch nicht an die Fachkonzepte heranreichen (Davies 2019, S. 12; Davies
und Lundholm 2012, S. 80).

Neben den skizzierten, empirisch belegten Lernschwierigkeiten des Schwerpunkts Modellwissen, können Schwierigkeiten im Bereich des *Umgangs mit dem ökonomischen Modell* der Preisbildung im vollkommenen Markt vermutet werden. Diese umfassen insbesondere Vorstellungen zu Auswirkungen einer Preisänderung sowie Schwierigkeiten beim dynamischen Denken und der Analyse von Änderungen der Einflussfaktoren. Demnach konnten unterschiedliche Vorstellungen von Lernenden zur Auswirkung einer Preisänderung auf die nachgefragte und die angebotene Menge empirisch belegt werden (vgl. Pang und Marton 2003). Die Vorstellungen zur Neigung der Nachfrage- und der Angebotskurve und damit die Vorstellungen über Preiselastizitäten reichen von einer fehlenden Anerkennung der Möglichkeit der Neigungsänderung der Kurven bis hin zur Anerkennung der Möglichkeit der Veränderung der Neigung bei beiden Kurven (Pang und Marton 2003, S. 189 ff.). Eine weitere Schwierigkeit zeigt sich beim dynamischen Denken, dem Verhalten der Zustände im Zeitverlauf (Strober und Cook 1992, S. 136). Sowohl die Differenzierung zwischen kurzfristigen und langfristigen Folgen als auch der Übergang von der kurzfristigen zur langfristigen Sicht und damit die Berücksichtigung von Kapitaländerungen bei Betrachtungen der langfristigen Sicht, stellt die Schüler:innen vor Herausforderungen (Strober und Cook 1992, S. 136). So führt beispielsweise eine Erhöhung der Löhne kurzfristig zu einer Verschiebung der Höhe der angebotenen Menge durch eine Verschiebung des vorherigen Gleichgewichtspunktes auf der Angebotskurve nach oben, da davon ausgegangen wird, dass Anbietende bereits geschult sind und nun direkt in den Markt einsteigen (Strober und Cook 1992, S. 136). Langfristig führen die erhöhten Löhne jedoch dazu, dass mehr Anbietende den Beruf erlernen und in den Markt einsteigen, wodurch sich die Angebotskurve nach rechts verschiebt (Strober und Cook 1992, S. 136). Diese Erkenntnis wird beispielsweise untermauert von den Befunden von Leiser und Shemesh (2018, S. 10 f.), die beschreiben, dass Schüler:innen Schwierigkeiten haben, ein dynamisches Gleichgewicht zu erkennen und mit diesem zu arbeiten.

Zusammenfassend veranschaulichen die empirischen Erkenntnisse einige Schwierigkeiten der Schüler:innen in Bezug auf das Modell der Preisbildung im vollkommenen Markt. Dieses Modell wird in der ökonomischen Bildung häufig mit dem Achsendiagramm des Preis-Mengen-Diagramms dargestellt.

5.3.2 Schülervorstellungen zum Preis-Mengen-Diagramm

Der Einsatz von Achsendiagrammen in der ökonomischen Bildung ist auf ihren Einsatz in der Wirtschaftswissenschaft zurückzuführen. Ökonom:innen benutzen Diagramme beispielsweise als Werkzeug, um Zusammenhänge zwischen Zusammenhängen aufzuzeigen und die Struktur eines Systems zu untersuchen (Davies und Mangan 2007, S. 718). Aufgrund dessen beschreiben sie die Fähigkeit zur Auseinandersetzung mit und der Konstruktion von Diagrammen als Teil der ökonomischen Denk- und Arbeitsweise (Davies und Mangan 2007, S. 718, 2013, S. 191; Jägerskog 2020, S. 18). Schüler:innen die beispielsweise beschreiben, das ökonomische Modell, nicht aber das zugehörige Achsendiagramm, verstanden zu haben, haben deshalb bisher eine unzureichende ökonomische Arbeitsweise entwickelt (Davies und Mangan 2007, S. 720 f.).

Entsprechend dieser Relevanz ist die Auseinandersetzung mit Achsendiagrammen, wie beispielsweise dem Preis-Mengen-Diagramm im Rahmen der ökonomischen Bildung, Bestandteil einiger ökonomischer Schulbücher (für Baden-Württemberg vgl. Altmann et al. 2017, S. 49; Bicheler und Gloe 2020, S. 17; Birke und Kaminski 2017, S. 44; Kochendörfer 2018, S. 51; Nuding und Haller 2010, S. 219; Riedel 2018, S. 74 f.) und curricular (für Gymnasien in Baden-Württemberg vgl. Ministerium für Kultus, Jugend und Sport 2016, S. 16). Dabei ist es insbesondere das Preis-Mengen-Diagramm, anhand dessen das *Denken in ökonomischen Modellen* „besonders gut" (Ministerium für Kultus, Jugend und Sport 2016, S. 9) geschult werden kann. Als Hilfsmittel zur Darstellung komplexer Modelle soll die Visualisierung des Preis-Mengen-Diagramms somit dabei helfen, die skizzierten Lernschwierigkeiten zu überwinden.

Es ist empirisch belegt, dass statische Bilder zum Aufbau eines dynamischen, mentalen Modells geeignet sind und dementsprechend mit dem primär statischen Preis-Mengen-Diagramm dynamische, mentale Modelle aufgebaut werden können (vgl. Hegarty et al. 2010; Schnotz und Lowe 2008). Somit kann das Preis-Mengen-Diagramm die Schüler:innen bei der herausfordernden Entwicklung einer adäquaten Vorstellung zu dynamischen und statischen Gleichgewichten unterstützen (Leiser und Shemesh 2018, S. 10).

Allerdings veranschaulichen erste Forschungserkenntnisse einige Schwierigkeiten der Schüler:innen bezüglich des Preis-Mengen-Diagramms. In Bezug auf allgemeine ökonomische Graphen sind es häufig schwache Lernende, die die Abbildungen als empirische oder theoretische Repräsentationen der Realität verstehen (Davies und Mangan 2013, S. 16 f.). Dadurch haben sie Schwierigkeiten, einen tieferen Einblick in die Arbeitsweise der Ökonom:innen zu erlangen. Diese Erkenntnisse sind das Resultat der Entwicklung von Schülervorstellungen über die Rolle von ökonomischen Grafiken (Davies und Mangan 2013, S. 7 ff.). Demnach verstehen Lernende Graphen beispielsweise als empirische Beschreibungen ökonomischer Zusammenhänge oder als Darstellungen fixierter ökonomischer Theorien. In Bezug auf das Preis-Mengen-Diagramm zeigt sich jedoch ein anderes Bild. Auf der einen Seite erkennen einige Schüler:innen den Zusammenhang zwischen dem Preis-Mengen-Diagramm und dem betrachteten Realbereich nicht und widersetzen sich deshalb der Verwendung dieser Grafik (Strober und Cook 1992, S. 130). Auf der anderen Seite erkennen Schüler:innen Nachfrage und Angebot nicht als mathematisch modellierte Funktionen, sondern als das empirische Abbild einzelner Marktakteur:innen an (Strober und Cook 1992, S. 130 f.). Somit ist es beispielsweise die kumulierte Darstellung ökonomischer Modelle, wie der Nachfrage- und Angebotsseite im Modell des vollkommenen Marktes, die die Schüler:innen vor Herausforderungen stellt (Leiser und Shemesh 2018, S. 10). Darüber hinaus ignorieren Schüler:innen in ökonomischen Analysen zur Preisbildung mithilfe des Preis-Mengen-Diagramms häufig die Ceteris-Paribus-Klausel (Strober und Cook 1992, S. 132). Anstatt einen Faktor zu ändern und die anderen Faktoren konstant zu halten, ändern die Lernenden häufig mehrere Faktoren gleichzeitig (Strober und Cook 1992, S. 132). Zusätzlich haben die Schüler:innen Schwierigkeiten, das Preis-Mengen-Diagramm zu konstruieren. Da eine positive Korrelation zwischen einer guten Konstruktion und damit auch einer Zeichnung und dem Verständnis des Modells empirisch belegt werden konnte (vgl. Cohn et al. 2004), ist die Betrachtung der Fähigkeit von Schüler:innen zur Konstruktion des bereits erlernten Preis-Mengen-Diagramms relevant. Demnach können, mit Blick auf die Zeichnungen der Schüler:innen, Rückschlüsse auf ihr Verständnis des Modells geschlossen werden (vgl. Cohn und Cohn 1994). Allerdings haben viele Lernende große Schwierigkeiten, akkurate Graphen zu zeichnen (vgl. Cohn und Cohn 1994). Beispielsweise trat auf konstruktioneller Ebene häufig das Fehlerbild des Schüler:innenfehlers „Missachtung der Achsen" auf (vgl. Cohn und Cohn 1994; Kourilsky 1993; Strober und Cook 1992; Zetland et al. 2010.) Dabei haben die Lernenden die Achsen im Vergleich zum Fachkonzept (siehe Kapitel 4) falsch beschriftet und beispielsweise den Preis der Abszisse zugeordnet (Strober und Cook 1992, 129 f.).

Die teilweise widersprüchlichen und lückenhaften Erkenntnisse lassen nichtsdestotrotz Schwierigkeiten der Schüler:innen beim *Denken in ökonomischen Modellen,* auf Grundlage des eigentlich als Hilfsmittel gedachten Preis-Mengen-Diagramms, vermuten. Dabei sind bereits einige Einflussfaktoren empirisch belegt, die Auswirkungen auf das *Wissen über ökonomische Modelle* und den *Umgang mit ökonomischen Modellen* der Schüler:innen und somit auf das Auftreten von Schwierigkeiten haben können.

5.3.3 Einflussfaktoren auf das Denken in ökonomischen Modellen

Für die ökonomische Bildung allgemein wurden bereits mehrfach statistisch signifikante Differenzen zwischen den Geschlechtergruppen nachgewiesen (Seeber et al. 2022, S. 51). Diese treten insbesondere bei der Testung mit Multiple-Choice Fragen auf (Seeber et al. 2022, S. 51). Inwieweit das Geschlecht jedoch einen Einfluss auf das Lernen mit Grafiken hat, wird unterschiedlich bewertet. So weisen Ballard und Johnson (2004) einen schwachen Effekt für die Männer nach. Auch Cohn et al. (2004) erkennen, dass Frauen größere Schwierigkeiten beim Umgang mit Grafiken haben als Männer. Dieser Effekt ist jedoch nicht statistisch signifikant. Das Resultat, dass das Geschlecht keinen signifikanten Einfluss auf das Grafikverständnis hat, wird durch weitere Forschungsarbeiten bestätigt (vgl. Chan und Kennedy 2002; Jägerskog 2020; Ring 2020). Somit ist davon auszugehen, dass sich Frauen und Männer nicht in ihren Fähigkeiten diesbezüglich unterscheiden. Auch hat die Motivation der Lernenden keinen Effekt auf den Lernerfolg bei einer Auseinandersetzung mit dem Preis-Mengen-Diagramm (vgl. Cohn et al. 2004; Ring 2020). Demnach macht es keinen Unterschied, inwieweit Lernende intrinsisch oder extrinsisch motiviert sind oder ob sie das Preis-Mengen-Diagramm als hilfreich erachten (Cohn et al. 2004, S. 45). Allerdings sind es häufig männliche Lernende, die Grafiken in der Wirtschaftswissenschaft als hilfreich bewerten (Cohn et al. 2004, S. 45). Ein Zusammenhang zwischen dieser Einschätzung und dem Lernerfolg besteht jedoch nicht. Allerdings gibt es einen Zusammenhang zwischen der Einschätzung der Fähigkeiten und der Performance (Cohn et al. 2004, S. 50). Lernende, die sich sorgen, wie gut sie mit ökonomischen Grafiken umgehen können, performen schlechter als Lernende, die sich weniger Sorgen machen (Cohn et al. 2004, S. 50). Zusätzlich haben die mathematischen Fähigkeiten der Lernenden einen Einfluss auf die allgemeine ökonomische Kompetenz (OECD 2020, 60 ff.; Seeber et al. 2022, S. 52) sowie auf die Fähigkeit, mit Grafiken umzugehen (Cohn et al. 2001; Hill und Stegner 2003). Dementsprechend haben Lernende mit einer besseren Mathematiknote (Cohn et al. 2001, S. 307 f.) oder mit einer Tendenz zu mathematischem und logischem Denken (Hill und Stegner 2003, S. 74) weniger Schwierigkeiten beim Umgang mit dem Preis-Mengen-Diagramm. Eine bessere Mathematiknote führt dabei unabhängig von der Visualisierungsform der mathematischen Modellierung des ökonomischen Modells der Preisbildung zu einem besseren Verständnis (vgl. Cohn et al. 2001). Somit zeigt sich, dass Schüler:innen mit mathematischen Fähigkeiten im logischen Denken das Verständnis von ökonomischen Modellen leichter fällt[5] (Cohn et al. 2001, S. 307 f.). Darüber hinaus hat die akademische Ausbildung der Eltern einen Einfluss auf das Grafikverständnis der Lernenden allgemein (Hill und Stegner 2003, S. 74) sowie auf die ökonomische Kompetenz allgemein (Seeber et al. 2022, S. 53). Haben die Eltern der Lernenden eine akademische Ausbildung, so profitieren die Lernenden mehr von der Darstellung der Theorie der Preisbildung sowie des Modells der Preisbildung im vollkommenen Markt durch das Preis-Mengen-Diagramm. Ein weiterer Einflussfaktor, der häufig in der Bildungsforschung (vgl. Lai et al. 2016; OECD 2016) nachgewiesen wird, ist die Sprache. Demnach haben Lernende, deren Muttersprache nicht Deutsch ist, schlechtere Ergebnisse in Tests zur allgemeinen ökonomischen Kompetenz (Seeber et al. 2022, S. 53) als auch im Umgang mit Diagrammen der verschiedenen Fachdisziplinen (vgl. Michalak et al. 2015) und entsprechend auch mit ökonomischen Diagrammen (Ring 2020, S. 15).

Zusammenfassend kann empirisch belegt werden, dass das Geschlecht und die Wirtschaftsnote keinen Einfluss auf den Umgang mit Achsendiagrammen haben. Ein Einfluss des Faktors Motivation kann bisher auch nicht belegt werden. Allerdings lassen sich folgende Einflussfaktoren sowie deren Wirkungsrichtung empirisch bestätigen: Einschätzung der Fähigkeiten – je besser, desto besser; mathematische Fähigkeiten – je höher, desto besser; Ausbildung der Eltern – je akademischer, desto besser; Muttersprache Deutsch – Nachteil, wenn nicht gegeben.

Mit Blick auf Forschungsarbeiten in der Mathematikdidaktik und den Didaktiken der Naturwissenschaften lässt sich der Einfluss eines weiteren Effekts vermuten. Es ist bezüglich allgemeiner funktionaler Zusammenhänge belegt, dass Lernende unterschiedliche Vorlieben für die Auseinandersetzung mit den in Abschnitt 2.3.3 vorgestellten Visualisierungsformen mathematischer Modelle haben (vgl. Nitsch 2015). Beispielsweise arbeiten einige Schüler:innen lieber mit Fließtexten und somit mit einer Form der verbalen Darstellung, andere hingegen bevorzugen die symbolische Darstellung mithilfe von Funktionsgleichungen. Auf Grundlage dessen argumentieren einige Autor:innen, dass Lernende schlechter mit Grafiken arbeiten können, wenn sie eine Vorliebe für andere Visualisierungsformen mathematischer Modellierungen ökonomischer Modelle haben (vgl. Boatman et al. 2008; Chiou 2009; Jägerskog 2020; Marangos und Alley 2007;

---

[5] In Bezug auf den Umgang mit fachspezifischen Achsendiagrammen bleibt der Übertrag der mathematischen Kompetenzen der Lernenden auf andere Fachbereiche weiterhin unzureichend. Allerdings können Schüler:innen mit einer besseren Mathematiknote und damit mit besseren mathematischen Fähigkeiten mehr Kompetenzen übertragen als Schüler:innen mit einer schlechten Mathematiknote.

Reingewertz 2013). Ein solcher Einflussfaktor kann für die ökonomische Bildung jedoch nur vermutet und bisher nicht empirisch belegt werden.

5.4 Forschungsstand in den Didaktiken der Naturwissenschaft und der Mathematik

Aufgrund der längeren fachdidaktischen Tradition gibt es in der Mathematikdidaktik und in den Didaktiken der Naturwissenschaften bereits einige Forschungsarbeiten, die sich mit den Auswirkungen von grafischen Darstellungen von Modellen mithilfe von Achsendiagrammen auseinandersetzen. Beispiele dafür sind die themenspezifischen Arbeiten von Kindsmüller und Urbas (2002) und Upmeier zu Belzen und Krüger (2010). Allerdings ist unklar, inwieweit die in der Mathematikdidaktik und in den Didaktiken anderer Naturwissenschaften empirisch erhobenen Erkenntnisse auf die Wirtschaftswissenschaften übertragen werden können (Westermann 2017, S. 560), da die Auseinandersetzung mit Diagrammen eine „[fach]spezifische Kulturtechnik" darstellt (Lachmayer et al. 2007, S. 146). Gründe dafür sind zum einen die unterschiedlichen Zielsetzungen der Naturwissenschaften und der Wirtschaftswissenschaft in Bezug auf den Einsatz von Achsendiagrammen (Westermann 2017, S. 560). Demnach dienen Achsendiagramme in der Wirtschaftswissenschaft nicht der Darstellung von mathematischen Zusammenhängen, sondern der Visualisierung komplexer ökonomischer Sinnzusammenhänge (Fleischmann et al. 2018, S. 21 ff.). Zum anderen lassen eine unzureichende Transferfähigkeit und Nutzbarkeit von mathematischem Wissen der Schüler:innen in außermathematische Kontexte (vgl. Baumert et al. 2000; Nerdel et al. 2019; Philipp 2008) an der Übertragbarkeit der empirischen Erkenntnisse zweifeln. Zum Beispiel haben Schüler:innen Schwierigkeiten, das im Matheunterricht erlernte und regelmäßig angewendete deklarative Wissen über die Interpretation und Konstruktion von Diagrammen auf andere Bereiche der Naturwissenschaften und damit vermutlich auch auf die Wirtschaftswissenschaften zu übertragen (Nerdel et al. 2019, S. 153). Unter anderem deshalb schätzen einige Lehrkräfte den Umgang mit Diagrammen im Ökonomieunterricht als mathematisch herausfordernd ein (Ring 2020, S. 115).

Auch wenn eine ökonomiespezifische Auseinandersetzung mit dem *Denken in Modellen* unerlässlich ist, können auf Basis der empirischen und aufgrund der längeren Forschungstradition deutlich reichhaltigeren Erkenntnissen aus der Mathematikdidaktik und den Didaktiken der Naturwissenschaften Vermutungen zum Vermittlungsgehalt von Achsendiagrammen als Visualisierung von Modellen abgeleitet werden.

Eine Vielzahl der empirischen Studien in den Naturwissenschaften und der Mathematik betrachtet sowohl die Vorteile von Diagrammen für den Wissensaufbau als auch die Schwierigkeiten von Schüler:innen beim Umgang mit und dem Erstellen von Achsendiagrammen. Zu den Vorteilen gehört beispielsweise, trotz der Darstellung von großen Informationsmengen im Vergleich zum Fließtext (Lachmeyer 2008, S. 6; Larkin und Simon 1987, S. 98), die organisierende und erklärende Funktion von Diagrammen (Carney und Levin 2002, S. 9 f.; Larkin und Simon 1987, S. 66). Unter anderem dadurch bedingt haben Diagramme ein hohes Potential zur Wissensvermittlung (Lachmayer 2008, S. 6; Roth et al. 1999, S. 985 f.) und sollen Schüler:innen das Schlussfolgern erleichtern (Larkin und Simon 1987, S. 93 f.). Dafür muss vorausgesetzt werden, dass die Schüler:innen in der Lage sind, Informationen aus Diagrammen zu entnehmen (Larkin und Simon 1987, S. 99). Zusätzlich zeigt die eigenständige Erstellung von Diagrammen durch die Schüler:innen eine lernförderliche Wirkung (vgl. Cox 1999). Darüber hinaus führt das interaktive, forschungsbasierte Lernen bei der Erstellung von Grafiken zu einer Motivationssteigerung bei den Schüler:innen im Vergleich zum konventionellen Naturwissenschaftsunterricht (vgl. Hackling und Prain 2005). Die gewählte Form der Grafik beeinflusst dabei das Wissen, das Schüler:innen aus dem Umgang mit der Grafik aufbauen (vgl. Ainsworth 2006).

Allerdings handelt es sich dabei häufig um ein „Repräsentationsdilemma" (Nerdel et al. 2019, S. 153), da Schüler:innen mithilfe von ihnen unbekannten und kaum beherrschten Achsendiagrammen unbekannte Modelle erlernen sollen. Dies könnte zu Schwierigkeiten in beiden Bereichen des *Umgangs mit ökonomischen Modellen* und damit der Modellanwendung und der Konstruktion und Dekonstruktion führen. Solche potentiellen Schwierigkeiten zeigen sich beispielsweise in systematischen oder typischen Schüler:innenfehlern beim Umgang mit Achsendiagrammen zur Darstellung funktionaler Zusammenhänge (vgl. Kotzebue und Nerdel 2015; Nerdel et al. 2019; Nitsch 2015; Padilla et al. 1986). Diese sind ein sichtbares Produkt von Lernschwierigkeiten und aufgrund ihrer

Systematik reproduzierbar und entsprechend auf Fehlvorstellungen zurückzuführen (Nitsch 2015, S. 8). Eine Auswahl der für diese Arbeit relevanten, typischen Schüler:innenfehler werden in der Übersicht in Abbildung 5.1 exemplarisch veranschaulicht. Dazu gehört beispielsweise der Graph als Bild-Fehler (vgl. Clement 1985; Nitsch 2015). Die Fehlerursache dessen liegt in der Interpretation des Graphen als reales Situationsabbild (Clement 1985, S. 4). Sind die Schüler:innen beispielsweise aufgefordert, den Geschwindigkeitsgraphen eines Skifahrers auf einer vorgezeichneten Skipiste zu zeichnen oder auszuwählen, so wählen sie im Sinne des Graph-als-Bild-Fehlers die Abbildung, die der Realsituation am ähnlichsten ist. Darüber hinaus verwechseln die Schüler:innen bei Darstellungswechseln im Zuge der Auseinandersetzung mit funktionalen Zusammenhängen beispielsweise die Steigung und die Höhe eines Graphen (Nitsch 2015, S. 238). Aufgrund dessen wählen die Schüler:innen aus der Abbildung von Fahrzeugen in einem Weg-Zeit-Diagramm bei der Frage nach dem schnellsten Fahrzeug an einem gegebenen Zeitpunkt nicht das schnellste Fahrzeug mit dem steilsten Graphen bei dem gegebenen Punkt, sondern das Fahrzeug mit dem höchstgelegenen Graphen (Nitsch 2015, S. 238). Darüber hinaus verwechseln die Schüler:innen die Achsenbeschriftungen bei der Konstruktion eines Diagramms aufgrund eines fehlenden Verständnisses für die abhängige und die unabhängige Variable (Hofmann und Roth 2021, S. 17). Im Zuge des Schüler:innenfehlers der Verwechslung der Achsenbeschriftung beschriften die Schüler:innen die Abszisse mit der abhängigen Variable und die Ordinate mit der unabhängigen Variable (Hofmann und Roth, 2021, 17). Weitere empirisch belegte Schüler:innenfehler sind zum Beispiel die Verwechslung von Bestand und Änderung, die Verwechslung von Wert und Intervall sowie eine inkorrekte Skalierung (vgl. Kotzebue und Nerdel 2015; Nitsch 2015; Padilla et al. 1986). All diese Fehlinterpretationen und Konstruktionsfehler des Diagramms haben gemein, dass sie sich über die gesamte Schulzeit erhalten können und in diesem Fall das fachliche Lernen behindern (Nerdel et al. 2019, S. 153).

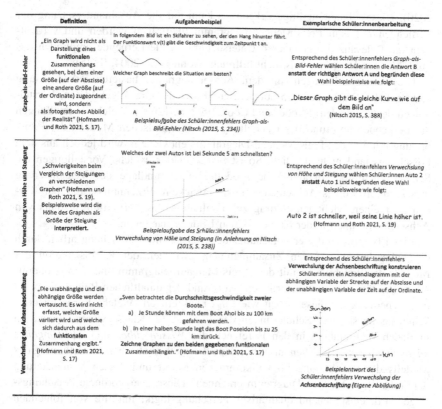

Abbildung 5.1 Drei typische Schüler:innenfehler beim Umgang mit funktionalen Zusammenhängen (in Anlehnung an Hofmann und Roth (2021, S. 17 ff.))

5.5 Forschungserweiterung und Ableitung der Forschungsfragen

Die dargestellten Forschungserkenntnisse verdeutlichen, dass der Einsatz von Achsendiagrammen in der ökonomischen Bildung zur Visualisierung komplexer Sinnzusammenhänge lernförderlich sein kann, aufgrund der skizzierten Herausforderungen jedoch nicht sein muss und somit auch lernhinderlich sein kann (Cohn et al. 2001, S. 299). Deshalb haben die eigentlich als Hilfsmittel in der ökonomischen Bildung eingesetzten Achsendiagramme zur Visualisierung komplexer Modelle per se keine lernförderliche Wirkung (vgl. Cohn et al. 2001; Jägerskog

2020). Diese allgemeingültige Erkenntnis kann auf die Auseinandersetzung der Lernenden mit dem Preis-Mengen-Diagramm übertragen werden und verdeutlicht die Relevanz der genaueren Untersuchung. Viele Lernende empfinden das Preis-Mengen-Diagramm als nicht hilfreich (Cohn et al. 2004, S. 45).

Die Herausforderungen mit dem Achsendiagramm basieren jedoch häufig nicht auf der Grafik, sondern auf den, auf Basis der Grafik gebildeten, Vorstellungen der Lernenden (Strober und Cook 1992, S. 126 f.). Welche Vorstellungen die Lernenden aufgrund der Darstellung des ökonomischen Modells der Preisbildung mithilfe des Preis-Mengen-Diagramms entwickeln, wird jedoch aus dem Forschungsstand nicht deutlich. So ist bisher unklar, welche Vorstellungen die Schüler:innen über ökonomische Modelle, auf Grundlage der Visualisierung dieser, mithilfe eines Achsendiagramms entwickeln. Erkenntnisse darüber würden aber einen wichtigen Beitrag zur Evaluation des Vermittlungsgehalts von Achsendiagrammen in der ökonomischen Bildung darstellen.

Einen Beitrag zu dieser Forschungslücke leistet diese Forschungsarbeit durch die Fokussierung auf den Zusammenhang zwischen der Repräsentation des Modells der Preisbildung mit dem Preis-Mengen-Diagramm und dem ökonomischen Verständnis der Schüler:innen. Aufgrund der inhaltlichen Reichweite wird diese Thematik für diese Arbeit wie folgt konkretisiert: Welche Lernschwierigkeiten lassen sich bei Schüler:innen der 11. und 12. Klasse vierer Gymnasien in Baden-Württemberg in den Bereichen des *Wissens über* und des *Umgangs mit ökonomischen Modellen* auf Grundlage der mathematischen Modellierung des Modells der Preisbildung im vollkommenen Markt und dessen Visualisierung durch das Preis-Mengen-Diagramm erkennen? Diese übergeordnete Forschungsfrage wird, entsprechend qualitativer Forschungslogik, mithilfe von folgenden untergeordneten Fragen beantwortet:

1. Welche Lernschwierigkeiten lassen sich bei den Schüler:innen bei der Erklärung der Angebots-/Nachfragekurve erkennen?
2. Welche Lernschwierigkeiten lassen sich bei den Schüler:innen bei der Erklärung der Preisentstehung und Preisänderung erkennen?
3. Welche Lernschwierigkeiten lassen sich bei den Schüler:innen bei der Konstruktion des Preis-Mengen-Diagramms erkennen?
4. Welche Lernschwierigkeiten lassen sich bei den Schüler:innen bei der Verschiebung der Nachfrage-/Angebotskurve, ausgehend von der Änderung verschiedener Einflussfaktoren, erkennen?

Dabei fokussieren die ersten drei Fragen schwerpunktmäßig auf den Bereich des *Wissens über ökonomische Modelle* und die vierte Frage auf den Bereich des *Umgangs mit ökonomischen Modellen*. Wie in Kapitel 3 dargestellt bilden diese Bereiche die Basis des übergeordneten Bereichs des Urteils mit ökonomischen Modellen. Aufgrund des explorativen Charakters und der skizzierten Forschungslücke fokussiert sich diese Arbeit auf die Grundlagen des *Modellurteils*, dem *Wissen über* und den *Umgang mit ökonomischen Modellen*. Aufbauend auf den gewonnenen Erkenntnissen können empirische Arbeiten zum *Modellurteil* angeschlossen werden. Die in der übergeordneten Forschungsfrage beschriebenen Lernschwierigkeiten ergeben sich aus Diskrepanzen der auf Grundlage des Preis-Mengen-Diagramms entwickelten Vorstellungen der Lernenden über das Modell der Preisbildung im vollkommenen Markt und dem in Kapitel 4 dargestellten Fachkonzept.

Im Fokus stehen dabei Schüler:innen der Sekundarstufe II, da diesen ein geringes ökonomisches Verständnis, beispielsweise bedingt durch ein empirisch belegtes Desiderat an Kompetenzen der finanziellen Bildung (vgl. Davies 2006; Pang und Ki 2016), nachgesagt wird (Jägerskog 2020, S. 25). Außerdem setzen sich diese, zumindest in Baden-Württemberg, nach den Vorgaben des Bildungsplans für allgemeinbildende Gymnasien des Faches Wirtschaft, Berufs- und Studienorientierung bereits in der Mittelstufe mit dem Preis-Mengen-Diagramm auseinander (Ministerium für Kultus, Jugend und Sport 2016, S. 16).

Forschungsmethodik

6

Der skizzierte Forschungsstand sowie die davon abgeleitete, angestrebte Forschungserweiterung veranschaulichen den explorativen Charakter des Forschungsvorhabens. So liegen bisher kaum Erkenntnisse dazu vor, welche Vorstellungen die Lernenden aufgrund der Darstellung des ökonomischen Modells der Preisbildung im vollkommenen Markt mithilfe des Preis-Mengen-Diagramms entwickeln und welche Lernschwierigkeiten sich dadurch ergeben. Ziel des Forschungsvorhabens ist somit die Erarbeitung neuer Erkenntnisse, welche zu neuen Theorien und Hypothesen führen können (Döring und Bortz 2016, S. 612). Grundlage dafür sind vertiefte inhaltliche Einblicke, welche mithilfe des qualitativen Forschungsdesigns erzielt werden können (Kirchner 2016, S. 161). Dafür wird folgend zuerst das grundlegende Verständnis des qualitativen Paradigmas der Forschenden dargestellt. Darauf folgt eine Beschreibung des qualitativen Forschungsdesigns durch Darstellung und Diskussion der Erhebungsmethode und –instrumente und der Auswertungsmethode und -instrumente. Dabei werden zusätzlich jeweils die Grenzen der Methoden mit Blick auf die entwickelten Instrumente diskutiert. Der Aufbau des restlichen Kapitels orientiert sich an dem, im Zuge der Darstellung der Auswertungsmethode und -instrumente vorgestellten, Ablaufplan der qualitativen Inhaltsanalyse. Demnach werden zuerst die Ergebnisse und Überarbeitungen der Pilotierung des Forschungsdesigns dargestellt. Anschließend wird die Auswahl der Schüler:innen und somit die Zusammensetzung des Samplings der Hauptuntersuchung mithilfe eines qualitativen Samplingplans erklärt. Grundlegend für die Auswahl der relevanten Kriterien

---

Ergänzende Information Die elektronische Version dieses Kapitels enthält Zusatzmaterial, auf das über folgenden Link zugegriffen werden kann https://doi.org/10.1007/978-3-658-44460-0_6.

J. Franke, *Achsendiagramme in der ökonomischen Bildung*,
https://doi.org/10.1007/978-3-658-44460-0_6

des qualitativen Stichprobenplans waren die in Abschnitt 5.3.3 beschriebenen Einflussfaktoren auf das *Denken in ökonomischen Modellen*. Darauffolgend wird die Situation der Datenerhebung beschrieben und diskutiert sowie die Datenaufbereitung durch eine Transkription im Sinne der Methode der Feldpartitur dargestellt. Dafür wurde zuerst der auditive Teil der audiovisuellen Daten transkribiert und anschließend mithilfe eines entwickelten Transkriptionssystems die Transkription der visuellen Daten ergänzt. Zum Abschluss wird, vor der Darstellung der Ergebnisse in Kapitel 7, die wissenschaftliche Güte des Forschungsdesigns sowohl mithilfe allgemeiner als auch mithilfe methodenspezifischer Gütekriterien sowie forschungsethischen Kriterien evaluiert.

6.1   Verständnis des qualitativen Paradigmas

Die methodische Herangehensweise sowie die Durchführung von Forschung sind geprägt von den Vorstellungen der beteiligten Wissenschaftler:innen (Kirchner 2016, S. 164). Diese können methodische und theoretische Entscheidungen beeinflussen und dadurch Auswirkungen auf die Ergebnisse haben. Um diesen Einfluss minimal zu halten, hat sich die Forscherin vorab literaturbasiert in die Theorien vertiefend eingearbeitet (Kirchner 2016, S. 164). Im Sinne einer „reflektierten Herangehensweise" (Kirchner 2016, S. 164) wird das Verständnis der Wissenschaftlerin von qualitativer Forschung im Folgenden offengelegt.

Verfahren der qualitativen Sozial- bzw. Bildungsforschung (vgl. Baur und Blasius 2019; Mayring 2022; Strübing 2018) sind heutzutage als wissenschaftliche Methode der Erkenntnisgewinnung anerkannt und im Korpus der Forschungsmethoden verankert (Helfferich 2011, S. 9). Zu ihnen gehören beispielsweise Gruppendiskussionen, ethnomethodologische Konversationsanalysen, Beobachtungen, Interviews oder die objektive Hermeneutik (Brüsemeister 2008, S. 7; Mey und Mruck 2014, S. 10). Der „kleinste gemeinsame Nenner" der Verfahren sind Offenheit und Kommunikation (Helfferich 2011, S. 25). Das „Prinzip der Offenheit" (Brüsemeister 2008, S. 23) gründet sich in dem Forschungsinteresse qualitativer Forschung. Dieses zielt darauf ab, Theorien und Hypothesen mithilfe von „generativen Fragen" (Flick 2007, S. 139) zu entwickeln, um dabei, wie in dieser Arbeit, Wissensbestände oder Vorstellungen von Akteur:innen zu rekonstruieren[1]. Dafür müssen die Forscher:innen im Forschungsprozess stets offen für

---

[1] Nichtsdestotrotz beschreibt Mayring (2022, S. 25) auch die Theorie- und Hypothesenüberprüfung neben weiteren Aufgaben qualitativer Forschung als mögliches Einsatzfeld qualitativer Methoden. Dabei ist der Einsatz der Methoden insbesondere bei der Überprüfung generalistischer Theorien und Hypothesen und falls nötig bei der Generierung neuer Theorien relevant (Mayring 2022, S. 25).

Unvorhergesehenes bleiben. „Man befindet sich bildlich gesehen im Dschungel einer fremden Subkultur" (Brüsemeister 2008, S. 24) ohne eine Karte zu haben, wohin man möchte. Die Subkultur, das Sampling, ist aufgrund der fehlenden Theorie sowie aufgrund der geringen theoretischen Vorbildung fremd (Meinefeld 2012, S. 266). Das heißt aber nicht, dass sich die Forschenden vorab nicht mit dem theoretischen Hintergrund sowie mit der Zielgruppe auseinandersetzen (Kirchner 2016, S. 162). Dies ist beispielsweise notwendig, um die Qualität der wissenschaftlichen Arbeit zu steigern, indem die Forschungsfragen theoretisch begründet und die methodische Herangehensweise sinnvoll gestaltet ist (Kirchner 2016, S. 163). Die Forschenden sollen im Sinne eines informierten Reisenden (Witzel und Reiter 2012, S. 2 ff.) durch den Dschungel wandern, die oder der aufgrund ihrer oder seiner Vorbildung bekannte Sehenswürdigkeiten kennt und trotzdem offen bleibt für Unvorhergesehenes. In diesem Sinne verengt Vorbildung die individuelle Perspektive nicht zwingend, sondern kann sie auch weiten (Kirchner 2016, S. 163). Das Unvorhergesehene im Dschungel führt dazu, dass beispielsweise vorab keine Hypothesen formuliert werden. Vielmehr sollen diese im Laufe des Forschungsprozesses, also im Laufe der Erkundung der „Subkultur im Dschungel", entwickelt werden. Somit umfasst das „Prinzip der Offenheit" in der qualitativen Sozialforschung sowohl die Offenheit gegenüber den Teilnehmenden als auch gegenüber der Erhebungssituation und der Erhebungs- und Auswertungsmethoden (Lamnek und Krell 2016, S. 34). Diese Offenheit wird in dieser Arbeit sowohl durch die Wahl einer offenen Erhebungsmethode (siehe Abschnitt 6.2), als auch durch die Wahl einer induktiven Auswertungsmethode (siehe Abschnitt 6.3) berücksichtigt. Durch das Laute Denken und das Leitfadeninterview haben die Schüler:innen stets die Freiheit, neue und für die Forscherin unvorhergesehene Aspekte einzubringen. Auf diese Aspekte konnte die Forscherin bei Bedarf durch die offene Methodik des Leitfadeninterviews eingehen und nachfragen. Alle Aspekte wurden anschließend durch die Wahl einer induktiven Auswertungsmethode im Analyseprozess berücksichtigt. Die Offenheit bezüglich der Teilnehmenden sowie der Erhebungssituation geht einher mit der Kommunikation zwischen den Teilnehmenden und der Forscherin oder dem Forscher. So kann die Interaktionsbeziehung zwischen beiden als „konstitutiver Bestandteil des Forschungsprozesses" (Lamnek und Krell 2016, S. 35) angesehen werden. Je nach Verfahren ist dieser Bestandteil größer oder kleiner. Zum Beispiel ist der Bestandteil bei der Erhebungsmethode des Interviews (Brüsemeister 2008, S. 110 f.) deutlich größer als bei einer Beobachtung mit Fokus auf die natürliche Kommunikation der Teilnehmenden (Brüsemeister 2008, S. 71). Die Kommunikationsbeziehung ist auch Grundlage dieser qualitativen Arbeit. Dabei steht der kommunikative Prozess mit dem Ziel des Verständnisses der Wirklichkeits-definition des Teilnehmenden durch die Forschende oder den Forschenden im Mittelpunkt (Brüsemeister 2008, S. 35).

Neben den beiden grundsätzlichen Charakteristika der Offenheit und der Kommunikation (Helfferich 2011, S. 25) nennt Brüsemeister (2008, S. 33 f.) weitere Prinzipien der qualitativen Forschung, die teilweise bereits im Kontext der Beschreibung der Charakteristika der Offenheit und der Kommunikation the-matisiert wurden. Zu diesen gehören beispielsweise der Prozesscharakter von Forschung und Gegenstand, die Reflexivität von Gegenstand und Analyse sowie die Explikation. Diese decken sich in Teilen mit den Merkmalen qualitativer Forschung von Lamnek und Krell (2016, S. 44 f.). Demnach sollte qualitative Forschung stets interpretativ, naturalistisch, kommunikativ und qualitativ sein (Lamnek und Krell 2016, S. 44 f.). Das grenzt sie unter anderem von quanti-tativen Forschungsvorhaben ab, auch wenn sich die Dichotomisierung zwischen qualitativen und quantitativen Methoden mit Blick auf die Mixed-Methods-Ansätze immer mehr auflöst (Mayring 2022, S. 17)[2]. Dementsprechend gibt es Schnittmengen zwischen den Ausprägungen der in Tabelle 6.1 dargestellten Unterscheidungsmerkmalen qualitativer und quantitativer Forschung.

Tabelle 6.1 Unterscheidungsmerkmale qualitativer und quantitativer Forschung. (Eigene Darstellung)

	Qualitative Forschung	Quantitative Forschung
Charakter des Forschungsgegenstands (Helfferich 2011, S. 21 f.)	Rekonstruiert Sinn und subjektive Sichtweisen, häufig auf Grundlage von sprachlichen Äußerungen	Konstitution von Sinn abgeschlossen, sodass dieser als Verständigungsgrundlage vorausgesetzt wird
Forschungsauftrag (Helfferich 2011, S. 21; Miosch 2019, S. 3)	Verstehen	Messen
Relationen (Miosch 2019, S. 3)	Qualitative Relationen – Muster erkennen	Numerische Relationen – Kausale Beziehungen

(Fortsetzung)

---

[2] Hinzu kommt, dass die Prüfung der qualitativen Voraussetzungen stets die Grundlage von quantitativen Analysen darstellen sollte. Nur durch eine qualitative Analyse des Forschungs-gegenstands kann sichergestellt werden, dass die Forschungsschritte zielorientiert ablaufen (Mayring 2022, S. 21).

Tabelle 6.1 (Fortsetzung)

	Qualitative Forschung	Quantitative Forschung
Begriffsform (Mayring 2022, S. 17; Miosch 2019, S. 3)	Kein Fokus auf Zahlenbegriffe	Zahlenbegriffe und deren Analyse durch mathematische Operationen
Skalenniveau (Mayring 2022, S. 18)	nominalskalierte Messungen	Nominal-, ordinal -, intervall- oder ratioskalierte Messungen
Forschungsweise (Heiser 2018, S. 44; Kirchner 2016, S. 160)	Zirkulär; dynamisch-prozessual	Eher linear; Ex-Ante festgelegt
Sampling (Mayring 2022, S. 20; Miosch 2019, S. 3)	Einzelfallorientierung; das Subjekt steht im Vordergrund; kleines Sampling	Repräsentative Stichprobe; Gesetz der „großen Zahl"; große Stichprobe
Stichprobenziehung (Miosch 2019, S. 3)	Gezieltes Sampling, theoretisches Sampling	Zufallsstichprobe
Auswertung (Helfferich 2011, S. 22)	Eher interpretativ	Eher objektiv

Grundsätzlich grenzt sich die quantitative Forschungsrichtung, beispielsweise durch ihren Fokus auf numerische Relationen, Zahlenbegriffe und mathematische Operationen, von der qualitativen Forschungsrichtung ab (Mayring 2022, S. 17; Miosch 2019, S. 3). Während qualitative Forschung eher auf das Verstehen abzielt, fokussieren quantitative Arbeiten demnach auf das Messen (Helfferich 2011, S. 21; Miosch 2019, S. 3). In diesem Sinne wird mithilfe von möglichst repräsentativen, großen Stichproben in eher objektiven Erhebungs- und Auswertungssettings versucht, kausale Beziehungen zwischen Variablen durch Betrachtung der Grundgesamtheit zu untersuchen (Helfferich 2011, S. 22; Mayring 2022, S. 20; Miosch 2019, S. 3).

Neben diesen grundsätzlich unterschiedlichen Zielorientierungen gibt es jedoch, wie bereits beschrieben, häufig Schnittmengen zwischen den Forschungsrichtungen. Aufgrund der Schnittmengen der beiden Forschungsrichtungen ist es möglich, quantitative Begriffe, wie beispielsweise die Begriffe Variablen oder Ausprägungen, in qualitativen Arbeiten und so auch in dieser Arbeit zu finden (Mayring 2022, S. 19). Nichtsdestotrotz handelt es sich bei dieser Arbeit um ein qualitatives Forschungsdesign, entsprechend dem dargestellten Verständnis des qualitativen Paradigmas. Die dafür verwendeten Erhebungsmethoden und die in diesem Sinne entwickelten Erhebungsinstrumente werden im Folgenden beschrieben.

6.2 Datenerhebung durch Lautes Denken und ein Leitfadeninterview

Die Fähigkeit zum *Denken in ökonomischen Modellen* ist, wie in Kapitel 3 hergeleitet, das Ergebnis des Zusammenspiels von den Teilbereichen *Wissen* und *Urteil über* und *Umgang mit ökonomischen Modellen*. Dabei fokussiert diese Arbeit insbesondere auf die Bereiche des *Wissens über ökonomische Modelle* und des *Umgangs mit ökonomischen Modellen*, welche die Basis des *Modellurteils* darstellen.

Wie in Abschnitt 3.1 beschrieben, umfasst der Bereich *Umgang mit ökonomischen Modellen* sowohl die Bereiche Modellanwendung als auch die Konstruktion und Dekonstruktion ökonomischer Modelle und fokussiert, im Vergleich zu dem Bereich des *Wissens über ökonomische Modelle*, eher auf prozessbezogene Kompetenzen. Der Bereich des *Wissens über ökonomische Modelle* zielt hingegen eher auf konzeptuelle Kompetenzen ab. Um dieses Zusammenspiel von prozessbezogenen und inhaltsbezogenen Kompetenzen in den beiden Teilbereichen abzubilden, kombiniert das pilotierte Erhebungsinstrument dieser Arbeit zwei qualitative Methoden mit dem Ziel, die verschiedenen Daten anschließend zu einem „kaleidoskopartigen Bild" (Konrad 2010, S. 487) zusammenzusetzen (siehe Abbildung 6.1).

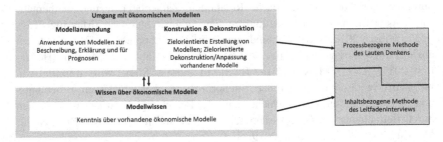

Abbildung 6.1 Veranschaulichung der Entwicklung des Erhebungsinstruments aus der Systematisierung der Teile des Denkens in ökonomischen Modellen. (Eigene Darstellung)

Das in Abbildung 6.1 veranschaulichte und durch die Kombination der Erhebungsmethoden entstehende Bild setzt sich zusammen aus Daten zu beiden Teilbereichen des *Denkens in ökonomischen Modellen*, die mithilfe der prozessbezogenen Methode des Lauten Denkens und der inhaltsbezogenen Methode des

Leitfadeninterviews erhoben wurden. Beide Methoden werden folgend entspre-chend dieser Reihung dargestellt und diskutiert. Die Kombination der Methoden im Sinne einer Methodentriangulation nach Lamnek und Krell (2016, S. 261 f.) erhöht darüber hinaus die Generalisierbarkeit der Ergebnisse.

6.2.1 Lautes Denken zur Datenerhebung für den Teilbereich des Umgangs mit ökonomischen Modellen

Während Konrad (2010, S. 477) die Ursprünge der Methode des Lauten Denkens auf die psychologische Forschung in Form von Selbstbeobachtungen und somit auf das frühe 20. Jahrhundert datiert, spezifiziert sie Sandmann (2014, S. 181) mit Verweis auf die Forschungsarbeiten von Bühler (1907) und Duncker (1935) auf den Beginn des 20. Jahrhunderts. Im Zentrum der beiden Forschungsarbei-ten stand die Analyse von Denk- und Problemlöseprozessen (Sandmann 2014, S. 181) mithilfe von Selbstbeobachtungen. So waren die Studienteilnehmenden in den Forschungsarbeiten von Bühler (1907) beispielsweise dazu aufgefordert, alle Gedanken, die sie während eines Problemlöseprozesses hatten, zu Protokoll zu geben (Bühler 1907, S. 2). Demensprechend waren die Selbstbeobachtungen bei Bühler (1907) stets in der Vergangenheit formuliert: „Zunächst kam mir der Gedanke an die Assoziationslehre [...]. Dann hab' ich nach weiteren gemeinsa-men Momenten gesucht" (Bühler 1907, S. 2). Die so entstandenen Berichte waren zwar häufig gut lesbar, jedoch auch geprägt von Erinnerungsfehlern und Fehlin-terpretationen (Konrad 2020, S. 376). Unter anderem deshalb war die Methode der Introspektion von theoretischen und methodischen Problemen gezeichnet (van Someren et al. 1994, S. 30). Die mit der Methode der Introspektion verbun-denen grundlegenden theoretischen und methodischen Probleme (van Someren et al. 1994, S. 30) sowie die Kritik der Behavioristen an der Objektivität verbaler Daten führte zu kontroversen Diskussionen der Methode (Konrad 2020, S. 376), wodurch diese an Popularität verlor (Sandmann 2014, S. 181).

Im Zuge der kognitiven Wende in den 1970er-Jahren rückte die Methode des Lauten Denkens als eine Form der „systematischen Selbstbeobachtung" (Döring und Bortz 2016, S. 324), der kontrollierten Introspektion, durch die Erstellung systematischer Berichte in den Fokus pädagogisch-psychologischer Forschung (Sandmann 2014, S. 181). Heute findet sie insbesondere in den Bereichen der Problemlösungs-, der Unterrichts-, der Entscheidungs- und in der Spracherwerbs- und Leseforschung Anwendung (Konrad 2020, S. 382) und ist „als ein nützliches Datenerhebungsverfahren akzeptiert" (Konrad 2020, S. 377).

Grund dafür sind unter anderem die Vorteile der Methode des Lauten Denkens. Die kognitionspsychologische Befragungs- und Beobachtungsmethode (Hussy et al. 2013, S. 235) ermöglicht Einblicke in die kognitiven Denk-, Lern-, und Problemlöseprozesse der Studienteilnehmenden (Sandmann 2014, S. 15) und somit in die Verarbeitungsprozesse während einer Handlung (Konrad 2020, S. 372). Für Sandmann (2014, S. 181) ist dies einer der zentralen Vorteile der Datenerhebung durch das Laute Denken. Dabei hat die Methode viele Namen, wie beispielsweise *Gedankenprotokoll, Thinking Aloud Protocol* und *Talk Aloud Interview*. All diese Bezeichnungen beschreiben eine Methode der Datenerhebung, bei der die Studienteilnehmenden alle Gedankengänge zu einer Handlung oder einer Problemlösung verbalisieren. Es handelt sich somit bei allen Bezeichnungen um Produkte des Lauten Denkens (Konrad 2020, S. 372). Je nach Zeitpunkt (Hussy et al. 2013, S. 236) und Inhalt (Konrad 2020, S. 276) der Erhebung wird zwischen dem periaktionalen[3] und dem postaktionalen Lauten Denken[4] unterschieden. Das periaktionale Laute Denken beschreibt die engste Verbindung zwischen dem Denken und dem Verbalisieren (Ericsson und Simon 1993, S. 17 f.). Dabei legen die Studienteilnehmenden ihre Gedankengänge simultan zur Ausführung einer diagnostischen Handlung wie beispielsweise einer Problemlösung dar (Becker, 2022, 59). Wiedergegeben werden somit die im Kurzzeitgedächtnis in verbal enkodierter Form vorliegenden Informationen (Konrad, 2020, 276). Allerdings kann die simultane Verbalisierung kognitive Kapazitäten binden und sich somit negativ auf Informationsverarbeitungsprozesse ausüben, da das Arbeitsgedächtnis durch die Verbalisierung der im Gehirn ablaufenden Prozesse belastet wird (Becker 2022, S. 59). Diese Belastungen treten beim postaktionalen Lauten Denken nicht auf, da die Studienteilnehmenden ihre Gedankengänge im Anschluss an die Durchführung einer diagnostischen Tätigkeit verbalisieren (Hussy et al. 2013, S. 237). Dabei unterstützen häufig Video- oder Tonaufnahmen im Sinne eines „stimulated recalls" (Wahl et al. 1992, S. 46 f.). Durch die zeitliche Diskrepanz zwischen Gedankengang und Verbalisierung werden die Inhalte des Gedächtnisses verbalisiert, die nicht direkt in verbaler Form existieren, sondern erst enkodiert werden müssen (Konrad 2020, S. 275 f.). Während beispielsweise Hussy et al. (2013, S. 236) und Becker (2022, S. 59) die veränderte Beschreibung der Gedankengänge durch Gedächtniseffekte, wie beispielsweise dem Vergessen von Gedankengängen, als „Verzerrung" beschreiben, führt Konrad (2020, S. 276)

---

[3] Das periaktionale Laute Denken wird in der Literatur auch als Introspektion oder als „concurrent protocol" beschrieben (Sasaki 2003, S. 3).
[4] Weitere Begriffsbeschreibungen für das postaktionale Laute Denken sind beispielsweise die Retrospektion oder das „retrospective protocol" (Sasaki 2003, S. 2).

dies nicht als Nachteil des postaktionalen Lauten Denkens an, sondern begründet dies in den unterschiedlichen Zielorientierungen der beiden Formen. Knorr und Schramm (2012, S. 185) bezeichnen das postaktionale Laute Denken deshalb als „Lautes Erinnern".

Da die Vorstellungen der Schüler:innen beim Umgang mit dem Preis-Mengen-Diagramm im Fokus des Erkenntnisinteresses stehen, basiert das Erhebungsinstrument dieser Arbeit auf dem periaktionalen Lauten Denken. Die Erhebungsinstrumente dieser Arbeit werden folgend zuerst dargestellt und debattiert und anschließend mit Blick auf die Grenzen der Methode des Lauten Denkens diskutiert.

Darstellung und Diskussion der Erhebungsinstrumente der Methode des Lauten Denkens

Die Datenerhebung dieser Arbeit startete durch die mündliche Erhebung der in Abschnitt 6.5.1 dargestellten Modalkriterien, wie beispielsweise die Mathematik- oder Wirtschaftsnote der Schüler:innen oder einem Ranking der Darstellungsarten. Anschließend wurden die Schüler:innen mithilfe folgender, einleitender Worte auf die Methode des Lauten Denkens vorbereitet (im Folgenden Heine und Schramm (2007, S. 178) und Sandmann (2014, S. 184)):

> „Ich möchte mit dir über das Preis-Mengen-Diagramm sprechen. Dabei sollst du bitte alles laut aussprechen, was dir in den Kopf kommt. Das heißt, dass deine Gedankengänge, Absichten, Empfindungen und Probleme mit der Aufgabe mich mindestens genauso sehr interessieren wie deine Lösung. Auf eine saubere Grammatik und schöne Sätze kommt es mir überhaupt nicht an. Im Gegenteil: Ich würde dich bitten, wirklich alles laut auszusprechen, was dir in den Sinn kommt und über das du gerade nachdenkst. Solltest du etwas lesen, dann spreche bitte auch das laut aus. Um das Laute Denken zu üben habe ich dir hier eine Beispielaufgabe aus der Mathematik mitgebracht. Löse diese bitte und denke dabei laut."

Um Auswirkungen des Einstiegs auf die Ergebnisse zu vereinheitlichen, wurden die einleitenden Worte stets, wie im obigen Instruktionstext abgebildet, genannt (Frommann 2005, S. 3).

Mackensen-Friedrichs (2009, S. A-49) empfehlen zur Übung der Methode des Lauten Denkens Aufgaben, die keine fachlichen Kenntnisse voraussetzen. In der Praxis sind es häufig einfache Mathematikaufgaben, anhand derer die Methode des Lauten Denkens eingeübt werden soll (Ericsson und Simon 1993, S. 181; Mackensen-Friedrichs 2009, S. A-49). Dementsprechend bekamen die Schüler:innen nach der oben beschriebenen Instruktion ein Arbeitsblatt mit drei Aufgaben zur schriftlichen Addition ausgeteilt (siehe Anhang A im elektronischen Zusatzmaterial). Durch die Auswahl der Anzahl von drei Aufgaben konnte die Interviewerin bei Schwierigkeiten eingreifen, ohne die Möglichkeit zur Übung zu nehmen. Hatten die Schüler:innen beim Lösen der ersten Additionsaufgabe Schwierigkeiten bei der Verbalisierung der Gedankengänge, wurde der Prozess beispielhaft durch die Interviewerin anhand der zweiten Aufgabe vorgeführt. In dem Fall sollten die Schüler:innen anschließend die dritte Aufgabe zur erneuten Übung bearbeiten. Hatten die Schüler:innen jedoch keine Schwierigkeiten mit dem Lauten Denken, so bearbeiteten sie eigenständig die drei Aufgaben. Durch die Auswahl von Additionsaufgaben und der dadurch geschaffenen fachlichen und sprachlichen Ferne zur Theorie der Preisbildung und zum Modell der Preisbildung im vollkommenen Markt wurde sichergestellt, dass die Schüler:innen keine Kommunikationsstrukturen der Interviewerin übernehmen konnten.

Anschließend an die Erhebung der Modalkriterien des Geschlechts, der Muttersprache, der Mathematik- und Wirtschaftsnote, der besuchten Leistungskurse sowie der favorisierten Darstellungsart mithilfe der Visualisierung in Abbildung 6.3, der Instruktion mit dem oben abgebildeten Instruktionstext und den Übungsaufgaben, startete die fachliche Datenerhebung. Dafür wurde das Arbeitsblatt mit den Übungsaufgaben weggeräumt und die Schüler:innen bekamen ein neues Arbeitsblatt mit einem schriftlichen Arbeitsauftrag zusammen mit den Teilen des Preis-Mengen-Diagramms (siehe Anhang B im elektronischen Zusatzmaterial) hingelegt. Außerdem wurde von der Interviewerin der Hinweis gegeben, dass die Modellierungsaufgaben teilweise sehr offen gestellt sind und es somit mehrere Annahmen und somit Lösungswege geben kann, die die Schüler:innen gerne durchspielen dürfen. Die ersten beiden Arbeitsaufträge sind in Tabelle 6.2 abgebildet und werden folgend als Konstruktionsaufgaben bezeichnet.

Tabelle 6.2 Übersicht über die Aufgaben 1 und 2 des Lauten Denkens. (Eigene Darstellung)

Aufgabe 1 und 2	
Konstruktionsaufgaben.	Lege mithilfe der Teile das Preis-Mengen-Diagramm. Denke dabei laut.
	Erkläre, warum du das Diagramm so gelegt hast.

Der Arbeitsauftrag dient der Erhebung von Daten aus dem Bereich *Wissen über ökonomische Modelle* und *Umgang mit ökonomischen Modellen*. Er zielt darauf ab, die von den Schüler:innen verstandene Wirkungszusammenhänge zwischen

Nachfrage und Angebot und Preis und Menge zu analysieren. Dabei wurden die Schüler:innen während der Bearbeitung nicht unterbrochen. Falls notwendig, wurde lediglich mithilfe der Aufforderung „Denke bitte laut" an das Laute Denken erinnert. Im Anschluss an die Bearbeitung der Schüler:innen wurden Rückfragen von der Interviewer:in zu der Bearbeitung gestellt.

Folgend wurden die Teile des Preis-Mengen-Diagramms von der Interviewerin, falls nötig, richtig hingelegt. Um einer potenziellen Übernahme der Verbalisierungsstrategien der Interviewerin durch die Schüler:innen entgegenzuwirken, erfolgte die Umlegung ohne Erklärung. Im Anschluss bearbeiteten die Schüler:innen die in Tabelle 6.3 abgebildeten, problemorientierten Aufgaben nacheinander und eigenständig.

Tabelle 6.3 Übersicht über die Aufgaben 2 bis 5 des Lauten Denkens und deren Erwartungshorizonte. (Eigene Darstellung)

Aufgabe 3	
Hamburgeraufgabe	In den letzten Jahren ist die Nachfrage nach vegetarischen Hamburgern aufgrund einer größeren Sorge um die Umwelt gestiegen. Erkläre, welche Auswirkungen dies auf die Preise von vegetarischen Hamburgern haben könnte. Veranschauliche deine Erklärung mit den Teilen des Preis-Mengen-Diagramms. Denke dabei laut.
Erwartungshorizont	Die Auswirkungen von Veränderungen der Einflussfaktoren der Nachfrage auf die Nachfragekurve und den Gleichgewichtspreis werden diskutiert.
Aufgabe 4	
Plastikbesteckaufgabe	In der letzten Zeit ist das Angebot von Plastikbesteck deutlich gesunken. Erkläre, welche Auswirkungen dies auf die Preise von Plastikbesteck haben könnte. Veranschauliche deine Erklärung mit den Teilen des Preis-Mengen-Diagramms. Denke dabei laut.
Erwartungshorizont	Die Auswirkungen von Veränderungen der Einflussfaktoren des Angebots auf die Angebotskurve und den Gleichgewichtspreis werden diskutiert.
Aufgabe 5	
Eisaufgabe	Der Preis von Eis ist in den letzten Jahren gestiegen. Erkläre, welche Auswirkungen dies auf das Eiscafé Portofino am Stadttheater in Freiburg (das Eiscafé Lorenzo in der Stadtmitte von Asperg) haben könnte. Veranschauliche deine Erklärung mit den Teilen des Preis-Mengen-Diagramms. Denke dabei laut.

(Fortsetzung)

Tabelle 6.3   (Fortsetzung)

Aufgabe 3	
Erwartungshorizont	Die Auswirkungen einer Preisänderung aufgrund unterschiedlicher Ursachen auf das Angebot und die Angebotskurve sowie auf die Nachfrage und die Nachfragekurve werden im kumulativen ökonomischen und im kumulativ ökonomisch-mathematischen Modell diskutiert. Zusätzlich wird reflektiert, weshalb die Möglichkeit zur Ableitung von Prognosen und Interpretationen aus dem kumulativen Modell der Preisbildung und dessen Visualisierung mit dem Preis-Mengen-Diagramm auf einen realen Einzelfall nicht möglich ist.

Neben der formalen Ausgestaltung stand die inhaltliche Konzeption der Aufgaben und damit eine Abdeckung der nicht trennscharfen Teilbereiche des *Wissens über ökonomische Modelle* und des *Umgangs mit ökonomischen Modellen* des *Denkens in ökonomischen Modellen* (siehe Abschnitt 3.1) im Blickpunkt. Dafür fokussieren die Aufgaben 3 bis 5 auf verschiedene Aspekte der Modellanwendung. So zielt Aufgabe 3 auf den Umgang mit der Nachfragekurve im Preis-Mengen-Diagramm, Aufgabe 4 auf den Umgang mit der Angebotskurve und Aufgabe 5 auf den *Umgang* mit beiden Kurven ab. Darüber hinaus sind die Aufgaben, analog zu der Systematisierung der Themenbereiche des Interviewleitfadens, angeordnet. Somit fokussieren die Aufgaben zuerst auf die Nachfrageseite, anschließend auf die Angebotsseite und abschließend auf eine Preisänderung. Die Schüler:innen erhielten die Aufgaben schriftlich und jeweils einzeln auf Arbeitsblättern. Nach der Bearbeitung wurde das jeweilige Arbeitsblatt weggeräumt und das Arbeitsblatt mit dem nächsten Arbeitsauftrag hingelegt. Während der Bearbeitung der Aufgaben erhielten die Schüler:innen kein Feedback von der Interviewerin zu ihrem Lösungsprozess. Diese beobachtete den Problemlöseprozess und machte sich Notizen. Unklare Aspekte in der Problemlösung der Schüler:innen wurden im Anschluss an die eigene Bearbeitung der Aufgabe, also nach der Abgabe des Arbeitsblattes, von der Interviewerin durch Fragen dazu vertieft.

Formuliert wurden die Aufgaben unter Anbetracht des Diskussionsvorschlags zu Gütekriterien für gute Aufgaben von Heuer (2011, S. 450 ff.) und den von Reit (2016, S. 16 ff.) ausgearbeiteten Anforderungen an Modellierungsaufgaben. Demnach sollten Modellierungsaufgaben beispielsweise lebensnah, relevant, authentisch und offen sein (Reit 2016, S. 16 ff.). Da die entwickelten Aufgaben jedoch nur sekundär auf die Anregung von Modellierungen abzielen und die Anforderungen an Modellierungsaufgaben (vgl. u. a. Reit 2016, S. 18) deshalb nicht umfassend erfüllen, wird im Folgenden von Aufgaben mit Modellierungscharakter gesprochen. Diese zeichnen sich dadurch aus, dass sie Modellierungsprozesse anregen, ohne alle Anforderungen an Modellierungsaufgaben vollständig zu erfüllen. Allgemeindidaktische Anforderungen an solche Aufgaben mit Modellierungscharakter werden folgend mit Blick auf die oben beschriebenen vier Aufgaben diskutiert:

Erstens sollten Aufgaben stets verständlich sein und eine angemessene sprachlogische Komplexität aufweisen (Heuer 2011, S. 450). Durch die Vermeidung von Fachbegriffen, der Nutzung einer einfachen Sprache und einer einfachen Satzstruktur wird diesem Kriterium Rechnung getragen. Da die Schüler:innen bereits in der Oberstufe waren, wurden die Aufgaben nicht weiter in einzelnen Teilaufgaben differenziert.

Zweitens sollten Aufgaben stets eine gewisse Offenheit aufweisen, Operatoren beinhalten, differenzierend und fordernd sein (Heuer 2011, S. 7 f.). Da sich diese Kriterien gegenseitig beeinflussen werden sie gemeinsam diskutiert. Demnach ergibt sich die Offenheit der Aufgabe bereits durch die Wahl des Operators „erkläre“. Dieser verlangt gemäß seiner Beschreibung folgendes von den Schüler:innen: „Sachverhalte schlüssig aus Kenntnissen in einen Zusammenhang stellen (zum Beispiel Theorie, Modell, Gesetz, Regel, Funktions-, Entwicklungs- und/ oder Kausalzusammenhang)“ (Ministerium für Kultus, Jugend und Sport 2016, S. 23). In welchem Zusammenhang die Schüler:innen die Aufgaben stellen, ist ihnen überlassen. So wird in Aufgabe 5 beispielsweise nicht angegeben, woher die Preissteigerungen von Eis resultieren. Aufgrund der ungenau definierten und divergenten Aufgabenstellung (Heuer 2011, S. 452) der Modellierungsaufgaben müssen die Schüler:innen bei der Überführung des Ausgangsproblems in ein ökonomisches Modell und anschließend in eine mathematische Modellierung des ökonomischen Modells Annahmen treffen und verschiedene Lösungswege diskutieren. Gründe für eine Preissteigerung können beispielsweise ein Anstieg in der Nachfrage oder eine Erhöhung des Einkaufspreises der Produkte sein. Die Diskussion der verschiedenen Lösungswege gleicht dem mehrfachen Durchlaufen des mathematisch-ökonomischen Modellierungskreislaufs (siehe Abschnitt 2.3.2). Die fehlende Klarheit in der Transformation aufgrund der unterbestimmten Anfangssituation ist ein wichtiges Kriterium für Modellierungsaufgaben und wurde deshalb auch hier berücksichtigt (Reit 2016, S. 18). Entsprechend lassen die Aufgaben Bearbeitungen auf verschiedenen Entwicklungsstufen und damit einhergehend verschiedene kognitive Prozesse zu (Heuer 2011, S. 453). Obwohl die Aufgaben den Operator „erklären“ aufweisen und somit auf Anforderungsniveau zwei angesiedelt sind (Ministerium für Kultus, Jugend und Sport 2016, S. 22), sind sie, je nach Wahl der Annahmen, für alle Schüler:innen fordernd (Heuer 2011). Demnach schaffen die Schüler:innen Komplexität durch die Wahl der Annahmen bei der Bearbeitung der Modellierungsaufgabe. Von vornherein als zu anspruchsvoll erscheinende Aufgabenstellungen wurden nach der Pilotierung der Aufgaben (siehe Abschnitt 6.4.2) angepasst oder gestrichen. Drittens sollten Aufgaben und insbesondere Modellierungsaufgaben relevant für die Versuchspersonen sein. Die Relevanz kann sich dabei aus der Lebensnähe der Aufgabe ergeben (Reit 2016, S. 18). Im Rahmen der Erhebung ergab sich die Relevanz der Aufgaben für die Schüler:innen durch mehrere Faktoren: die Betonung der Lehrkraft, dass der Lernstoff Teil des Abiturs ist; die Erwartung auf einen Kinogutschein nach der Beantwortung; die Erklärung über die Wichtigkeit der Erhebung für die Interviewerin. Darüber hinaus sind die Aufgaben lebensnah gestaltet. Durch die Beschreibung von realen Entwicklungen, wie beispielsweise dem Rückgang von Plastikbesteck aufgrund neuer gesetzlicher Regelungen oder dem Anstieg des Eispreises unter anderem aufgrund der Inflation, hatten die Schüler:innen automatisch einen persönlichen Bezug zu der Aufgabe. Darüber hinaus wurde bei der fünften Aufgabe auf einen regionalen Bezug geachtet. Schüler:innen aus Freiburg erhielten dementsprechend als letztes eine Aufgabe im Kontext eines bekannten Eiscafés in der Stadtmitte von Freiburg. Schülerinnen aus Asperg hingegen erhielten die gleiche Ausgangssituation, nur dass in der Aufgabe auf ein Eiscafé in der Stadtmitte von Asperg referiert wird. Aussagen der Schüler:innen während der Aufgabenbearbeitung, wie beispielsweise: „Das ist ja wirklich so" (S6, Z12), verdeutlichen die geglückte Anbindung der Aufgaben an die Lebenswelt.

Diskussion der Grenzen der Erhebungsmethode des Lauten Denkens anhand der Erhebungsinstrumente

Grund für die Auswahl der qualitativ orientierten Methode des periaktionalen Lauten Denkens ist die Möglichkeit zur Einsicht in Gedankengänge und Problemlöseprozesse. Ziel ist es, mithilfe der Methode Daten zu erheben, die beispielsweise handlungssteuernde Kognitionen oder Lernprozesse beleuchten (Konrad 2020, S. 380). Empirische Erkenntnisse verdeutlichen, dass Schüler:innen ab der 7. Klasse in der Lage sind, laut zu denken (vgl. Mackensen-Friedrichs 2009). Jedoch handelt es sich dabei um „eine komplexe und anspruchsvolle Methode" (Konrad 2020, S. 389). Eine kritische Reflexion der Grenzen und der Herausforderungen der Methode ist somit Voraussetzung einer erfolgreichen Durchführung. Die ersten zwei von Konrad (2020, S. 388) beschriebenen Grenzen der Methode des Lauten Denkens werden dafür um Grenzen des periaktionalen Lauten Denkens erweitert und mit Blick auf die Datenerhebung und die Erhebungsinstrumente dieser Arbeit folgend kritisch reflektiert.

Ob die Studienteilnehmenden komplexe kognitive Prozesse, wie beispielsweise Informationsverarbeitungsstrategien ausreichend verbalisieren können, ist umstritten (Konrad 2020, S. 388). Von einer vollständigen Berichterstattung der Studienteilnehmenden kann dadurch, insbesondere mit Blick auf die Beteiligung unbewusster Prozesse, wie beispielsweise bei automatisch ablaufenden Verarbeitungsprozessen beim Lesen, nicht ausgegangen werden (van Someren et al. 1994, S. 33 f.). Die Studienteilnehmenden können stets nur ihre Wahrnehmung, nicht aber die tatsächlichen Operationen des Gehirns beschreiben (Bilandzic und Trapp 2000, S. 190). In Bezug auf diese Arbeit sind es vermutlich die Verschiebungen der Kurven, die häufig unbewusst ablaufen. Um diese möglichst ins Bewusstsein zu rücken, erhielten die Schüler:innen als Hilfestellung zur Lösung der Aufgaben die Teile des Preis-Mengen-Diagramms (Konrad 2020, S. 389; siehe Anhang B im elektronischen Zusatzmaterial). Mithilfe der Teile konnten die Schüler:innen ihre Gedanken darlegen, ohne die einzelnen Bewegungen beschreiben zu müssen. Zusätzlich erhielten die Schüler:innen nach der Durchführung des Interviews einen Kinogutschein für ein lokales Kino. Die dadurch erzielte intrinsische Motivation der Schüler:innen wirkt nach Konrad (2020, S. 389) dem Problem der Vollständigkeit und der Wahrhaftigkeit entgegen. Trotzdem kann nicht von einer vollständigen Abbildung aller kognitiven Prozesse ausgegangen werden.

Die Belastung des Arbeitsgedächtnisses durch die simultane Verbalisierung kann darüber hinaus zu einer Verlangsamung oder Veränderung des Problemlöseprozesses führen (Funke und Spering 2006, S. 674 f.). Durch die Visualisierung von Veränderungen des Preis-Mengen-Diagramms mithilfe der Teile können die Schüler:innen gewisse Operationen visualisieren, statt sie zu verbalisieren. Dadurch wird das Arbeitsgedächtnis etwas entlastet. Allerdings hat die Visualisierung der Kurven einen potentiellen Einfluss auf die Problemlösestrategien der Schüler:innen. Somit sind die Ergebnisse stets vor dem Hintergrund der Visualisierung des Preis-Mengen-Diagramms während der Datenerhebung zu interpretieren.

Als drittes Problem benennt Konrad (2020, S. 388) die soziale Erwünschtheit. So besteht die Gefahr, dass Studienteilnehmende nicht alle ihre Gedankengänge verbalisieren, wenn diese nicht dem gesellschaftlichen Konsens oder den Erwartungen der Interviewerin entsprechen. Dieses Problem ist insbesondere bei der Erfassung von Gedankengängen zu kontroversen Themen relevant. Das ökonomische Modell der Preisbildung im vollkommen Markt und dessen Visualisierung durch das Preis-Mengen-Diagramm gehören eher nicht zu diesen Themen. Darüber hinaus wurde während der Bearbeitung der Aufgaben durch die Schüler:innen nicht eingegriffen. Eine Rückmeldung zu ihren Erklärungen bekamen sie erst am Ende der Erhebung.

Das Problem der Ungewohntheit fällt für Konrad (2020, S. 388) unter soeben beschriebenes Problem der sozialen Erwünschtheit. Da dies jedoch eine eigenständige, kritische Überlegung erfordert, wird es für diese Arbeit abgegrenzt. Die

Problematik der Ungewohntheit bezieht sich auf die Schwierigkeiten der Studienteilnehmenden, die Gedankengänge zu verbalisieren. Häufig nehmen sie dies als
ungewohnt wahr. Dem wurde durch entsprechende Vorbereitung der Schüler:innen
durch Übungsaufgaben und der Instruktion der Interviewerin versucht, entgegenzuwirken (vgl. Bilandzic und Trapp 2000; Frommann 2005; Knorr und Schramm 2012;
Konrad 2020; Sandmann 2014). So haben die Schüler:innen vorab drei Aufgaben
zur schriftlichen Addition bekommen (siehe Anhang C im elektronischen Zusatzmaterial), anhand derer sie die Methode des Lauten Denkens üben sollten (Ericsson
und Simon 1993, S. 181). Zusätzlich zu den vorbereitenden Aufgaben wurden die
Schüler:innen durch eine Instruktion durch die Interviewerin in die Methode eingeführt. Um zu vermeiden, dass sich unterschiedliche Einstiege auf die Ergebnisse
auswirken, wurde dieser standardisiert (Frommann 2005, S. 3). Dafür wurde analog
zu den Beispielen von Heine und Schramm (2007, S. 178) und Sandmann (2014,
S. 184) der einleitend beschriebene Instruktionstext formuliert.

Zusätzlich ist eine Voraussetzung für die Abbildung kognitiver Prozesse, dass
die Informationsverarbeitungsprozesse bewusst und nicht nach routinierten Hand-
lungskognitionen ablaufen (Völzke 2012, S. 34). Um dies zu gewährleisten, wurden
die Schüler:innen mit problemorientierten Aufgaben konfrontiert, die nach Überarbeitungen nach der Pilotierung bestmöglich ihrem Leistungsniveau entsprachen
und somit die bewussten Informationsverarbeitungsprozesse auslösten. Außerdem
hatten die Schüler:innen dadurch im Zuge der Problemlösung kaum Kapazitäten für
die eigene Reflexion des Problemlöseprozesses, einer sogenannten Metakognition
(Bilandzic und Trapp 2000, S. 190).

Trotz all dieser beschriebenen Grenzen hilft die Methode zusammenfassend
dabei, Problemlöseprozesse, die nicht explizit beobachtbar sind, zu erfassen und
anschließend zu analysieren (Konrad, 2020, 383). Durch die Bearbeitung und die
Fokussierung der Verbalisierung auf die fünf Aufgaben wurden Einblicke in die
mentalen Vorgänge der Schüler:innen generiert (Konrad 2020, S. 383). Um dies
zu erleichtern wurden den Schüler:innen zusätzlich die Teile des Preis-Mengen-
Diagramms (siehe Anhang B im elektronischen Zusatzmaterial) an die Hand
gegeben. So mussten die Schüler:innen nicht alle Gedanken verbalisieren, sondern
konnten diese mithilfe der Teile visualisieren.

Die Methoden des Lauten Denkens wird häufig um ein Interview und damit um
eine weitere Form der Verbalisierung erweitert (Becker 2022, S. 22). Dadurch können zum einen im Sinne einer verzögerten Retrospektion (van Someren et al. 1994,
S. 21) die Problemlöseprozesse beleuchtet und hinterfragt werden; zum andere eröffnet die Erhebung mit einem Mehrmethodendesign die Möglichkeit zur Ergänzung,

aber auch zur Erfassung neuer inhaltlicher Teilbereiche. Da es sich sowohl bei der Methode des Lauten Denkens als auch bei der Methode des Leitfadeninterviews um rein qualitative, offene Methoden handelt, ist eine Kombination dieser aus forschungstheoretischer Perspektive unproblematisch (Loosen 2016, S. 146). Deshalb wird im Folgenden die Methode des Leitfadeninterviews und die in diesem Sinne entwickelten Erhebungsinstrumente dargestellt und anschließend diskutiert.

6.2.2 Leitfadeninterview zur Datenerhebung für den Teilbereich Wissen über ökonomische Modelle

Anhand unterschiedlicher Merkmale, wie beispielsweise der Strukturiertheit (Gläser und Laudel 2010, S. 41; Helfferich 2011, S. 36 f.; Hopf 2017, S. 351) oder der Rollenverteilung zwischen Interviewer:in und Interviewten (Helfferich 2011, S. 36 f.; Hopf 2017, S. 351), lassen sich verschiedene Formen des qualitativen Interviews unterscheiden. Das Leitfadeninterview nimmt dabei eine „Mittlerstellung" (Loosen 2016, S. 144) zwischen standardisierten und nicht standardisierten Methoden ein. Trotz der Beschreibung des Leitfadeninterviews als „vergleichsweise strukturierte Interviewmethode" (Loosen 2016, S. 139) findet sich der Artikel von Loosen dazu in einem Sammelwerk mit dem Titel *Nicht standardisierte Methoden in der Kommunikationswissenschaft* (Averbeck-Lietz und Meyen 2016). Helfferich (2011, S. 36) löst diesen Konflikt durch die Einteilung des Leitfadeninterviews in die Gruppe der halbstrukturierten Interviews, zu welcher beispielsweise auch das narrative Interview gehört. Diese Interviewform zeichnet sich insbesondere durch die Kombination aus Vorstrukturierung und Offenheit der Fragen und des Ablaufes aus (Helfferich 2011, S. 36). Die Besonderheit des Leitfadeninterviews liegt in der Organisation der Fragen und des Ablaufes des Interviews mithilfe eines Leitfadens (Helfferich 2011, S. 37). Dabei ist die Durchführung eines Interviews mithilfe eines Leitfadens zwar notwendige, jedoch nicht hinreichende Bedingung für die Methode des Leitfadeninterviews. So arbeiten auch andere qualitative Interviewformen, wie beispielsweise die Erstellung von Gesprächsskizzen, mit Leitfäden (Loosen 2016, S. 144). Das Leitfadeninterview grenzt sich jedoch durch den Strukturierungsgrad von den anderen Methoden ab (Loosen 2016, S. 144), indem der Leitfaden eine dezidierte Steuerung des Gesprächsverlaufs bei gleichzeitiger Sicherstellung der Abdeckung aller relevanten Themenbereiche begünstigt (Kaune 2010, S. 140). Inwieweit der Leitfaden die Reihenfolge oder die Formulierungen vorgibt und damit das Interview strukturiert, kann sich jedoch unterscheiden (Helfferich 2011, S. 37; Loosen 2016,

S. 144). Nichtsdestotrotz erhöht sich durch den höheren Grad der Standardisierung im Vergleich zu anderen Interviewformen (Loosen 2016, S. 142; Meyen et al. 2011, S. 83) mittels eines Leitfadens die Vergleichbarkeit der Interviews (Bortz und Döring 2002, S. 315; Prochazka 2020, S. 121). Grund dafür ist beispielsweise die Gewissheit, dass in allen Interviews die gleichen Fragen gestellt wurden (Prochazka 2020, S. 121). Trotz der Standardisierung sollte jedoch darauf geachtet werden, dass die Fragen stets offen gestellt sind und Raum für narrative Gesprächsanteile lassen (Marotzki 2003, S. 114). Dadurch bewegt sich diese Methode in einem Spannungsfeld zwischen der Offenheit von Gesprächssituationen und der Strukturiertheit zum Vergleich der Ergebnisse (Loosen 2016, S. 139).

Heutzutage bildet das Leitfadeninterview eine von drei „Basismethoden der empirischen Sozial- und Kommunikationswissenschaften" (Brosius et al. 2012, S. 5) und ist somit fester Bestandteil der Verfahren der empirischen Forschungsmethoden (Loosen 2016, S. 139). Es zielt unter anderem auf die Erfassung von Vorstellungen, Deutungsmuster (Helfferich 2011, S. 38) sowie Formen des Alltagswissens (Helfferich 2011, S. 179) und damit auf konzeptionelle Kompetenzen ab.

Aufgrund dessen eignet sich das Leitfadeninterview besonders, um die mit der Methode des Lauten Denkens erfassten Daten um Daten aus dem Teilbereich *Wissen über ökonomische Modelle* zu ergänzen und erweitern. Die in diesem Sinne entwickelten Erhebungsinstrumente werden im Folgenden dargestellt und debattiert und anschließend, mit Blick auf die Grenzen der Methode des Leitfadeninterviews, diskutiert.

Darstellung und Diskussion der Erhebungsinstrumente zu der Methode des Leitfadeninterviews
Das skizzierte Spannungsfeld des Leitfadeninterviews zwischen Strukturierung und Offenheit verdeutlicht die methodische Rolle des Leitfadens (Loosen 2016, S. 144). Er sollte „so offen und flexibel [...] wie möglich, so strukturiert wie aufgrund des Forschungsinteresses notwendig" (Helfferich 2011, S. 181) ausgestaltet sein. Um dies zu erreichen, wurde der Leitfaden mithilfe des SPSS-Prinzips (Helfferich 2011, S. 182 ff.) entwickelt. Neben der Lösung des Konfliktes führt das Prinzip darüber hinaus zu einer Vergegenwärtigung der Erwartungen an das Interview und das eigene theoretische Vorwissen (Helfferich 2011, S. 182). Die Abkürzungen der Buchstaben stehen für folgende Arbeitsschritte (im Folgenden: Helfferich 2011, S. 182 ff.):

- S – „Sammeln" von Fragen

Das SPSS-Verfahren beschreibt ein deduktives Verfahren der Leitfadenerstellung, bei dem die Forschungsfrage in Themen gegliedert und anschließend Fragen zu den Themen mithilfe eines Brainstormings entwickelt werden (Reinders 2011, S. 94). Für diese Arbeit wurden zuerst die Themenbereiche Nachfragekurve, Angebotskurve und Preisbildung von der Forschungsfrage abgeleitet.

- P – „Prüfen" der Fragen, beispielsweise auf Offenheit

Die durch ein Brainstorming entwickelten Fragen der Themenbereiche werden anschließend unter anderem mit Blick auf Offenheit (Helfferich 2011, S. 182), eine einfache Sprache und suggestive Anteile überprüft (Reinders 2016, S. 157).

Im Zuge der Überarbeitungen halbierte sich die Anzahl der Fragen, da beispielsweise Faktenfragen oder Fragen mit impliziten Erwartungen (Helfferich 2011, S. 183 f.) gestrichen wurden. Andere Fragen wurden geöffnet.

- S – „Sortieren" der Fragen in thematische Blöcke sowie in Einleitung, Hauptteil und Abschluss.

Die zu Beginn entwickelten Themenblöcke werden, falls nötig, erneut differenziert und die Fragen in ihnen geordnet (Helfferich 2011, S. 182). Anschließend werden die Themenblöcke je nach Eignung in Einleitung, Hauptteil und Schuss geordnet (Kaune 2010, S. 142).

Da die von der Forschungsfrage abgeleiteten Themenbereiche bisher komplex waren, wurden sie weiter in folgende Themenbereiche differenziert: Nachfragekurve, Angebotskurve, Gleichgewichtspreis und Wohlfahrt. Die Differenzierung zielte unter anderem darauf ab, Klarheit für die Interviewte oder den Interviewten bezüglich des Inhalts und des Ablaufs des Interviews zu schaffen (Kaune 2010, S. 142). Die Fragen innerhalb der Themenblöcke wurden nach aufsteigender Komplexität angeordnet (Helfferich 2011, S. 182)[5].Mit Blick auf diese Anordnung und die Einteilung wurden die Themenblöcke innerhalb des Leitfadens sortiert. Der Themenblock Nachfragekurve stellt dabei die thematische Einleitung im Rahmen der Einleitung (Kaune 2010, S. 142) dar, da er durch den Bezug zur Lebenswelt der Schüler:innen als Konsument:innen im Vergleich zu den anderen Themenblöcken

---

[5] Wie bereits in Abschnitt 6.4.2 erwähnt, orientiert sich auch die Gliederung der Aufgaben des Lauten Denken an der Einteilung des Themengebiets in die Themenbereiche.

am stärksten erzählgenerierend wirkt (Reinders 2016, S. 141). Die übrigen Themenblöcke wurden analog zu der in Kapitel 4 dargestellten Sachstruktur des Modells der
Preisbildung im vollkommenen Markt angeordnet. Entsprechend folgen auf die Themenbereiche Angebotskurve und die Gleichgewichtsbildung. Der Leitfaden endet
mit einer Vertiefung der Thematik durch den Themenbereich Wohlfahrt (Reinders
2005, S. 151). Dieser dient, durch den Übergang am Ende des Themenbereichs
in ein angenehmes Gespräch, zusätzlich der Entlassung der Interviewten oder des
Interviewten aus der Interviewsituation (Reinders 2011, S. 92).

- S – „Subsummieren" der Fragen unter erzählgenerierenden Fragen/Impulsen

Finalisiert wurde der Leitfaden, indem die erstellten Fragen unter erzählgenerierenden Fragen und Impulsen untergeordnet wurden (Helfferich 2011, S. 185). Diese
Fragen und Impulse sind im Leitfaden fett gedruckt.

Der durch dieses Prinzip entstandene Interviewleitfaden wurde im Rahmen der
Pilotierung überprüft und anschließend durch induktiv entwickelte Fragen ergänzt
(Helfferich 2011, S. 186). Durch die Kombination von deduktiv und induktiv
entwickelter Fragen werden die Nachteile der beiden eigenständigen Verfahren
abgefedert. So besteht beispielsweise die Gefahr, dass bei der deduktiven Fragen-
bildung relevante Inhaltsbereiche übersehen werden. Durch die Pilotierung rückten
diese Bereiche jedoch in das Blickfeld der Forschenden und es wurden induktiv
Fragen zu diesen Themenbereichen ergänzt. Gleichzeitig wurde der Gefahr der zu
großen Neugierde der Interviewerin und damit einhergehend der Erstellung von zu
vielen und diversen Fragen bei der induktiven Fragenerstellung durch eine deduktive
Vorstrukturierung begegnet.

Die in Tabelle 6.4 dargestellten Themenbereiche und Fragen waren Teil des
Leitfadens der Haupterhebung.

Die Fragen in der ersten Ebene der rechten Spalte in Tabelle 6.4 wurden allen
Interviewten gestellt. Fragen aus zweiter Ebene der rechten Spalte strukturierten die
inhaltlichen Nachfragen und wurden nur bei Bedarf geäußert. Die kursiv gedruckten
Handlungsanweisungen an die Interviewerin beziehen sich auf die im Anhang. im
elektronischen Zusatzmaterial beschriebenen Teile des Preis-Mengen-Diagramms,
die zur Unterstützung der Verbalisierung des Gedachten durch Visualisierung auch
im Interview eingesetzt wurden.

Tabelle 6.4 Themenbereiche und Fragen der Haupterhebung. (Eigene Darstellung)

Nachfragekurve	**1. Was veranschaulicht die Nachfragekurve?** 1.1. Wie entsteht die Nachfragekurve? 1.2. Warum fällt die Nachfragekurve? 2. Was ist der Unterschied zwischen der nachgefragten Menge und der Nachfrage? 3. Kann sich die Nachfragekurve verschieben? Wenn nein, dann weiter bei Frage 9. Wenn ja, dann: 3.1. Wie kann sich die Nachfragekurve verschieben? 3.2. Wie kommt es zu einer Verschiebung der Nachfragekurve? 3.3. Was passiert mit der Nachfragekurve, wenn sich der Preis verändert? 4. Wie kann es zu Bewegungen auf der Nachfragekurve kommen? 5. Was kannst du mir über den Schnittpunkt von Nachfragekurve und x-Achse sagen? *(Auf den Schnittpunkt zeigen.)* 6. Was kannst du mir über den Schnittpunkt von Nachfragekurve und y-Achse sagen? *(Auf den Schnittpunkt zeigen.)*
Angebotskurve	**7. Was veranschaulicht die Angebotskurve?** 7.1. Wie entsteht die Angebotskurve? 7.2. Warum fällt die Angebotskurve? 8. Was ist der Unterschied zwischen der angebotenen Menge und dem Angebot? 9. Kann sich die Angebotskurve verschieben? Wenn nein, dann weiter bei Frage 15. Wenn ja, dann: 9.1. Wie kann sich die Angebotskurve verschieben? 9.2. Wie kommt es zu einer Verschiebung der Angebotskurve? 9.3. Was passiert mit der Angebotskurve, wenn sich der Preis verändert? 10. Wie kann es zu Bewegungen auf der Angebotskurve kommen? 11. Was kannst du mir über den Schnittpunkt von Angebotskurve und x-Achse sagen? *(Auf den Schnittpunkt zeigen.)* 12. Was kannst du mir über den Schnittpunkt von Angebotskurve und y-Achse sagen? *(Auf den Schnittpunkt zeigen.)*

(Fortsetzung)

Tabelle 6.4 (Fortsetzung)

Gleichgewichtsbildung	**13. Erkläre mithilfe des Diagramms, wie ein Preis entsteht.**
	14. Was kannst du mir über den Schnittpunkt der beiden Kurven sagen? *(Auf den Schnittpunkt zeigen.)*
	
	Wenn Interviewte:r Gleichgewichtspreis bisher nicht genannt hat, dann Erklärung nennen: „Der Schnittpunkt der beiden Kurven heißt Gleichgewichtspreis".
	
	15. Was charakterisiert den Gleichgewichtspreis?
	16. Ist der Gleichgewichtspreis stabil?
	
	Wenn nein, dann weiter bei Frage 22. Wenn ja, dann:
	  16.1 Warum ist der Gleichgewichtspreis stabil?
	17. Warum streben wir den Gleichgewichtspreis und keinen anderen Preis an?
	18. Was passiert, wenn der Marktpreis über dem Gleichgewichtspreis liegt? *(Auf einen Punkt auf der y-Achse über dem Gleichgewichtspreis zeigen.)*
	19. Was passiert, wenn der Marktpreis unter dem Gleichgewichtspreis liegt? *(Auf einen Punkt auf der y-Achse unter dem Gleichgewichtspreis zeigen.)*
	20. Was passiert mit dem Gleichgewichtspreis, wenn sich die Nachfragekurve verschiebt?
	  20.1 Warum?
	21. Was passiert mit dem Gleichgewichtspreis, wenn sich die Angebotskurve verschiebt?
	  21.1 Warum?

Wohlfahrt	**22. Was ist die gesellschaftliche Wohlfahrt?**
	23. Wie kann man mithilfe des Preis-Mengen-Diagramms Aussagen über die gesamtgesellschaftliche Wohlfahrt machen?
	24. Wann ist die gesellschaftliche Wohlfahrt maximal?
	
	(Die Teile des Preis-Mengen-Diagramms werden weggeräumt und die Interviewten bekommen ein neues Diagramm ausgeteilt (siehe Anhang im elektronischen Zusatzmaterial).)
	
	25. Erkläre mir bitte die einzelnen, grau hinterlegten Flächen.
	  24.1 Was ist die Konsumentenrente?
	  24.2 Was ist die Produzentenrente?
	26. Welche Auswirkungen hat ein Marktpreis über dem Gleichgewichtspreis auf die Wohlfahrt? *(Auf einen Punkt auf der y-Achse über dem Gleichgewichtspreis zeigen.)*
	27. Welche Auswirkungen hat ein Marktpreis unter dem Gleichgewichtspreis auf die Wohlfahrt? *(Auf einen Punkt auf der y-Achse unter dem Gleichgewichtspreis zeigen.)*
	28. Wann ist die Wohlfahrt im Diagramm maximal?

(Fortsetzung)

Tabelle 6.4 (Fortsetzung)

Abschluss	Übergang in ein lockeres Gespräch. Mögliche Fragen:
	29. Wie war es für dich, das nochmal anzuschauen?
	30. Weißt du schon, welchen Film du dir mit dem Gutschein anschauen möchtest?
	31. Was machst du heute noch Schönes?

Diskussion der Grenzen der Erhebungsmethode des Leitfadeninterviews anhand der Erhebungsinstrumente

Grund für die Auswahl der qualitativen Methode des Leitfadeninterviews zur Datenerhebung war das primäre Ziel der Rekonstruktion von Vorstellungen zum Bereich *Wissen über ökonomische Modelle* (Helfferich 2011, S. 179). Die Vielschichtigkeit des Forschungsinteresses legitimiert dabei die Strukturierung des Interviews mithilfe eines Leitfadens (Helfferich 2011, S. 179). Darüber hinaus führt diese Strukturierung zu einer höheren Vergleichbarkeit der Ergebnisse (Prochazka 2020, S. 121).

In der Entwicklung der Erhebungsinstrumente für das Leitfadeninterview wurden „Risiken und Fallen" (Hopf 1978, S. 97) des Leitfadeninterviews berücksichtigt (Loosen, 2016, 141). Ziel ist es, durch die folgende Diskussion der Grenzen der Methode das „Dilemma" (Hopf 1978, S. 114) des Leitfadeninterviews zu minimieren (Loosen 2016, S. 142).

Auf eine häufig zitierte Gefahr der Durchführung von Leitfadeninterviews wird mithilfe des Begriffs der „Leitfadenbürokratie" oder „Leitfaden-Oktroi" (Hopf 1978, S. 101) verwiesen (Loosen 2016, S. 141). Im Falle der Leitfadenbürokratie ist die Gesprächsführung aufgrund des Leitfadens zu strikt (Loosen, 2016, 141). Um diesen negativen Auswirkungen eines Leitfadens auf den Gesprächsverlauf entgegenzuwirken, wird dieser für diese Arbeit eher als Gesprächsstütze, nicht jedoch als Ablaufplan, verstanden. So können sowohl inhaltliche Nachfragen als auch die Reihenfolge der Fragen je nach Situation variieren (Prochazka 2020, S. 121). Um das zu unterstützen, wurden die Fragen im Laufe des Interviews nicht abgelesen, sondern frei vorgetragen. Lediglich am Ende jedes Themenblocks kontrollierte die Interviewerin die Vollständigkeit der Fragen (Helfferich 2011, S. 180). Die dadurch resultierende Offenheit des Gesprächsverlaufs löst außerdem das grundlegende Dilemma eines Leitfadeninterviews, trotz Strukturierung eine möglichst natürliche Gesprächssituation entstehen zu lassen (Loosen 2016, S. 142). Durch die Freiheiten der Interviewerin kann sich einer offenen, natürlichen Gesprächssituation angenähert werden, wodurch Einblicke in das Denken und die Motive einer Person erlangt werden können (Prochazka 2020, S. 121). Diese Annäherung verlangt jedoch einige Kompetenzen der Gesprächsführung von der Interviewerin.[6] Durch eine entsprechende Ausbildung in Methodenworkshops vor der Datenerhebung sowie durch eine kritische Reflexion der im Rahmen der Pilotierung geführten Interviews wurden potentielle Schwierigkeiten in der Gesprächsführung eines ertragreichen Interviews im Vorfeld minimiert (Reinders 2011, S. 96).

Die durch die Kombination der Erhebungsmethoden des Lauten Denkens und des Leitfadeninterviews entstandenen audiovisuellen Daten wurden mithilfe einer qualitativen Inhaltsanalyse ausgewertet.

6.3 Datenauswertung durch eine qualitative Inhaltsanalyse

Audiovisuelle Daten in Form von Videos stellen für die Soziologie und die Sozialwissenschaften eine „besonders interessante Datensorte" mit „hervorragendem Wert" dar (Knoblauch und Schnettler 2009, S. 585; Tuma et al. 2013, S. 31). Die Videographie begründet dies unter anderem mit der Aufnahme des Forschungsgegenstands in seiner natürlichen Interaktion (Tuma et al., 2013, 35). Demnach steht nicht, wie in den Sozialwissenschaften sonst häufig üblich, die Erhebung von rekonstruktiven Daten (Knoblauch und Schnettler 2009, S. 590) durch Interviews oder Gruppendiskussionen im Fokus (Tuma et al. 2013, S. 32). Ziel ist meistens die Aufnahme des Individuums in seinem natürlichen Umfeld, um anschließend verschiedene Wahrnehmungsaspekte zu beobachten und zu interpretieren (Knoblauch und Schnettler 2009, S. 585; Tuma et al. 2013, S. 31). Wahrnehmungsaspekte können beispielsweise die Sprache, die Mimik oder die Gestik sein (Knoblauch und Schnettler 2009, S. 588; Tuma et al. 2013, S. 31). Deshalb werden die Videographie und weitere Ansätze, wie beispielsweise die Videohermeneutik (vgl. Raab und Tänzler 2006) oder die ethnomethodologische Konversationsanalyse (vgl. Heath und Hindenmarsh 2002), häufig für die Unterrichtsforschung eingesetzt (vgl. Mayring et al. 2005; Mohn 2002; Seidel et al. 2005; Wagner Willi 2005). Die zwei letztgenannten Ansätze gleichen der Videographie beispielsweise in methodischen Aspekten wie der Natürlichkeit, Sprachlichkeit und der Möglichkeit zur Interpretation (Knoblauch und Schnettler 2009, S. 586).

---

[6] Reinders (2011, 96) beschreibt potentielle Fehlerquellen in der Gesprächsführung einer Interviewerin oder eines Interviewers ausführlich.

Die im Zuge der Erhebung aufgezeichneten, audiovisuellen Daten grenzen sich von der Zielorientierung der Videographie beispielsweise durch den Grad der Konstruiertheit der Erhebungssituation ab. Die Natürlichkeit der Daten beschreibt einen der zentralen methodischen Aspekte der Videographie, der Videohermeneutik und der ethnomethodologischen Konversationsanalyse (Knoblauch und Schnettler 2009, S. 586). Damit geht eine möglichst geringe Interaktion des Forschenden mit dem Forschungsgegenstand einher (Knoblauch und Schnettler 2009, S. 586). Die im Zuge der Erhebung entstandenen Daten sind jedoch geprägt von einer hohen Interaktion des Forschenden mit dem Forschungsgegenstand durch die Erhebung der Daten mittels eines Interviews. Dementsprechend liegen konstruierte und keine natürlichen Daten vor (Knoblauch und Schnettler 2009, S. 590). Da die Forschungsfrage darüber hinaus nicht auf die Analyse von Beobachtungsmerkmalen und deren Zusammenspiel ausgerichtet ist, sind videographische Ansätze für die Datenaufbereitung und Datenauswertung nicht geeignet.

Anstatt dessen wurden die audiovisuellen Daten mithilfe des Konzeptes der Feldpartitur (vgl. Moritz 2010, 2018) aufbereitet und verschriftlicht und anschließend mithilfe der qualitativen Inhaltsanalyse (vgl. Mayring 2015, 2016, 2022) ausgewertet. Da die Datenaufbereitung einen Teil des Ablaufplans der qualitativen Inhaltsanalyse darstellt, wird im Folgenden zuerst die Auswertungsmethode dieser Arbeit, der qualitativen Inhaltsanalyse, vorgestellt sowie anschließend der für diese Arbeit entwickelte Ablaufplan der qualitativen Inhaltsanalyse sowie die Auswertungsinstrumente dargestellt und diskutiert.

Datenauswertung mithilfe der qualitativen Inhaltsanalyse
Die Ursprünge der Inhaltsanalyse als Forschungsmethode in den Sozialwissenschaften gehen auf einen Vortrag von Max Weber auf dem deutschen Soziologentag 1910 zurück, bei dem er eine „Enquête für das Zeitungswesen" (Weber 1964) vorschlug (Kuckartz 2018, S. 13). Diese lange Forschungstradition in der Analyse großer Textmengen stellt heutzutage eine der Stärken der Inhaltsanalyse dar (Kuckartz 2018, S. 14). Im Laufe der Zeit wurden viele Probleme bei der Auswertung qualitativer Daten in den Sozialwissenschaften gelöst und die Methode der Inhaltsanalyse entsprechend adaptiert (Kuckartz 2018, S. 14). Die dadurch etablierte klassische oder Mainstream Inhaltsanalyse[7] hat die Analyse von Material zum Ziel, das aus einer beliebigen Art von Kommunikation stammt (Mayring 2022, S. 11). Neben dieser

---

[7] Der Begriff der klassischen Inhaltsanalyse wird beispielsweise von Mayring (2022) geprägt, während Kuckartz (2018) eher den Begriff der Mainstream Inhaltsanalyse verwendet. Dabei stehen beide Bezeichnungen für die gleiche Forschungsmethode.

groben Zielorientierung unterscheiden sich die Definitionen der Inhaltsanalyse allerdings enorm (Mayring 2022, S. 12). Mayring (2022, S. 12) löst diese Unklarheit,
indem er die Inhaltsanalyse mithilfe der folgenden Merkmale beschreibt: Inhaltsanalyse soll Kommunikation und fixierte Kommunikation analysieren und dabei
systematisch, regelgeleitet und theoriegeleitet vorgehen. Ziel der Analyse ist stets
der Rückschluss auf verschiedene Aspekte der Kommunikation (Mayring 2022,
S. 12). Mithilfe dieser Kriterien grenzt er die Inhaltsanalyse von anderen sozialwissenschaftlichen Methoden zur Analyse von Kommunikation ab. In seiner Definition
wird deutlich, dass Inhaltsanalyse nicht nur eine Methode zur Analyse des Inhalts
von Kommunikation darstellt (Mayring 2022, 11 + 13). Dementsprechend problematisch ist der Begriff der Inhaltsanalyse. Eine spezifischere Beschreibung der
Methode würde der Begriff der kategoriengeleiteten Textanalyse liefern (Mayring
2022, S. 13).

Da sich die klassische oder Mainstream Inhaltsanalyse im Laufe der Zeit immer
mehr quantitativ orientierte, sodass häufig manifeste Textmerkmale und deren Quantifizierung im Fokus der Analysen standen (Kuckartz 2018, 21 + 23), betonte
beispielsweise Kracauer bereits 1952 die Notwendigkeit der Spezifizierung der
Methode der Inhaltsanalyse für qualitative Daten (vgl. Kracauer 1952). Folgend
entwickelte sich die qualitative Inhaltsanalyse durch die Fokussierung auf hermeneutische Verfahren des Textverstehens[8] (Kuckartz 2018, S. 21). Insbesondere im
deutschsprachigen Raum werden Überlegungen zum Verstehen und Interpretieren
von Texten häufig mit der Hermeneutik in Verbindung gesetzt (Kuckartz 2018,
S. 17). Von der Hermeneutik können beispielsweise folgende Handlungsempfeh-
lungen für die Arbeit mit qualitativen Daten in den Sozialwissenschaften im Rahmen
der qualitativen Inhaltsanalyse abgeleitet werden.

Zum einen sollten die Entstehungsbedingungen betrachtet und reflektiert werden
(Kuckartz 2018, S. 18; Mayring 2022, S. 30). Deshalb findet sich eine detaillierte
Beschreibung der Entstehungssituation in Abschnitt 6.5.2.

Darüber hinaus treten die Forschenden stets mit einem gewisse Vorverständnis
an den Text heran. Nach einer ersten Auseinandersetzung mit dem Text wird sich
das Vorverständnis verändern (Kuckartz 2018, S. 18). Dieser Prozess kann als hermeneutischer Zirkel oder als hermeneutische Spirale (Klafki 2001, S. 145) betitelt
werden. Das Vorverständnis ist Grundlage des Verständnisses des Textes, welches
wiederrum Grundlage der Interpretationen dessen ist. Die Interpretationen können
somit nicht als richtig oder falsch, sondern als mehr oder weniger angemessen
deklariert werden (Kuckartz 2018, S. 20). Dementsprechend sollten Forschende
ihr Vorverständnis und damit eventuell einhergehende Vorurteile offenlegen und
bezüglich der Forschungsfrage reflektieren (Kuckartz 2018, S. 2; Mayring 2022,

---

[8] Den Unterschied zwischen Erklären und Verstehen beschreibt beispielsweise Kelle (2008).

S. 30). Dafür wurden in Abschnitt 6.1 beispielsweise das Verständnis qualitativer Forschung sowie die theoretischen Hintergründe in Kapitel 4 dargestellt.

Außerdem sollten die hermeneutische Differenz und damit potenzielle Differenzen in dem Verstehen möglichst klein gehalten werden (Kuckartz 2018, S. 19). Je nach Situation kann sich die Differenz graduell unterscheiden (Kuckartz 2018, S. 19). So ist sie beispielsweise in der Alltagskommunikation kaum vorhanden, während die Analyse eines Textes auf einer unbekannten Fremdsprache von hoher hermeneutischer Differenz geprägt ist (Kuckartz 2018, S. 19). Für die Daten dieser Arbeit liegt demnach eine geringe hermeneutische Differenz vor, da die Unterhaltungen und das Laute Denken der Alltagskommunikation ähneln.

Eine hermeneutisch inspirierte Reflexion über die Daten und ihre Entstehung ist somit ein Merkmal der qualitativen Inhaltsanalyse und grenzt diese von der klassischen Inhaltsanalyse ab (Kuckartz 2018, S. 26). Dementsprechend beschreibt die qualitative Inhaltsanalyse kein Gegenmodell zur klassischen Inhaltsanalyse, sondern eine Erweiterung und Präzisierung dieser (Kuckartz 2018, S. 23; Mayring 2022, S. 49) wobei die Stärken der quantitativen Inhaltsanalyse beibehalten werden (Mayring 2022, S. 49). Die Methode wird um hauptsächlich hermeneutische Gedanken erweitert und durch die genaue Beschreibung der einzelnen Analyseschritte präzisiert (Mayring 2022, S. 49). Dadurch können mithilfe der qualitativen Inhaltsanalyse große Datenmengen qualitativ-interpretativ mit einem Fokus auf latente Sinngehalte analysiert werden (Mayring und Frenzl 2019, S. 633). Das regelgeleitete Vorgehen führt darüber hinaus zu einer hohen intersubjektiven Überprüfbarkeit (Mayring und Frenzl 2019, S. 633).

Über diese Fundierung der Methode hinaus gibt es, ähnlich wie bei dem Begriff der Inhaltsanalyse, keinen Konsens darüber, was qualitative Inhaltsanalyse charakterisiert: „Die „qualitative Inhaltsanalyse" gibt es nicht" (Schreier 2014, S. 3). So beschreibt Mayring beispielsweise die Theoriegeleitetheit der Analyse als zentrales Charakteristikum (Mayring 2022, S. 51) während Kuckartz (2018) und Schreier (2014) eher die Bedeutung der Entwicklung von Kategorien in den Mittelpunkt stellen (Schreier 2014, S. 1). Diese Unterschiede können unter anderem auf den Begriff der qualitativen Inhaltsanalyse zurückgeführt werden (Schreier 2014, S. 1). Deshalb werden die Begriffe im Folgenden mit Blick auf das Verständnis von Mayring (2022) präzisiert:

- Qualitativ:

Die Beschreibung der Inhaltsanalyse als qualitativ impliziert, dass die Analyse ausschließlich auf qualitativen Methoden aufbaut (Mayring und Frenzl 2019, S. 634). Grundsätzlich ist die Dichotomisierung zwischen qualitativen und quantitativen Forschungsmethoden unbegründete und nicht zielführend (Mayring 2015, S. 17).

In Bezug auf den Begriff der qualitativen Inhaltsanalyse ist sie sogar irreführend. Die qualitative Inhaltsanalyse arbeitet häufig mit einem Zweischritt: Zuerst werden in einem qualitativ-interpretativen Akt den deduktiv-geforderten und induktiv entwickelten Kategorien einzelne Textpassagen zugeordnet (Mayring und Frenzl 2019, S. 643). Diese werden zweitens häufig anschließend mit statistischen Werkzeugen untersucht (Kuckartz 2018, S. 27; Mayring 2022, S. 52; Mayring und Frenzl 2019, S. 643). Um dies abzubilden, empfiehlt Mayring (2015, S. 17), von einer qualitativ-orientierten Inhaltsanalyse zu sprechen.

- Inhaltsanalyse:

Der Begriff der Inhaltsanalyse ist wie bereits beschrieben nicht nur mit Blick auf die Herleitung des Begriffs der qualitativen Inhaltsanalyse problematisch. Er suggeriert, dass sich die Inhaltsanalyse ausschließlich auf den Inhalt und die Analyse dessen konzentriert (Mayring 2022, 11 + 13; Mayring und Frenzl 2019, S. 634). Diese Zielorientierung stand bei der Entwicklung der Methode zur quantitativen Untersuchung der Massenmedien zwar im Mittelpunkt, wurde anschließend aber auf kommunikationswissenschaftliche Aspekte und latente Sinngehalte ausgeweitet (Mayring und Frenzl 2019, S. 634). Wie bereits erwähnt, löst Mayring (2022, S. 13) diese Problematik indem er den Begriff der Inhaltsanalyse durch den Begriff der kategoriengeleiteten Textanalyse ersetzt.

Die Zusammensetzung der Überarbeitung der Begriffe ergibt den Begriff der qualitativ orientierten, kategoriengeleiteten Textanalyse (Mayring und Frenzl 2019, S. 634), welcher von Mayring in seinen neuen Werken häufige synonym zu dem Begriff der qualitativen Inhaltsanalyse verwendet wird (vgl. Mayring 2022; Mayring und Frenzl 2019). Merkmale der qualitativ orientierten, kategoriengeleiteten Textanalyse nach Mayring sind die Folgenden:

Für Schlussfolgerungen über das Material hinaus sollte dieses stets in ein Kommunikationsmodell eingeordnet und somit kommunikationswissenschaftlich verankert werden (Mayring 2022, S. 49; Mayring und Frenzl 2019, S. 636). Dafür ist eine Darstellung des Samples, des soziokulturellen Hintergrunds der Studienteilnehmenden und weiterer Modalkriterien wie in Abschnitt 6.5 unerlässlich.

Außerdem orientiert sich der Ablauf der qualitativen Inhaltsanalyse an einem, für das jeweilige Forschungsprojekt adaptierten, Ablaufmodell und ist somit systematisch und regelgeleitet (Mayring 2022, S. 50). Damit einhergeht das Merkmal der Gegenstandsbezogenheit der qualitativen Inhaltsanalyse durch Anpassung und Modifikation der Verfahrensweisen für das jeweilige Projekt (Mayring 2022, S. 51). Die Entscheidungen bei der Erstellung des Ablaufmodells sollten stets mit Bezug auf den Forschungsstand sowie den theoretischen Hintergrund getroffen werden (Mayring 2022, S. 52). Das Ablaufmodell dieser Arbeit ist in Abbildung 6.2

veranschaulicht. Die einzelnen Schritte des Ablaufmodells orientieren sich an inhaltsanalytischen Regeln (Mayring und Frenzl 2019, S. 636). Darüber hinaus wird die Systematik durch die Festlegung von Analyseeinheiten, siehe Abbildung 6.2, vor Beginn der Analyse erhöht (Mayring und Frenzl 2019, S. 636).

Außerdem ist für die Arbeit mit der qualitativen sowie mit der quantitativen Inhaltsanalyse das Kategoriensystem zentral (Mayring 2022, S. 50; Mayring und Frenzl 2019, S. 635). Das Kategoriensystem beschreibt die Gesamtheit aller Kategorien und kann sowohl linear als auch hierarchisch oder als Netzwerk organisiert sein (Kuckartz 2018, S. 38). Insbesondere bei hierarchischen Kategoriensystemen wird zwischen Haupt-/Oberkategorien und Sub-/Unterkategorien unterschieden (Kuckartz 2018, S. 38). Gleich ihrem Namen untergliedern mehrere Sub-/Unterkategorien eine Haupt-/Oberkategorie (Kuckartz 2018, S. 38). Die Anzahl der Verästelung ist dabei nicht begrenzt, sodass eine Sub-/Unterkategorie weitere Sub-/Unterkategorien haben kann (Kuckartz 2018, S. 38). Das Kategoriensystem wird in einem zirkulären Modell während der Materialdurchläufe erarbeitet, bis mithilfe eines finalen, linearen Modells ein gesamter Materialdurchlauf mit einem Kategoriensystem möglich ist (Mayring und Frenzl 2019, S. 636). Im Rahmen des zirkulären Modells werden häufig die Kategoriendefinitionen, die Beschreibungen der Kategorien im Kategoriensystem sowie der Codierleitfaden überarbeitet (Kuckartz 2018, S. 40). Dabei steht die Kunst der Kategorienentwicklung (Krippendorff 1980, S. 76) durch die Erstellung des Kategoriensystems zur Erhöhung der Intersubjektivität der Analyse im Vordergrund (Mayring 2022, S. 50). Das Merkmal der Kategoriengeleitetheit ist somit eines der zentralen Unterscheidungsmerkmale zwischen der qualitativen Inhaltsanalyse und anderen Ansätzen der Textanalyse (Mayring und Frenzl 2019, S. 635).

Darstellung und Diskussion des Ablaufmodells der qualitativen Inhaltsanalyse

Charakteristisch für fast alle Formen empirischer Forschung ist der Ablauf: Forschungsfrage entwickeln, Daten erheben und diese analysieren (Kuckartz 2018, S. 46). Darüber hinaus veranschaulicht Kuckartz (2018, S. 45) einen allgemeinen Ablaufplan der qualitativen Inhaltsanalyse mithilfe eines Kreislaufs um die Forschungsfrage, bestehend aus den Aufgaben der Textarbeit, der Kategorienbildung, der Codierung, der Analyse und der Ergebnisdarstellung. Die einzelnen Aufgaben sind mit der Forschungsfrage verbunden, sodass deutlich wird, dass diese im Laufe des Forschungsprozesses innerhalb eines Rahmens präzisiert oder abgeändert werden kann (Kuckartz 2018, S. 46). Für die Auswertung dieser Arbeit wird die qualitative Inhaltsanalyse nach Mayring (2022) verwendet, welche im deutschsprachigen Raum häufig für die Auswertung sozialwissenschaftlicher Daten genutzt wird (Schreier 2014, S. 15). Mayring (2022, S. 61 ff.) beschreibt im Vergleich zu

Kuckartz (2018, S. 45) und Schreier (2014, S. 6 f.) ein deutlich umfangreicheres Ablaufmodell bestehend aus den folgenden, teilweise zirkulären Schritten: Festlegung des Materials; Analyse der Entstehungssituation; formale Charakteristika des Materials; theoretische Differenzierung der Fragestellung; Bestimmung der Analysetechnik durch die Wahl der Interpretationsform, des Ablaufmodells und des Kategoriensystems; Definition der Analyseeinheit; Rücküberprüfung und falls nötig erneuter Materialdurchlauf; Zusammenfassung der Ergebnisse und Interpretation in Richtung der Fragestellung; Anwendung inhaltsanalytischer Gütekriterien (Mayring 2022, S. 61). Dieses allgemeine Ablaufmodell wird anschließend mit Blick auf die für das Forschungsprojekt gewählte Grundform des Interpretierens und die damit einhergehende Technik der qualitativen Inhaltsanalyse angepasst (Mayring 2022, S. 6). Mayring (2022, S. 66) unterscheidet drei Grundformen des Interpretierens: die Zusammenfassung, die Explikation und die Strukturierung[9]. Ziel der Interpretationsform der Zusammenfassung ist beispielsweise die Reduktion des Materials, sodass ein übersichtlicher Korpus entsteht, der das zugrundeliegende Material abdeckt (Mayring 2022, S. 66). Diese Interpretationsform ist besonders kompatibel mit der induktiven Kategorienbildung, da diese auf der Technik der Zusammenfassung durch Verwendung ähnlicher reduktiver Prozeduren aufbaut (Mayring 2022, S. 84 f.). Im Vergleich zur deduktiven Kategorienbildung werden die Kategorien bei der induktiven Kategorienbildung nicht theoriegeleitet gebildet und an das Material herangetragen, sondern mit theoretischem Vorwissen am Material gebildet (Mayring 2022, S. 84). Da die Beantwortung der Forschungsfrage dieser Arbeit eine naturalistische und gegenstandsnahe Darstellung des Materials voraussetzt, wurde die induktive Kategorienbildung gewählt (Mayring 2022, S. 84). Diese ist darüber hinaus „sehr fruchtbar" und hat „große Bedeutung innerhalb qualitativer Ansätze" (Mayring 2022, S. 84). Verglichen beispielsweise mit einer offenen Kodierung im Rahmen der Grounded Theory ist die induktive Kategorienbildung innerhalb der qualitativen Inhaltsanalyse deutlich systematischer (Mayring 2022, S. 85). Grundlage des aktiven Konstruktionsprozesses ist die theoretische Darlegung des Themas der Kategorienbildung und die Ableitung von Fragen und Selektionskriterien (Kuckartz 2018, S. 73; Mayring 2022, S. 85). Dementsprechend baut auch die induktive Kategorienbildung auf theoretischen Vorüberlegungen, beispielsweise den dargestellten hermeneutischen Überlegungen, auf und ist ohne Vorwissen und Sprachkompetenz der Forschenden nicht durchführbar (Kuckartz 2018, S. 72). Die Forderung nach Theoriebezogenheit während der Kategorienentwicklung kritisiert Kuckartz (2018, S. 76) an der Vorgehensweise von Mayring (2022), indem er in

---

[9] Die Grundformen des Interpretierens sowie die Techniken der qualitativen Inhaltsanalyse beschreibt beispielsweise Mayring (2022, S. 64–107).

Frage stellt, ob die deduktive Vorgehensweise nicht doch die geeignetere wäre. Da die induktive Vorgehensweise im Vergleich zur deduktiven Vorgehensweise näher am Material arbeitet und dadurch sensibler für Besonderheiten des Materials ist, wird in Hinblick auf das vorliegende Vorhaben die induktive Kategorienentwicklung gewählt.

Die anschließende Zuordnung von 10–50 Prozent des Materials zu den Fragestellungen und ihren Selektionskriterien zur Erstellung eines Kategoriensystems durchläuft mehrere Zirkel (Kuckartz 2018, S. 78). Im Vergleich zur zusammenfassenden Inhaltsanalyse wird somit nicht das gesamte Material, sondern nur die für die Selektionskriterien relevante Textstellen betrachtet (Kuckartz 2018, S. 77). Diese werden anschließend mithilfe der Regeln der Zusammenfassung zu Hauptkategorien generalisiert (Mayring und Frenzl 2019, S. 637). Kuckartz (2018, S. 77) beschreibt die induktive Kategorienbildung mit Verweis auf Mayring (2015, S. 88) deshalb als „spezifische Variante zusammenfassender Inhaltsanalyse", bei der direkt auf mittlerer Abstraktionsebene gearbeitet wird. Die Auswertung des Kategoriensystems basiert auf univariaten, statistischen Merkmalen wie beispielsweise der absoluten und relativen Häufigkeiten der einzelnen Kategorien und der Häufigkeiten pro Studienteilnehmenden (Kuckartz 2018, S. 78; Mayring 2022, S. 86).

Die Selektionskriterien dieser Arbeit mit der übergeordneten Forschungsfrage: „Welche Lernschwierigkeiten lassen sich bei Schüler:innen der 11. und 12. Klasse vierer Gymnasien in Baden-Württemberg in den Bereichen des *Wissens über* und des *Umgangs mit ökonomischen Modellen* auf Grundlage der mathematischen Modellierung des Modells der Preisbildung im vollkommenen Markt und dessen Visualisierung durch das Preis-Mengen-Diagramm erkennen?" werden in Tabelle 6.5 dargestellt.

Tabelle 6.5 Selektionskriterien der theoretisch abgeleiteten Forschungsfragen. (Eigene Darstellung)

Theoretisch abgeleitete, untergeordnete Forschungsfragen	Selektionskriterien
Welche Lernschwierigkeiten lassen sich bei den Schüler:innen bei der Erklärung der Angebots-/Nachfragekurve erkennen?	Aussagen der Schüler:innen zur Entstehung und zum Verlauf und damit zu Abhängigkeiten der Nachfrage- und Angebotskurve im Preis-Mengen-Diagramm. Aussagen der Schüler:innen dazu, was die Nachfrage- und die Angebotskurve jeweils veranschaulichen.

(Fortsetzung)

Tabelle 6.5 (Fortsetzung)

Theoretisch abgeleitete, untergeordnete Forschungsfragen	Selektionskriterien
Welche Lernschwierigkeiten lassen sich bei den Schüler:innen bei der Erklärung der Preisentstehung und Preisänderung erkennen?	Aussagen der Schüler: innen zur Entstehung von Preisen sowie Erklärungen zu Preisänderungen.
Welche Lernschwierigkeiten lassen sich bei den Schüler:innen bei der Konstruktion des Preis-Mengen-Diagramms erkennen?	Aussagen der Schüler:innen zur erstmaligen Konstruktion des Preis-Mengen-Diagramms sowie Überarbeitungen der eigenen, erstmaligen Konstruktion.
Welche Lernschwierigkeiten lassen sich bei den Schüler:innen bei der Verschiebung der Nachfrage-/ Angebotskurve, ausgehend von der Änderung verschiedener Einflussfaktoren, erkennen?	Aussagen der Schüler:innen zu Verschiebung und Bewegung auf der Angebots- und Nachfragekurve sowohl grundsätzlich als auch bei einer Änderung der Einflussfaktoren sowie die Überarbeitungen der eigenen Aussagen der Schüler:innen.

Sie sind das Ergebnis der in Abschnitt 6.4.3 dargestellten Überarbeitungen nach der Pilotierung. Die untergeordneten Forschungsfragen wurden mit Blick auf die in Kapitel 4 dargestellten Inhaltsbereiche des Modells der Preisbildung im vollkommenen Markt von der übergeordneten Forschungsfrage dieser Arbeit abgeleitet und strukturieren sowohl die Erhebungsinstrumente als auch die Auswertung. Die ersten drei Fragen und Selektionskriterien decken insbesondere inhaltsbezogene Kompetenzen des Teilbereichs *Wissen über ökonomische Modelle* (siehe Abschnitt 3.1) durch die Fokussierung über das Wissen zu verschiedenen Aspekten der Kurven sowie zum Aufbau des Preis-Mengen-Diagramms ab. Da das dritte Selektionskriterium Aussagen der Schüler:innen zur Konstruktion des ihnen bereits bekannten Preis-Mengen-Diagramms auf Basis des vollkommenen Marktes enthält, fällt es in den Bereich des *Wissens über ökonomische Modelle*. Die vierte, untergeordnete Forschungsfrage fokussiert den Teilbereich *Umgang mit ökonomischen Modellen* und prozessbezogene Kompetenzen durch Betrachtung der Lernschwierigkeiten bei Verschiebungen der Kurven aufgrund geänderter Einflussfaktoren.

Auf diesen theoretischen Überlegungen basiert das, in Abbildung 6.2 dargestellte, Ablaufmodell der qualitativen Inhaltsanalyse mit induktiver Kategorienbildung dieser Arbeit.

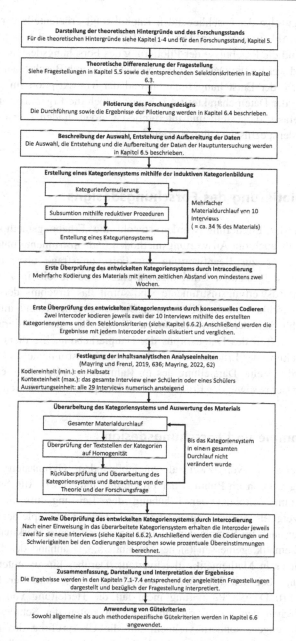

Abbildung 6.2   Ablaufmodell der qualitativen Inhaltsanalyse dieser Arbeit. (Eigene Darstellung)

Die Reihenfolge der anschließenden Kapitel folgt größtenteils der Logik des dargestellten Ablaufmodells in Abbildung 6.2. So werden im Folgenden zuerst der Ablauf und die Ergebnisse der Pilotierung des Forschungsdesigns vorgestellt. Anschließend werden die Daten der Haupterhebung durch Beschreibung des Samplingprozesses, der Entstehungssituation und der Transkription im Sinne einer Aufbereitung der Daten charakterisiert. Bevor jedoch die Ergebnisse in Kapitel 7 zusammengefasst, dargestellt und interpretiert werden, finden zuerst allgemeine sowie methodenspezifische Gütekriterien Anwendung.

6.4   Pilotierung des Forschungsdesigns

Im Rahmen der Pilotierung wurden sowohl die Erhebungsmethoden und -instrumente als auch die Auswertungsmethoden und -instrumente unter anderem auf ihre Passung zur Beantwortung der Forschungsfrage überprüft. Die in Abschnitt 6.2 dargestellten Erhebungsinstrumente sowie die in Abschnitt 6.3 dargestellten Auswertungsinstrumente sind somit das Ergebnis der Überarbeitungen im Anschluss an die Pilotierung. Dementsprechend sind mit Blick auf die Vergleichbarkeit der Datenerhebungen, die im Zuge der Pilotierung erhobenen Daten kein Teil des Datenkorpus der Haupterhebung. Sie dienten lediglich der Überarbeitung der Erhebungs- und Auswertungsinstrumente und -methoden. Folglich wird auf eine Darstellung des im Rahmen der Pilotierung entwickelten Kategoriensystems sowie der Ergebnisse und Interpretationen dessen verzichtet.

6.4.1   Sample und Forschungsdesign

Vier Schüler:innen von zwei allgemeinbildenden Gymnasien in Baden-Württemberg wurden im Rahmen der Pilotierung interviewt. Alle Schüler:innen besuchten zum Zeitpunkt der Erhebung den Leistungskurs in Wirtschaft. Tabelle 6.6 zeigt die Ausprägungen der Modalkriterien im Sample der Pilotierung.

Somit war auch im Sample der Pilotierung das relevante Merkmal der Fähigkeit in Mathematik, gemessen (siehe Abschnitt 5.3.3) anhand des Besuchs des Leistungskurses in Mathematik, gleichverteilt. Darüber hinaus unterschied sich die Verteilung bei den Merkmalen der Muttersprache und der bevorzugten Darstellungsart. Da die Pilotierung nicht auf die Herleitung von Zusammenhängen zwischen den Modalkriterien und Fähigkeiten der Schüler:innen oder deren Vorstellungen, sondern vielmehr auf die Überprüfung des Forschungsdesigns abzielte, sind die Unterschiede in den Merkmalsausprägungen nicht problematisch.

Tabelle 6.6 Übersicht über die Ausprägungen der Modalkriterien im Sample der Pilotierung. (Eigene Darstellung)

Allgemeinbildendes Gymnasium	Schule 1 [2]		Schule 2 [2]	
Geschlecht	Weiblich [2]		Männlich [2]	
Besuch des Leistungskurses in Mathematik	Ja [2]		Nein [2]	
Mathematiknote	Leistungskurs: Sehr gut [0] Gut [2] Befriedigend [0] ≤ Ausreichend [0]		Grundkurs: Sehr gut [1] Gut [1] Befriedigend [0] ≤ Ausreichend [0]	
Klassenstufe	11 [2]		12 [2]	
Muttersprache	Deutsch [3]		Nicht Deutsch [1]	
Bevorzugte Darstellungsart	Verbal [1]	Symbolisch [0]	Numerisch [1]	Grafisch [2]
Wirtschaftsnote im Leistungskurs	Sehr gut [1]	Gut [2]	Befriedigend [1]	≤ Ausreichend [0]

Vor der Erhebung besuchte die Interviewerin die Klassen im Wirtschaftsleistungsunterricht und stellte das Forschungsprojekt vor. Im Zuge dessen verteilte sie Informationsbriefe für die Eltern-, die Schüler:innen- und die Schulleitung. Sofern die Schüler:innen an den Interviews teilnehmen wollten, waren sie angehalten, den Eltern- und Schüler:innenbrief im Laufe der nächsten zwei Wochen bei der Lehrkraft des Wirtschaftsleistungskurses abzugeben. Nach zwei Wochen starteten die Erhebungen. Die Datenerhebung verlief parallel zum Regelunterricht in einem leeren Klassenzimmer in der Nähe zum Unterrichtsraum. Nacheinander wurden die Schüler:innen für die Dauer der Erhebung aus dem Wirtschaftsunterricht herausgebeten. Vorab wählte die Interviewerin zusammen mit der Lehrkraft des Wirtschaftsleistungskurses, mit Blick auf die Modalkriterien, Schüler:innen für die Pilotierung aus. Die anderen Schüler:innen, die bereit sind an der Datenerhebung teilzunehmen, wurden folgend im Rahmen der Haupterhebung interviewt. Die Reihenfolge der Schüler:innen bestimmte die Lehrkraft.

6.4.2   Erhebungsinstrumente des Lauten Denkens und des Leitfadeninterviews

Da sowohl die Erhebungsinstrumente als auch der Ablauf der Erhebung im Zuge der Pilotierung überarbeitet wurden, werden zunächst die Erhebungsinstrumente der Pilotierung kurz dargestellt und anschließend die Überarbeitungen begründet. Auf eine ausführliche Diskussion der Methoden und der Instrumente wird mit Verweis auf Abschnitt 6.2 und 6.3 verzichtet.

Darstellung der Erhebungsinstrumente
Die Erhebung gliederte sich in zwei Teile. Nach einer Einführung in die Methode des Lauten Denkens mithilfe des in Abschnitt 6.2.1 diskutierten Textes und der in Anhang im elektronischen Zusatzmaterial dargestellten Mathematikaufgaben, folgte die Bearbeitung der Aufgaben aus Anhang im elektronischen Zusatzmaterial mithilfe der in Anhang im elektronischen Zusatzmaterial abgebildeten Teile des Preis-Mengen-Diagramms in Zweiergruppen. Die Methode der Partner:innenarbeit sollte zu diskursiven Unterhaltungen der beiden Schüler:innen über potentielle Lösungswege und deren Auswirkungen führen. Im Anschluss an die Bearbeitung der Aufgaben in Zweiergruppen wurde eine oder einer der beiden Schüler:innen zurück in den Unterricht geschickt. Mit der anderen Schülerin oder dem anderen Schüler wurden anschließend zuerst die Modalkriterien erfragt und darauffolgend ein Leitfadeninterview geführt. Dafür bekamen die Schüler:innen ein gedrucktes Preis-Mengen-Diagramm ausgeteilt. Der Interviewleitfaden ist in Anhang E im elektronischen Zusatzmaterial abgebildet.

Überarbeitung der Erhebungsinstrumente
Im Laufe der Pilotierung sind einige Schwächen der Erhebungsinstrumente deutlich geworden, die im Nachgang überarbeitet wurden. So erwies sich beispielsweise die Methode der Partner:innenarbeit als nicht geeignet. Die Methode der Partner:innenarbeit wurde gewählt, um Diskussionen über die Aufgaben und die Lösungswege zu fördern. In der Durchführung führte die Methode jedoch häufig dazu, dass die dominantere oder leistungsstärkere Schülerin oder der dominantere oder leistungsstärkere Schüler einen Lösungsvorschlag machten, der von der anderen Schülerin oder dem anderen Schüler ohne Diskussionen und Nachfragen angenommen wurde. Selbst Nachfragen der Interviewerin führten nicht dazu, dass die lösungsannehmende Schülerin oder der lösungsannehmende Schüler ihren oder seinen Lösungsweg präsentierten. Beispiele hierfür sind folgende Aussagen der Schüler:innen „Meine Idee ergibt keinen Sinn" (B, 9) oder „Ich glaube, dass was C

sagt, ist richtig" (B, 15). Dementsprechend wurde die intendierte dialogische, diskursive Gesprächsstruktur mit der Methode der Partner:innenarbeit nicht erreicht. Folgend wurde diese in Einzelarbeit geändert und die Arbeitsanweisungen entsprechend angepasst. Dies hatte zum einen den Vorteil, dass die Schüler:innen nicht auf Mitschüler:innen verweisen konnten und somit mit der Interviewerin interagieren mussten. Zum anderen hatte es den Vorteil, dass die Datenerhebung einer Schülerin oder eines Schülers am Stück ablaufen konnte, da keine Schülerin beziehungsweise kein Schüler nach der gemeinsamen Bearbeitung der Aufgaben des Lauten Denkens den Raum verlassen musste, um anschließend nach etwas Pause für das Interview zurückzukommen. Dies machte die Organisation der Datenerhebung im Vorfeld deutlich einfacher. Die geänderte Gliederung ergab die finale Struktur der Datenerhebung bestehend aus: Erhebung der Modalkriterien, Bearbeitung der Aufgaben mithilfe des Lauten Denkens, Leitfadeninterview. Weitere Überarbeitungen der einzelnen Strukturinstrumente der Datenerhebung werden deshalb folgend entsprechend dieser Reihenfolge dargestellt.

Die Modalkriterien wurden zu Beginn der Datenerhebung mündlich erhoben. Grund dafür ist unter anderem, dass sich die Erfassung der Modalkriterien als eine gute Basis für Smalltalk erwies, der die Schüler:innen sichtlich auflockerte. Allerdings stellte sich heraus, dass das Ranking der Darstellungsarten funktionaler Zusammenhänge für die Schüler:innen herausfordernd ist, da sie sich die vier Arten nach einer kurzen Erklärung nicht merken konnten. Deshalb wurde eine Grafik entwickelt, die die vier Darstellungsarten anschaulich visualisiert (Abbildung 6.3):

Die vier Darstellungsarten:

Verbal:	Symbolisch:	Numerisch:		Grafisch:
Je älter man wird desto mehr Wasser sollte man pro Tag trinken.	$f(x) = \dfrac{\Delta p}{\Delta x} * x$	Jahr 5 10 15 / Liter 1 2 3		

Abbildung 6.3 Visualisierung der Darstellungsarten funktionaler Zusammenhänge. (Eigene Darstellung)

Diese wurde den Schüler:innen bei der Erhebung des Rankings im Rahmen der mündlichen Erhebung der Modalkriterien in der Haupterhebung vorgelegt, erklärt und anschließend wieder weggenommen.

Eine Schwierigkeit bei der Bearbeitung der Aufgaben des Lauten Denkens stellte die Offenheit der Aufgaben für die Schüler:innen dar. So fragten diese während der

Bearbeitung der Aufgaben häufig, welche Annahmen sie treffen sollen. Beispielsweise stellten sie häufig eine Rückfrage folgender Art zu der Preissteigerung von Eis in Aufgabe 5: „Da ist die Frage, ob die ihr Eis kaufen oder produzieren, oder?" (B und C S. 5). Um die Schüler:innen zu motivieren, die offenen Modellierungsaufgaben für unterschiedliche Annahmen zu lösen, wurde vor der Bearbeitung der Aufgaben in der Haupterhebung auf die Offenheit der Aufgaben hingewiesen. Darüber hinaus hatten die Schüler:innen auffällig viele Schwierigkeiten bei der Bearbeitung von Aufgabe 4. Grund dafür ist die Offenheit der Aufgabe sowie der Vergleich der zwei Märkte: Filmdownloads und Kinobesuche. Da die Teilbereiche des *Umgangs mit ökonomischen Modellen* mithilfe der anderen fünf Aufgaben umfassend abgedeckt sind, wurde diese Aufgabe gestrichen.

Bei der Durchführung der Leitfadeninterviews wurde deutlich, dass der Themenbereich Nachfragekurve besonders erzählgenerierend wirkte. Um die Schüler:innen zu Beginn des Interviews zu motivieren und ausführliche Erzählungen zu fördern, wurde dieser Themenbereich folglich an den Anfang des Leitfadens gestellt. Die Orientierung an dem fachwissenschaftlichen Aufbau des Diagramms bei der Strukturierung der Themenbereiche erwies sich darüber hinaus als sinnvoll gliedernd. Daraus ergibt sich die finale Struktur der Themenbereiche: Nachfragekurve, Angebotskurve, Gleichgewichtsbildung, Wohlfahrt.

Innerhalb der einzelnen Inhaltsbereiche wurden die Impulse und Fragen mit Blick auf die Verständlichkeit überprüft. Dabei wurde beispielsweise deutlich, dass der Initialimpuls des Themenfeldes Nachfrage- und Angebotskurve „Erkläre mir doch bitte die Nachfrage-/Angebotskurve." zu offen formuliert war und die Schüler:innen verunsicherte. Das zeigt sich beispielsweise in folgenden Antworten der Schüler:innen auf den Gesprächsimpuls „Wie soll ich jetzt sagen, also die halt" (D, S. 1) oder „Die steigt, aber da weiß ich eigentlich gar nichts drüber" (B, S. 3). Aufgrund dessen wurde der Impuls aus dem Leitfaden gestrichen und durch spezifischere Fragen ersetzt. Darüber hinaus wurden Fragen, bei denen Verständnisschwierigkeiten auftraten, umformuliert. Zum Beispiel wurde die Frage „Wie kommst du zu der Nachfragekurve/Angebotskurve?" geändert in „Wie entsteht die Nachfragekurve/ Angebotskurve?". Außerdem wurden zu komplexe Fragen entweder aufgesplittet in mehrere Fragen oder gestrichen. In diesem Sinne wurde beispielsweise die Fragen „Wie verschiebt sich die Nachfragekurve/Angebotskurve?" gesplittet in die folgenden Fragen: „Kann sich die Nachfragekurve/Angebotskurve verschieben? Wie kann sich die Nachfragekurve/Angebotskurve verschieben? Wie kommt es zu einer Verschiebung der Nachfragekurve/Angebotskurve?". Fragen, bei denen Informationen vorweggenommen wurden, wurden hingegen offener formuliert. Beispielsweise wurde bei der Frage nach dem Gleichgewichtspreis der Begriff des Gleichgewichtspreises vorweg genommen, da dieser häufig vorab nicht von den Schüler:innen explizit benannt wurde. Deshalb wurde diese Frage wie folgt umformuliert: „Was kannst du mir über den Schnittpunkt der beiden Kurven sagen? *(Auf den Schnittpunkt zeigen.)* Wenn Interviewte:r Gleichgewichtspreis bisher nicht genannt hatte, dann Erklärung nennen: Der Schnittpunkt der beiden Kurven heißt Gleichgewichtspreis". Darüber hinaus wurden die Fragen innerhalb der Themengebiete teilweise umsortiert. So zeigte sich beispielsweise beim Themenfeld der Wohlfahrt, dass Schüler:innen unterschiedliche Verständnisse des Wohlfahrtsbegriffs haben, welche ihre Antworten auf die Fragen den Themenbereichs beeinflussten. Deshalb wurde die Frage nach der Definition des Wohlfahrtsbegriffs an den Anfang des Themenbereichs gestellt.

6.4.3 Auswertungsinstrumente der qualitativen Inhaltsanalyse

Während sich der Ablauf der Datenerhebung durch die dargestellten Überarbeitungen grundlegend geändert hat, ergaben sich bei den Auswertungsinstrumenten solche Änderungen nicht. Deshalb werden im Folgenden die Auswertungsinstrumente und die Überarbeitungen dessen auf Grundlage der Erkenntnisse aus der Pilotierung gemeinsam dargestellt. Auf eine ausführliche Diskussion der Instrumente wird, wieder mit Verweis auf Abschnitt 6.2.2, verzichtet.

Die erhobenen Videos wurden mithilfe einer explorativen Feldpartitur transkribiert (Moritz 2018, S. 19). Dieses Transkriptionsverfahren eignet sich insbesondere für Pilotstudien, da dabei zunächst unsystematisch verschiedene Beobachtungsaspekte gesammelt werden (Moritz 2018, S. 19). Auf Grundlage der dadurch entwickelten Sammlung, die neben den später gewählten Beobachtungsaspekten der Bewegungen der Teile des Preis-Mengen-Diagramms und der gesprochenen Sprache viele weitere Aspekte enthielt, wurde mit Blick auf die Forschungsfrage das Transkriptionssystem entwickelt. Die Entwicklung zielte darauf ab, die Anzahl der relevanten Beobachtungsaspekte zu minimieren. Dafür wurden zuerst mehrere Aspekte berücksichtigt und transkribiert und anschließend während der Auswertung reflektiert, welche Erkenntnisse durch die Aspekte geliefert wurden. Da die Forschungsfrage auf kognitive und nicht auf emotionale Faktoren abzielt, wurden einige Beobachtungsaspekte, wie Gelächter, Pausen in dem Gesprochenen oder der Stimmverlauf, vernachlässigt. Der forschungsökonomisch orientierte Prozess der Reduktion von Beobachtungsfaktoren wurde mehrfach unter ständigem Bezug zur Forschungsfrage wiederholt (Moritz 2018, S. 19). Schlussendlich stellten sich die beiden Beobachtungsaspekte der geglätteten, gesprochenen Sprache und der Bewegung der Teile des Preis-Mengen-Diagramms als relevant heraus. Während das Transkriptionssystem von Dresing und Pehl (2018, S. 21 f.) zur Transkription der gesprochenen Sprache adaptiert werden konnte, ließ sich für die Transkription der Bewegung der Teile keine solche Grundlage finden. Dementsprechend wurde sukzessive durch mehrere Überarbeitungen das in Abschnitt 6.5.3 dargestellte Transkriptionssystem entwickelt. Dieses basiert auf einer grafischen Einteilung des Preis-Mengen-Diagramms (siehe Abbildung 6.11), mithilfe dessen Bereiche und Punkte zielgenau beschrieben werden konnten. Zur Einheitlichkeit wurde während der Entwicklung des Transkriptionssystems eine Liste mit Aussagen entwickelt, die grundsätzliche Bewegungen beschreiben und an Bewegungen der Schüler:innen angepasst werden können. Einen Auszug aus der Liste findet sich im Anhang F im elektronischen Zusatzmaterial.

Außerdem wurden die von der übergeordneten Forschungsfrage abgeleiteten, untergeordneten Fragen und die Selektionskriterien getestet und anschließend überarbeitet. Die Selektionskriterien der Pilotierung sind in Anhang G im elektronischen Zusatzmaterial dargestellt. Während der Entwicklung des Kategoriensystems nach Mayrings (2015, 2016, 2022) qualitativer Inhaltsanalyse mit induktiver Kategorienbildung wurden einige Selektionskriterien erweitert oder konkretisiert. So wurden beispielsweise bei dem ersten Selektionskriterium Aussagen zu Abhängigkeiten der Kurven sowie dazu, was die Kurven veranschaulichen, explizit mitaufgenommen, da diese häufig Teil der Erklärungen der Kurven von den Schüler:innen waren. Das zweite und das dritte Selektionskriterium wurden um die Überarbeitungen der Schüler:inen der eigenen Lösungsversuche erweitert. So war im Auswertungsprozess der Pilotierung häufig unklar, ob nur der erste Versuch der Schüler:innen kodiert werden soll oder, ob eigenständige Überarbeitungen Teil des Kriteriums sind.

Wie in Abschnitt 5.3.1 dargestellt ist das Verständnis der Interaktion von Angebot- und Nachfrage häufig ein zentrales Kriterium der Preisvorstellung von Schüler:innen. Allerdings waren nach Auswertung der Daten der Pilotierung keine Aussagen über das Verständnis der Interaktion der Schüler:innen auf Grundlage der Visualisierung des Modells der Preisbildung im vollkommenen Markt mithilfe des Preis-Mengen-Diagramms möglich. Grund dafür ist beispielsweise, dass entsprechende Aussagen nicht oder mit einem anderen Fokus berücksichtigt wurden. Deshalb wurde die folgende, untergeordnete Forschungsfrage und das Selektionskriterium ergänzt:

- Theoretisch abgeleitete, untergeordnete Forschungsfragen: Welche Lernschwierigkeiten lassen sich bei den Schüler:innen bei der Erklärung der Preisentstehung und Preisänderung erkennen?

- Selektionskriterium: Aussagen der Schüler:innen zur Entstehung von Preisen sowie Erklärungen zu Preisänderungen.

Dieses Selektionskriterium wurde anschließend durch erneute Analyse der Daten auf Funktionalität und Eindeutigkeit überprüft. Es zeigte sich, dass durch Berücksichtigung des Selektionskriteriums bei der Analyse Aussagen zu dem Verständnis der Interaktion von Nachfrage- und Angebotsseite bei der Entstehung und Veränderung von Preisen getroffen werden können.

6.5 Auswahl, Entstehung und Aufbereitung der Daten der Hauptuntersuchung

Die folgende Beschreibung des Samplings und des Samplingprozesses sowie die Analyse der Entstehungssituation und die Darstellung der Datenaufbereitung und des Transkriptionssystems fassen die von Mayring (2022, S. 53 ff.) beschriebenen Analyseschritte der Festlegung des Materials, der Beschreibung der Entstehungssituation und der Beschreibung formaler Charakteristika des Materials zusammen. So wird sowohl die Grundgesamtheit definiert, Repräsentationsüberlegungen angestellt als auch der soziokulturelle Hintergrund der Schüler:innen durch Darstellung der Modalkriterien abgebildet (Mayring 2022, S. 54). Darüber hinaus wird die konkrete Entstehungssituation und die Datenaufbereitung im Rahmen der Transkription im Folgenden beschrieben (Mayring 2022, S. 54).

6.5.1 Datenauswahl durch einen qualitativen Stichprobenplan

Wie aus der in Abschnitt 6.1 dargestellten Differenzierung der qualitativen und der quantitativen Forschungstradition deutlich wird, stehen Einzelfälle und damit das jeweilige Subjekt im Zentrum des Erkenntnisinteresses qualitativer Forschung (Mayring 2022, S. 20; Miosch 2019, S. 3). Ziel ist dabei insbesondere die interpretative Rekonstruktion von Sinn und das Verstehen (Helfferich 2011, S. 21). Der damit einhergehende hohe Arbeitsaufwand in der Auswertung qualitativer Datensätze führt im Vergleich zu quantitativen Arbeiten aus forschungsökonomischen Gründen zu geringen Samples (Döring und Bortz 2016, S. 302). Sozialwissenschaftliche, qualitative Doktorarbeiten arbeiten deshalb häufig mit 20 bis 30 Fällen (Döring und Bortz 2016, S. 302). Mit den 29 ausgewählten Fällen liegt diese Arbeit am oberen Ende des Bereichs.

Die nötige Auswahl der Fälle verdeutlicht die Relevanz des Samplings. Da eine Analyse der Grundgesamtheit und damit eine Analyse aller relevanten Merkmalsträger:innen forschungsökonomisch kaum möglich ist, müssen Merkmalsträger:innen mit Blick auf bestimmte Merkmalsausprägungen ausgewählt werden (Miosch 2019, S. 199). Das Sampling (auf Deutsch: Stichprobe) beschreibt den Prozess der Auswahl der Merkmalsträger:innen mit Blick auf die für die Beantwortung der Forschungsfrage relevanten Ausprägungen (Oppong 2013, S. 203). Durch den Prozess des Samplings entsteht somit das Sample, eine Untergruppe von Merkmalsträger:innen, wie beispielsweise Personen, Gruppen oder Ereignisse, die untersucht werden sollen (Przyborski und Wohlrab-Sahr 2021, S. 228). Diese haben gemein, dass sie mit Blick auf die Forschungsfrage inhaltlich adäquat sind und die Analyse dessen somit vermutlich reichhaltige Informationen liefert (Döring und Bortz 2016, S. 302; Patton 1990, S. 169).

Die Prozesse des Samplings unterscheiden sich in der Art und Weise, wie die Merkmalsträger:innen ausgewählt werden (Przyborski und Wohlrab-Sahr 2021, S. 228). Während lediglich die Auswahl der Merkmalsträger:innen in Form einer Zufallsauswahl[10] rein willkürlich sind, folgen Sampling-Strategien qualitativer Sozialforschung, wie beispielsweise das gezielte Sampling, das Schneeballsystem oder das theoretische Sampling, gewissen Regeln (Döring und Bortz 2016, S. 302; Miosch 2019, S. 203)[11]. Beispielsweise erfolgt die Auswahl der Fälle nach dem theoretischen Sampling schrittweise während der Datenerhebung und der Datenauswertung mit dem Ziel eines maximalen, theoretischen Erkenntniswertes (Döring und Bortz 2016, S. 302). Dieses Samplingverfahren wurde im Rahmen der Grounded-Theory-Methodologie entwickelt und wird in diesem Rahmen häufig angewendet (Döring und Bortz 2016, S. 302; Miosch 2019, S. 302). Allerdings führt das, auf die Elaboration der Varianz des Feldes ausgerichtete, theoretische Sampling beispielsweise dazu, dass die Fälle nicht mit dem Anspruch ausgewählt werden, repräsentativ zu sein (Przyborski und Wohlrab-Sahr 2021, S. 233).

Die Frage nach der Repräsentativität qualitativer Forschung wird häufig in Bezug auf die Generalisierbarkeit qualitativ gewonnener Erkenntnisse debattiert

---

[10] Aufgrund des kleineren Samples qualitativer Forschung würde eine Zufallsstichprobe zu verzerrten und nicht generalisierbaren Ergebnissen führen (Döring und Bortz 2016, S. 302).

[11] Einen Überblick und eine Erklärung der verschiedenen Samplingtechniken qualitativer Sozialforschung gibt Miosch (2019, S. 203 ff.). Dabei ist auffällig, dass die Samplingsverfahren der qualitativen Sozialforschung unterschiedlich gruppiert werden können. So beschreiben beispielsweise Döring und Bortz (2016, S. 302) mit Verweis auf Flick (2021, S. 155 ff.) und Glaser und Strauss (1999, 244 ff.) drei zentrale Ansätze: das theoretische Sampling, die Fallauswahl anhand eines qualitativen Samplingplans sowie die gezielte Fallauswahl.

(Miosch 2019, S. 202; Przyborski und Wohlrab-Sahr 2021, S. 38; Seale 2000, S. 106–118). Ausgangspunkt dieser Debatten ist dabei meistens die notwendige Verankerung in einen metatheoretischen Zusammenhang mit Blick auf die Frage des Generalisierungspotentials von beispielsweise qualitativ entwickelten Theorien (Przyborski und Wohlrab-Sahr 2021, S. 39). Mit anderen Worten geht es somit um die Möglichkeit der Induktion, des Übertrags von, auf einer Fallauswahl beruhenden, qualitativen Ergebnissen, für die Entwicklung einer Theorie (Przyborski und Wohlrab-Sahr 2021, S. 39). Ein Argument für solche induktiven Schlüsse ist die Repräsentativität der Fallauswahl (Przyborski und Wohlrab-Sahr 2021, S. 39). Repräsentative Stichproben basieren beispielsweise häufig auf einer Zufallsstichprobe oder auf einer Quotenstichprobe (Diekmann 2020, S. 373). Jedoch ist auch dabei zu bemängeln, dass eine Stichprobe niemals alle Merkmalsverteilungen einer Grundgesamtheit abbildet (Przyborski und Wohlrab-Sahr 2021, S. 39) und somit der Ausdruck der repräsentativen Stichprobe eine Metapher für ein möglichst gutes Abbild der Merkmale der Grundgesamtheit darstellt (Diekmann 2020, S. 368). Miosch (2019, S. 202) löst diese Problematik, indem sie zwischen einer statistisch und einer inhaltlich definierten Repräsentativität unterscheidet. Während sich die statistische Repräsentativität auf statistisch repräsentative Stichproben im Sinne quantitativer Forschung bezieht, beschreibt inhaltliche Repräsentativität die inhaltliche Entsprechung aller Fälle des Samplings (Miosch 2019, S. 202). Im Zuge dessen sollten alle Merkmalsausprägungen der relevanten Merkmale im Sample ausreichend vertreten sein (Miosch 2019, S. 202). Dies kann mit verschiedenen Samplingverfahren, wie beispielsweise dem beschriebenen theoretischen Sampling oder verschiedene Formen des gezielten Samplings erreicht werden (Miosch 2019, S. 203; Przyborski und Wohlrab-Sahr 2021, S. 228).

Um diese Art der inhaltlichen Repräsentativität zu gewährleisten und darüber hinaus offen zu legen, inwieweit die Ergebnisse generalisiert werden können, muss der Samplingprozess detailliert beschrieben und reflektiert werden (Miosch 2019, S. 200; Przyborski und Wohlrab-Sahr 2021, S. 39). Um „der Gefahr der Beliebigkeit" (Miosch 2019, S. 212) bei dem Samplingprozess entgegenzuwirken, wird im Folgenden der Samplingsprozess der Forschungsarbeit dargestellt und anschließend die Ausprägungen der Modalkriterien des Samplings dieser Arbeit veranschaulicht.

Beschreibung des Samplingprozesses mithilfe des qualitativen Samplingplans
Die folgende Darstellung des Samplingsprozesses ist Basis der Einordnung und der Beurteilung der Ergebnisse (Przyborski und Wohlrab-Sahr 2021, S. 39). Entsprechend des Forschungsdesiderats (siehe Abschnitt 5.5), der Analyse des *Denkens*

in ökonomischen Modellen von Schüler:innen am Beispiel des Preis-Mengen-Diagramms, wurde ein gezieltes Sample, ein purposives Sampling, gebildet (Döring und Bortz 2016, S. 302; Miosch 2019, S. 208). Da die Grundgesamtheit der Population der Forschenden in ihren Grundzügen bekannt ist, sind die Voraussetzung für die Eignung dieses Samplingprozesses erfüllt (Miosch 2019, S. 208). Dementsprechend ergeben sich mit Blick auf das Forschungsinteresse folgende grundlegend relevante Merkmale.

Im Zentrum des Forschungsinteresses stehen Schüler:innen in Baden-Württemberg. Diese stellen die Grundgesamtheit des Forschungsinteresses dar. Alle Teilnehmenden sollten somit zum Zeitpunkt der Datenerhebung den Status Schüler:innen aufweisen, wodurch sich Samplings- und Beobachtungseinheit entsprechen (Przyborski und Wohlrab-Sahr 2021, S. 230). Der Zugang zu dieser Personengruppe erfolgte über die Gatekeeper (zu Deutsch: Pförtner), die Lehrer:innen (Miosch 2019, S. 203). Lehrkräfte funktionieren in dem Sinne als Gatekeeper, als dass sie Schlüsselpersonen für den Zugang der Interviewerin zum Feld darstellen (Miosch 2019, S. 202). Dementsprechend wurden insgesamt 25 Lehrkräfte eines Wirtschaftsleistungskurses per E-Mail oder falls möglich telefonisch kontaktiert. Teilweise über persönliche Kontakte der Interviewerin, teilweise durch Informationen der Sekretariate der Schulen wurden diese Lehrkräfte sowie ihre Telefonnummern oder Emailadresse ausfindig gemacht. Ein Zugang über die Gatekeeper zum Feld hat darüber hinaus den Vorteil, dass die Interviewenden Informationen von diesen über das Feld erhält, die sie oder er als Außenstehende:r sonst nicht erhalten hätten (Miosch 2019, S. 202). Auch wenn diese Informationen von hoher Subjektivität geprägt sind und somit kritisch hinterfragt werden müssen, können sie die Datenerhebung und die Datenauswertung unterstützen (Miosch 2019, S. 202). So unterstützten die Lehrkräfte beispielsweise die Datenerhebung durch die Auswahl und die Reihenfolge der Schüler:innen. Haben Schüler:innen am Tag der Erhebung einen „schlechten Tag", da sie beispielsweise kurz zuvor eine schlechte Note bekommen haben oder gesundheitlich eingeschränkt sind, so wählte die Lehrkraft, falls möglich, andere Schüler:innen zur Datenerhebung aus.

Darüber hinaus ist eine Grundkenntnis über das Preis-Mengen-Diagramm sowie über ökonomische Modelle allgemein erforderlich. Wie in Abschnitt 3.3 dargestellt ist dieses Thema beispielsweise in der Sekundarstufe I in Baden-Württemberg im Fach Wirtschaft/Beruf- und Studienorientierung curricular verankert (Ministerium für Kultus, Jugend und Sport 2016, S. 8 + 14). Um sicher zu stellen, dass die Schüler:innen Grundkenntnisse des Preis-Mengen-Diagramms haben und darüber hinaus mit ökonomischen Modellen im Allgemeinen umgehen können, wurden lediglich Schüler:innen aus dem Leistungskurs Wirtschaft ausgewählt. In Baden-Württemberg werden im Rahmen der fünfstündigen Leistungskurse in der Oberstufe die Grundkenntnisse der Sekundarstufe I gesichert, erweitert und exemplarisch vertieft (Ministerium für Kultus, Jugend und Sport Baden-Württemberg 2020, S. 7). Demnach sollten Schüler:innen, die den Wirtschaftsleistungskurs gewählt haben, über die Grundkenntnisse der Sekundarstufe I verfügen und darüber hinaus ein hohes Interesse für das Fach Wirtschaft aufweisen.

Auf Grundlage der Erarbeitung relevanter Kriterien können verschiedene Strategien des gezielten Samplingprozesses unterschieden werden (Miosch 2019, S. 208). Sind über die relevanten Kriterien hinaus die Merkmale unbekannt, nach denen das Sample zusammengesetzt werden soll, so ist ein datengesteuertes Verfahren zu wählen (Schreier 2011, S. 253 f.). Mit Blick auf den in Abschnitt 5.3 dargestellten Forschungsstand wird jedoch deutlich, dass bereits Vorwissen über weitere relevante Merkmale vorliegt und dementsprechend ein theoriegesteuertes Vorgehen in Form eines selektiven Samplings (Kelle und Kluge 2010, S. 50) möglich ist (Schreier 2011, S. 254). Diese Formen des selektiven Samplings lassen sich nach Schreier (2011, S. 249) in drei Gruppen sortieren: qualitative Samplingpläne, gezielte Auswahl bestimmter Falltypen und Mischformen der beiden erstgenannten Verfahren. Da der Untersuchungszweck auf Heterogenität und die Abbildung von Vielfalt und dementsprechend nicht auf statistische, sondern auf begrifflich analytische Verallgemeinerbarkeit abzielt, eignet sich die theoriegesteuerte Erstellung eines heterogenen Samples anhand eines qualitativen Samplingplans für diese Arbeit (Schreier 2011, S. 254).

Wie bereits beschrieben, setzt der qualitative Samplingplan im Vergleich zu datengesteuerten Verfahren Vorwissen über die Grundgesamtheit und über diese beeinflussenden Merkmale voraus (Schreier 2011, S. 249). Wie beim *theoretical Sampling*, dem theoretischen Sampling, zielt das Verfahren auf die Generierung eines heterogenen Samples ab (Schreier 2011, S. 249). Während jedoch beim theoretischen Sampling die relevanten Merkmale, im Verlauf der sich wechselnden Datenerhebung und -auswertung, herausgearbeitet werden, werden sie bei der Arbeit mit dem qualitativen Samplingplan a priori festgelegt (Kelle und Kluge 2010, S. 50). Dadurch können Samplingumfang und Ziehungskriterien vor der Erhebung festgelegt werden (Kelle und Kluge 2010, S. 50), wodurch der Prozess der Datenerhebung planbarer wird. Allerdings muss bei der a priori-Festlegung der relevanten Merkmale darauf geachtet werden, dass alle relevanten Merkmale erfasst und keine übersehen und anschließend in dem systematischen Sampling außen vor gelassen werden (Miosch 2019, S. 209). Da jedoch, wie in Abschnitt 5.3 aufgezeigt, sowohl das Grafikverständnis allgemein als auch relevante Merkmale beim Umgang mit dem Preis-Mengen-Diagramm bereits erforscht sind, liegt eine gute Datenbasis zur Auswahl relevanter Kriterien vor.

Der Samplingprozess auf Grundlage eines qualitativen Samplingplans gliedert sich in folgenden Dreischritt (im Folgenden: Kelle und Kluge (2010, S. 50 ff.)):

1. Auswahl der relevanten Merkmale
2. Bestimmung der Merkmalsausprägungen
3. Entscheidung über die Größe des qualitativen Samples

Entsprechend des Dreischritts wurde der qualitative Samplingplan dieser Arbeit erstellt. So wurde zuerst mit Blick auf das in Abschnitt 5.3 dargestellte Vorwissen eine Auswahl über relevante Merkmale getroffen (Schreier 2011, S. 254). Die relevanten Faktoren entsprechen in dem Fall den empirisch belegten und in Abschnitt 5.3.3 dargestellten Einflussfaktoren auf das Denken in ökonomischen Modellen. Diese sind die mathematischen Fähigkeiten, die Ausbildung der Eltern, die Muttersprache, die Sorge um die Performanz sowie die Darstellungsart. Aus forschungsökonomischen Gründen wurden nicht alle fünf Merkmale, sondern die drei am häufigsten nachgewiesenen Merkmale berücksichtigt. Diese sind die Mathematiknote, die Muttersprache und die Darstellungsart.

Die kritischen Merkmale wurden in folgenden Merkmalen und Ausprägungen erhoben (siehe Abschnitt 5.3.3):

1. Mathematiknote: Eine Einteilung in die verschiedenen Notenbereiche wäre nicht nur zu komplex, sondern auch nicht aussagekräftig für die Leistungen in dem Fach Mathematik gewesen. Das gründet sich in den unterschiedlichen Leistungsfächern der Schüler:innen. Während einige Schüler:innen Mathematik als Leistungsfach wählten und somit 5-stündig unterrichtet wurden, wählten andere das Fach als Basiskurs und wurden lediglich 3-stündig unterrichtet. Dementsprechend ist ein Rückschluss auf die Fähigkeiten der Schüler:innen aufgrund der aktuellen Mathematiknote nicht angemessen (Ministerium für Kultus, Jugend und Sport Baden-Württemberg 2020, S. 7). Sollte beispielsweise eine Schülerin oder ein Schüler acht Punkte im Mathematikleistungskurs erzielt haben, so verfügt sie oder er möglicherweise trotzdem über vertieftere mathematische Kenntnisse als eine Schülerin oder ein Schüler mit zwölf Punkten aus dem Basiskurs. Da jedoch meistens Schüler:innen den Mathematikleistungskurs wählen, die bisher gute Leistungen in der Mathematik erreicht haben und davon ausgegangen werden kann, dass die mathematischen Kompetenzen im Leistungskurs noch weiter vertieft werden und wurden, wurden die mathematischen Kenntnisse mit der Wahl des Leistungskurses in Mathematik abgebildet. Somit wurden folgende Merkmalsausprägungen unterschieden: Mathematik als Leistungskurs; Keine Mathematik als Leistungskurs.

2. Muttersprache: Ähnlich wie die Ausprägung im Besuch des Leistungskurses wurde auch die Muttersprache in den Ausprägungen Deutsch als Muttersprache und kein Deutsch als Muttersprache erfasst. Da bisher lediglich der Unterschied zwischen Deutsch und nicht Deutsch als Muttersprache, nicht aber Unterschiede in den einzelnen alternativen Muttersprachen nachgewiesen wurden, wurden die Merkmalsausprägungen nicht weiter differenziert.

3. Darstellungsart: Wie in Abschnitt 2.3.3 beschrieben, lassen sich vier Darstellungsarten bei der Betrachtung von funktionalen Zusammenhängen unterscheiden. Zu diesen gehören die verbale Darstellung beispielsweise mithilfe einer Situationsbeschreibung, die symbolische Darstellung beispielsweise mithilfe einer Funktionsgleichung, die numerische Darstellung beispielsweise mithilfe einer Wertetabelle sowie die grafische Darstellung beispielsweise in Form eines Graphen in einem Achsendiagramm. Die Präferenzen der Schüler:innen wurden durch ein Ranking der Darstellungsarten von *am liebsten* bis *am wenigsten lieb* erfasst. Mit Blick auf den qualitativen Samplingplan ist lediglich die favorisierte Darstellungsart relevant.

Die Kreuzung der drei kritischen Merkmale mit ihren Ausprägungen ergibt die in Tabelle 6.7 veranschaulichte 4 × 4 Matrix (vgl. Döring und Bortz 2016, S. 304).

Tabelle 6.7 Geplanter qualitativer Samplingplan des Samplingprozesses. (Eigene Darstellung)

	Mathematik als Leistungskurs		Kein Mathematik als Leistungskurs	
	Deutsch als Muttersprache	Kein Deutsch als Muttersprache	Deutsch als Muttersprache	Kein Deutsch als Muttersprache
Verbale Darstellung: Situative Beschreibung	≥ 2	≥ 2	≥ 2	≥ 2
Symbolische Darstellung: Funktionsgleichung	≥ 2	≥ 2	≥ 2	≥ 2
Numerische Darstellung: Wertetabelle	≥ 2	≥ 2	≥ 2	≥ 2
Grafische Darstellung: Graph in Achsendiagramm	≥ 2	≥ 2	≥ 2	≥ 2

Während der Gesamtumfang des Samples beim theoretischen Sampling über die „theoretische Sättigung" festgelegt wird (Strauss 1991, S. 21), gibt es ein solches Vorgehen für das gezielte, selektive Sampling nicht. Przyborski und Wohlrab-Sahr (2021, S. 237) empfehlen mit Blick auf die Abbildung von Kontrasten im Sample die Auswahl von mindestens zwei Studienteilnehmenden pro Zelle. Die durch Tabelle 6.7 dargestellte Kreuztabelle besteht aus 16 Zellen. Jede der Zellen sollte entsprechend mit mindestens zwei Schüler:innen besetzt werden, auf die die Kombination der Merkmalsausprägungen zutrifft. Der angestrebte Gesamtumfang des Samples lag somit bei 32 Fällen. Allerdings gestaltete sich die Findung von Schüler:innen für manche Kombinationen der Merkmalsausprägungen als äußerst schwierig, während andere besonders häufig auftraten. Konkret setzt sich das Sample dieser Arbeit deshalb, wie in Tabelle 6.8 veranschaulicht, zusammen.

Tabelle 6.8 Erreichter qualitativer Samplingplan des Samplingprozesses. (Eigene Darstellung)

	Mathematik als Leistungskurs		Kein Mathematik als Leistungskurs	
	Deutsch als Muttersprache	Kein Deutsch als Muttersprache	Deutsch als Muttersprache	Kein Deutsch als Muttersprache
Verbale Darstellung: Situative Beschreibung	2 S2 S24	0	2 S19 S15	0
Symbolische Darstellung: Funktionsgleichung	1 S28	1 S8	1 S1	1 S9
Numerische Darstellung: Wertetabelle	2 S18 S29	2 S14 S5	3 S13 S27 S6	2 S26 S23
Grafische Darstellung: Graph in Achsendiagramm	3 S10 S12 S3	2 S16 S17	3 S25 S20 S11	4 S22 S4 S7 S21

Die Zellen mit Abweichungen vom geplanten, qualitativen Samplingplan sind dick umrandet. Es ergab sich eine Grundgesamtheit von insgesamt 29 Schüler:innen (in Tabelle 6.8 mit S abgekürzt) von vier Gymnasien in Baden-Württemberg. Insbesondere für die Kombination der Merkmalsausprägungen *kein Deutsch als*

Muttersprache und *verbale Darstellung: situative Beschreibung* konnten unabhängig von dem Besuch des Leistungskurses der Mathematik keine Schülerin und kein Schüler gefunden werden. Dies lässt sich unter anderem auf die sprachlichen Herausforderungen einer verbalen, situativen Beschreibung eines Sachverhalts, beispielsweise im Vergleich zu einer Grafik, erklären. Demnach kann eine verbale Beschreibung eines Sachverhalts für Schüler:innen mit Herausforderungen in der deutschen Sprache schwieriger wirken als die Auseinandersetzung mit einer Grafik. Außerdem stellte sich heraus, dass die Schüler:innen nur sehr selten am liebsten mit der symbolischen Darstellung, beispielsweise in Form einer Funktionsgleichung, arbeiteten. Deshalb weicht die erreichte Menge an Schüler:innen von der angestrebten Menge an Schüler:innen für diese Zeile ab. Nichtsdestotrotz sind alle Zellen dieser Zeile mit mindestens einer Schülerin oder einem Schüler im Sample abgebildet. Darüber hinaus wird die Verteilung der Modalkriterien im Sample zur Transparenz im Samplingprozess im Folgenden offengelegt.

Ausprägungen der Modalkriterien im Sample
Aus der Zuordnung der Schüler:innen zu den Merkmalsausprägungen in Tabelle 6.8 wird bereits einiges über die Kombination der Merkmalsausprägungen im Sample deutlich. Demnach besuchten beispielsweise 13 der 29 interviewten Schüler:innen zum Zeitpunkt des Interviews den Mathematikleistungskurs, die restlichen 16 Schüler:innen besuchten den Basiskurs. Die Noten der Schüler:innen des Leistungskurs sowie der Schüler:innen des Basiskurses waren, wie in Abbildung 6.4 veranschaulicht, verteilt.

Die Einteilung in die in Abbildung 6.4 dargestellten Notenbereiche von sehr gut bis kleiner gleich ausreichend orientiert sich an der Notenverordnung des Landes Baden-Württemberg (Ministeriums für Kultus, Jugend und Sport 5. Mai / 1983, S. 3 f.). Der Mittelwert der ordinalskalierten Variable Schulnote im Leistungskurs Mathematik liegt bei ca. 2,3, der im Basiskurs bei ca. 2,0.

Darüber hinaus wird aus Tabelle 6.8 deutlich, dass 12 der 29 interviewten Schüler:innen eine andere Sprache als Deutsch als Muttersprache erlernt haben. Die Verteilung der Sprachen unter den Schüler:innen ohne Deutsch als Muttersprache veranschaulicht Abbildung 6.5.

Demnach sprachen die Schüler:innen ohne Deutsch als Muttersprache am häufigsten Italienisch, gefolgt von Türkisch, Englisch und Bulgarisch. Jeweils nur eine Schülerin oder ein Schüler erlernte als Muttersprache Albanisch oder Amharisch, die Landessprache von Äthiopien. Sprachenabhängige Auswirkungen der einzelnen, nichtdeutschen Muttersprachen auf den Umgang mit deutschen Grafiken sind allerdings bisher kaum bekannt (Michalak et al. 2019, S. 260).

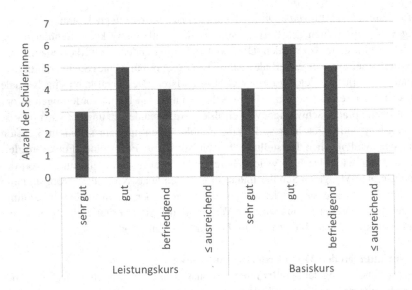

Abbildung 6.4 Notenverteilung der Schüler:innen in Mathematik im Sample. (Eigene Darstellung)

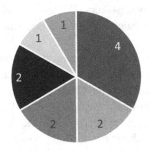

■ Italienisch ■ Türkisch ■ Bulgarisch ■ Englisch ■ Albanisch ■ Amharisch

Abbildung 6.5 Verteilung der Sprachen unter den Schüler:innen ohne Deutsch als Muttersprache im Sample. (Eigene Darstellung)

Zusätzlich wurde durch das Ranking der vier Darstellungsarten verbal, symbolisch, numerisch und grafisch der Schüler:innen deutlich, dass diese am liebsten mit der grafischen und der numerischen Darstellungsart arbeiten. Abbildung 6.6 veranschaulicht das Ranking der Darstellungsarten funktionaler Zusammenhänge der Schüler:innen.

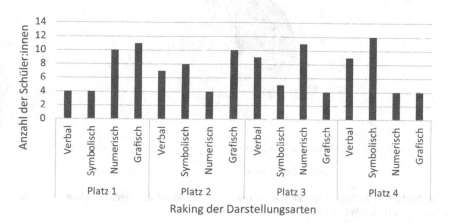

Abbildung 6.6 Ranking der Darstellungsarten funktionaler Zusammenhänge der Schüler:innen im Sample. (Eigene Darstellung)

Am unbeliebtesten ist die symbolisch Darstellungsart funktionaler Zusammenhänge beispielsweise mit Formeln gefolgt von der verbalen Darstellung beispielsweise mittels einer situativen Beschreibung. Daraus lässt sich zumindest in Teilen die Sorge um die Performanz ableiten. Wie in Abschnitt 5.3.3 beschrieben schneiden Schüler:innen, die sich Sorgen darüber machen, wie gut sie mit ökonomischen Grafiken umgehen können, schlechter ab, als sorgenfreie Schüler:innen (Cohn et al. 2004). Ein solcher Unterschied könnte sich zwischen den elf Schüler:innen zeigen, die am liebsten mit einer Grafik arbeiten und dadurch vermutlich sorgenfrei im Umgang sind und den 18 Schüler:innen, die am liebsten mit anderen Darstellungsarten arbeiten.

Neben den im qualitativen Samplingplan in Tabelle 6.8 abgebildeten Kriterien wurden darüber hinaus die Schule, die besuchte Klassenstufe, das Geschlecht sowie die Note im Wirtschaftsleistungskurs erfasst. Auch wenn ein Einfluss dieser Variablen auf den Umgang mit Grafiken empirisch als nicht signifikant nachgewiesen wurde (siehe Abschnitt 5.3.3), wird ein Einfluss dessen auf die Vorstellungen zu ökonomischen Modellen vermutet (Friebel-Piechotta 2021, S. 99 ff.).

Grundsätzlich setzt sich das Sample von 29 Schüler:innen, wie in Abbildung 6.7 veranschaulicht, aus vier allgemeinbildenden Gymnasien in Baden-Württemberg zusammen.

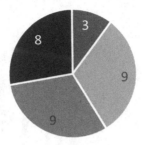

■ Allgemeinbildendes Gymnasium 1 ■ Allgemeinbildendes Gymnasium 2

■ Allgemeinbildendes Gymnasium 3 ■ Allgemeinbildendes Gymnasium 4

Abbildung 6.7   Verteilung der Schüler:innen im Sample auf die allgemeinbildenden Gymnasien in Baden-Württemberg. (Eigene Darstellung)

Alle Gymnasien lagen im städtischen Raum, zwei von vier eher im Süden, eines in der Mitte und eines eher im Norden von Baden-Württemberg. Aus Datenschutzgründen werden die Schulen nicht explizit benannt. Von den 29 Schüler:innen des Samples besuchten zum Zeitpunkt der Befragung 24 die Klasse 11 und fünf die Klasse 12.

Zwar war der Einfluss des Geschlechts im Vergleich zu den anderen beschriebenen Merkmalen Mathematiknote, Sprache und Darstellungsart nicht signifikant, nichtsdestotrotz fanden sich einige Unterschiede zwischen den Geschlechtern in verschiedenen Studien. Um dem entgegenzuwirken und somit einen potenziellen Einfluss des Geschlechts auszuschließen, wurde auf eine ausgeglichene Geschlechterverteilung im Sample geachtet: 15 von den befragten Schüler:innen ordneten sich dem männlichen und 14 dem weiblichen Geschlecht zu. Geschlechtszuordnungen zu anderen Gruppen wurden von den Schüler:innen nicht genannt.

Während das Merkmal Geschlecht konstant gehalten werden konnte, war das für das Merkmal Wirtschaftsnote nicht möglich und auch nicht nötig, da ein Einfluss der Wirtschaftsnote empirisch, wie in Abschnitt 5.3.2 beschrieben, nicht nachgewiesen werden konnte. Die Verteilung der Wirtschaftsnote im Sample veranschaulicht Abbildung 6.8.

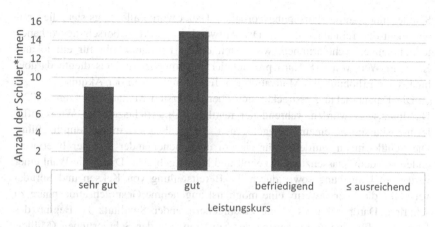

Abbildung 6.8 Notenverteilung der Noten der Schüler:innen im Sample im Wirtschaftsleistungskurs. (Eigene Darstellung)

Der Mittelwert der ordinalskalierten Variable Schulnote im Leistungskurs Wirtschaft lag bei 1,7, wodurch er damit deutlich höher ist als der Mittelwert des Leistungskurses Mathematik.

6.5.2   Entstehungssituation der Daten

Zu Beginn des Schuljahres im September 2021 nahm die Forscherin Kontakt mit 25 allgemeinbildenden Gymnasien in Baden-Württemberg auf. Via E-Mail, Telefon oder über persönliche Kontakte stellte sie das Forschungsvorhaben vor. Da der Zeitraum für die Schulen von vielen Unsicherheiten, Einschränkungen und potenziellen Schulschließungen im Zuge der Corona-Pandemie geprägt war, antworteten nur wenige Schulen positiv auf die Kontaktanfrage. Nichtsdestotrotz erklärten sich vier Lehrkräfte von Wirtschaftsleistungskursen bereit, das Forschungsvorhaben zu unterstützen. Daraufhin besuchte die Forscherin die Wirtschaftsleistungskurse einiger Lehrkräfte vor Weihnachten des Jahres 2021 während der regulären Unterrichtszeit, stellte das Forschungsvorhaben vor und beantwortete Rückfragen der Schüler:innen. Im Zuge dessen wurde eine Einverständniserklärung für die Erziehungsberechtigten und für die Schüler:innen an die Schüler:innen ausgehändigt. Die Lehrkräfte sammelten nach den Weihnachtsferien die ausgefüllten und unterschriebenen Formulare ein und erinnerten die

Schüler:innen an das Forschungsvorhaben. Dabei wurde allerdings stets die Freiwilligkeit der Teilnahme betont. Der Aufwand, der an dem Forschungsvorhaben teilnehmenden Schüler:innen, wurde mit einem Kinogutschein für ein lokales Kino im Wert von 7–8 Euro pro Schüler:in kompensiert. Dies diente darüber hinaus zur Erhöhung der Motivation der Teilnehmenden in der Akquise.

Die Datenerhebung erstreckte sich über die ersten Monate des Jahres 2022. Die Interviews wurden während der regulären Unterrichtszeit des Wirtschaftsleistungskurses in einem nahegelegenen, leeren Klassenzimmer durchgeführt. Die Schüler:innen wurden dafür einzeln und nacheinander von der Interviewenden aus dem Klassenzimmer geholt und zurückgebracht. Durch die Wahl einer vertrauten Umgebung sowie durch die Bereitstellung von Keksen und Sprudel versuchte die Interviewerin, eine möglichst angenehme Gesprächsatmosphäre zu schaffen. Darüber hinaus sorgte erzählgenerierender Smalltalk zu Beginn des Interviews für eine Auflockerung der Situation und der Schüler:innen (Müller-Dofel 2017, S. 21 + 117–124). Die Sitzordnung während des Gesprächs, siehe Abbildung 6.9, wurde mit Blick auf die Hygienebestimmungen der Schulen bestmöglich danach ausgerichtet, dass der emotionale Abstand verringert und Störfaktoren ausgegrenzt wurden (Müller-Dofel 2017, S. 125).

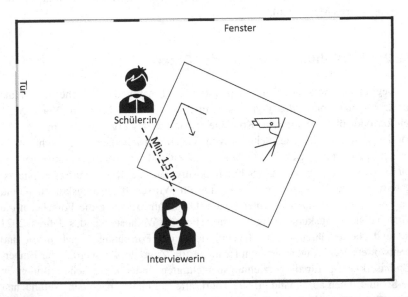

Abbildung 6.9 Idealtypische Sitzordnung während der Datenerhebung. (Eigene Darstellung)

Aufgrund dessen saß die Interviewerin den Schüler:innen nicht gegenüber, sondern stets in einem steilen Winkel zu ihnen. Darüber hinaus wurden die Schüler:innen mit dem Rücken zu potenziellen Störungen, wie beispielsweise Fenstern mit Blick auf den Pausenhof oder dem Gang, positioniert. Während der Datenerhebung versuchte die Interviewerin, die Erzählungen der Schüler:innen durch nonverbale Signale und aktives Zuhören zu unterstützen (Helfferich 2011, S. 90–99). Da während der Erhebung eine Maske getragen werden musste, entfielen einige mimische Signale. Für die Vermittlung eines positiven Gefühls waren deshalb die Gestik und die Körperhaltung umso wichtiger. Dies wurde zum Beispiel durch eine offene, zugewandte Körperhaltung und regelmäßigem Nicken versucht umzusetzen.

Die Gesprächsdauer variierte zwischen 23 und 51 Minuten pro Schüler:in mit einem Durchschnitt von 34 Minuten. Da die Schüler:innen meistens Doppelstunden im Wirtschaftsleistungskurs hatten, wurden zwei Schüler:innen pro Termin interviewt. Insgesamt erstreckte sich die Erhebung deshalb über 15 Termine.

Die mit einer Videokamera sowie einem Audiogerät aufgezeichneten, audiovisuelle Daten wurden anschließend mithilfe der folgend beschriebenen Methode der Feldpartitur transkribiert.

6.5.3 Datenaufbereitung durch die Transkription im Sinne einer Feldpartitur

Die Methode der Feldpartitur ist ein speziell für die qualitative Sozialforschung (Moritz 2018, S. 17) entwickeltes, videobasiertes Arbeitswerkzeug (Akremi 2019, S. 896). Die Transkription von audiovisuellen Daten ist dabei nur eine von mehreren Einsatzfeldern der Methode (Moritz 2010, S. 170, 2018, S. 17 f.). Ziel der Transkription ist die händische Niederschrift des Aufgenommenen (Dresing und Pehl 2018, S. 16). Herausforderungen bezüglich audiovisueller Daten sind dabei zum einen der hohe Arbeitsaufwand in der Transkription und zum anderen die fehlenden Standards (Best 2020, S. 66). Da jedoch unter anderem der Umfang der Videodaten zu groß für die direkte Kodierung der Videos war, wurden diese trotz des hohen Aufwands transkribiert. Darüber hinaus können nur durch die Transkription der Videos Auszüge aus dem Datenmaterial zur Verbesserung der Reflexivität und der intersubjektiven Nachvollziehbarkeit dargestellt werden (Meyer und Meier zu Verl 2019, S. 283). Mithilfe der Methode der Feldpartitur konnten außerdem entsprechende Standards gesetzt werden. In Bezug auf die Transkription von Videodaten unterstützt die Feldpartitur die Transkription durch die Erstellung eines analytischen Schrift-Systems, wobei die einzelnen Spuren ähnlich wie bei der Partitur eines Musikstücks vertikal übereinandergelegt werden (Moritz 2010, S. 170). Sie eignet sich insbesondere für Forschungsvorhaben wie dieses, bei dem die Gleichzeitigkeit von mindestens zwei Ereignissen relevant ist (Moritz 2018, S. 14). In diesem Fall sind es die Bewegungen der in Anhang im elektronischen Zusatzmaterial abgebildeten Teile des Preis-Mengen-Diagramms sowie die gesprochene Sprache der Interviewten, die für die Beantwortung der Forschungsfrage relevant sind. Durch die Erfassung entlang des Zeitkontinuums können die zwei Ereignisse in ihrer Gleichzeitigkeit abgebildet und anschließend analysiert und interpretiert werden (Moritz 2018, S. 14). Diese Möglichkeit macht die Partiturschreibweise im Sinne der Feldpartitur zu einer der gängigsten Formen der Videotranskription (Moritz 2018, S. 14).

Allerdings beschreibt die Methode keinesfalls ein fertiges Transkriptionssystem (Moritz 2018, S. 19). Als „Denkwerkzeug" soll sie Forschende bei der Entwicklung eines eigenen Partiturdesigns unterstützen (Moritz 2018, S. 19). Somit stellt die Entwicklung eines eigenen Transkriptionsdesigns im Sinne der Feldpartitur einen „wesentlichen Schritt" dar (Moritz 2018, S. 19). Im Zuge eines iterativen, prozessorientierten Vorgangs soll der Detailliertheitsgrad der Daten der Notwendigkeit zur Beantwortung der Forschungsfrage angepasst werden (Moritz 2018, S. 19). Der Detailliertheitsgrad der Daten wurde, wie in Abschnitt 6.4 beschrieben, im Rahmen der Pilotierung an das Forschungsinteresse angepasst. Das im Zuge dieses Vorgangs entstandene Transkriptionssystem dieser Arbeit wird im Folgenden für die auditiven und die visuellen Daten dargestellt und diskutiert. Nach der Darstellung der Transkriptionssysteme werden die Grenzen der Transkriptionsmethode der Feldpartitur mit Blick auf das entwickelte Transkriptionssystem der auditiven und der visuellen Daten debattiert.

Darstellung und Diskussion des entwickelten Transkriptionssystems
Im Sinne der Partiturschreibweise wurden die beiden forschungsrelevanten Ereignisse, gesprochene Sprache und Verschiebung der Teile des Preis-Mengen-Diagramms, integrativ transkribiert. Dafür wurden zuerst die auditiven Daten in einem Verbaltranskript verschriftlicht und aufbauend darauf die Transkription der visuellen Daten eingearbeitet. Im Folgenden wird deshalb zuerst das Transkriptionssystem für die auditiven Daten und anschließend das System und die Integration der visuellen Daten beschrieben.

Transkriptionssystem der auditiven Daten
Da ausschließlich der semantische Inhalt des Gesprächs relevant für die Beantwortung der Forschungsfrage ist, wurden die Daten forschungsökonomisch nach

dem einfachen Transkriptionssystem von Dresing und Pehl (2018, S. 18) transkribiert. Das von ihnen entwickelte Regelsystem zur Transkription (Dresing und Pehl 2018, S. 21 f.) basiert auf den Ausarbeitungen von Kallmeyer und Schütze (1976) und Hoffmann-Riem (1984) und der Ergänzung von Kuckartz et al. (2008). Dieses semantisch-inhaltliche Regelsystem (Dresing und Pehl 2018, S. 21 f.) wurde für die Transkription der Arbeit angepasst und wird zur wissenschaftlichen Nachvollziehbarkeit im Anhang H im elektronischen Zusatzmaterial dargestellt (Dresing und Pehl 2018, S. 19).

Durch dieses umfassende, inhaltlich-semantisch orientierte Regelsystem wurde die Einheitlichkeit der Transkripte sichergestellt (Dresing und Pehl 2018, S. 20). Außerdem wurden alle Transkribierenden vorab entsprechend dem Regelsystem geschult. Unterstützt wurden diese durch die automatische Transkription des Unternehmens Amberscript[12]. Entstanden sind Verbaltranskripte, wie beispielsweise in Abbildung 6.10 veranschaulicht.

I: „Was passiert mit der Nachfragekurve, wenn sich der Preis ändert?" #00:20:07-9#

S23: „Ich glaube, wir müssen die Kurve dann verändern, also ob die unelastisch oder elastisch ist." #00:20:14-0#

I: „Wie machen wir das?" #00:20:15-0#

S23: „Wenn sie elastisch ist, dann gibt es keinen großen Preisunterschied. Denn wenn hier 300 € sind, hier 200 € und dann ist es so, dass es bestimmt Nachfrager gibt, die bereit wären, dafür 200 € zu zahlen und manche eher bereit wären, dafür 300 € zu zahlen. Aber wenn es jetzt eher unelastisch ist, gibt es, glaube ich, vom Preis betrachtet einen großen Preisunterschied. Wenn hier 200 € sind und 5 €, dann ist der Nachfrager eher dafür bereit, 5 € zu zahlen." #00:20:51-5#

Abbildung 6.10 Auszug aus dem Verbaltranskript von Schüler:in 23

---

[12] Die Kosten für die Transkriptionssoftware sowie für zwei wissenschaftliche Hilfskräfte für ein halbes Jahr zur Unterstützung der Transkription wurden von der internen Forschungsförderung der Pädagogischen Hochschule Freiburg getragen. Für die Projektförderung bedanke ich mich herzlich.

Transkriptionssystem der visuellen Daten
Wie bereits beschrieben wurden die visuellen Daten anschließend in die Verbaltranskripte ergänzt. Aus forschungsökonomischen Gründen wurden auch dabei
lediglich die für die Beantwortung der Forschungsfrage relevanten Ereignisse
transkribiert. Diese sind die Bewegungen der Teile im Preis-Mengen-Diagramm.
Allerdings gibt es weder für die Transkription von Legetechnik noch für die
allgemeine Transkription visueller Daten ein geeignetes System für die Daten
dieser Arbeit. Aufgrund der fehlenden Standards (Moritz 2018, S. 13) wurde
neben einem eigenen Partiturdesign auch ein eigenes Transkriptionssystem für
die visuellen Daten entwickelt (Moritz 2018, S. 13). Dieses Transkriptionssystem
bewegt sich zwischen den Polen der konventionellen Transkription, worunter beispielsweise die Transkription gesprochener Sprache fällt und der interpretativen
Kodifizierung von Videos (Moritz 2018, S. 13). In diesem Rahmen wurde versucht, ein möglichst objektives Transkriptionssystem zu formulieren. Dabei muss
allerdings stets berücksichtigt werden, dass die Transkription im Allgemeinen
und die Videotranskription im Besonderen stets bis zu einem bestimmten Grad
subjektiv und interpretativ ist (Best 2020, S. 84 f.; Dresing und Pehl 2018, S. 16).

Grundlage des entwickelten Transkriptionssystems für die visuellen Daten ist
die in Abbildung 6.11 visualisierte Einteilung des Preis-Mengen-Diagramms in
verschiedene Punkte und Bereiche.

Damit können Deutungen der Schüler:innen und Verschiebungen der Kurven, Achsen und Beschreibungen forschungsökonomisch detailliert verschriftlicht
werden. Eine Verschiebung der negativen Steigungen durch den Interviewten
SX könnte beispielsweise durch eine Auswahl aus der folgenden Satzvorlage
beschrieben werden: „Verschiebt die Linie mit der positiven/negativen Steigung
nach rechts/links/oben/unten, indem SX die Linie im Punkt (X1,Y1) berührt und
diesen so verschiebt, dass er im Punkt (X2,Y2) liegt." Sollte sich bei der Verschiebung der Kurve die Steigung ändern, wird dies hingegen beispielsweise wie
folgt beschrieben: „Verschiebt die Linie mit der positiven/negativen Steigung,
indem SX den Punkt (X3,Y3) auf der Linie fixiert und den Punkt (X4,Y4)/
das obere/untere Ende der Linie nach den Punkt (X5,Y5) verschiebt, sodass
die Steigung größer/kleiner wird." Die Koordinaten der Punkte in den Aussagen
ergeben sich aus den in Abbildung 6.11 visualisierten Einteilungen der Achsen. Eine feinere Einteilung der Achsen wurde vernachlässigt, da die Ergebnisse
der Pilotierung zeigten, dass mithilfe des Transkriptionssystems die Bewegungen der und Deutungen auf den Kurven ausreichend beschrieben werden können.
Der Detailliertheitsgrad der Daten wurde somit im Sinne der Feldpartitur an die
Forschungsfrage angepasst (Moritz 2018, S. 19).

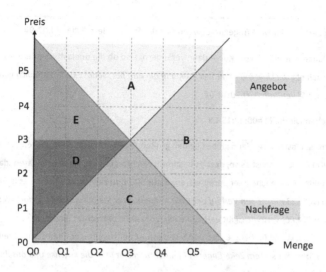

Abbildung 6.11 Einteilung eines Basisdiagramms für die visuelle Transkription. (Eigene Darstellung)

Die im Rahmen der Pilotierung erstellte Liste mit Aussagen, siehe Anhang F im elektronischen Zusatzmaterial, diente zur Einheitlichkeit als Grundlage der Transkription. Allerdings war es den Transkribierenden freigestellt, bei Bedarf neue Aussagen zu ergänzen. Dafür sind folgende Regeln Teil des Transkriptionssystems:

1. Die Beschreibungen werden kursiv geschrieben. Werden verbale Aussagen unterbrochen, so werden Anführungszeichen eingefügt.
2. Es werden lediglich die Bewegungen der Hände und der Teile transkribiert.
3. Gestikulieren über dem Diagramm wird nicht transkribiert, sofern dabei kein inhaltlicher Bezug zum Diagramm erkennbar ist.
4. Von dem eigenständig gelegten Diagramm wird ein Screenshot eingefügt.
5. Das Preis-Mengen-Diagramm wird mit PMD abgekürzt.

Die Integration der visuellen Transkription in die Verbaltranskripte orientierte sich an Moritz (2010, S. 186).Der in Abbildung 6.12 dargestellte Ausschnitt veranschaulicht die Integration der neuen Informationen auf Basis des in Abbildung 6.10 dargestellten Auszugs aus dem Verbaltranskript.

I: „Was passiert mit der Nachfragekurve, wenn sich der Preis ändert?" #00:20:07-9#

S23: „Ich glaube, wir müssen die Kurve dann verändern, also ob die unelastisch oder elastisch ist." *S23 verschiebt die Linie mit negativer Steigung hin und her, sodass sie letztendlich von (Q3, P1) nach (Q1, P5) verläuft.* #00:20:14-0#

I: „Wie machen wir das?" #00:20:15-0#

S23: „Wenn sie elastisch ist, dann gibt es keinen großen Preisunterschied. Denn wenn hier 300 € sind, hier 200 € und dann ist es so, dass es bestimmt Nachfrager gibt, die bereit wären, dafür 200 € zu zahlen und manche eher bereit wären, dafür 300 € zu zahlen. Aber wenn es jetzt eher unelastisch ist," *S23 macht den Verlauf der Linie mit negativer Steigung steiler, sodass diese von (Q1,P5) nach (Q4,P0) verläuft.* „gibt es, glaube ich, vom Preis betrachtet einen großen Preisunterschied. Wenn hier 200 € sind und 5 €, dann ist der Nachfrager eher dafür bereit, 5 € zu zahlen." *S23 fährt mit seinem Zeigefinger in Pfeilrichtung erst über die x-Achse und anschließend über die y-Achse.* #00:20:51-5#

Abbildung 6.12 Auszug aus dem Transkript der auditiven und visuellen Daten von Schüler:in 23

Bei der händischen Transkription unterstützte die, unter anderem von den Chief Executive Officers Dresing und Pehl entwickelte, Software f4.

Dieses Vorgehen wird folgend mit Blick auf die Grenzen der Methode der Feldpartitur und unter Betrachtung der beschriebenen Transkriptionssysteme diskutiert.

Diskussion der Grenzen der Methode der Feldpartitur anhand des Transkriptionssystems

Unabhängig von der Art der Daten bewegt sich die Transkription von Daten stets im Spannungsfeld zwischen der Exaktheit und der sinnvollen Umsetzbarkeit (Dresing und Pehl 2018, S. 16). Grund dafür ist unter anderem der zugrundeliegende, paradoxe Anspruch der Transkription, einen mündlichen Diskurs in einem statischen Schriftstück festzuhalten (Dresing und Pehl 2018, S. 16). Dadurch ergibt sich das Spannungsfeld der beiden entgegengesetzten Pole. Während die Exaktheit eine realistische Situationsnähe anstrebt, steht die Praktikabilität im Fokus der sinnvollen Umsetzbarkeit (Dresing und Pehl 2018, S. 16). Somit ist auch das entwickelte Transkriptionssystem dieser Arbeit im Sinne dieses Spannungsverhältnisses zu deuten.

Mit Blick auf die Forschungsfrage wurde gegenstandsangemessen der Detailliert-heitsgrad der Daten festgelegt (Dresing und Pehl 2018, S. 16; Moritz 2018, S. 19). Damit geht ein gewisser Informationsverlust einher (Moritz 2010, S. 172). Bereits durch die Zerlegung des Geschehenen im Sinne des Feldtranskripts in die einzelnen Ereignisse gehen Informationen verloren (Moritz 2010, S. 172). Darüber hinaus führt beispielsweise die Auswahl des Transkriptionssystems zu Informationsver-lust. Das gilt insbesondere für die Erstellung semantisch-inhaltlich orientierter Transkripte. Allerdings ermöglichen diese durch den Verzicht von Details, wie beispielsweise zur Aussprache, einen schnelleren Zugang zu dem Inhalt des Gespro-chenen (Dresing und Pehl 2018, S. 18). Sowohl der Detailliertheitsgrad der Daten als auch die Auswahl des Transkriptionssystems kann jedoch für diese Arbeit mit Blick auf die Forschungsfrage begründet werden. So ist beispielsweise die Fingernagelfarbe der Schüler:innen oder ihr Stimmverlauf nicht relevant für die Beantwortung der Fragestellung. Nichtsdestotrotz ist ein Bewusstsein für den Infor-mationsverlust während der Transkription Grundlage für die Auseinandersetzung und die Auswertung der Transkripte (Dresing und Pehl 2018, S. 18). Die Tran-skripte beschreiben somit „artifizielle Produkte, die eine von den Akteuren nicht unbedingt auf diese Weise erlebte Realität widerspiegeln" (Meyer und Meier zu Verl 2019, S. 283 f.). Die Beschreibung eines Transkripts als „artifizielles Produkt" verdeutlicht ein weiteres Charakteristikum von Transkripten. Die Abbildungsrela-tion zwischen den Daten und den Transkripten ist keinesfalls isomorph, sondern von der Interpretation der Transkribierenden geprägt (Moritz 2010, S. 172). Demnach ist insbesondere die Beschreibung visueller Daten keinesfalls objektiv. Zum Beispiel sind Mimik und Gestik nicht textlich und müssen somit erst in Worte transferiert werden (Meyer und Meier zu Verl 2019, S. 283). Um den Einfluss der Interpretation durch die Transkribierenden möglichst gering zu halten, wurden diese intensiv in das Transkriptionssystem eingelernt. Durch das System und die Regeln hatten die Tran-skribierenden Satzvorlagen, die sie für ihre Zwecke adaptieren konnten. Darüber hinaus wurde das erste entwickelte Transkript mit den anderen Transkribierenden unter ständigem Bezug zu dem zugrundeliegenden Video diskutiert. All diese Maß-nahmen wirken der Subjektivität entgegen, können diese jedoch nicht vollständig vermeiden. Allerdings ermöglichen die Transkripte den Leser:innen das Nachvoll-ziehen der Analyse auf Grundlage der für die Forschende und oben beschriebenen, relevanten Daten (Meyer und Meier zu Verl 2019, S. 283).

Zusammenfassend beruhte die Datenauswahl auf einem qualitativen Sampling-plan, der insbesondere empirisch belegte Einflussfaktoren (siehe Abschnitt 5.3.3) auf das *Denken in ökonomischen Modellen* berücksichtigte. Die Ausprägungen wei-terer Modalkriterien wurden folgend im Sinne der Transparenz beschrieben und offengelegt. Der Beschreibung der Datenauswahl folgte eine Beschreibung der Entstehungssituation der Daten. Alle Daten entstanden im persönlichen Austausch und wurden durch eine Videokamera aufgezeichnet. Diese audiovisuellen Daten wurden anschließend entsprechend der Methode der Feldpartitur transkribiert. Daraufhin folgte die Auswertung der Daten entsprechend dem Ablaufplan der qualitativen Inhaltsanalyse in Abschnitt 6.3. Bevor die Ergebnisse der Analysen in Kapitel 7 dargestellt werden, wird im Folgenden die Güte des beschriebenen Forschungsdesigns als Grundlage der Interpretation der Ergebnisse diskutiert.

6.6   Diskussion der wissenschaftlichen Güte

Grundlage der Debatte um Gütekriterien der qualitativen Forschung sind die im Rahmen der psychologischen Testtheorie entwickelten, klassischen Gütekriterien der Objektivität, Reliabilität und Validität (Kuckartz und Rädiker 2022, S. 235). Da diese Kriterien dementsprechend in einem Kontext entwickelt worden sind, der kaum Gemeinsamkeiten mit dem typischen Kontext qualitativer Forschung hat, wird diskutiert, inwieweit anhand dieser Kriterien gewinnbringend die Güte qualitativer Arbeiten betrachtet werden kann (Kuckartz und Rädiker 2022, S. 234):

> „Die Auseinandersetzung mit der Qualität qualitativer Forschung vollzieht sich vor dem Hintergrund eines weitgehenden Konsenses in der quantitativen Forschung über die zu erfüllenden „klassischen" Gütekriterien Reliabilität, Validität und Objektivität, die dort für alle Ansätze als akzeptiert anzusehen sind. Inwieweit dieser Konsens auf die sozialwissenschaftliche Forschung insgesamt – also einschließlich qualitativer Ansätze – übertragen werden kann, ist eine Kernfrage der Diskussion" (Flick 2010, S. 395).

Ein unreflektierter Übertrag der klassischen Gütekriterien der quantitativen Forschung auf qualitative Vorgehen birgt beispielsweise die Gefahr der schlechteren Bewertung qualitativer Forschung (Steinke 2007, S. 177). Grund dafür ist beispielsweise die „Unmöglichkeit von Objektivität" als „Ausgangspunkt qualitativer Forschung" (Helfferich 2011, S. 155). Da qualitative Forschung immer kontextabhängig ist, sind die Ergebnisse nicht unabhängig von der Durchführung, Auswertung oder der Interpretation der oder des Forschenden (Helfferich 2011, S. 154). Deshalb sollte qualitative Forschung nicht nach Objektivität streben, sondern beispielsweise auf einen angemessenen Umgang mit Subjektivität abzielen

(Helfferich 2011, S. 155). Darüber hinaus ist auch die Überprüfung der Reliabilität durch Wiederholung der Erhebung mit dem Ziel der Generierung gleicher Daten und Ergebnisse nicht gewinnbringend: „Die identische Wiederholung einer Erzählung bei wiederholten narrativen Interviews [...] – im Sinne von Replikationsstudien und des Kriteriums der Reliabilität – liefert eher Hinweise auf eine „zurecht gelegte" Version als auf die Verlässlichkeit des Erzählten." (Flick 2019, S. 412). Eine solche Vorgehensweise ist deshalb „abzulehnen" (Friebel-Piechotta 2021, S. 90). Ähnliche Problematiken ergeben sich bei der Überprüfung der Validität. Zum Beispiel stellt eine Standardisierung der Erhebungs- und Auswertungssituation im Sinne der klassischen internen Validität die Stärken der qualitativen Forschung in Frage und ist somit „nicht kompatibel" (Flick 2019, S. 412).

Die aufgrund dieser Schwierigkeiten seit den 1980er Jahren kontrovers geführten Diskussionen über Gütekriterien der qualitativen Forschung führten zu mehr als 100 Kriterienkatalogen (Döring und Bortz 2016, S. 106 ff.; Kuckartz und Rädiker 2022, S. 235)[13]. Trotz der bis heute anhaltenden Diskussionen (Flick 2019, S. 497) setzt sich vermehrt die Zielorientierung durch, die klassischen Gütekriterien der qualitativen Forschung zu reformulieren und neu zu systematisieren (Kuckartz und Rädiker 2022, 235 f.). Dadurch sollen die hinter den klassischen Gütekriterien der Objektivität, Reliabilität und Validität stehenden generellen Ansprüche auch in der qualitativen Forschung erfüllt werden (Flick 2019, S. 412). Zum Beispiel soll qualitative Forschung bei Un-Reliabilitäten nicht abgelehnt, sondern verstanden und interpretiert werden (Mayring 2022, S. 52). Inhaltsanalytische Maße dafür sind unter anderem die Intra- und Intercoderreliabilität (Mayring und Frenzl 2019, S. 636). Darüber hinaus ist auch der hinter dem Kriterium der Validität stehende Anspruch der Vertrauenswürdigkeit und Verlässlichkeit auf qualitative Forschungsvorhaben durch Gütekriterien, wie beispielsweise der kommunikativen Validierung, übertragbar (Lamnek 2008, S. 161). Diese Maße finden beispielsweise bei den für die qualitative Forschung allgemein entwickelten Gütekriterien von Mayring (2016) sowie bei den für die qualitative Inhaltsanalyse entwickelten Gütekriterien von Krippendorff (1980) Berücksichtigung. Diese wurden im Rahmen des Forschungsvorhabens stringent berücksichtigt und werden im Folgenden dargestellt.

---

[13] Flick (2021, S. 48 ff.) stellt diese Debatte zusammenfassend dar.

6.6.1 Allgemeine Gütekriterien für die qualitative Forschung von Mayring (2016)

Basierend auf dem Konsens, der im Zuge der Debatte um Gütekriterien der qualitativen Forschung entwickelten Kriterienkataloge, formulierte Mayring (2016, S. 144 ff.) sechs allgemeingültige, methodenübergreifende Gütekriterien für qualitative Forschungsarbeiten:

1. Verfahrensdokumentation
2. Argumentative Interpretationsabsicherung
3. Regelgeleitetheit
4. Nähe zum Gegenstand
5. Kommunikative Validierung
6. Triangulation

Die Berücksichtigung dieser wird im Folgenden dargestellt:

Im Sinne der Verfahrensdokumentation sollte zur intersubjektiven Nachvollziehbarkeit das methodische Vorgehen genau dargestellt werden (Lamnek und Krell 2016, S. 145; Mayring 2016, S. 145). Um dies zu gewährleisten, wurde beispielsweise das Vorverständnis qualitativer Forschung in Abschnitt 6.1, alle Erhebungsinstrumente in Abschnitt 6.2, die Transkriptionsregeln in Abschnitt 6.5.3 sowie ein detaillierter Ablaufplan der qualitativen Inhaltsanalyse in Abschnitt 6.3 detailliert dargestellt und diskutiert. Dadurch wird der gesamte Forschungsprozess nachvollziehbar. Die Transkripte der Interviews können darüber hinaus gerne bei der Autorin dieser Arbeit angefragt werden (Kirchner 2016, S. 166).

Im Rahmen der argumentativen Interpretationsabsicherung sollten die, im Rahmen der qualitativen Auswertung getroffenen Interpretationen, dargestellt und argumentativ begründet werden (Mayring 2016, S. 145). Inhaltliche Brüche in den Interpretationen sollten aufgezeigt und erklärt werden (Mayring 2016, S. 145). Dafür wurde das regelgeleitete Vorgehen der induktiven Kategorienbildung ausführlich dargestellt und darüber hinaus in der Auswertung strikt zwischen der Darstellung der Ergebnisse und der Interpretation und Diskussion dieser unterschieden. Die entwickelten Kategorien sowie die Interpretationen dessen wurden stets durch beispielhafte Auszüge aus den Interviewtranskripten belegt.

Ein systematisches, nachvollziehbares Vorgehen erfüllt die Regelgeleitetheit der Analyse (Mayring 2016, S. 146). Durch die Auswahl der induktiven, qualitativen Inhaltsanalyse als Auswertungsmethode erfüllt die Arbeit diesen Anspruch. Das von Mayring (2022, S. 55 ff.) entworfene Ablaufmodell wurde für das Forschungsinteresse angepasst und wird in Abschnitt 6.3 ausführlich vorgestellt.

Dieser beschreibt detailliert das methodische Vorgehen in jedem Analyseschritt. Darüber hinaus wurden die Transkriptionsregeln dargestellt und das entwickelte Kategoriensystem sowohl inter- als auch intrakodiert, siehe Abschnitt 6.6.2.

Die Nähe zum Gegenstand und damit die Gegenstandsangemessenheit stellt einen der „Leitgedanke[n] qualitativ-interpretativer Forschung" dar (Mayring 2016, S. 146). Methodisch wurde das Kriterium bei der Datenerhebung durch die Durchführung der Erhebung im Rahmen der Unterrichtszeit des Wirtschaftsleistungskurs in Klassenzimmern der Schulen erfüllt. Dadurch mussten die Schüler:innen ihre „natürliche Lebenswelt" nicht verlassen (Mayring 2016, S. 146). Inhaltlich knüpft das Thema des Preis-Mengen-Diagramms als Visualisierung des Modells der Preisbildung im vollkommenen Markt an die Unterrichtsinhalte des Wirtschaftsleistungskurses an. Demnach hatten alle Schüler:innen das Thema bereits im Fachunterricht behandelt.

Die kommunikative Validierung der Ergebnisse durch Gespräche mit den Beforschten zur Überprüfung der Gültigkeit der Ergebnisse (Mayring 2016, S. 147) ist bezüglich der Vorstellungsforschung nicht zielführend (Kirchner 2016, S. 170). Grund dafür ist beispielsweise, dass Vorstellungen nicht unmittelbar bewusst sind und die Beforschten diese unter anderem deshalb häufig anders interpretieren würden (Kirchner 2016, S. 170). Allerdings wurden die Ergebnisse mit Expert:innen der ökonomischen Bildung mit Lehrerfahrung mit dem Preis-Mengen-Diagramm diskutiert.

Dem Kriterium der Triangulation wird diese Arbeit aufgrund des gewählten Forschungsdesigns nur bedingt gerecht. Zur Erfüllung des Kriteriums sollten verschiede Methoden, Datenquellen, Theorien und Interpreten bei der Beantwortung der Fragestellung herangezogen und verglichen werden (Mayring 2016, S. 147 f.). Trotz der Verknüpfung mehrerer Erhebungsmethoden (siehe Abschnitt 6.2) wurde sich der Fragestellung nur in einem theoretischen Kontext und anhand von einer Datenquelle genähert. Die qualitativ gewonnenen Erkenntnisse können jedoch anschließend mithilfe von quantitativen Forschungsvorhaben untersucht werden.

Neben den beschriebenen, allgemeinen und methodenübergreifenden Gütekriterien für die qualitative Forschung wurden speziell für die Methode der Inhaltsanalyse entwickelte Gütekriterien berücksichtigt. Ziel der zusätzlichen Berücksichtigung dieser war neben der Diskussion der Anwendung der Kategorien auf das Material eine Reflexion über die Entstehung der Kategorien (Mayring 2022, S. 121). Mayring (2022, S. 121) verweist bei der Darstellung seiner Methode der qualitativen Inhaltsanalyse beispielsweise auf die Kriterien von Krippendorf (1980).

6.6.2 Inhaltsanalytische Gütekriterien von Krippendorff (1980)

Basierend auf den generellen Ansprüchen der klassischen Gütekriterien der Validität und der Reliabilität entwickelte Krippendorff (1980, S. 158) acht Konzepte zur Überprüfung der Güte einer qualitativen Inhaltsanalyse. Demnach kann mithilfe von fünf in die Bereiche material-, prozess-, und ergebnisorientiert eingeteilten Kriterien die Validität einer Inhaltsanalyse im engeren Sinne beurteilt werden (Krippendorff 1980, S. 158). Materialorientiert sind dabei die Kriterien der semantischen Gültigkeit und der Stichprobengültigkeit (Krippendorff 1980, S. 158). Auf das Ergebnis beziehen sich die korrelative Gültigkeit und die Vorhersagegültigkeit und auf den Prozess die Konstruktgültigkeit. Zur Überprüfung der Reliabilität schlägt Krippendorff (1980, S. 158) die Kriterien der Stabilität, der Reproduzierbarkeit und der Exaktheit vor.

Die Berücksichtigung der acht Kriterien bei der Entwicklung und Durchführung der qualitativen Inhaltsanalyse dieser Arbeit werden im Folgenden dargestellt.

Unter der semantischen Gültigkeit versteht Mayring (2022, S. 121) die „Angemessenheit der Kategoriendefinitionen" und darüber hinaus die „Richtigkeit der Bedeutungsrekonstruktion des Materials". Um dies zu gewährleisten verweist Mayring (2022, S. 121) auf zwei von Krippendorf (1980, 158 ff.) vorgeschlagene „Checks" zur Überprüfung der semantischen Gültigkeit. Diese wurden im Zuge dieser Arbeit beide zur Überprüfung der semantischen Gültigkeit ausgeführt. Zum einen wurden die entwickelten Kategorien und die dazugehörigen Definitionen, Ankerbeispiele und Kodierregeln den Expert:innen der Fachrichtung Wirtschaftswissenschaft und ihre Didaktik der Pädagogischen Hochschule Freiburg vorgestellt und anschließend mit ihnen diskutiert[14]. Zum anderen wurden die den Kategorien zugeordneten Textstellen gesammelt betrachtet und auf Homogenität überprüft. Dieser „Check" wird im Ablaufplan in Abschnitt 6.3 in Abbildung 6.2 beschrieben.

Das Gütekriterium der Stichprobengültigkeit umfasst sowohl die Stichprobenziehung, nach vorab festgelegten Kriterien, als auch eine Darstellung des Samples und damit einhergehend eine genaue Definition der Grundgesamtheit (Mayring 2022, S. 121). Dafür wurde das Sample dieser Arbeit gemäß des in Abschnitt 6.5.1 dargestellten qualitativen Stichprobenplans gezogen. Die Kriterien des Stichprobenplans wurden darüber hinaus diskutiert und mit Blick auf

---

[14] Ein herzlicher Dank an das Team der Fachrichtung Wirtschaftswissenschaften und ihre Didaktik der Pädagogischen Hochschule Freiburg für das konstruktive Feedback.

ihre Relevanz in Abschnitt 5.3.3 beurteilt. Zusätzlich wurde die Zusammensetzung des Samples der Haupterhebung sowie der Pilotierung detailliert in den Abschnitt 6.5.1 und 6.4.1 dargestellt.

Den Gütekriterien der korrelativen Gültigkeit, der Vorhersagegültigkeit und der Konstruktgültigkeit wird diese Arbeit nur bedingt gerecht. Grund dafür ist unter anderem das explorative Vorgehen. Deshalb ist der systematische Vergleich mit Forschungserkenntnissen aus anderen empirischen Arbeiten zur gleichen Fragestellung im Sinne der korrelativen Gültigkeit, das Treffen von Vorhersagen im Sinne der Vorhersagegültigkeit und der Vergleich mit etablierten Theorien und Modellen im Sinne der Konstruktgültgkeit nur dann möglich und sinnvoll, wenn es bereits Forschungserkenntnisse zu ähnlichen Fragestellungen und ähnlichen Beforschten gibt (Mayring 2022, S. 121 f.). Wie aus dem Forschungsstand in Abschnitt 5.3 und 5.4 und in der Darstellung der Forschungserweiterung in Abschnitt 5.5 deutlich wird, gibt es allerdings kaum vergleichbare Studien zu dem Thema. Deshalb wurde an verschiedenen Stellen zur Überprüfung der korrelativen Gültigkeit auf Erkenntnisse aus den Naturwissenschaften zurückgegriffen, auch wenn deren Übertragbarkeit auf die ökonomische Bildung, wie in Abschnitt 5.4 begründet, zweifelhaft ist. Sollten bereits empirische Forschungserkenntnisse zu Teilbereichen des Themengebietes der Arbeit vorhanden sein, so ist der systematische Vergleich dessen mit den Ergebnissen dieser Arbeit stets Teil der Interpretation und Diskussion der Ergebnisse. Darüber hinaus hat sich die Forschende neben vielfältiger Erfahrung in der Durchführung der qualitativen Inhaltsanalyse durch den erfolgreichen Abschluss des Zertifikatsprogramms „Forschungsmethoden der empirischen Bildungs- und Sozialwissenschaften" der Pädagogischen Hochschule Freiburg qualifiziert.

Stabilität und Reproduzierbarkeit sind als Reliabilitätsmaße die Voraussetzung für das Kriterium der Exaktheit, welches das stärkste Reliabilitätsmaß darstellt und sich entsprechend am schwierigsten überprüfen lässt (Mayring 2022, S. 123). Dabei wird das Kriterium der Exaktheit analog zu Kirchner (2016, S. 168) verstanden, welche dieses als exakte, regelgeleitete Vorgehensweise beschreibt.

Die Kriterien der Stabilität und der Reproduzierbarkeit lassen sich hingegen über quantitative Maße bestimmen (Mayring 2022, S. 122). Durch die mehrfache, zeitlich versetzte Anwendung des Analyseinstruments auf das Datenmaterial kann die Stabilität des Analyseinstruments überprüft werden (Mayring 2022, S. 122). Das entsprechende Maß der Übereinstimmung kann quantitativ als Intracoderreliabilität berechnet werden (Mayring 2022, S. 122). Um die Stabilität des Analyseinstruments dieser Forschungsarbeit zu gewährleisten, wurden Teile des Datenmaterials, siehe Ablaufplan in Abschnitt 6.3, mehrfach mit zeitlichem Abstand von mindestens zwei Wochen von der Forschenden kodiert und die

Ergebnisse verglichen. Es zeigt sich insbesondere bei dem endgültigen Materialdurchgang und dem Vergleich dessen mit der vorherigen Auswertung des Materials, dass das Analyseinstrument stabil ist.

Zusätzlich wird die Güte des Analyseinstruments mit Blick auf die Reproduzierbarkeit durch den im Ablaufplan dargestellten Intercodierungsprozess überprüft und bestätigt (Mayring 2022, S. 122). Der durchgeführte Intercodierungsprozess orientiert sich an der Vorgehensweise von Kirchner (2016, S. 200–203) und ist im Ablaufplan der qualitativen Inhaltsanalyse dieser Arbeit in Abschnitt 6.3 detailliert beschrieben. Ziel der Intercodierung war, im Vergleich zum typischen Vorgehen in der quantitativen Forschung, nicht die Berechnung eines Koeffizienten zur Darstellung der Übereinstimmung (Fletemeyer 2021, S. 129; Kuckartz 2018, 210 f.; MAXQDA (o.A.), S. 702). Vielmehr zielte das Vorgehen auf die Sicherstellung der Güte des Kategoriensystems durch eine kommunikative Validierung und damit einhergehend eine Überprüfung und Reflexion der eigenen Codierungen mit den Codierenden ab (Fletemeyer 2021, S. 131; Kirchner 2016, S. 268). Deshalb wurde zuerst ein konsensuelles Codieren (Hopf und Schmidt 1993, 62 ff.) durchgeführt und anschließend in einer zweiten Runde die prozentuale Übereinstimmung der Intercodierungen mithilfe der Software MAXQDA berechnet. Im Rahmen des von Hopf und Schmidt (1993, 61 ff.) als konsensuelles Codieren bezeichneten Vorgehens haben zwei Intercodierer jeweils zwei unterschiedliche Interviews sowie die Selektionskriterien und den Kategorienleitfaden von der Forschenden zur Verfügung gestellt bekommen. Die Interviews wurden dabei willkürlich ausgewählt. Beide Codierende verfügen über vertiefte Kenntnisse in dem Bereich der Theorie der Preisbildung sowie im Bereich des Modells der Preisbildung im vollkommen Markt und haben beide bereits mehrfach über das Preis-Mengen-Diagramm gelehrt. Darüber hinaus hatten sie bereits einige Erfahrungen aus Forschungsprojekten mit der Software MAXQDA sowie mit der qualitativen Inhaltsanalyse nach Mayring (2022). Sowohl der fachliche Kontext als auch das Programm und die Methode waren den Codierern somit bekannt. Eine Einführung in den fachwissenschaftlichen Kontext oder in das Programm MAXQDA waren somit nicht nötig. Stattdessen codierten die Codierenden die beiden Interviews eigenständig auf Grundlage der Selektionskriterien und des Kategoriensystems. Unklarheiten, Fragen oder Auffälligkeiten notierten sie währenddessen mithilfe der Memofunktion in MAXQDA (Kuckartz 2018, S. 211). Im Anschluss an die erste Runde der Codierungen haben sich die Codierenden einzeln mit der Forschenden besprochen. Dabei wurden sowohl die gesammelten Fragen, Unklarheiten und Auffälligkeiten besprochen als auch die Codierungen verglichen. Dafür wurden die Dokumente systematisch und nacheinander durchgesprochen und Abweichungen diskutiert. Nach Absprache mit beiden Codierenden schärfte die Forschende das Kategoriensystem, hauptsächlich durch Addition von Ankerbeispielen und Codierregeln. Anschließend bekamen die Codierenden zwei neue Interviews sowie das überarbeitete Kategoriensystem und die Selektionskriterien zugeteilt. Auf Grundlage des überarbeiteten Systems codierten die Codierenden die beiden neuen, und von den Interviews aus der ersten Runde unterschiedlichen, Interviews erneut. Somit wurden insgesamt acht von 29 Interviews und damit ca. 28 Prozent des Materials intercodiert. Erneut sammelten die Codierenden Fragen, Unklarheiten und Auffälligkeiten, welche anschließend besprochen wurden. Allerdings waren dies im Vergleich zu der ersten Runde deutlich weniger und sie führten nicht zu neuen Überarbeitungen des Kategoriensystems oder der Selektionskriterien. Darüber hinaus wurde im Anschluss an die zweite Runde ein Übereinstimmungskoeffizient ausgerechnet. Dabei sei jedoch erneut erwähnt, dass die Beseitigung von Unklarheiten und nicht die Berechnung eines guten Koeffizienten im Fokus des Intercodierungsprozesses standen (Kuckartz 2018, S. 210 f.). Aus der Vielzahl der Möglichkeiten Übereinstimmungskoeffizienten in MAXQDA zu berechnen (MAXQDA (o.A.), S. 553 ff.), wurde das Vergleichslevel des Vorhandenseins von Codes im Dokument gewählt. Grund dafür ist unter anderem, dass Codieren und Segmentieren bei der qualitativen Inhaltsanalyse häufig eine Einheit bilden und deshalb die Berechnung von Cohens Kappa oder ähnlichen Maßen kaum möglich ist (Kuckartz 2018, 210 f.). Bei dem Übereinstimmungskoeffizienten des Vorhandenseins eines Codes im Dokument ist es jedoch unerheblich, wie häufig die Codierer:innen den Code vergeben haben (MAXQDA (o.A.), S. 555). Gezählt wird die Übereinstimmung des Vorhandenseins von mindestens einer Codierung der Kategorie im Dokument (MAXQDA (o.A.), S. 555). Tabelle 6.9 veranschaulicht die prozentualen Überschneidungen der Ergebnisse in der zweiten Runde.

Tabelle 6.9 Prozentuale Übereinstimmung des Vorhandenseins desselben Codes im Dokument. (Eigene Darstellung)

Codierende	Interview	Prozent der Codes, die in beiden Dokumenten mindestens einmal vorhanden sind
1	S4	$\approx 85\,\%$
1	S8	$\approx 87\,\%$
2	S26	$\approx 76\,\%$
2	S27	$\approx 71\,\%$

Die prozentuale Übereinstimmung mit dem Codierenden 2 ist in einem mittelmäßigen Bereich, die Übereinstimmung mit dem Codierenden 1 ist hingegen zufriedenstellend (Fletemeyer 2021, S. 131).

6.6.3 Forschungsethische Kriterien nach Flick (2021)

Neben der allgemeinen Diskussion der Güte sind es forschungsethische Kriterien, die darüber hinaus im Rahmen des Forschungsprozesses berücksichtigt und anschließend reflektiert werden sollten (Flick 2021, S. 56–70). Dafür wurden in verschiedenen Ländern und in verschiedenen Fachdisziplinen Ethikkodizes entwickelt, mithilfe dessen unter anderem der Schutz der Teilnehmenden sichergestellt werden soll (Flick 2021, S. 56)[15]. Diese sind häufig Grundlage der Prüfung der geplanten Forschung durch Ethikkommissionen. Da dieses Forschungsvorhaben nicht von einer Ethikkommission geprüft wurde, werden die forschungsethischen Überlegungen anhand von zwei, für die Forschung mit Schüler:innen relevanten, forschungsethischen Kriterien für qualitative Forschungen allgemein entsprechend Flick (2021, S. 64 ff.) geprüft:

1. Informierte Einwilligung
2. Vertraulichkeit und Anonymität in der Darstellung der Forschung

Inwieweit diese im Forschungsprozess berücksichtigt wurden, wird im Folgenden dargestellt.

Im Rahmen einer informierten Einwilligung sollten die Personen der Befragung freiwillig und informiert zustimmen, die dafür kompetent sind (Flick 2021, S. 64). Um dies zu gewährleisten wurde das Forschungsvorhaben der verschiedenen Schulklassen durch die Forschende persönlich vorgestellt und Rückfragen der Schüler:innen beantwortet. Neben einer inhaltlichen Vorstellung des Forschungsinteresses wurde insbesondere der Ablauf der Datenerhebung, der Umgang mit den Daten sowie die Freiwilligkeit der Teilnahme betont. Im Anschluss daran erhielten die Schüler:innen, die Lehrkräfte und die Schulleitung ein Informationsschreiben, in dem die wichtigsten Informationen zu den genannten Punkten zusammengefasst wurden. Da einige der Schüler:innen zum Zeitpunkt der Erhebung minderjährig waren, erhielten diese außerdem ein Informationsschreiben für ihre Erziehungsberechtigten. Dieses sowie das Informationsschreiben für die

---

[15] Einen Überblick über im Internet zugängliche Ethikkodizes verschiedener wissenschaftlicher Gesellschaften und Berufsverbänden gibt beispielsweise Flick (2021, S. 57 f.).

Schüler:innen hat am Ende einen Rücklaufabschnitt, der bei der Zustimmung der Teilnahme an dem Forschungsvorhaben von den Erziehungsberechtigten und den Schüler:innen unterschrieben werden musste. Demnach wurden nur Schüler:innen interviewt, die zusammen mit ihren Erziehungsberechtigten schriftlich eingewilligt haben.

Darüber hinaus sollten die Daten vertraulich und anonymisiert in der Forschung dargestellt werden, damit keine Rückschlüsse auf einzelne Schüler:innen möglich sind (Flick 2021, S. 65 f.). In diesem Sinne wurden beispielsweise Kontextinformationen zur Beschreibung der Stichprobe in Abschnitt 6.5.1 kumuliert dargestellt. Außerdem wurde im Rahmen der Datenerhebung stets darauf geachtet, dass lediglich die Hände der Schüler:innen auf den Videos zu sehen sind, nicht aber der Kopf oder andere persönliche Merkmale. In den schriftlichen Transkripten wurden personenspezifische Aussagen geschwärzt und die Namen der Schüler:innen durch Zuweisung von Nummern anonymisiert. Dadurch lassen die in der Forschungsarbeit abgedruckten Aussagen keine Rückschlüsse auf einzelne Schüler:innen zu. Die Video- sowie die Tondateien der Erhebung wurden und werden auf einer Festplatte in einem abgeschlossenen Schrank gelagert, sodass diese nicht für Unbefugte zugänglich waren und sind. Zusätzlich wurde vorab mit der Lehrkraft besprochen, dass diese keine individuelle Rückmeldung zu den Aussagen und Leistungen der Schüler:innen erhalten wird. Lediglich kumuliert wurde auf Wunsch im Anschluss an alle Befragungen der teilnehmenden Schüler:innen einer Klasse Rückmeldung über Besonderheiten und potentielle Lernschwierigkeiten aller Schüler:innen gegeben.

Schülervorstellungen und davon abgeleitete Lernschwierigkeiten bezüglich des Preis-Mengen-Diagramms

Die folgende Ergebnisdarstellung orientiert sich an den in Tabelle 6.5 dargestellten, untergeordneten Forschungsfragen und Selektionskriterien. Pro Forschungsfrage und Selektionskriterium werden die Ergebnisse in einem Unterkapitel veranschaulicht. Dafür werden zuerst die entwickelten Kategorien mithilfe von Ankerbeispielen beschrieben und anschließend die Häufigkeiten der Kapitel dargestellt. Darauffolgend werden die dargestellten Ergebnisse mit Blick auf Lernschwierigkeiten diskutiert und interpretiert. Lernschwierigkeiten ergeben sich, wie in Abschnitt 5.2 ausführlich beschrieben, aus der Diskrepanz der Schülervorstellungen und den Fachkonzepten aus Kapitel 4.

Analog zu der Reihung der Selektionskriterien und der Forschungsfragen werden demnach folgend zuerst Schülervorstellungen zur Nachfrage- und Angebotskurve, zur Preisbildung und -änderung sowie zur Konstruktion dargestellt. Die Ergebnisse dieser Bereiche beziehen sich auf den Schwerpunktbereich Modellwissen des *Denkens in ökonomischen Modellen*. Anschließend werden Schülervorstellungen zu Verschiebungen und Bewegungen der Nachfrage- und Angebotskurve aus dem Schwerpunktbereich *Umgang mit ökonomischen Modellen* für einzelne Parameteränderungen differenziert dargestellt und abschließend gemeinsam interpretiert.

Ergänzende Information Die elektronische Version dieses Kapitels enthält Zusatzmaterial, auf das über folgenden Link zugegriffen werden kann https://doi.org/10.1007/978-3-658-44460-0_7.

J. Franke, *Achsendiagramme in der ökonomischen Bildung*,
https://doi.org/10.1007/978-3-658-44460-0_7

7.1   Schülervorstellungen zur Nachfrage- und zur Angebotskurve

Analog zu dem ersten Selektionskriterium aus Tabelle 6.5 wurden Aussagen zur Entstehung und zu Abhängigkeiten der Nachfrage- und der Angebotskurve und Aussagen zu den Interpretationen dessen, was Nachfrage- und Angebotskurve veranschaulichen, zusammengefasst und systematisiert. Tabelle 7.1 veranschaulicht die dabei induktiv entwickelten Kategorien.

Tabelle 7.1 Überblick über die Kategorien zu Schülervorstellungen zur Nachfrage- und Angebotskurve. (Eigene Darstellung)

A Nachfragekurve
A1 Entstehung der Nachfragekurve
A1.1 Darstellung der real angebotenen Menge
A1.2 Darstellung der real nachgefragten Menge
A1.3 Mathematische Modellierung der nachgefragten Menge
A2 Verlauf der Nachfragekurve
A2.1 Angebotene Menge
A2.2 Nutzen
A2.3 Preis
A2.3.1 Preis in Abhängigkeit zu den Präferenzen
A2.3.2 Preis in Abhängigkeit zu dem Zahlungsvermögen
A2.3.3 Preis in Abhängigkeit zu der Zahlungsbereitschaft
A3 Kumulation der Nachfragekurve
A3.1 Individuelle Nachfragekurve
A3.2 Marktnachfragekurve
B Angebotskurve
B1 Entstehung der Angebotskurve
B1.1 Darstellung der real nachgefragten Menge
B1.2 Darstellung der real angebotenen Menge
B1.3 Mathematische Modellierung der angebotenen Menge
B2 Verlauf der Angebotskurve
B2.1 Nachgefragte Menge
B2.2 Anzahl der verkaufsgewillten Anbieter:innen

(Fortsetzung)

Tabelle 7.1 (Fortsetzung)

B2.3 Preis
B2.3.1 Preis in Abhängigkeit zu der Umsatz- & Gewinnerwartung
B2.3.2 Preis in Abhängigkeit zu den Produktionskosten
B3 Kumulation der Angebotskurve
B3.1 Individuelle Angebotskurve
B3.2 Marktangebotskurve

Die Erklärungen der Vorstellungen der Kategorien entstanden schwerpunktmäßig im Bereich des Modellwissens im Zuge des Leitfadeninterviews. Analog zu Tabelle 7.1 sind diese in Kategorien zur Nachfrage- und zur Angebotskurve unterteilt. Für beide Kurven wurden Kategorien zur Entstehung, zur Erklärung des Verlaufs und zur Kumulation gebildet. Innerhalb der Unterkategorien sind die Kategorien hierarchisch entsprechend der fachwissenschaftlichen Komplexität sortiert.

Im Folgenden werden, entsprechend der Reihung der Kategorien in Tabelle 7.1, erst die Kategorien zur Nachfrage- und anschließend zur Angebotskurve dargestellt. Die Ergebnisse beider Bereiche werden darauffolgend mit Blick auf die untergeordnete Forschungsfrage „Welche Lernschwierigkeiten lassen sich bei den Schüler:innen bei der Erklärung der Nachfrage-/Angebotskurve erkennen?" und unter Einbezug der empirischen Erkenntnisse aus Kapitel 5 interpretiert.

7.1.1 Ergebnisdarstellung: Schülervorstellungen zur Nachfragekurve

Tabelle 7.2 veranschaulicht die Kategorien der Erklärungen der Schüler:innen zur Entstehung, des Verlaufs und der Kumulation der Nachfragekurve. Die Reihung der Unterkategorien der Kategorien A1 *Entstehung der Nachfragekurve*, A2 *Verlauf der Nachfragekurve* und A3 *Kumulation der Nachfragekurve* entspricht, wie bereits beschrieben, der ansteigenden fachdidaktischen Komplexität

Tabelle 7.2   Überblick über die Kategorien zu Schülervorstellungen zur Nachfragekurve. (Eigene Darstellung)

A Nachfragekurve
A1 Entstehung der Nachfragekurve
A1.1 Darstellung der real angebotenen Menge
A1.2 Darstellung der real nachgefragten Menge
A1.3 Mathematische Modellierung der nachgefragten Menge
A2 Verlauf der Nachfragekurve
A2.1 Angebotene Menge
A2.2 Nutzen
A2.3 Preis
A2.3.1 Preis in Abhängigkeit zu den Präferenzen
A2.3.2 Preis in Abhängigkeit zu dem Zahlungsvermögen
A2.3.3 Preis in Abhängigkeit zu der Zahlungsbereitschaft
A3 Kumulation der Nachfragekurve
A3.1 Individuelle Nachfragekurve
A3.2 Marktnachfragekurve

Die entwickelten Kategorien zur Entstehung der Nachfragekurve unterscheiden sich insbesondere in dem gewählten Ausgangspunkt sowie in dem Verständnis der mathematischen Modellierung. Demnach werden bei den Kategorien A1.1 *Darstellung der real angebotenen Menge* Daten über die Nachfrage als Ausgangspunkt für die Entstehung der Kurven beschrieben, während bei A1.2 *Darstellung der real nachgefragten Menge* Daten des Angebots die Basis für die Entstehung der Kurven darstellen. Darüber hinaus unterscheiden sich die Kategorien in dem Verständnis der mathematischen Modellierung, indem bei A1.1 *Darstellung der real angebotenen Menge* und A1.2 *Darstellung der real nachgefragten Menge* im Vergleich zu A1.3 *Mathematische Modellierung der nachgefragten Menge* keine mathematische Modellierung beschrieben wird. Somit erklärten die Schüler:innen bei A1.1 *Darstellung der real angebotenen Menge* und A1.2 *Darstellung der real nachgefragten Menge*, dass die Kurve eine Abbildung der real nachgefragten oder angebotenen Menge ist. Dahingegen ist die Nachfragekurve bei A1.3 *Mathematische Modellierung der nachgefragten Menge* das Ergebnis einer mathematischen Modellierung der nachgefragten oder der angebotenen Menge, beispielsweise durch Linearisierung oder Trendabbildung.

Die Kategorien zum Verlauf der Nachfragekurve beschreiben unter anderem unabhängige Variablen, die aus Sicht der Schüler:innen den Verlauf der Nachfragekurve und somit die aus ihrer Sicht abhängige Variable der nachgefragten Menge erklärten. Die Schüler:innen erklärten die fallende Nachfragekurve beispielsweise durch die unabhängige Variable der angebotenen Menge, durch den Nutzen oder den Preis. Dabei quantifizierten sie die Variable des Nutzens jedoch nicht. Die Zusammenhänge zwischen der quantitativen Größe des Preises und der nachgefragten Menge erklärten einige Schüler:innen beispielsweise durch das Zahlungsvermögen oder die Zahlungsbereitschaft der Konsument:innen.

Zusätzlich zeigten sich qualitative Unterschiede in dem Verständnis der Kumulation. Während die Schüler:innen bei der Vorstellung A3.1 *Individuelle Nachfragekurve* noch kein Verständnis für die, den Kurven zugrundeliegende, Kumulation hatten, beschrieben sie dies bei A3.2 *Marktnachfragekurve*.

Die Kategorien werden folgend analog zu der Reihung in Tabelle 7.2 dargestellt:

A1.1 Darstellung der real angebotenen Menge
Der Erklärung zufolge sind Daten über die real angebotene Menge der Ausgangpunkt der Entwicklung der Nachfragekurve[1]. Den dadurch entstehenden Einfluss des Angebots auf die Entstehung der Nachfragekurve hat S25 im Leitfadeninterview beschrieben:

S25: „Das Angebot spielt da mit ein." #00:17:36-0# (S25, Pos. 54)

Dabei entsteht die Nachfragekurve laut der Äußerung von S7 im Leitfadeninterview aus der Verbindung einzelner Datenpunkte, bestehend aus angebotener Menge und dem Preis.

S7: „Man hat einen Preis und je nachdem wie der Preis ist und wie viel produziert wird, kaufen die Leute das Produkt." #00:17:45-5# (S7, Pos. 57)

Die Entstehung der Nachfragekurve basiert somit auf angebotsbezogenen, realen Daten.

---

[1] Vgl. Interview S7, S25.

A1.2 Darstellung der real nachgefragten Menge

Darüber hinaus können Daten über die real nachgefragte Menge Grundlage der Entwicklung der Nachfragekurve sein[2]. Die Entwicklung der Kurve auf Basis dieser Daten hat S1 im Leitfadeninterview beschrieben:

> S1: „Es wird geguckt wie viele Leute was kaufen." #00:20:21-6# (S1, Pos. 160)

> S1: „Du kannst gucken, wie viele Leute an einem Tag Orangen gekauft haben." #00:20:31-9# (S1, Pos. 162)

Demnach basiert die Entstehung der Nachfragekurve auf einer Protokollierung der gekauften Menge bei unterschiedlichen Preisen.

A1.3 Mathematische Modellierung der nachgefragten Menge

Im Vergleich zu Erklärungen der ersten beiden Kategorien beziehen sich Erklärungen dieser Kategorie nicht zwingend auf reale Daten, sondern auch auf experimentell gewonnenen Daten[3]. Zwar können reale Sachverhalte Ausgangspunkt der mathematischen Modellierung sein, sie sind jedoch nur ein Zwischenschritt bei der Entwicklung der Nachfragekurve. Zum Beispiel wurde die Entstehung der Nachfragekurve von S6 als das Ergebnis mathematischer Modellierung der von Daten der real nachgefragten Menge im Leitfadeninterview beschrieben:

> S6: „Da wird im Normalfall in der Marktforschung ausprobiert, zu welchem Preis verkaufen wir dieses Produkt, wie oft. Dann kann man eine grobe Kurve zeichnen." #00:15:35-2# (S6, Pos. 52)

Somit entstanden die Daten über die nachgefragte Menge im Rahmen von Marktforschung. Diese sind Ausgangspunkt der mathematisch modellierten Darstellung des Zusammenhangs von Preis und Menge durch eine Trendlinie. Im Sinne einer mathematischen Modellierung, siehe Abschnitt 2.3, wurden somit die gewonnenen Daten mithilfe von mathematischen Werkzeugen, wie beispielsweise linearen Graphen, aufbereitet. S9 erklärte im Leitfadeninterview, dass dieser Graph einen Zusammenhang von Preis und Menge durch die Trendlinie, der Nachfragekurve, veranschaulicht:

> S9: „Wenn man wie in Mathe jeden einzelnen Punkt" *S9 zeigt oberhalb des Diagramms auf einzelne Punkte im Diagramm* „anschauen würde, würde es ewig dauern. Deswegen ist es sinnvoll, dass man sagt: Wenn der Preis hoch ist, ist die Nachfrage

---

[2] Vgl. Interview S1, S24.
[3] Vgl. Interview S4, S6, S8, S9, S13, S15, S19, S23, S26, S27.

niedrig und wenn der Preis niedrig ist, ist die Nachfrage hoch". #00:17:16-8# (S9, Pos. 44)

Für Analysen ist es somit zeitsparender, die Datenpunkte zu einer Trendlinie zu modellieren. Die Datenpunkte der Trendlinie können deshalb, wie von S13 im Leitfadeninterview beschrieben, sowohl durch reale Sachverhalte als auch durch Experimente gewonnen werden:

> S13: „Wir haben es uns in einem Versuch hergeleitet, indem wir für verschiedene Situationen überlegt haben, ob ich das zu dem Preis kaufen würden? Dann hat man innerhalb dieser Annahme gemerkt, wann es steigt und wann es abnimmt." *S13 macht eine Handbewegung die Linie mit der positiven Steigung entlang nach oben und wieder nach unten* „In der Realität ist das keine Gerade" *S13 zeigt auf (Q0,P0)* „sondern das ist eine Vereinfachung." #00:20:05-1# (S13, Pos. 47)

Die dadurch entwickelte Kurve ist somit eine Art der Vereinfachung der Realität. Darüber hinaus veranschaulicht die Erklärung von S9 die fehlende Klarheit in der Differenzierung der Begriffe Nachfrage und nachgefragte Menge sowie Angebot und angebotener Menge. Aus fachwissenschaftlicher Perspektive ist es nicht die Nachfrage, sondern die nachgefragte Menge, die bei hohem Preis niedrig und bei niedrigem Preis hoch ist.

A2.1 Angebotene Menge
Den Verlauf der Nachfragekurve haben die Schüler:innen durch einen Einfluss der angebotenen Menge[4] beschrieben. Diesen Einfluss erklärte S24 im Leitfadeninterview:

> S24: „Die Nachfragekurve veranschaulicht, wie viele Leute, bei welchem Preis, mit welchem Angebot das kaufen würden." #00:13:29-1# (S24, Pos. 45)

Neben der Verwechslung der Abhängigkeit der Nachfragekurve von der angebotenen, statt von der nachgefragten Menge, verwechselt S24 die Begriffe des Angebots und der angebotenen Menge. Aus fachwissenschaftlicher Perspektive ist es demnach die Höhe der angebotenen Menge, die die Höhe der nachgefragten Menge beeinflusst. Nichtsdestotrotz versuchte S24 eine Abhängigkeit der Nachfrage und somit der nachgefragten Menge von der angebotenen Menge zu skizzieren. Diese Abhängigkeit wurde von den Schüler:innen jedoch unterschiedlich beschrieben.

---

[4] Vgl. Interview S1, S2, S6, S7, S9, S11, S12, S20, S23, S24, S28.

Zum einen führte eine hohe angebotene Menge zu einer hohen Nachfrage[5] und zum anderen führte eine niedrige angebotene Menge zu einer hohen Nachfrage[6]. Einen positiven Zusammenhang von der angebotenen Menge und der nachgefragten Menge beschrieb S28 im Leitfadeninterview:

S28: „Weil die Leute eher kaufen, wenn das Angebot hoch ist." (S28, Pos. 17)

Je höher die angebotene Menge auf einem Markt, desto höher ist somit die nachgefragte Menge. Eine Erklärung dafür ist der von S12 im Leitfadeninterview beschriebene Zusammenhang mit dem Preis:

S12: „Wenn es mehr auf dem Markt gibt, muss man weniger zahlen. Und andersherum." #00:14:16-4# (S12, Pos. 53)

Demnach hängen der Preis und die angebotene Menge negativ zusammen, sodass ein Anstieg in dem einen zu einem Rückgang des anderen führt.

Darüber hinaus beschrieben einige Schüler:innen einen negativen Zusammenhang von angebotener und nachgefragter Menge. Demnach führte eine niedrig angebotene Menge zu einer hohen Nachfrage. Dieser Wirkungszusammenhang trifft, entsprechend der Erklärung von S11 im Leitfadeninterview, beispielsweise auf knappe Güter zu:

S11: „Da würde das Prinzip der Knappheit wieder funktionieren. Wenn was neu auf dem Markt ist, was noch niemand hat, dann ist es teuer und es gibt wenig. Dann wollen es alle haben und die Nachfrage ist groß." #00:14:35-3# (S11, Pos. 40)

Dass dieser Zusammenhang nur für notwenige Güter ohne Substitute gültig ist, wird nicht betont.

Zusammenfassend haben die Erklärungen beider Wirkungsrichtungen gemein, dass Preis und Knappheit als mediierende Variablen den Zusammenhang zwischen der unabhängigen Variable der angebotenen Menge und der abhängigen Variable der nachgefragten Menge erklären. Alle Erklärungen der Schüler:innen, die den Preis als unabhängige Variable und somit Änderungen der nachgefragten Menge durch den Preis erklären, fallen in die Kategorie A2.3 *Preis*. Ist es jedoch die angebotene Menge, die Änderungen der nachgefragten Menge beispielsweise durch den Preis erklärt, so wurden die Aussagen dieser Kategorie zugeordnet. Alle Erklärungen dieser Kategorie haben somit die Wirkungsrichtung gemein, dass Änderungen

---

[5] Vgl. Interview S1, S6, S7, S12, S23.
[6] Vgl. Interview S2, S11, S28.

in der angebotenen Menge auf verschiedenen Wegen zu Änderungen in der nachgefragten Menge führen. Wie beschrieben unterscheidet sich jedoch die Richtung
des Zusammenhangs in den Erklärungen. In dem einen Fall führt ein Anstieg in
der angebotenen Menge zu einem Preisrückgang und somit zu einem Anstieg in
der nachgefragten Menge. In dem anderen Fall führt eine gering angebotene Menge
aufgrund der Knappheit zu einer hohen nachgefragten Menge.

A2.2 Nutzen

Darüber hinaus kann der aus der Brauchbarkeit eines Gutes oder einer Dienstleistung
resultierende Nutzen für die Konsument:innen ausschlaggebend für den Verlauf der
Nachfragkurve sein[7]. Während einige Schüler:innen den Verlauf der Nachfragekurve durch die Brauchbarkeit eines Produkts für die Konsument:innen[8] erklärten,
referierten andere bereits auf den fachwissenschaftlichen Ausdruck des Nutzens[9]
oder sogar auf das Konzept des Grenznutzens[10]. Zum Beispiel hat S26 das Konzept
des abnehmenden Grenznutzens anhand von Nahrungsmitteln erklärt:

> S26: „Das liegt am Grenznutzen. [...] Ein anschauliches Beispiel ist beim Essen. Ich
> muss nicht unendlich viel essen." #00:17:44-3# (S26, Pos. 83)

Darüber hinaus beschrieben einige Schüler:innen, wie beispielsweise S18 im Leitfadeninterview, das Konzept des abnehmenden Grenznutzens, ohne dieses oder den
Begriff des Nutzens explizit zu benennen[11]:

> S18: „Umso mehr Stück man von einer Sache hat, desto mehr sinkt der Wert von jeder
> zusätzlichen Einheit. [...] Umso mehr man von etwas hat, desto weniger ist es wert.
> [...] Es verliert auch für einen selbst an Wert." #00:13:39-7# (S18, Pos. 31–33)

Demnach erklärte S18 den negativen Verlauf der Nachfragekurve durch die Variable
des Nutzens, welcher als Wert einer Sache umschrieben wird. Folgend sinkt der
subjektive Wert der Produkte mit jeder weiteren Einheit. Dementsprechend sinkt
die Nachfragekurve und schneidet, wie S15 im Leitfadeninterview erklärte, die
Abszisse in der Sättigungsmenge:

---

[7] Vgl. Interview S1, S4, S5, S8, S9, S10, S11, S13, S14, S15, S16, S17, S18, S19, S20, S22,
S23, S24, S26, S27, S28, S29.
[8] Vgl. Interview S4, S5, S8, S10, S14, S15, S16, S18, S19, S20, S23.
[9] Vgl. Interview S13, S27.
[10] Vgl. Interview: S26, S27, S28.
[11] Vgl. Interview S4, S8, S14, S18.

S15: „Hier unten" *S15 zeigt auf (Q6,P0)* „ist man gesättigt und braucht nicht mehr, egal wie hoch oder niedrig der Preis ist." #00:13:13-1#

Die Notwendigkeit der Güter hat darüber hinaus einen Einfluss auf den Nutzen:

S5: „Es kommt auf die Notwendigkeit an, ob die Menschen es brauchen. Zum Beispiel der Berliner Wohnungsmarkt. Die Leute brauchen Wohnungen, deswegen suchen sie sich welche." #00:20:11-1# (S5, Pos. 47)

Beispielsweise erklärte S5 im Leitfadeninterview, warum die Nachfrage nach Wohnungen in Berlin sehr groß ist. Die Notwendigkeit hat demnach einen Einfluss auf die Steigung der Nachfragekurve. Je dringender ein Gut oder eine Dienstleistung gebraucht wird und je höher der aus dem Konsum resultierende Nutzen für die Nachfrager:innen ist, desto negativer ist die Steigung der Nachfragekurve. Diesen Zusammenhang beschrieb S19 im Leitfadeninterview:

S19: „Je nachdem wie dringend ein Gut benötigt wird, wird es dann eher weiter steiler oder weiter flacher ablaufen." #00:03:54-0# (S19, Pos. 9)

Somit erklärten die Schüler:innen mithilfe des aus der Brauchbarkeit eines Gutes oder einer Dienstleistung resultierenden Nutzens zum einen den negativen Verlauf der Nachfragekurve und zum anderen die Höhe der negativen Steigung der Nachfragekurve.

A2.3 Preis

Außerdem erklärten alle Schüler:innen den Verlauf der Nachfragekurve durch einen negativen Zusammenhang zwischen der nachgefragten Menge und dem Preis[12]. Dabei gilt laut S3 im Interview der folgende Wirkungszusammenhang: Je höher der Preis, desto geringer ist die nachgefragte Menge und umgekehrt:

S3: „Je höher der Preis ist, desto kleiner ist die Menge [...]. Das kann man sich auch denken, denn man holt sich lieber ein billiges Produkt als ein teures." #00:04:36-3# (S3, Pos. 8)

S3: „Je geringer der Preis ist, desto höher ist die Menge." #00:16:36-8# (S3, Pos. 68)

---

[12] Vgl. Interview S1, S2, S3, S4, S5, S6, S7, S8, S9, S10, S11, S12, S13, S14, S15, S16, S17, S18, S19, S20, S21, S22, S23, S24, S25, S26, S27, S28, S29.

Der Preis als unabhängige Variable erklärt somit Ausprägungen der abhängigen Variable, der nachgefragten Menge. Dabei wird die Höhe des Preises beispielsweise durch die Präferenzen (A2.3.1), durch das Zahlungsvermögen (A2.3.2) oder durch die Zahlungsbereitschaft der Konsument:innen (A2.3.3) beeinflusst.

A2.3.1 Preis in Abhängigkeit zu den Präferenzen

Diesen Zusammenhang erklärten die Schüler:innen zum einen mit der Präferenz der Konsument:innen für günstigere Produkte[13]. Je günstiger ein Produkt ist, desto mehr davon kaufen die Nachfrager:innen:

> S4: „Weil Leute für einen höheren Preis nicht mehr bereit sind, so viel zu kaufen, wie wenn es ein niedriger Preis wäre. Dann wären sie bereit viel mehr zu kaufen."
> #00:17:15-7# (S4, Pos. 50)

Dieser Zusammenhang wird jedoch unabhängig von dem Nutzen des Gutes oder der Dienstleistung beschrieben. Lediglich die Präferenz der Konsument:innen für günstige Preise erklärt die Änderungen in der nachgefragten Menge.

A2.3.2 Preis in Abhängigkeit zu dem Zahlungsvermögen

Zum anderen erklärten die Schüler:innen den Zusammenhang des Preises und der nachgefragten Menge durch das Zahlungsvermögen der Konsument:innen[14]. Je höher der Preis, desto niedriger ist somit die Anzahl der Konsument:innen, die sich ein Gut oder eine Dienstleistung leisten können und dementsprechend niedriger ist die nachgefragte Menge:

> S24: „Aber wenn das mit dem Preis hochgeht, dann wollen es weniger Leute kaufen, weil sie es sich vielleicht auch nicht leisten können." #00:03:36-8# (S24, Pos. 5)

Demnach erklärte S24 im Leitfadeninterview beispielsweise den negativen Verlauf der Nachfragekurve durch das mit höherem Preis abnehmende Zahlungsvermögen der Konsument:innen.

---

[13] Vgl. Interview S3, S4, S7, S9, S14, S15, S19, S29.
[14] Vgl. Interview S5, S10, S13, S15, S17, S22, S24.

A2.3.3 Preis in Abhängigkeit zu der Zahlungsbereitschaft

Einige Schüler:innen berücksichtigten außerdem die Bereitschaft der Konsument:innen zum Kauf eines Produkts[15]. Den Zusammenhang von Zahlungsvermögen und Zahlungsbereitschaft beschrieb S16 im Leitfadeninterview:

> S16: „Das heißt, dass die Zahlungsbereitschaft der Leute generell niedriger ist. Weil die Leute z.b. weniger Geld haben, wegen einer Finanzkrise." #00:19:30-2# (S16, Pos. 67)

Zahlungsbereitschaft und Zahlungsvermögen stehen somit in einem positiven Zusammenhang. Umgekehrt führt ein höheres Zahlungsvermögen zu einer höheren Zahlungsbereitschaft. Dieser Zusammenhang hat jedoch Grenzen. S23 erklärte eine dieser Grenzen im Leitfadeninterview am Beispiel eines sehr teuren Jo-Jos:

> S23: „Wieder auf das Beispiel mit dem Jo-Jo bezogen: wenn es ein Jo-Jo gibt, was 2 Millionen kostet, dann ist kein Nachfrager dafür bereit, für ein Jo-Jo 2 Millionen Euro auszugeben." #00:21:31-8# (S23, Pos. 88)

Obwohl die Konsument:innen das nötige Zahlungsvermögen hätten sind sie trotzdem nicht bereit, den hohen Preis für ein Jo-Jo zu bezahlen. Demnach ist nicht das Zahlungsvermögen, sondern die Zahlungsbereitschaft ausschlaggebend für die nachgefragte Menge und somit für den Verlauf der Nachfragekurve.

A3.1 Individuelle Nachfragekurve

Aus Sicht der Schüler:innen veranschaulicht die Nachfragekurve die individuelle Sichtweise einer Konsumentin oder eines Konsumenten[16]. Dementsprechend ist es laut der Beschreibung von S3 im Leitfadeninterview beispielsweise die Nachfrage einer Konsumentin oder eines Konsumenten, die durch die Kurve abgebildet wurde:

> S3: „Die ist aus der Sicht eines Konsumenten. Weil man dann bei einem niedrigen Preis eben mehr kauft als bei einem höheren." #00:16:55-9# (S3, Pos. 70)

---

[15] Vgl. Interview S1, S3, S4, S5, S6, S7, S9, S10, S11, S13, S14, S15, S16, S17, S19, S20, S22, S23, S24, S25, S26, S27, S28.

[16] Vgl. Interview S3, S4, S10, S15, S16, S19, S23, S25, S26.

Somit spiegelt die Nachfragekurve die individuelle Sicht einer Konsumentin oder eines Konsumenten wider. Den Fokus auf die individuelle Sichtweise betonte S25 im Leitfadeninterview:

S25: „Es kommt auf die individuelle Situation an." #00:17:36-0# (S25, Pos. 54)

A3.2 Marktnachfragekurve
Im Vergleich zur individuellen Nachfragekurve beschrieben Erklärungen der Schüler:innen dieser Kategorie nicht die individuelle Situation einer Nachfragerin oder eines Nachfragers, sondern die kumulierte Sichtweise. Dementsprechend interpretierte S4 im Leitfadeninterview beispielsweise die Nachfragekurve[17] als das Abbild mehrerer Nachfrager:innen:

S4: „Die Nachfrage ist generell, wie viele Leute das kaufen wollen." #00:17:41-7# (S4, Pos. 52)

Folgend können ausgehend von der Nachfragkurve keine Aussagen über das Verhalten einzelner Marktteilnehmenden getroffen werden:

S8: „Man kann beobachten, dass nach und nach immer mehr Leute abspringen, wenn ein Produkt teurer wird." #00:13:23-3# (S8, Pos. 60)

Deshalb beschrieb S8 im Leitfadeninterview beispielsweise, dass lediglich Aussagen über das allgemeine, kumulierte Verhalten der Marktteilnehmenden möglich sind.

7.1.2 Ergebnisdarstellung: Schülervorstellungen zur Angebotskurve

Analog zu den dargestellten Kategorien zur Nachfragekurve sind die Kategorien zur Angebotskurve in die Bereiche Entstehung, Verlauf und Kumulation unterteilt. Diese werden in Tabelle 7.3 veranschaulicht. Die Reihung der Unterkategorien der Kategorien B1 *Entstehung der Angebotskurve*, B2 *Verlauf der Angebotskurve* und B3 *Kumulation der Angebotskurve* entspricht erneut der ansteigenden fachdidaktischen Komplexität.

---

[17] Vgl. Interview S1, S3, S4, S5, S6, S7, S8, S9, S10, S13, S14, S15, S16, S17, S19, S20, S22, S23, S24, S26, S27, S28, S29.

Tabelle 7.3 Überblick über die Kategorien zu Schülervorstellungen zur Angebotskurve. (Eigene Darstellung)

B Angebotskurve
B1 Entstehung der Angebotskurve
B1.1 Darstellung der real nachgefragten Menge
B1.2 Darstellung der real angebotenen Menge
B1.3 Mathematische Modellierung der angebotenen Menge
B2 Verlauf der Angebotskurve
B2.1 Nachgefragte Menge
B2.2 Anzahl der verkaufsgewillten Anbieter:innen
B2.3 Preis
B2.3.1 Preis in Abhängigkeit zu der Umsatz- & Gewinnerwartung
B2.3.2 Preis in Abhängigkeit zu den Produktionskosten
B3 Kumulation der Angebotskurve
B3.1 Individuelle Angebotskurve
B3.2 Marktangebotskurve

Die Unterscheidungen der Kategorien zur Entstehung, zum Verlauf und zur Kumulation entsprechen den in Abschnitt 7.1.1 beschriebenen Kriterien bei der Nachfragekurve. Dementsprechend unterscheiden sich die Kategorien zu B1 *Entstehung der Angebotskurve* insbesondere in dem gewählten Ausgangspunkt der Kurvenentwicklung sowie in dem Verständnis der mathematischen Modellierung. Die Kategorien B2.1 *Nachgefragte Menge*, B2.2 *Anzahl der verkaufsgewillten Anbieter:innen* und B2.3 *Preis* beschreiben unter anderem unabhängige Variablen, die aus Sicht der Schüler:innen den Verlauf der Angebotskurve erklärten. Folglich erklärten sie die aus ihrer Sicht abhängige Variable der angebotenen Menge durch die nachgefragte Menge, durch die Anzahl der verkaufsgewillten Anbieter:innen und durch den Preis. Darüber hinaus erklärten einige Schüler:innen den Zusammenhang des Preises und der angebotenen Menge durch die Umsatz- und Gewinnerwartung der Anbieter:innen und durch die Produktionskosten. Außerdem zeigen sich auch bei der Betrachtung der Angebotskurve qualitative Unterschiede in dem Verständnis der Kumulation, welche durch die Kategorien bei B3 *Kumulation der Angebotskurve* abgebildet wird.

Die Kategorien werden folgend analog zu der Reihung in Tabelle 7.3 dargestellt:

B1.1 Darstellung der real nachgefragten Menge

Daten über die real nachgefragte Menge können Ausgangspunkt der Entwicklung der Angebotskurve sein[18]. Dementsprechend beantwortete S6 die Frage nach der Entstehung der Angebotskurve im Leitfadeninterview unter Bezug zur Nachfrage:

> S6: „Aus der Nachfrage. Je nachdem wie viel nachgefragt wird, desto mehr oder weniger wird angeboten." #00:19:29-6# (S6, Pos. 76)

Somit entwickelt sich die Angebotskurve analog zur real nachgefragten Menge. S7 erklärte den funktionalen Zusammenhang zwischen der nachgefragten Menge für ein Produkt und dem Angebot im Leitfadeninterview:

> S7: „Wenn sich die Nachfrage erhöht, dann bietet man noch mehr an [...]". #00:06:15-6# (S7, Pos. 12)

Somit ist das Angebot für ein Produkt höher, je höher die nachgefragte Menge für das Produkt ist.

B1.2 Darstellung der real angebotenen Menge

Auskünfte über die real angebotene Menge sind bei Erklärungen dieser Kategorie der Ausgangspunkt für die Entwicklung der Angebotskurve[19]. Dabei beschrieben S27 und S19 im Leitfadeninterview, dass die Höhe der real angebotenen Menge beispielsweise abhängig vom Marktpreis der Produkte und darauf basierenden Abwägungen der Anbieter:innen mit Blick auf ihre Produktionskosten und den erwarteten Gewinnen ist:

> S27: „Die Angebotskurve richtet sich nach den Anbietern. Diese wägen ab, was sie zu welchem Preis anbieten können. Deshalb entsteht diese aus den Abwägungen, was sich lohnt." #00:26:44-1# (S27, Pos. 91)

> S19: „Wenn beispielsweise Lidl oder Aldi ihr Angebot ausweiten würden, dann wird die angebotene Menge weiter nach oben gehen, weil das Angebot somit größer wird." #00:22:40-2# (S29, Pos. 72)

Die Aussagen der Schüler:innen bezogen sich jedoch stets auf real angebotene Mengen und Daten und nicht auf hypothetische Szenarien.

---

[18] Vgl. Interview S5, S6, S7.

[19] Vgl. Interview S1, S10, S14, S15, S24, S27, S29.

B1.3 Mathematische Modellierung der angebotenen Menge

Wurde hingegen die Entstehung der Angebotskurve mithilfe mathematischer Modellierung erklärt[20], so waren es beispielsweise, laut der Beschreibung von S11 im Leitfadeninterview, die Daten über die real angebotene Menge der Ausgangspunkt der Kurvenentwicklung:

> S11: „[...] denn es wird verzeichnet, was so angeboten wird. Dann kann man schauen, bei welchem Preis, wie viel auf dem Markt war." #00:17:54-6# (S11, Pos. 64)

Die Angebotskurve ist anschließend das Ergebnis der mathematischen Modellierung des Zusammenhangs von Preis und Menge. Dementsprechend werden die Daten mithilfe von mathematischen Werkzeugen, wie beispielsweise linearer Graphen, aufbereitet. S13 beschrieb im Leitfadeninterview, dass die Daten über die real angebotene Menge in einer Trendlinie modelliert werden:

> S13: „Wahrscheinlich ist es keine Gerade, aber man kann durch diese Annahme, wann es hoch und tief ist" *S13 formt mit den Händen kurzzeitig eine Spanne zwischen oberem und unterem Ende der Linie mit der positiven Steigung und zeigt dann in Richtung oberes Ende der Linie mit der positiven Steigung und dann auf das untere Ende der Linie mit der positiven Steigung.* „und das so darstellen." #00:24:59-8# (S13, Pos. 73)

Analog zur Entstehung der Nachfragekurve durch mathematische Modellierung können die Daten, die Grundlage der Entstehung der Angebotskurve sind, auch aus der Durchführung von Experimenten resultieren:

> S28: „Indem man den Preis von einem Produkt gegeben hat und diesen auf eine bestimmte Menge bezieht. Wenn zum Beispiel in einer Textausgabe stände, dass das Unternehmen für 1 € ein Produkt verkauft und für 5 € zwei Produkte, dann hätte man das so." #00:23:17-9# (S28, Pos. 79)

So beschrieb S28 beispielsweise die Entwicklung der Angebotskurve im Leitfadeninterview durch experimentelle Daten aus einer Textaufgabe.

B2.1 Nachgefragte Menge

Während die Schüler:innen, wie in A2.1 dargestellt, den Verlauf der Nachfragekurve durch die angebotene Menge erklärten, beschrieben sie einen Einfluss der nachgefragten Menge auf den Verlauf der Angebotskurve[21]. S5 erklärte diesen

---

[20] Vgl. Interview S11, S13, S26, S28.
[21] Vgl. Interview S2, S3, S5, S7, S8, S11, S15, S20, S25, S28.

Einfluss der nachgefragten Menge auf den Verlauf der Angebotskurve und somit die Höhe der angebotenen Menge im Leitfadeninterview:

> S5: „Die hängt echt stark von der Nachfragekurve ab, wie auch generell der Markt. [...] Das Angebot passt sich der Nachfrage an." #00:26:13-6# (S5, Pos. 73)

Dabei beschrieben die Schüler:innen im Vergleich zu B1.1 *Darstellung der real nachgefragten Menge* jedoch nur eine Wirkungsrichtung. Je höher die nachgefragte Menge, desto höher ist die angebotene Menge. Diesen Zusammenhang erklärte S5 im Leitfadeninterview beispielsweise durch eine Preisänderung:

> S5: „Der Preis ist gestiegen, weil die Nachfrage gestiegen ist, das heißt, dass das Angebot insgesamt auch steigt." #00:08:03-8# (S5, Pos. 11)

Somit führt beispielsweise eine erhöhte Nachfrage zu einem Preisanstieg und dadurch zu einer Erhöhung der angebotenen Menge. Im Umkehrschluss erklärte S11 im Interview, dass es nur dann eine angebotene Menge eines Produkts gibt, wenn es dafür eine nachgefragte Menge gibt:

> S11: „Das Angebot könnte zwar immer weiter steigen, aber tut es nicht, weil irgendwann die Nachfrage bei null ist." #00:21:59-1#

Sollte die nachgefragte Menge für ein Gut oder eine Dienstleistung nicht mehr vorhanden sein, so gibt es für dieses Gut oder diese Dienstleistung dementsprechend auch keine angebotene Menge.

Es wurden alle Erklärungen der Schüler:innen, die Auswirkungen der Änderung der nachgefragten Menge auf die angebotene Menge beschrieben, dieser Kategorie zugeordnet. Der Preis kann dabei den Zusammenhang und somit die Auswirkungen der nachgefragten Menge auf die angebotene Menge erklären. Sollten jedoch Änderungen des Preises Ausgangspunkt der Änderung der angebotenen Menge sein, so wurden diese Aussagen der Kategorie B2.3 *Preis* zugeordnet.

Alle Erklärungen der Schüler:innen, die den Preis als unabhängige Variable und somit Änderungen der nachgefragten Menge durch den Preis erklären, fielen in die Kategorie A2.3 *Preis*. Ist es jedoch die angebotene Menge, die Änderungen der nachgefragten Menge beispielsweise durch den Preis erklärt, so wurden die Aussagen dieser Kategorie zugeordnet. Alle Erklärungen dieser Kategorie haben somit die Wirkungsrichtung gemein, dass Änderungen in der angebotenen Menge auf verschiedenen Wegen zu Änderungen in der nachgefragten Menge führen.

B2.2 Anzahl der verkaufsgewillten Anbieter:innen

Neben der nachgefragten Menge hat die Anzahl der verkaufsgewillten Anbieter:innen[22] und somit auch die Konkurrenz[23] einen Einfluss auf den Verlauf der Angebotskurve im Polypol. S27 erklärte dies grundsätzlich im Leitfadeninterview:

> S27: „Die Angebotskurve veranschaulicht, zu welchem Preis Anbieter bereit sind ihre Produkte zu verkaufen." #00:25:52-8# (S27, Pos. 87)

Je höher der Preis, desto höher ist somit die Bereitschaft der Produzent:innen zum Verkauf ihrer Güter und Dienstleistungen sowie die Anzahl der Anbieter:innen.

> S18: „Wenn der Preis erhöht wird, dann steigt auch das Angebot, weil mehr Leute einsteigen, [...] bzw. die Unternehmen, die sich schon in der Branche befinden, mehr produzieren." #00:19:06-0# (S18, Pos. 58)

Demnach führt ein Preisanstieg zu einem Anstieg der angebotenen Menge, da mehr Anbieter:innen am Marktgeschehen teilhaben möchten und dementsprechend in der Summe mehr produziert wird. Gleichzeitig erklärten beispielsweise S5 und S16, dass ein niedriger Preis zu einer geringen angebotenen Menge führt, da nur weniger Anbieter:innen ihre Produkte anbieten oder produzieren:

> S5: „Mit einem hohen Verkaufspreis steigen mehr Leute ein und wenn mehr Leute produzieren und das Gut verkaufen, ist das Angebot halt höher." #00:26:13-6# (S5, Pos. 73)

> S16: „Zum niedrigsten Preis wird wenig angeboten oder es gibt nur wenige Anbieter auf dem Markt." #00:22:35-0# (S16, Pos. 81)

Die Anzahl der Anbieter:innen und somit die Konkurrenzsituation auf dem Markt erklärt demnach den positiven Verlauf der Angebotskurve. S10 erklärte dies im Leitfadeninterview unter Anbetracht der Wettbewerbssituation auf dem betrachteten Markt:

> S10: „Wenn die Unternehmen immer mehr konkurrieren, dann setzen sie auch die Preise höher. So steigt dann der Preis" *S10 zeigt auf die Linie mit der positiven Steigung.* „und das Angebot, weil immer mehr Unternehmen auf den Markt kommen, weil sie sehen, wir müssen da mithalten. Dadurch steigt auch die Menge, weil mehr produziert werden muss." #00:19:57-9# (S10, Pos. 73)

---

[22] Vgl. Interview S4, S10, S11, S12, S13, S16, S20, S24, S27.

[23] Vgl. Interview S10.

Demnach führt die Konkurrenz der Unternehmen zu einer Steigerung des Preises und der Menge. Je mehr Unternehmen in einen Markt eintreten, desto höher wird der Preis der Güter oder Dienstleistungen und desto höher wird die angebotene Menge. Dadurch erklärt die unabhängige Variable der Konkurrenz durch die mediierende Variable des Preises Änderungen in der abhängigen Variable der angebotenen Menge.

Dabei deuteten einige Schüler:innen[24] auf die Abszisse als die Anzahl der Verkäufer:innen. Demnach kann aus dem Diagramm abgelesen werden, wie viele Verkäufer:innen bei welchem Preis ihre Produkte anbieten. In diesem Sinne beschrieb S12 die Achsenbeschriftung der Abszisse als die Anzahl der verkaufsbereiten Verkäufer:innen:

S12: „Wie viele Verkäufer, zu welchem Preis verkaufen können. Viele zu einem hohen Preis, wenige zu einem niedrigen Preis." *S12 fährt auf der Abszisse nach rechts und nach links.* #00:17:52-4# (S12, Pos. 73)

Aus fachwissenschaftlicher Perspektive veranschaulicht die Abszisse jedoch die angebotene und nachgefragte Menge. Diese ist nur indirekt abhängig von der Anzahl der verkaufsgewillten Anbieter:innen.

B2.3 Preis

Alle Schüler:innen erklärten die steigende Angebotskurve durch eine positive Abhängigkeit von dem Preis der Güter und Dienstleistungen[25]. Den Zusammenhang des Preises und der angebotenen Menge beschrieb S15 im Leitfadeninterview:

S15: „Je höher der Preis, desto höher das Angebot." #00:03:51-9# (S15, Pos. 7)

Dieser Zusammenhang wurde entweder als „Grundannahme" (S26, Pos. 87) angenommen oder durch einen Produktionsanstieg durch die Höhe der Produktionskosten (B2.3.2) oder die Umsatz- und Gewinnerwartung der Anbieter:innen (B2.3.1) determiniert.

---

[24] Vgl. Interview S4, S11, S12, S13, S16, S24, S27.
[25] Vgl. Interview S1, S2, S3, S4, S5, S6, S7, S8, S9, S10, S11, S12, S13, S14, S15, S16, S17, S18, S19, S20, S21, S22, S23, S24, S25, S26, S27, S28, S29.

B2.3.1 Preis in Abhängigkeit zu der Umsatz- & Gewinnerwartung

Ein Grund für den Anstieg der angebotenen Menge bei einem Preisanstieg nannte beispielsweise S15 im Leitfadeninterview[26]:

> S15: „Je höher der Preis ist, desto höher ist das Angebot, weil man als Unternehmen immer mehr Gewinn erzielen will." #00:04:26-4# (S15, Pos. 9)

Demnach hat die mit dem Preisanstieg einhergehende Umsatz- und Gewinnerwartung der Anbieter:innen einen Einfluss auf die Höhe der angebotenen Menge. Den Zusammenhang zwischen dem Preis, der angebotenen Menge und der Umsatz- und Gewinnerwartung hat S15 beispielsweise im Leitfadeninterview wie folgt beschrieben:

> S15: „Je höher der Preis ist, desto höher ist das Angebot, weil man als Unternehmen immer mehr Gewinn erzielen will." #00:04:26-4# (S15, Pos. 9)

Je höher der Preis, desto höher ist demnach der Umsatz und somit auch der Gewinn, den die Anbieter:innen pro angebotenem Gut oder Dienstleistung erwarten. Mit Blick auf die Umsatz- und Gewinnerwartungen beurteilten die Anbieter:innen, inwieweit eine Produktion und der Verkauf lohnenswert ist:

> S27: „Deshalb entsteht diese aus den Abwägungen, was sich lohnen könnte." #00:26:44-1# (S27, Pos. 91)

Ausschlaggebend für die Höhe der angebotenen Menge sind somit die Umsatz- und Gewinnerwartungen der Anbieter:innen. Im Zuge der Erklärungen verwendeten die Schüler:innen die Begriffe Umsatz und Gewinn jedoch häufig synonym. Den Zusammenhang von Umsatz und Gewinn und damit einen Bezug zu den Produktionskosten beschrieben sie nicht.

B2.3.2 Preis in Abhängigkeit zu den Produktionskosten

Die Schüler:innen beschrieben einen Einfluss der Produktionskosten auf den Preis sowie auf die angebotene Menge[27]. Bleibt der Preis gleich und die Produktionskosten erhöhen sich, so hat S5 im Leitfadeninterview eine Reduktion der angebotenen Menge als Folge dessen beschrieben:

---

[26] Vgl. Interview S1, S2, S3, S4, S5, S6, S7, S8, S9, S10, S12, S13, S14, S15, S16, S17, S18, S19, S20, S21, S23, S24, S25, S26, S27, S28.

[27] Vgl. Interview S1, S3, S5, S9, S11, S13, S14, S15, S16, S17, S18, S19, S20, S22, S23, S24, S25, S26, S27, S28.

S5: „Wenn generell die Produktionskosten steigen, also das Produzieren schwieriger wird, dann geht das Angebot ein Stück weit zurück." #00:12:27-9# (S5, Pos. 23)

Dabei produzieren die Anbieter:innen nur dann, wenn der Preis hoch genug ist, sodass sich mindestens die Kosten der Produktion decken. S15 erklärte dies im Leitfadeninterview wie folgt:

S15: „Wenn der Preis höher ist, können sie mehr produzieren. Die Kosten decken sich." #00:17:27-0# (S15, Pos. 63)

Laut S27 im Leitfadeninterview decken sich die Kosten der Produktion, wenn der Grenznutzen über den Grenzkosten liegt:

S27: „Jede Einheit die mehr verkauft wird, hat einen Grenznutzen und Grenzkosten. Wenn der Grenznutzen über den Grenzkosten liegt, dann lohnt es sich noch mehr zu produzieren. Sobald diese bei der nächsten produzierten Einheit gleich sind, macht es keinen Sinn mehr zu produzieren." #00:26:16-9# (S27, Pos. 89)

Dabei war S27 jedoch die einzige Schülerin oder der einzige Schüler, die oder der die Produktionskosten auf das Konzept der Grenzkosten bezog. Die meisten Schüler:innen beschrieben, jedoch ohne Begriffe der variablen und der fixen Kosten zu nennen, die Zusammensetzung der Produktionskosten aus den beiden Größen. Die variablen Kosten erklärte S9 und die fixen Kosten beschrieb S28 im Leitfadeninterview:

S9: „Wenn sie mehr produzieren, geben sie mehr aus." #00:01:14-1 (S9, Pos. 64)

S28: „Weil man bestimmte Kosten hat. Jedes Unternehmen hat bestimmte Anfangskosten, zu denen sie das Produkt erst verkaufen können. Das erste zum Beispiel." #00:28:20-6# (S28, Pos. 97)

B3.1 Individuelle Angebotskurve

Analog zu der Beschreibung der individuellen Sichtweise auf die Nachfragekurve in Kategorie A3.1 *Individuelle Nachfragekurve* fokussierten sich die Schüler:innen auf die Situation einer Verkäuferin oder eines Verkäufers[28] bei der Auseinandersetzung mit der Angebotskurve. Deshalb beschrieben beispielsweise S3 und S4 im Leitfadeninterview, dass die Sicht einer Verkäuferin oder eines Verkäufers oder eines Unternehmens mithilfe der Angebotskurve abgebildet wird:

---

[28] Vgl. Interview S3, S4, S7, S10, S14, S18, S19, S21, S22, S23, S26, S27, S29.

S3: „Die Angebotskurve ist aus Sicht eines Unternehmens." #00:04:36-3# (S3, Pos. 8)

S4: „Wenn der Anbieter bereit war, für diesen Preis so eine Menge anzubieten," *S4 zeigt auf (Q0,P0.5).* „aber jetzt" *S4 verschiebt Linie mit der positiven Steigung parallel nach rechts und nach oben.* „bin ich auch schon bereit für so einen Preis" *S4 zeigt auf (Q0,C1).* „die Menge anzubieten." #00:22:25-0# (S4, Pos. 76)

Folgend beschrieben die Schüler:innen den Sachverhalt in der Einzahl und beziehen sich dabei auf eine Anbieterin oder einen Anbieter.

B3.2 Marktangebotskurve
Die Schüler:innen erklären die Angebotskurve[29] als kumulierte Darstellung der Anbieter:innen. Dementsprechend bezog sich S4 im Leifadeninterview nicht auf einzelne Anbieter:innen, sondern stets auf alle Anbieter:innen auf einem Markt:

S4: „Die veranschaulicht für welchen Preis die Anbieter bereit sind eine bestimmte Menge von einem Gut anzubieten." #00:20:31-6# (S4, Pos. 66)

Somit sprachen die Schüler:innen nicht von den Produktionsentscheidungen einzelner Anbieter:innen sondern stets im Plural. Dementsprechend sind es die Produktionsentscheidungen mehrerer Anbieter:innen, die mithilfe der Angebotskurve dargestellt werden.

7.1.3   Ergebnisdarstellung: Häufigkeiten der Kategorien zu Schülervorstellungen der Nachfrage- und Angebotskurve

Tabelle 7.4 und Tabelle 7.5 veranschaulichen die Häufigkeiten der Erklärungen der Kategorien zu Vorstellungen der Nachfrage- und der Angebotskurve. Da die Anzahl der Schüler:innen, die mehrere qualitativ unterschiedliche Argumente pro Kategorie verbalisiert haben, sehr klein ist, wurden diese nicht separat erfasst. Die absoluten Häufigkeiten entsprechen somit den Schüler:innen, die eine oder mehrere Erklärungen einer Kategorie geäußert haben. Darüber hinaus setzen die relativen Häufigkeiten die Nennungen in den einzelnen Kategorien in Relation

---

[29] Vgl. Interview S1, S3, S4, S9, S10, S12, S15, S16, S18, S19, S20, S24, S26, S27, S28, S29.

zu der Gesamtzahl der Nennungen in den Bereichen A1–B3. Dementsprechend beschrieben beispielsweise 14 Prozent der Erklärungen der Nachfragekurve im Bereich A1 *Entstehung der Nachfragekurve* die Kategorie A1.1 *Darstellung der real angebotenen Menge*. Wie zu Beginn des Kapitels beschrieben, fallen die abgebildeten Daten schwerpunktmäßig in den Bereich des Modellwissens und wurden somit überwiegend durch Fragen des Leitfadeninterviews erhoben. Deshalb wird bei der Auswertung nicht zwischen den Bereichen Modellwissen und Modellanwendung differenziert, da der Fokus stets auf dem Teilbereich Modellwissen und auf den im Rahmen des Leitfadeninterviews erhobenen Daten liegt.

Tabelle 7.4 veranschaulicht die Verteilung der Kategorien zu Schülervorstellungen der Nachfragekurve. Demnach erklärte die Mehrheit von 10 Schüler:innen die Entstehung der Nachfragekurve mithilfe der Kategorie A1.3 *Mathematische Modellierung der nachgefragten Menge* und somit unter Berücksichtigung der mathematischen Modellierung. Lediglich jeweils zwei Schüler:innen beschrieben die Kategorien A1.1 *Darstellung der real angebotenen Menge* und A1.2 *Darstellung der real nachgefragten Menge*. Dabei konnten die Schüler:innen den Unterkategorien der Entstehung der Nachfragekurve in A1 *Entstehung der Nachfragekurve* trennscharf zugeordnet werden. Für diesen Bereich finden sich somit keine intrapersonalen Konzeptwechsel. Dies liegt unter anderem daran, dass lediglich durch eine Frage des Leitfadeninterviews und somit an einer Stelle und in einem Kontext nach Erklärungen der Entstehungen der Kurven gefragt wurde. Eine ähnliche, wenn auch nicht so eindeutige, Verteilung wie bei der Entstehung der Kurven zeigt sich im Bereich der Abhängigkeiten der Nachfragekurve. Allerdings gibt es trotz der Datenerhebung in einem Kontext des theoretischen Leitfadeninterviews, insbesondere bei Erklärungen der Abhängigkeiten der Kurven in A2 *Verlauf der Nachfragekurve* sowie in den Interpretationen der Kurven in dem Bereich A3 *Kumulation der Nachfragekurve*, intrapersonale Konzeptwechsel. Die empirisch belegte Kontextabhängigkeit und die Möglichkeit zu intrapersonalen Konzeptwechseln (Davies 2019, S. 5; Marton und Pong 2005, S. 344) führt dazu, dass nicht jeder Schülerin und jedem Schüler eine Kategorie und somit eine Vorstellung zugeordnet werden kann. Schüler:innen arbeiten je nach Situation und Kontext mit unterschiedlichen Vorstellungen (Davies 2019, S. 5; Marton und Pong 2005, S. 344). Insgesamt haben elf Schüler:innen A2.1 *Angebotene Menge*, 22 Schüler:innen A2.2 *Nutzen* und alle 29 Schüler:innen A2.3 *Preis* beschrieben. Die Abhängigkeit der Nachfragekurve und des Preises erklärten die Mehrzahl der Schüler:innen mithilfe der Zahlungsbereitschaft der Konsument:innen. Darüber hinaus beschrieben 23 Schüler:innen die A3.2 *Marktnachfragekurve*, während nur neun Schüler:innen A3.1 *Individuelle Nachfragekurve* beschrieben.

Tabelle 7.4 Übersicht über die Verteilung der Kategorien zu Vorstellungen der Nachfragekurve. (Eigene Darstellung)

A Vorstellungen zur Nachfragekurve	Modellwissen Leitfadeninterview	Gesamt
A1 Entstehung der Nachfragekurve		$N = 14 =$ 100 %
A1.1 Darstellung der real angebotenen Menge	2 S7, S25	14 %
A1.2 Darstellung der real nachgefragten Menge	2 S1, S24	14 %
A1.3 Mathematische Modellierung der nachgefragten Menge	10 S4, S6, S8, S9, S13, S15, S19, S23, S26, S27	71 %
A2 Verlauf der Nachfragekurve		$N = 100 =$ 100 %
A2.1 Angebotene Menge	11 S1, S2, S6, S7, S9, S11, S12, S20, S23, S24, S28	11 %
A2.2 Nutzen	22 S1, S4, S5, S8, S9, S10, S11, S13, S14, S15, S16, S17, S18, S19, S20, S22, S23, S24, S26, S27, S28, S29	22 %
A2.3 Preis	29 S1, S2, S3, S4, S5, S6, S7, S8, S9, S10, S11, S12, S13, S14, S15, S16, S 17, S18, S19, S20, S21, S22, S23, S24, S25, S26, S27, S28, S29	29 %
A2.3.1 Preis in Abhängigkeit zu den Präferenzen	8 S3, S4, S7, S9, S14, S15, S19, S29	8 %
A2.3.2 Preis in Abhängigkeit zu dem Zahlungsvermögen	7 S5, S10, S13, S15, S17, S22, S24	7 %

(Fortsetzung)

Tabelle 7.4 (Fortsetzung)

A Vorstellungen zur Nachfragekurve	Modellwissen Leitfadeninterview	Gesamt
A2.3.3 Preis in Abhängigkeit zu der Zahlungsbereitschaft	23 S1, S3, S4, S5, S6, S7, S9, S10, S11, S13, S14, S15, S16, S17, S19, S20, S22, S23, S24, S25, S26, S27, S28	23 %
A3 Kumulation der Nachfragekurve		N = 32 = 100 %
A3.1 Individuelle Nachfragekurve	9 S3, S4, S10, S15, S16, S19, S23, S25, S26	28 %
A3.2 Marktnachfragekurve	23 S1, S3, S4, S5, S6, S7, S8, S9, S10, S13, S14, S15, S16, S17, S19, S20, S22, S23, S24, S26, S27, S28, S29	72 %

Die Verteilungen der Kategorien zu Schülervorstellungen der Angebotskurve werden in Tabelle 7.5 dargestellt. Analog zu den Ergebnissen bezüglich Vorstellungen zur Entstehung der Nachfragekurve konnten die Schüler:innen im Bereich B1 *Entstehung der Angebotskurve* trennscharf zugeordnet werden. Dabei beschrieben drei Schüler:innen B1.1 *Darstellung der real nachgefragten Menge*, vier Schüler:innen B1.3 *Mathematische Modellierung der angebotenen Menge* und die Mehrzahl von sieben Schüler:innen B1.2 *Darstellung der real angebotenen Menge*. In den Bereichen B2 *Verlauf der Angebotskurve* und B3 *Kumulation der Angebotskurve* wurden, entsprechend den Ergebnissen zur Nachfragekurve, intrapersonale Konzeptwechsel offensichtlich. Während zehn Schüler:innen B2.1 *Nachgefragte Menge* und neun Schüler:innen B2.2 *Anzahl der verkaufsgewillten Anbieter:innen* erklärten, beschrieben sie jedoch alle trotzdem B2.3 *Preis*. Die Abhängigkeit zwischen dem Preis und der angebotenen Menge wurde dabei von 26 Schüler:innen in B2.3.1 *Preis in Abhängigkeit zu der Umsatz- & Gewinnerwartung* über die Umsatz- und Gewinnerwartung und von 20 Schüler:innen in B2.3.2 *Preis in Abhängigkeit zu den Produktionskosten* über die Produktionskosten beschrieben. Darüber hinaus erklärten 16 Schüler:innen die Angebotskurve in B3.2 *Marktangebotskurve* als Marktsicht und 13 Schüler:innen als individuelle Sicht in B3.1 *Individuelle Angebotskurve*.

Tabelle 7.5 Übersicht über die Verteilung der Kategorien zu Vorstellungen der Angebots-kurve. (Eigene Darstellung)

B Vorstellungen zur Angebotskurve	Modellwissen Leitfadeninterview	Gesamt
B1 Entstehung der Angebotskurve		N = 14 = 100 %
B1.1 Darstellung der real nachgefragten Menge	3 S5, S6, S7	21 %
B1.2 Darstellung der real angebotenen Menge	7 S1, S10, S14, S15, S24, S27, S29	50 %
B1.3 Mathematische Modellierung der angebotenen Menge	4 S11, S13, S26, S28	29 %
B2 Verlauf der Angebotskurve		N = 94 = 100 %
B2.1 Nachgefragte Menge	10 S2, S3, S5, S7, S8, S11, S15, S20, S25, S28	11 %
B2.2 Anzahl der verkaufsgewillten Anbieter:innen	9 S4, S10, S11, S12, S13, S16, S20, S24, S27	9 %
B2.3 Preis	29 S1, S2, S3, S4, S5, S6, S7, S8, S9, S10, S11, S12, S13, S14, S15, S16, S17, S18, S19, S20, S21, S22, S23, S24, S25, S26, S27, S28, S29	31 %
B2.3.1 Preis in Abhängigkeit zu der Umsatz- & Gewinnerwartung	26 S1, S2, S3, S4, S5, S6, S7, S8, S9, S10, S12, S13, S14, S15, S16, S17, S18, S19, S20, S21, S23, S24, S25, S26, S27, S28	28 %

(Fortsetzung)

Tabelle 7.5 (Fortsetzung)

B Vorstellungen zur Angebotskurve	Modellwissen	Gesamt
	Leitfadeninterview	
B2.3.2 Preis in Abhängigkeit zu den Produktionskosten	20 S1, S3, S5, S9, S11, S13, S14, S15, S16, S17, S18, S19, S20, S22, S23, S24, S25, S26, S27, S28	21 %
B3 Kumulation der Angebotskurve		N = 29 = 100 %
B3.1 Individuelle Angebotskurve	13 S3, S4, S7, S10, S14, S18, S19, S21, S22, S23, S26, S27, S29	45 %
B3.2 Marktangebotskurve	16 S1, S3, S4, S9, S10, S12, S15, S16, S18, S19, S20, S24, S26, S27, S28, S29	55 %

7.1.4 Interpretation und Diskussion der Ergebnisse: Schülervorstellungen zur Nachfrage- und Angebotskurve

Die dargestellten Ergebnisse werden im Folgenden unter Betrachtung des Forschungsstands aus Kapitel 5 zuerst mit Blick auf Auffälligkeiten, wie beispielsweise der Schwierigkeit der Nachfragekurve im Vergleich zur Angebotskurve oder dem Stellenwert der Realität in der Kurvenentwicklung, diskutiert und anschließend mit Blick auf Lernschwierigkeiten interpretiert.

7.1.4.1 Angebotskurve ist schwieriger zu verstehen als die Nachfragekurve

Grundsätzlich hat sich sowohl in den dargestellten, induktiv entwickelten Schülervorstellungen zur Entstehung der Kurven als auch in den Abhängigkeiten und der Interpretation der Kurven gezeigt, dass die Angebotskurve für die Schüler:innen schwieriger zu verstehen war als die Nachfragekurve und sie die Vorstellungen der Nachfragekurve nicht auf die Angebotskurve übertragen konnten. Dies zeigt sich zum einen in der Anzahl der unterschiedlichen, von den Schüler:innen genannten Erklärungen und zum anderen in der Qualität der Erklärungen. Während beispielsweise zehn Schüler:innen die Nachfragekurve mit Bezug auf die mathematische Modellierung erklärten, konnten nur vier Schüler:innen gleiches bei der Angebotskurve. Darüber hinaus ist bezüglich der Interpretation der Kurven die Anzahl der Schüler:innen, die Erklärungen der kumulierten Vorstellung

A3.2 *Marktnachfragekurve* zeigten, deutlich höher als bei der Vorstellung B3.2 *Marktangebotskurve* der Angebotskurve. Obwohl die Schüler:innen demnach bei der Nachfragekurve ein Verständnis für die Kumulation und somit Vorstellung A3.2 *Marktnachfragekurve* erreicht hatten, konnten sie diese Vorstellung nicht auf die Angebotskurve transferieren.

7.1.4.2 Realität als Ausgangspunkt der Kurvenentwicklung

Die entwickelten Schülervorstellungen zur Entstehung und zur Interpretation von Angebots- und Nachfragekurve haben insbesondere die Realität als Ausgangspunkt der Auseinandersetzung mit dem Preis-Mengen-Diagramm gemein. Somit war die Realität Ausgangspunkt der Vorstellungen in den Bereichen A1 *Entstehung der Nachfragekurve* und B1 *Entstehung der Angebotskurve* der Schüler:innen zur Entwicklung der Kurven. Entweder waren empirische Daten Ausgangspunkt der Kurvenentwicklung, siehe A1.1 und B1.2 *Darstellung der real angebotenen Menge* und A1.2 und B1.1 *Darstellung der real nachgefragten Menge* oder sie waren Grundlage für eine mathematische Modellierung zur Entwicklung der Kurven, wie bei A1.3 *Mathematische Modellierung der nachgefragten Menge* und B1.3 *Mathematische Modellierung der angebotenen Menge*. Der hohe Stellenwert der Realität für die Schüler:innen bei der Auseinandersetzung mit dem Preis-Mengen-Diagramm wurde darüber hinaus durch den Vergleich der Vorstellungen aus Tabelle 7.1 mit den Vorstellungen zu allgemeinen ökonomischen Grafiken von Davies und Mangan (2013) im Sinne eines Meta-Modellverständnisses deutlich. Nach Davies und Mangan (2013, S. 7 ff.) haben Schüler:innen beispielsweise die Vorstellung, dass ökonomische Grafiken dazu dienen, empirische ökonomische Zusammenhänge zu beschreiben, die Bedeutung von Problemen der realen Welt zu bestimmen, fixierte ökonomische Theorien darzustellen oder das von der Theorie abgeleitete Verständnis zu veranschaulichen. Die Vorstellung, dass ökonomische Diagramme fixierte ökonomische Theorien darstellen, könnte unter anderem dazu führen, dass Schüler:innen Schwierigkeiten mit Veränderungen des als fixiert aufgefassten Diagramms haben (Davies und Mangan 2013, S. 197). Verstehen die Schüler:innen ökonomische Graphen jedoch als von der Theorie zur Veranschaulichung abgeleitet, hatten sie häufig Schwierigkeiten die Entstehung der Graphen und den Bezug zur Realität zu erklären (Davies und Mangan 2013, S. 199 f.). Diese beiden Schwierigkeiten zeigten sich beim Umgang der Schüler:innen mit dem Preis-Mengen-Diagramm eher nicht. Erklärungen der Vorstellung, dass die Entwicklung von Nachfrage- und Angebotskurve rein auf ökonomischer Theorie basieren, wurden von den Schüler:innen nicht beschrieben. Stattdessen beschrieben diese eine Entwicklung der Kurven mit der Realität als Ausgangspunkt oder erkannten die Relevanz des Modells für die

Realität. In Bezug auf das konkrete Beispiel der ökonomischen Grafik des Preis-Mengen-Diagramms waren es somit aufgrund des Realitätsbezugs insbesondere die beiden erstgenannten Vorstellungen von Davies und Mangan (2013), die sich in den Vorstellungen in den Bereichen A1 *Entstehung der Nachfragekurve* und B1 *Entstehung der Angebotskurve* widergespiegelt haben.

7.1.4.3 Lernschwierigkeit der mathematischen Modellierung, wie beispielsweise der Kumulation, in der Kurvenentstehung

Das Verständnis für die mathematische Modellierung und damit einhergehend für die Schritte des in Abschnitt 2.3.2 entwickelten mathematisch-ökonomischen Modellierungskreislaufs stellte die Schüler:innen vor Herausforderungen. Analog zur Darstellung des mathematisch-ökonomischen Modellierungskreislaufs entsteht eine mathematische Modellierung ökonomischer Modelle durch eine Mathematisierung eines ökonomischen Modells, welches wiederrum auf einem Situationsmodell basiert. Das Preis-Mengen-Diagramm als eine mögliche Form der Visualisierung des mathematisch-ökonomischen Modells ist somit das Ergebnis der Modellierung eines Situationsmodells hin zu einem ökonomischen Modell, welches anschließend mathematisiert wurde. Schüler:innen mit den Vorstellungen A1.3 *Mathematische Modellierung der nachgefragten Menge* und B1.3 *Mathematische Modellierung der angebotenen Menge,* siehe Tabelle 7.4 und 7.5, haben die dem Diagramm und somit auch den Kurven zugrundeliegende mathematische Modellierung eines Situationsmodells beschrieben. Dem hingegen beschrieben Schüler:innen mit den Vorstellungen A1.1 und B1.2 *Darstellung der real angebotenen Menge* sowie B1.1 und A1.2 *Darstellung der real nachgefragten Menge* die Entstehung der Kurven durch die Darstellung der nachgefragten oder angebotenen Menge. Sie haben die Nachfrage- und die Angebotskurve somit als eine Veranschaulichung des Situationsmodells und nicht als das Ergebnis mathematischer Modellierung eines ökonomischen Modells beschrieben. Demnach entstanden beide Kurven direkt aus dem Situationsmodell und der Wahrnehmung der Realität. Einen solchen Stellenwert der Realität haben nach Davies und Mangan (2013, S. 16 f.) insbesondere schwache Schüler:innen beschrieben. Übertragen auf die Ergebnisse dieser Arbeit beschrieben somit insbesondere schwache Schüler:innen die Vorstellungen A1.1 und B1.2 *Darstellung der real angebotenen Menge,* B1.1 und A1.2 *Darstellung der real nachgefragten Menge,* während stärkere Schüler:innen die Vorstellungen A1.3 *Mathematische Modellierung der nachgefragten Menge* und B1.3 *Mathematische Modellierung der angebotenen Menge* beschrieben. Analog dessen ließ sich aus den Ergebnissen aus Tabelle 7.4

und 7.5 ableiten, dass die Mehrheit der Schüler:innen bereits ein elaboriertes Verständnis für die Entstehung der Nachfragekurve besaß[30]. Demnach beschrieben zehn Schüler:innen die Entstehung der Nachfragekurve unter Bezug auf Aspekte der mathematischen Modellierung. Sie hatten somit ein Verständnis für die nötigen, in Abschnitt 2.3.2 im ökonomisch-mathematischen Modellierungskreislauf abgebildeten, Modellierungsschritte zur Entwicklung einer mathematischen Modellierung eines ökonomischen Modells. Allerdings gilt dies nicht für die Erklärungen der Schüler:innen zur Entstehung der Angebotskurve. Somit konnten die Schüler:innen die Erkenntnisse der mathematischen Modellierung der Nachfragekurve nicht auf die Angebotskurve übertragen. Der Schluss, dass eine elaborierte Vorstellung der Nachfragekurve, wie beispielsweise in A1.3 *Mathematische Modellierung der nachgefragten Menge*, zu einer elaborierten Vorstellung der Angebotskurve, wie beispielsweise in B1.3 *Mathematische Modellierung der angebotenen Menge*, führt und umgekehrt, schien somit ungültig zu sein. Nur vier der Erklärungen der Schüler:innen zur Angebotskurve bezogen den Aspekt der mathematischen Modellierung mit ein. Insgesamt sieben Erklärungen und damit die Mehrheit der Aussagen der Schüler:innen beschrieben beispielsweise die Entstehung der Angebotskurve aus der Abbildung von Daten zur angebotenen Menge.

Mit Blick auf den in Kapitel 5 dargestellten Forschungsstand zum *Wissen über das ökonomische Modell* der Preisbildung und dessen Visualisierung durch das Preis-Mengen-Diagramm ist es insbesondere die im Zuge der mathematischen Modellierung entwickelte kumulierte Darstellung ökonomischer Marktakteur:innen, die Schüler:innen vor Herausforderungen stellte (Leiser und Shemesh 2018, S. 10).

Strober und Cook (1992, S. 130 ff.) stellten darüber hinaus empirisch fest, dass Schüler:innen Nachfrage und Angebot nicht als kumulierte, geglättete Funktionen, sondern als empirische Abbildungen der Daten einzelner, am Markt agierender Personen ansahen. Diese Schwierigkeit zeigte sich auch bei der Auseinandersetzung mit dem Preis-Mengen-Diagramm und somit mit der Nachfrage- und der Angebotskurve. Trotz der visuellen Präsentation der Nachfrage- und der Angebotskurve im Preis-Mengen-Diagramm gab es Schüler:innen, die Nachfrage und Angebot nicht als mathematisch modellierte Funktionen erklärten. Ihnen fehlte ein Verständnis für die Kumulation sowie für die mathematische Modellierung allgemein, beispielsweise die der individuellen Nachfragekurven

---

[30] Dabei ist anzumerken, dass sich die Mehrheit der Schüler:innen in dem Fall (siehe Tabelle 7.17) auf die Aussagen von 14 Schüler:innen bezieht. Die restlichen Schüler:innen konnten die Entstehung der Kurven nicht erklären.

zur Trendlinie der Marktnachfrage. Dabei beschreibt die Kumulation von Daten als Grundlage einer Trendabbildung eine Form der mathematischen Modellierung. Allerdings ist die Entwicklung einer Vorstellung, wonach die Nachfrage- und die Angebotskurve kumulierte Darstellungen der Marktnachfrage und des Marktangebots sind, demnach keine Leichtigkeit. Das Ausmaß dieser Schwierigkeit zeigt sich unter anderem in den in Tabelle 7.4 und 7.5 dargestellten Ergebnissen zur Interpretation von Nachfrage- und Angebotskurve. Demnach hatten neun der Schüler:innen die Vorstellung, dass die Nachfragekurve das Abbild einer individuellen Nachfragerin oder eines individuellen Nachfragers ist. Bei der Angebotskurve hingegen waren es sogar 13 der Aussagen der Schüler:innen, die die Kurve als individuelles Abbild interpretierten.

Allerdings zeigten sich in diesem Bereich intrapersonale Konzeptwechsel. Trotz der lediglich theoretischen Beleuchtung des Themas im Rahmen eines Leitfadeninterviews gab es Schüler:innen, die je nach Frage mit unterschiedlichen Vorstellungen argumentierten.

7.1.4.4 Lernschwierigkeit der Unabhängigkeit der Kurven

Darüber hinaus fiel insbesondere schwachen Schüler:innen, die die Vorstellungen A1.1 und B1.2 *Darstellung der real angebotenen Menge* und B1.1 und A1.2 *Darstellung der real nachgefragten Menge* beschrieben, die Trennung der Kurven und die Entwicklung eines Verständnisses für die Unabhängigkeit der Kurven schwer. Demnach erklärten Schüler:innen beispielsweise (siehe Tabelle 7.4 und 7.5), dass die Nachfragekurve auf Daten der real angebotenen Menge basierte oder dass die Angebotskurve auf Daten der real nachgefragten Menge basierte. Hatten die Schüler:innen jedoch ein Verständnis für die Modellierungsschritte des mathematisch-ökonomischen Modellierungskreislaufs von dem Situationsmodell bis hin zum mathematischen Modell und somit eine Vorstellung zu A1.3 *Mathematische Modellierung der nachgefragten Menge* oder B1.3 *Mathematische Modellierung der angebotenen Menge* entwickelt, so hatten sie wahrscheinlich auch ein Verständnis für die Unabhängigkeit der Nachfrage- und der Angebotskurve entwickelt. Demnach hat beispielsweise keine Schülerin und kein Schüler die Entstehung der Nachfragekurve auf Grundlage der mathematischen Modellierung der Daten der angebotenen Menge beschrieben. Gleichzeitig beschrieb keine Schülerin und kein Schüler, dass die Angebotskurve durch mathematische Modellierung der Daten der nachgefragten Menge entsteht.

Die Schwierigkeit der Schüler:innen des Verständnisses der Unabhängigkeit von Nachfrage- und Angebotskurve zeigte sich neben den Vorstellungen zur Entstehung der Kurven auch in den Vorstellungen zu Abhängigkeiten der Kurven.

Demnach erklärten beispielsweise (siehe Tabelle 7.4 und 7.5) elf der Schüler:innen den Verlauf der Nachfragekurve durch die angebotene Menge. Gleiches Phänomen zeigte sich für die Angebotskurve in Vorstellung B2.1 *Nachgefragte Menge*. Dabei beschrieben zehn der Schüler:innen einen Einfluss der nachgefragten Menge auf den Verlauf der Angebotskurve. Der Einfluss wurde sowohl bei der Nachfragekurve als auch bei der Angebotskurve durch den Preis mediiert. Zum Beispiel führten Änderungen der angebotenen Menge zu Preisänderungen und dadurch zu einer Änderung der nachgefragten Menge.

7.1.4.5 Lernschwierigkeit der Abbildung des funktionalen Zusammenhangs durch die Kurven

Die Vorstellung, dass der Preis die abhängige Variable und die Menge die unabhängige Variable ist und dementsprechend Änderungen des Preises den Verlauf der Kurven erklären, wurde von allen Schüler:innen in unterschiedlichen Formen beschrieben. Somit erklärten alle Schüler:innen den Verlauf der Nachfragekurve und den Verlauf der Angebotskurve durch den Preis (siehe Tabelle 7.4 und 7.5). Dabei referierten sie auf den Preis stets als die unabhängige Variable und beschrieben deshalb folgende funktionale Zusammenhänge: Je höher der Preis, desto geringer ist die nachgefragte Menge; je höher der Preis desto höher ist die angebotene Menge. Sie beschrieben somit die in Kapitel 4 in Abbildung 4.2 und in Abbildung 4.3 dargestellten verbalen, symbolischen und numerischen funktionalen Zusammenhänge richtig. Mit Blick auf die Darstellung in dem geschichtlich etablierten Preis-Mengen-Diagramm sind die Achsen jedoch vertauscht. Die Beschriftung der Achsen des Preis-Mengen-Diagramms veranschaulicht aus mathematischer Perspektive den funktionalen Zusammenhang zwischen der unabhängigen Variable der Menge und der abhängigen Variable des Preises. Folgende Wirkungszusammenhänge werden durch die Kurven dargestellt: je höher die nachgefragte Menge, desto geringer ist der Preis; Je höher die angebotene Menge, desto höher ist der Preis.

Den Zusammenhang zwischen dem Preis und der nachgefragten Menge und somit die Abhängigkeiten der Nachfragekurve erklärten die Schüler:innen beispielsweise in A2.3.1 *Preis in Abhängigkeit zu den Präferenzen* durch die Präferenzen der Konsument:innen. Aus fachwissenschaftlicher Perspektive spiegeln sich diese jedoch unter anderem in dem Nutzen und dementsprechend in der Zahlungsbereitschaft wider. Je nachdem wie sehr ein Produkt gemocht oder gebraucht wird, desto höher ist die Bedürfnisbefriedigung und der Nutzen des Produkts für die Konsument:innen und desto mehr sind sie individuell bereit, dafür zu bezahlen. Dementsprechend bezogen sich die Kategorien A2.2 *Nutzen*, A2.3.1 *Preis in Abhängigkeit zu den Präferenzen* und A2.3.3 *Preis in Abhängigkeit zu der Zahlungsbereitschaft* fachwissenschaftlich aufeinander. Den Zusammenhang des Nutzens und des Preises eines Gutes oder einer Dienstleistung und somit der Präferenzen und der Zahlungsbereitschaft erkannten die Schüler:innen jedoch nicht.

Eine solche Schwierigkeit zeigte sich bezüglich der Angebotskurve nicht. Die Mehrheit der Schüler:innen hatte eine Vorstellung davon, dass die Angebotskurve von quantitativen Kosten abhängt und diese im Zusammenhang mit dem Preis stehen. Allerdings fiel den Schüler:innen eine Differenzierung zwischen Umsatz und Gewinn schwer. Die beiden Begriffe wurden bei Erklärungen der Kategorie C2.3.2 *Preis in Abhängigkeit zu der Umsatz- & Gewinnerwartung* häufig synonym verwendet. Dadurch stellten die Schüler:innen nur selten einen Zusammenhang zwischen den Produktionskosten und der Gewinnerwartung her. Vielmehr war es die nicht weiter konkretisierte Hoffnung der Anbieter:innen auf hohen Umsatz und hohen Gewinn, der sie zum Verkauf ihrer Güter motivierte. Dieses fehlende Verständnis für Kosten und insbesondere für Grenzkosten spiegelte sich auch in Kategorie B2.2 *Anzahl der verkaufsgewillten Anbieter:innen*. Ein höherer Preis führte dabei zum einen zu der Bereitschaft der Anbieter:innen, mehr Produkte zu verkaufen und zum anderen zu einem Markteintritt neuer Anbieter:innen. Je höher der Preis, desto höher ist die Anzahl der verkaufsgewillten Anbieter:innen. Zwar haben die Schüler:innen diesen, fachwissenschaftlich korrekten Zusammenhang beschrieben, allerdings konnten sie ihn nicht erklären. Darüber hinaus haben sie im Rahmen der Vorstellung B2.2 *Anzahl der verkaufsgewillten Anbieter:innen* die Beschriftung der Abszisse missverstanden. Somit interpretierten sie die Abszisse nicht als angebotene Menge, sondern als Anzahl der verkaufsgewillten Verkäufer:innen. Bei einem hohen Preis bieten somit viele Anbieter:innen ihre Güter an, bei einem niedrigen Preis gibt es jedoch weniger Anbieter:innen am Markt. Dabei außen vorgelassen war die Möglichkeit, dass bereits auf dem Markt bestehende Anbieter:innen bei einem höheren Preis mehr Produkte produzieren und verkaufen möchten.

7.2 Schülervorstellungen zur Entstehung und Änderung von Preisen

Entsprechend dem zweiten Selektionskriterium in Tabelle 6.5 wurden Aussagen zur Entstehung und Veränderung in Kategorien zusammengefasst und systematisiert. Tabelle 7.6 veranschaulicht die induktiv entwickelten Kategorien.

Tabelle 7.6 Überblick über die Kategorien zur Entstehung und Veränderung von Preisen. (Eigene Darstellung)

C Preisentstehung und -änderung
C1 Entstehung von Preisen
C1.1 Preise werden von einzelnen Unternehmen gebildet
C1.2 Preise werden von dem allgemeinen Angebot gebildet
C1.3 Preise werden im Zusammenspiel von Angebot und Nachfrage gebildet
C2 Ursachen von Preisänderungen
C2.1 Änderung der Produkteigenschaften
C2.2 Änderung der Nachfrage
C2.3 Änderung des Angebots
C2.4 Änderung von Angebot und Nachfrage

Dementsprechend wurden drei Erklärungen zur Entstehung von Preisen und vier Erklärungen zur Änderung von Preisen identifiziert. Diese beziehen sich sowohl auf den Bereich der Modellanwendung als auch auf den Bereich des *Wissens über ökonomische Modelle*[31]. Erklärungen im Bereich der Modellanwendung, ein Teilbereich des *Umgangs mit ökonomischen Modellen*, wurden im Rahmen des Lauten Denkens bei der Bearbeitung von Alltagsbeispielen in den Modellierungsaufgaben geäußert. Zum Beispiel bezieht sich insbesondere die Eisaufgabe im Bereich der Modellanwendung auf die Erklärung der Ursachen von Preisänderungen. Erklärungen, die in den Teilbereich Modellwissen fallen, entstanden im Leitfadeninterview bei Fragen zu theoretischem Wissen und entstanden somit stets im Kontext des Modells der Preisbildung im vollkommenen Markt. So wurden die Schüler:innen im Rahmen des Leitfadeninterviews beispielsweise gefragt, wie Preise im Preis-Mengen-Diagramm entstehen. Die in Tabelle 7.6 abgebildeten Kategorien sind, bis auf C1.3 *Preise werden im Zusammenspiel von Angebot und Nachfrage* gebildet, sowohl für den Bereich der Modellanwendung als auch für den Bereich des Modellwissens nahezu identisch. Lediglich die Häufigkeiten der Erklärungen unterschied sich in den Bereichen.

Die Kategorien aus Tabelle 7.6 werden folgend erst getrennt voneinander dargestellt und anschließend gemeinsam mit den empirischen Forschungserkenntnissen aus Kapitel 5 und unter Bezug zu der Frage: „Welche Lernschwierigkeiten

---

[31] Wie in Kapitel 3 beschrieben, sind die Bereiche Modellanwendung aus dem Bereich *Umgang mit ökonomischen Modellen* und *dem Wissen über ökonomische Modelle* jedoch keinesfalls trennscharf, sondern eher als Schwerpunktsetzungen zu verstehen.

lassen sich bei den Schüler:innen bei der Erklärung der Preisentstehung und Preisänderung erkennen?" interpretiert.

7.2.1 Ergebnisdarstellung: Entstehung von Preisen

Die drei Erklärungen zur Entstehung von Preisen wurden entsprechend der fachwissenschaftlichen Komplexität sortiert (siehe Tabelle 7.7).

Tabelle 7.7 Überblick über die Kategorien zur Entstehung von Preisen. (Eigene Darstellung)

C1 Entstehung von Preisen
C1.1 Preise werden von einzelnen Unternehmen gebildet
C1.2 Preise werden von dem allgemeinen Angebot gebildet
C1.3 Preise werden im Zusammenspiel von Angebot und Nachfrage gebildet

Sie unterscheiden sich insbesondere in den auf die Preisbildung einflussnehmenden Faktoren sowie in dem Verständnis der Kumulation. Dementsprechend wird bei C1.1 *Preise werden von einzelnen Unternehmen gebildet* und C1.2 *Preise werden von dem allgemeinen Angebot gebildet* stets nur das Angebot als einflussnehmender Faktor auf die Preisbildung beschrieben. Bei C1.3 *Preise werden im Zusammenspiel von Angebot und Nachfrage gebildet* sind es hingegen sowohl das Angebot als auch die Nachfrage, die bei der Preisbildung in Interaktion zueinanderstehen. Die Kategorien C1.1 *Preise werden von einzelnen Unternehmen gebildet* und C1.2 *Preise werden von dem allgemeinen Angebot gebildet* unterscheiden sich in dem Verständnis der Kumulation. So beschrieben die Schüler:innen bei C1.1 *Preise werden von einzelnen Unternehmen gebildet* stets ein Unternehmen, bei C1.2 *Preise werden von dem allgemeinen Angebot gebildet* bereits das allgemeine und somit das kumulierte Angebot.

Die Kategorien werden folgend analog zu der Reihung in Tabelle 7.7 dargestellt:

C1.1 Preise werden von einzelnen Unternehmen gebildet

Die Schüler:innen waren der Meinung, dass die einzelnen Anbieter:innen oder Unternehmen die Preise ihrer Produkte bestimmen[32]. Dies spiegelte sich beispielsweise in folgenden Aussagen, die die Schüler:innen bei der Bearbeitung der Aufgaben verbalisiert hatten:

> S15: „Die Unternehmen müssen sich anschauen, wie viel sie für ihr Produkt verlangen wollen." #00:18:04-4# (S 15, Pos. 67)

> S1: „Er hat wahrscheinlich den Preis zu hoch angesetzt." #00:14:07-0# (S1, Pos. 91)

Die Unternehmen legen den Preis mit Blick auf ihren Gewinn und die Produktionskosten fest. Erst im Anschluss an die initiale Preisfestlegung können die Nachfrage und eventuelle Anpassungsprozesse eine Rolle spielen[33]. Im Rahmen der Bearbeitung der Eisaufgabe äußerte S3 beispielsweise:

> S3: „[…] Deshalb wollen die Unternehmen dann trotzdem noch was verkaufen und legen den Preis eben sehr weit unten an. #00:06:53-6# (S3, Pos. 18)

Sollte somit der erstrebte Gewinn zu gering sein, weil das Produkt zu dem Preis nicht nachgefragt wird, setzen einzelne Unternehmen den Preis niedriger. Dabei sind es jedoch stets einzelne Anbieter:innen, die die Preisentscheidung verantworten. Auf die Frage nach einer Erklärung der Preisentwicklung auf Märkten mithilfe des Preis-Mengen-Diagramms im Rahmen des Leitfadeninterviews antwortete S8 beispielsweise:

> S8: „Der Preis, der von dem Anbieter festgelegt wird" #00:21:20-1# (S8, Pos. 118)

Demnach nannten die Schüler:innen bei dieser Erklärung den Einflussfaktor der Nachfrage auf die Preisbildung nicht, sondern beschrieben eine anbieterseitige Preisentstehung.

C1.2 Preise werden von dem allgemeinen Angebot gebildet

Im Vergleich zu der Preisfestsetzung durch einzelne Anbieter:innen umfassen Erklärungen dieser Vorstellung ein kumulatives, anbieterseitiges Verständnis der Preisfestsetzung[34]. Demnach beschrieben die Schüler:innen die Festsetzung der

---

[32] Vgl. Interview S1, S2, S3, S8, S12, S14, S15, S19, S20, S26.

[33] Vgl. Interview S1, S2, S3, S8, S19, S20.

[34] Vgl. Interview S1, S8, S9, S10, S13, S29.

Preise durch das allgemeine Angebot. Nicht jedes Unternehmen oder jede:r Anbietende entscheidet individuell, zu welchen Preisen er oder sie die Güter und Dienstleistungen anbieten möchte, sondern die Preise entstehen aus dem allgemeinen Angebot. Beispielsweise hat S9 bei der Bearbeitung der Hamburgeraufgabe beschrieben:

S9: „[…] das Angebot will einen möglichst hohen Preis." #00:03:41-3# (S9, Pos. 6)

Allerdings fand sich das Erklärungsmuster auch im Bereich des Modellwissens. Zum Beispiel beschrieb S13 im Leitfadeninterview bei der Frage nach Auswirkungen eines Marktpreises über dem Gleichgewichtspreis:

S13: „[…] dementsprechend ist es für das Angebot nicht attraktiv, den Preis so zu senken, weil sie ihre Produkte nicht loswerden." #00:30:36-2# (S13, Pos. 95)

Somit ist es das allgemeine Angebot, dass den Preis sowie Preisänderungen beeinflusst.

C1.3 Preise werden im Zusammenspiel von Angebot und Nachfrage gebildet
Darüber hinaus erklärten die Schüler:innen die Entstehung von Preisen mithilfe des Preis-Mengen-Diagramms unter Berücksichtigung von Angebot und Nachfrage[35]. Erklärungen dieser Kategorie lassen sich nicht im Bereich der Modellanwendung finden. Entsprechend entstanden die folgenden Schüler:innenaussagen im Rahmen des Leitfadeninterviews und dabei im Zuge der theoretischen Auseinandersetzung mit dem Modell der Preisbildung im vollkommenen Markt und dessen Visualisierung durch das Preis-Mengen-Diagramm.

Die Schüler:innen erklärten, dass sowohl die Anbieter:innen als auch die Nachfrager:innen einen Einfluss auf die Preisfestsetzung haben:

S27: „Man hat eine Angebotskurve und eine Nachfragekurve. Wo diese sich treffen, ist der Gleichgewichtspreis und dazu wird das Produkt dann angeboten. Da treffen sich die beiden Kurven. Da ist es für Konsument und Anbieter am besten." #00:01:16-6# (S27, Pos. 112–113)

Der unter sonst gleichen Bedingungen als stabil wahrgenommene Gleichgewichtspreis ist dabei das Ergebnis von Anpassungsprozessen:

---

[35] Vgl. Interview S2, S7, S9, S10, S11, S12, S13, S14, S15, S16, S17, S18, S19, S20, S21, S22, S24, S25, S26, S27, S28.

S24: „[…] Es pendelt sich immer auf einen gewissen Betrag ein." #00:20:40-0# (S24, Pos. 81)

Diese Anpassungsprozesse des Preises und damit die systematische Interaktion von Angebot und Nachfrage führen auf lange Sicht zur Einstellung des Gleichgewichtspreises:

S13: „[…] Es gibt meistens noch keinen Gleichgewichtspreis am Anfang. Wenn es einen Angebotsüberhang gibt, zu viel angeboten wird und zu wenig nachgefragt wird, dann muss sich der Preis verändern. Wenn der Preis abnimmt, dann steigt die Nachfrage." *S13 macht eine Handbewegung nach unten in Richtung (Q0,C1) und dann wieder zum Schild Preis in Euro. S13 zeigt auf (Q0,C1).* „Dann kommt es durch das Einpendeln dazu, dass es zu einem Schnittpunkt kommt und auf diesem Schnittpunkt" *S13 zeigt auf den Schnittpunkt der beiden Linien.* „ist der Gleichgewichtspreis." #00:29:09-4# (S13, Pos. 89)

S15: „[…] Es muss nicht unbedingt der Gleichgewichtspreis sein, den man vielleicht von Anfang an festgelegt hat, aber der Preis, der sich dann entwickelt, ist dann der Preis." #00:21:42-0# (S15, Pos. 85)

Dabei wird der Gleichgewichtspreis häufig als der Preis charakterisiert, der für Anbieter:innen und Nachfrager:innen am besten, fairsten, idealsten, lohnendsten oder markträumend ist[36]. Demnach konnten die Schüler:innen die positiven Aspekte der fachwissenschaftlichen Charakteristika des Gleichgewichtspreises, wie beispielsweise der markträumenden Funktion oder der Maximierung der gesamtgesellschaftlichen Wohlfahrt, wodurch der Gleichgewichtspreis ideal oder lohnend wird, erklären. Warum der Gleichgewichtspreis fair ist, konnten die Schüler:innen jedoch nicht begründen.

Diese Kategorie sowie die Kategorie C2.4 *Änderung von Angebot und Nachfrage* charakterisieren somit grundsätzlich, dass Schüler:innen sowohl einen Einfluss der Anbieter:innen als auch der Nachfrager:innen bei der Preisbildung beschrieben haben. Deshalb ist diese Kategorie als fachwissenschaftlich komplexeste Kategorie aufgeführt. Allerdings existierten qualitative Unterschiede in den Erklärungen der Schüler:innen zur systemischen Interaktion von Angebot und Nachfrage. Zum Beispiel hat sich die Gewichtung des Einflusses von Angebot und Nachfrage bei den Erklärungen der Schüler:innen unterschieden. Zum einen werteten die Schüler:innen den Einfluss der Marktseiten bei der Erklärung nicht und nahmen ihn somit

---

[36] Vgl. Interview S7, S13, S14, S15, S16, S19, S25, S26.

als ausgewogen wahr[37]. Weder die Anbieter:innen noch die Nachfrager:innen haben demnach einen größeren Einfluss auf die Preisentstehung:

> S2: „Der Preis ist abhängig von Angebot und Nachfrage." #00:36:02-0# (S2, Pos. 105)

Zum anderen beschrieben die Schüler:innen unterschiedliche Gewichtungen des Einflusses von Angebot und Nachfrage bei der Preisbildung[38]. Beispielsweise hat S25 einen größeren Einfluss des Angebots bei der Preisfestsetzung beschrieben:

> S25: „Wenn du über dem Preis bist, dann wird es wahrscheinlich weniger Nachfrage geben und deswegen lohnt es sich am meisten, diesen Gleichgewichtspreis anzupassen." #00:25:56-0# (S25, Pos. 104)

S25 beschrieb zwar einen Einfluss von Angebot und Nachfrage, dabei ist jedoch die Nachfrage ein Kriterium in den Abwägungsentscheidungen der Anbieter:innen. Gleiches zeigte sich bei den Erklärungen der Schüler:innen zu C2.4 *Änderung von Angebot und Nachfrage* (siehe Abschnitt 7.2.2). Zum Beispiel hat S9 bei der Erklärung der Ursachen zur Preisänderung die Erhöhung des Angebots als direkte Folge aus der Erhöhung der Nachfrage beschrieben.

7.2.2 Ergebnisdarstellung: Veränderung von Preisen

Die exemplarische Veränderung von Preisen wurde von den Schüler:innen durch vier sich verändernde Bedingungen gerechtfertigt (siehe Tabelle 7.8).

Tabelle 7.8 Überblick über die Kategorien zur Veränderung von Preisen. (Eigene Darstellung)

C2 Ursachen von Preisänderungen
C2.1 Änderung der Produkteigenschaften
C2.2 Änderung der Nachfrage
C2.3 Änderung des Angebots
C2.4 Änderung von Angebot und Nachfrage

---

[37] Vgl. Interview S2, S9, S11, S12, S20, S26, S27, S28.
[38] Vgl. Interview S7, S10, S13, S14, S15, S16, S17, S18, S19, S21, S22, S24, S25.

Die induktiv entwickelten Kategorien geben einen Überblick darüber, wie Schüler:innen das Resultat der Veränderung von Preisen erklären. Die einzelnen Kategorien werden im Folgenden in der Reihenfolge aus Tabelle 7.8 dargestellt:

C2.1 Änderung der Produkteigenschaften

Die Schüler:innen beschrieben eine Veränderung der Produkteigenschaften durch eine veränderte Qualität[39], eine Veränderung des Produktes an sich[40], eine Veränderung des Ansehens eines Produkts[41] oder der Notwendigkeit eines Produkts[42]. So beschrieb S9 beispielsweise die Änderung der Anzahl der Eissorten als Ursache für eine Preisänderung des Eises bei der Eisaufgabe:

S9: „Es hat wahrscheinlich weniger Eissorten gegeben." #00:09:31-9# (S9, Pos. 16)

Im Bereich des Modellwissens haben die Schüler:innen beispielsweise das geänderte Handyzubehör als Ausgangspunkt einer Preisänderung beschrieben:

S17: „Damals hat man zum Beispiel bei einem Handy das Ladekabel und Kopfhörer dazubekommen. Heute muss man hoffen, dass man irgendwas in dieser Box dazubekommt. [...] Man muss mittlerweile auch für das Ladekabel 70 € zusätzlich zahlen." #00:01:09-5# (S17, Pos. 70)

Demnach ändert sich der Preis für ein Handy, weil weniger Zubehör, wie beispielsweise Ladekabel oder Kopfhörer, mit enthalten ist. Somit ist der geänderte Produktumfang ein potenzieller Grund für eine Preisänderung.

Ein dritter, von den Schüler:innen im Rahmen des Leitfadeninterviews beschriebener Grund für eine Preisänderung aufgrund geänderter Produkteigenschaften, ist die Änderung des Ansehens eines Produkts in der Gesellschaft:

S17: „Apple hat nicht mehr Vorteile als Samsung, aber es ist ein Must-have." #00:01:09-5# (S17, Pos. 70)

So hat die Handymarke Apple und ihre Geräte wenige technische Vorteile gegenüber den Geräten der Marke Samsung, allerdings werden die Apple-Produkte teurer angeboten. Das begründete S17 damit, dass Apple-Produkte in der Gesellschaft anders

---

[39] Vgl. Interview S12.

[40] Vgl. Interview S9, S17.

[41] Vgl. Interview S17.

[42] Vgl. Interview S2.

angesehen werden. Sie sind ein „Must-have" und damit ein Trendprodukt, welches insbesondere unter Jugendlichen als Statussymbol angesehen wird. Eine Begründung durch oder ein Bezug auf die Zahlungsbereitschaft der Nachfrager:innen wurde jedoch nicht beschrieben.

Darüber hinaus hat eine Änderung der Notwendigkeit von Gütern und Dienstleistungen einen Einfluss auf die Preise dieser. Dabei wird die Notwendigkeit eines Guts nicht als Ausgangspunkt für eine Änderung der Nachfrage und eine aus der Nachfrageänderung resultierende Preisänderung beschrieben, sondern die Notwendigkeit hat als Produkteigenschaft direkten Einfluss auf die Preisänderung. So hat S2 beispielsweise folgende potenzielle Ursache einer Preisänderung bei der Frage nach der Erklärung einer Preisentstehung im Leitfadeninterview beschrieben:

S2: „Aber ein Preis hängt auch davon ab, ob das jetzt Luxusgüter oder notwendige Güter sind." #00:36:02-0# (S2, Pos. 105)

C2.2 Änderung der Nachfrage
Die Schüler:innen führten eine Preisänderung auf eine Änderung der Nachfrage zurück[43]. Somit steigt der Preis, weil mehr Menschen das Gut oder die Dienstleistung nachfragen oder er sinkt, weil weniger Menschen das Gut oder die Dienstleistung kaufen möchten. So antwortete S7 beispielsweise auf die Frage nach möglichen Gründen für die fiktive Steigerung des Preises von Eis bei der Eisaufgabe in der Modellanwendung wie folgt:

S7: „Das Angebot bleibt gleich" *S7 verschiebt die untere der beiden Linien, wodurch diese zu einer Linie mit positiver Steigung wird.* „aber die" *S7 nimmt die andere Linie in die Hand.* „Nachfrage steigt trotzdem." #00:11:00-4# (S7, Pos. 27)

Demnach ist es die gestiegene Nachfrage, die zu einer Preissteigerung geführt hat. Die Möglichkeit einer Angebotsänderung als Ursache für die Preisänderung wurde nicht beschrieben.

C2.3 Änderung des Angebots
In dem Fall wird lediglich eine Änderung des Angebots als Ursache für eine Preisänderung beschrieben[44]. Neben geänderten Lagerbeständen[45] können, eine geänderte

---

[43] Vgl. Interview S7, S10, S16, S18, S19, S22, S25.
[44] Vgl. Interview S1, S5, S8, S12, S13, S14, S15, S17, S19, S25, S26, S27, S28, S29.
[45] Vgl. Interview S29.

Konkurrenzsituation[46], geänderte Produktionskosten[47], die Willkür der Anbieter:innen[48] oder das Gewinnstreben der Anbieter:innen[49] Gründe für die Änderung des Angebots als Ursache für eine Preisänderung sein. Beispielsweise beschrieben die Schüler:innen die Lagerbestände der Anbieter:innen bei der Bearbeitung der Aufgaben als Ursache für eine Preisänderung:

> S19: „Aber es kann auch sein, dass der Verkäufer sagt „okay, ich will das raushaben" und dass die Preise infolgedessen sinken." #00:07:36-3# (S29, Pos. 18)

Da die Anbietenden nur beschränkte Lagerkapazität haben, müssen diese Abwägungsentscheidungen treffen. Diese Entscheidungen können beispielsweise dazu führen, dass es für Unternehmen am sinnvollsten ist, den Preis eines Produkts zu senken, um möglichst viele Produkte zu verkaufen und dadurch das Lager zu leeren, beziehungsweise für andere Produkte zu nutzen.

Neben dem Lagerbestand kann eine Änderung der Konkurrenzsituation der Anbieter:innen zu einer Änderung des Preises führen:

> S25: „Oder das Angebot erhöht sich und deswegen steigt der Preis." #00:08:38-2# (S25, Pos. 20)

Dabei kann sowohl die Anzahl der Anbieter:innen als auch der Preis der anderen Anbieter:innen Grund für eine Änderung der Konkurrenzsituation sein:

> S27: „Es haben ein paar andere Eisdielen aufgemacht." #00:07:16-1# (S27, Pos. 17)
>
> S26: „[…] andere Eisläden verkaufen zum höheren Preis." #00:05:44-6# (S26, Pos. 17)

Eine weitere Ursache, die zu einer Änderung des Angebots und somit zu einer Änderung des Preises führt und im Bereich der Modellanwendung beschrieben wurde, ist die Änderung der Produktionskosten:

> S14: „Heißt das, dass das Eis-Café Eis teurer verkauft oder muss es die Zutaten teurer einkaufen?" #00:07:07-7#
>
> I: „Es ist beides möglich." #00:07:10-9#

---

[46] Vgl. Interview S25, S26, S27.

[47] Vgl. Interview S8, S14.

[48] Vgl. Interview S27.

[49] Vgl. Interview S13, S28.

S14: „Wenn sie teurer einkaufen müssen, dann müssen sie das Eis teurer verkaufen."
#00:07:53-9# (S14, Pos. 27–29)

Ändert sich der Einkaufspreis der Materialien, so ändern sich die Produktionskosten. Diese Änderung werden die gewinnstrebenden Anbieter:innen an die Kunden weitergeben, indem sie die Preise ihrer Produkte erhöhen.

Auch im Bereich des Modellwissens haben die Schüler:innen eine anbieterseitige Preisfestsetzung beschrieben:

S27: „Die Preisänderung wird meistens von den Anbietern angeregt oder festgelegt."
#00:29:51-3# (S27, Pos. 105).

Dementsprechend ist die Preisänderung die Folge einer Entscheidung der Anbietenden. So sind Anbietende beispielsweise stets daran interessiert, Umsatz und Gewinn zu erzielen:

S28: „Wie die Kosten für das Unternehmen aussahen oder wie im Jahr davor die Verluste waren, sodass sie den Preis höher machen, damit sie mehr Gewinn haben."
#00:29:15-9# (S28, Pos. 99)

Sollten die Anbieter:innen nach einem Geschäftsjahr merken, dass sie ihre Güter oder Dienstleistungen zu günstig verkauft und deshalb zu wenig Gewinn erwirtschaftet haben, werden sie ihre Preise im kommenden Geschäftsjahr höher ansetzen. Die Preissteigerung wäre somit das Resultat der neuen Kalkulationen der Anbietenden.

C2.4 Änderung von Angebot und Nachfrage

Im Vergleich zu den vorherigen Kategorien haben die Schüler:innen nun die Beziehung von Angebot und Nachfrage sowie Rückkopplungseffekte bei einer Preisänderung[50] beschrieben. Demnach wurde die Preissteigerung nicht nur einseitig durch eine Änderung von dem Angebot oder eine Änderung von der Nachfrage, sondern aus der systemischen Interaktion der beiden Seiten begründet. Analog zur Reihung der Unterkategorien von C1 beschreibt diese Kategorie die aus fachwissenschaftlicher Perspektive komplexeste Kategorie, da mehrere Einflussgrößen bei der Preisänderung beschrieben wurden. Zum Beispiel hat S11 bei der Bearbeitung der Eisaufgabe sowohl eine Änderung des Angebots als auch eine Änderung der Nachfrage als Ursache einer Preissteigerung beschrieben:

---

[50] Vgl. Interview S1, S5, S9, S10, S11, S12, S15, S16, S18, S19, S23.

S11: „Dann ist entweder das Angebot gesunken oder die Nachfrage gestiegen."
#00:08:07-8# (S11, Pos. 16)

Deshalb baut diese Kategorie entsprechend der fachdidaktischen Komplexität auf
den Kategorien Änderung der Nachfrage und Änderung des Angebots auf.

Jedoch zeigen sich, wie bereits bei der Darstellung von Kategorie C1.3 beschrieben, auch hier qualitative Unterschiede in den Vorstellungen der Schüler:innen zur
Interaktion von Angebot und Nachfrage. Zum Beispiel beschrieb S9 im Leitfadeninterview die systemische Interaktion von Angebot und Nachfrage als potenzielle
Ursache für eine Preisänderung wie folgt:

S9: „Dann steigt die Nachfrage. Weil die Nachfrage ansteigt, muss das Angebot auch
mitziehen. Dann geht der Marktpreis nach oben." #00:08:17-3# (S9, Pos. 104)

Wie bereits beschrieben ist der Einfluss der beiden Marktseiten aus fachwissenschaftlicher Perspektive nicht gewertet. S9 hat jedoch eine höhere Verantwortung
auf der Seite der Nachfrage für die Preisänderung beschrieben. Das Angebot passt
sich dessen lediglich an. Abgesehen von der qualitativen Güte haben die Erklärungen
jedoch gemein, dass Änderungen in beiden Marktseiten als potenzielle Ursachen
für eine Preisänderung beschrieben wurden.

7.2.3 Ergebnisdarstellung: Häufigkeiten der Kategorien zur Entstehung und Veränderung von Preisen

Wie bereits in Abschnitt 7.1.3 beschrieben, führt die empirisch belegte Kontextabhängigkeit und die Möglichkeit zu intrapersonalen Konzeptwechseln (Davies
2019, S. 5; Marton und Pong 2005, S. 344) dazu, dass die Kategorien und die
Vorstellungen den einzelnen Schüler:innen nicht eindeutig zugeordnet werden
können. Empirische Erkenntnisse zeigen, dass Schüler:innen je nach Situation
und Kontext mit unterschiedlichen Erklärungen arbeiten (Davies 2019, S. 5;
Marton und Pong 2005, S. 344). Wie Tabelle 7.9 und 7.10 abbildet, ist dies insbesondere der Fall, wenn zwischen anwendungsorientierten Erklärungen bei der
Lösung der Aufgaben im Rahmen der Modellanwendung und eher theoriebezo-
genen Erklärungen im Leitfadeninterview unterschieden wird. Da es sich darüber
hinaus beispielsweise stets um potenziell mögliche Erklärungen der Ursachen für

die Veränderung von Preisen handelt, gibt es Schüler:innen, die mehrere Erklärungen ausgeführt haben. Dazu wurden sie in der Einleitung des Lauten Denkens explizit ermutigt. Dementsprechend wurden einzelne Schüler:innen mehreren Kategorien zugeordnet. Innerhalb der einzelnen Kategorien wurden qualitative Argumente der Schüler:innen pro Aufgabe einfach gezählt. Da die Anzahl der Schüler:innen, die mehrere qualitativ unterschiedlich Argumente pro Aufgabe und Kategorie verbalisiert haben, sehr klein ist, wurden diese nicht separat erfasst.

Demzufolge veranschaulichen Tabelle 7.9 und Tabelle 7.10 sowohl die Häufigkeiten der Erklärungen pro Kategorie aus dem Bereich der Modellanwendung[51] als auch die Häufigkeiten in dem Leitfadeninterview aus dem Bereich des Modellwissens. Um die Bereiche der Modellanwendung und des Modellwissens besser zu vergleichen, veranschaulichen die Tabellen zusätzlich die Gesamtzahl der den Kategorien zugeordneten Schüler:innen in den Bereichen. Dabei wurden die Schüler:innen unabhängig von der Anzahl der Erklärungen und der Kategorien stets einfach gezählt.

In Tabelle 7.9 sind die Häufigkeiten der Kategorien zur Entstehung von Preisen abgebildet. Die meisten Schüler:innen beschrieben Erklärungen der Vorstellungen der Kategorie C1.3 *Preise werden im Zusammenspiel von Angebot und Nachfrage gebildet*, die Entstehung des Preises aus dem Zusammenspiel von Angebot und Nachfrage. Erklärungen dieser Kategorie wurden von den 21 Schüler:innen jedoch ausschließlich im Bereich des Modellwissens und somit im Leitfadeninterview genannt. Im Bereich der Modellanwendung und dementsprechend bei der Bearbeitung der alltagsbezogenen Aufgaben wurden keine Aussagen der Kategorie C1.3 *Preise werden im Zusammenspiel von Angebot und Nachfrage gebildet* geäußert. Am zweithäufigsten erklärten die Schüler:innen C1.1 *Preise werden von einzelnen Unternehmen gebildet*, den Preis als von einzelnen Unternehmen gebildet. Von den insgesamt 14 Erklärungen dieser Kategorie wurden sechs Erklärungen von fünf Schüler:innen bei der Bearbeitung der Aufgaben im Bereich der Modellanwendung und acht im Leitfadeninterview im Bereich des Modellwissens geäußert. Dabei ist die Verteilung der Nennung unter den Aufgaben des Lauten Denkens unterschiedlich. Dies ist unter anderem auf die Ausrichtung der Aufgaben und deren Erwartungshorizonte (siehe Abschnitt 6.2.1) zurückzuführen. So ist die Hamburgeraufgabe beispielsweise aus Nachfrager:innenperspektive formuliert, während die Plastikbesteckaufgabe die Perspektive auf die Anbieter:innen

---

[51] Die ersten beiden Aufgaben des Lauten Denkens zielten auf die Konstruktion des Preis-Mengen-Diagramms ab und werden deshalb in den Ergebnistabellen nicht aufgeführt.

lenkt. Deshalb gab es für C1.1 *Preise werden von einzelnen Unternehmen gebildet* bei der Hamburgeraufgabe beispielsweise keine Nennungen. Abschließend wurden acht und damit im Vergleich zu C1.1 *Preise werden von einzelnen Unternehmen gebildet* und C1.3 *Preise werden im Zusammenspiel von Angebot und Nachfrage gebildet* am wenigsten Erklärungen der Kategorie C1.2 *Preise werden von dem allgemeinen Angebot gebildet* von den Schüler:innen genannt. Fünf Erklärungen von vier Schüler:innen dazu wurden bei der Bearbeitung der Aufgaben beschrieben und drei Erklärungen wurden im Rahmen des Leitfadeninterviews von drei Schüler:innen ausgeführt. Drei der fünf Erklärungen im Bereich der Modellanwendung wurden bei der aus Nachfrager:innenperspektive formulierten Hamburgeraufgabe geäußert.

Tabelle 7.10 veranschaulicht mit gleicher Systematik wie Tabelle 7.9 die Häufigkeiten der Kategorien zu Ursachen einer Preisänderung in den Bereichen Modellanwendung und Modellwissen. Im Bereich des Modellwissens zielt insbesondere die Eisaufgabe auf Ursachen einer Preisänderung ab (siehe Abschnitt 6.2.1). Deshalb entstanden die Aussagen der Schüler:innen im Bereich der Modellanwendung ausschließlich bei der Eisaufgabe. Am häufigsten wurden Erklärungen der Kategorie C2.3 *Änderung des Angebots* genannt. Insgesamt 17 Schüler:innen verbalisierten Erklärungen zu Vorstellungen dieser Kategorie. 13 davon bei der Bearbeitung der Eisaufgabe und lediglich vier im Rahmen des Leitfadeninterviews. Am zweithäufigsten führten die Schüler:innen eine Preisänderung auf eine Änderung von Angebot und Nachfrage zurück. Von den insgesamt 12 Erklärungen beschrieben fünf Schüler:innen diese Ursache bei der Bearbeitung der Eisaufgabe und sieben Schüler:innen im Leitfadeninterview. Die Möglichkeit einer Nachfrageänderung als Ursache einer Preisänderung wurde insgesamt acht Mal beschrieben. Vier Schüler:innen erläuterten dies im Bereich der Modellanwendung und die anderen vier Schüler:innen im Zuge des Leitfadeninterviews. Die wenigsten Erklärungen beschrieben eine Änderung der Produkteigenschaften als Ursache einer Preisänderung. Lediglich vier Schüler:innen äußerten Erklärungen dazu. Zwei davon bei der Bearbeitung der Eisaufgabe und zwei im Leitfadeninterview.

Tabelle 7.9 Übersicht über die Verteilung der Kategorien bei der Entstehung von Preisen. (Eigene Darstellung)

C Vorstellungen zur Preisentstehung	Modellanwendung				Modellwissen; Leitfadeninterview	Gesamt
	Hamburger	Plastikbesteck	Eis	Gesamt		
C1 Entstehung von Preisen				N = 11 = 100 %	N = 32 = 100 %	N = 41 = 100 %
C1.1 Preise werden von einzelnen Unternehmen gebildet	0	1 S3	4 S1, S3, S14, S20, S26	5 (38 %)	8 (61 %) S1, S2, S8, S12, S14, S15, S19, S20	13 (32 %)
C1.2 Preise werden von dem allgemeinen Angebot gebildet	3 S9, S10, S29	1 S9	1 S1	4 (57 %)	3 (43 %) S8, S9, S13	7 (17 %)
C1.3 Preise werden im Zusammenspiel von Angebot und Nachfrage gebildet	0	0	0	0 (0 %)	21 (66 %) S2, S7, S9, S10, S11, S12, S13, S14, S15, S16, S17, S18, S19, S20, S21, S22, S24, S25, S26, S27, S28	21 (51 %)

Tabelle 7.10 Übersicht über die Verteilung der Kategorien zu Ursachen von Preisänderungen. (Eigene Darstellung)

C Vorstellungen zu Ursachen von Preisänderungen	Modellanwendung				Modellwissen;	Gesamt
	Hamburger	Plastikbesteck	Eis	Gesamt	Leitfadeninterview	
C2 Ursachen einer Preisänderung				N = 24 = 100 %	N = 17 = 100 %	N = 41 = 100 %
C2.1 Änderung der Produkteigenschaften	0	0	2 S9, S12	2 (8 %)	2 (12 %) S2, S17	4 (10 %)
C2.2 Änderung der Nachfrage	0	0	4 S7, S16, S22, S25	4 (17 %)	4 (24 %) S10, S16, S18, S19	8 (20 %)
C2.3 Änderung des Angebots	0	0	13 S1, S5, S8, S12, S13, S14, S15, S19, S25, S26, S27, S29	13 (54 %)	4 (24 %) S17, S27, S28, S29	17 (34 %)
C2.4 Änderung von Angebot und Nachfrage	0	0	5 S5, S11, S12, S18, S23	5 (21 %)	7 (41 %) S1, S5, S9, S10, S15, S16, S19	12 (29 %)

7.2.4 Interpretation und Diskussion der Ergebnisse: Entstehung und Veränderung von Preisen

Die Ergebnisse zu Schülervorstellungen zur Entstehung und Veränderung von Preisen werden im Folgenden unter Betrachtung des Forschungsstandes aus Kapitel 5 zuerst mit Blick auf Auffälligkeiten, wie beispielsweise der Unabhängigkeit der Schülervorstellungen zur Preisentstehung und -änderung von der Darstellungsart des Modells der Preisbildung im vollkommenen Markt, diskutiert und anschließend bezüglich potenzieller Lernhürden interpretiert.

7.2.4.1 Qualitativ unterschiedliche Schülervorstellungen sind unabhängig von der Darstellung des Modells

Sowohl die induktiv entwickelten Kategorien der Entstehung von Preisen als auch die Kategorien zur Veränderung von Preisen ließen sich in ähnlicher Form bereits in anderen empirischen Arbeiten finden. Zum Beispiel beschrieb Jägerskog (2020, S. 65) die Variation der Preisfestsetzung: „Preise werden von einzelnen Produzenten gebildet". Diese Beschreibung ähnelt der Erklärung C1.1 *Preise werden von einzelnen Unternehmen gebildet* dieser Arbeit, da bei beiden Kategorien einzelne Anbieter:innen die Preisentstehung verantworten. Darüber hinaus beschreiben Marton und Pong (2005, S. 342) unter anderem das Konzept, dass Preise von den Angebotsbedingungen des Marktes abhängig sind. Eine ähnliche Fokussierung auf das Angebot findet sich in den Kategorien C1.1 *Preise werden von einzelnen Unternehmen gebildet* und C1.2: *Preise werden von dem allgemeinen Angebot gebildet*. Außerdem fanden sich die Kategorien zu C2 *Ursachen einer Preisänderung* in ähnlicher Systematik bei Marton und Pang (2005).

Davies (2011, S. 102) hatte darüber hinaus die Erkenntnisse zweier, methodologisch unterschiedlicher Forschungsrichtungen zum Verständnis von Preisen konsolidiert. Durch die Zusammenführung von Erkenntnissen der Sozialpsychologen (vgl. Berti und Grivet 1990; Leiser und Halachmi 2006; Thompson und Siegler 2000) und der Phänomenologen (vgl. Dahlgren et al. 1984; Marton und Pang 2005, 2008; Marton und Pong 2005; Pong 1998), zu denen beispielsweise Marton und Pang (2005) gehören, entwickelte er folgende vier, qualitativ unterschiedliche Verständnisse von Preisen:

- P1. Der Preis spiegelt den inneren Wert wider.
- P2. Der Preis spiegelt das Angebot wider.
- P3. Der Preis spiegelt die Nachfrage wider, was die Verbraucher:innen zu zahlen bereit sind.
- P4. Der Preis spiegelt die Kombination von Angebot und Nachfrage wider.

Diese schlagen sich, wie in Tabelle 7.11 veranschaulicht, in dem entwickelten Kategoriensystem dieser Arbeit nieder.

Tabelle 7.11 Gegenüberstellung der Kategorien von Davies (2011) und den Kategorien dieser Arbeit des Bereichs C: Preisentstehung und -änderung. (Eigene Darstellung)

Verständnisse von Preisen nach Davies (2011)	Kategorien zu C1 Entstehung von Preisen	Kategorien zu C2 Veränderung von Preisen
P1 Der Preis spiegelt den inneren Wert wider		C2.1 Änderung der Produkteigenschaften
P2 Der Preis spiegelt das Angebot wider	C1.1 Preise werden von einzelnen Unternehmen gebildet C1.2 Preise werden von dem allgemeinen Angebot gebildet	C2.3 Änderung des Angebots
P3 Der Preis spiegelt die Nachfrage wider, was die Verbraucher zu zahlen bereit sind		C2.2 Änderung der Nachfrage
P4 Der Preis spiegelt die Kombination von Angebot und Nachfrage wider	C1.3 Zusammenspiel von Angebot und Nachfrage	C2.4 Änderung von Angebot und Nachfrage

Die Ähnlichkeit des entwickelten Kategoriensystems mit den in anderen Kontexten empirisch entwickelten Kategoriensystemen zur Preisentstehung (vgl. Jägerskog 2020), zur Preisänderung (vgl. Marton und Pang 2005) sowie zu allgemeinen Vorstellungen zu Preisen (vgl. Davies 2011; Marton und Pong 2005) veranschaulicht die Unabhängigkeit der Vorstellungen von der Darstellungsweise des Modells der Preisbildung im vollkommenen Markt. Demnach waren die Vorstellungen zum Modell der Preisbildung unabhängig von der Darstellung dieser mithilfe des Preis-Mengen-Diagramms, da die Darstellung mithilfe des Preis-Mengen-Diagramms nicht zu neuen, qualitativ unterschiedlichen Vorstellungen führte. Anstatt dessen gleichen sich die auf unterschiedlichen Visualisierungsformen basierenden Vorstellungen in ihren qualitativen Merkmalen. Allerdings unterscheiden sich die Häufigkeiten der Erklärungen und dadurch die Häufigkeiten der Vorstellungen.

7.2.4.2   Lernschwierigkeit der Dominanz anbieterseitiger Schülervorstellungen zu Preisen

Ein Vergleich der Nennungen der Kategorien der Preisentwicklung und der Preisänderung aus Tabelle 7.11 könnte implizieren, dass Schüler:innen insbesondere in der Modellanwendung auf Basis des Preis-Mengen-Diagramms ein anbieterseitiges Verständnis der Preisentstehung und Preisänderung zeigen. In diesem Sinne fand der Einfluss der Nachfrage bei Erklärungen zur Preisentstehung, auf Grundlage des Preis-Mengen-Diagramms, keine Betrachtung. Insbesondere bei Marton und Pong (2005, S. 343) zeigte sich beispielsweise ein anderes Bild. Dort beschrieben, je nach Aufgaben, mehr Proband:innen die Nachfrage als entscheidende Einflussgröße in der Preisentstehung (Marton und Pong 2005, S. 343). Darüber hinaus verdeutlichte die Zusammenstellung der Kategorien zu Vorstellungen von Preisen wie beispielsweise von Davies (2011), dass sowohl eine nachfrageorientierte als auch eine angebotsorientierte Preisentstehung beschrieben wurden. Tabelle 7.9 veranschaulicht, dass insgesamt acht Schüler:innen[52] im Bereich der Modellanwendung bei den Kategorien C1.1 *Preise werden von einzelnen Unternehmen* gebildet und C1.2 *Preise werden vom allgemeinen Angebot gebildet*, unabhängig von dem Verständnis der Kumulation des Angebots, die Preisentstehung als angebotsseitige Entscheidung beschrieben. Dieser Anteil ist deutlich größer, als er in anderen empirischen Forschungsarbeiten beschrieben wird. Bei Marton und Pong (2005, S. 343) dominierte beispielsweise nur bei zwei von vier Aufgaben eine solche Vorstellung. Bei den anderen beiden Aufgaben wurde eine nachfrageorientierte Betrachtung beschrieben (Marton und Pong 2005, S. 343).

Ähnlich zur Dominanz der Erklärung einer angebotsseitigen Preisentstehung wurde das Angebot auch bei der Preisänderung von der Mehrheit der Schüler:innen als dominanter Einflussfaktor wahrgenommen. Während, siehe Tabelle 7.10, 13 Schüler:innen[53] die Änderung eines Preises in der Modellanwendung auf die Änderung des Angebots zurückführten, beschrieben nur vier Schüler:innen[54] eine Nachfrageänderung als Ursache für die Preisänderung.

7.2.4.3   Lernschwierigkeit der Kumulation

Die bereits im Rahmen der Diskussion der Vorstellungen der Schüler:innen zur Nachfrage- und Angebotskurve beschriebene Lernschwierigkeit der Kumulation (siehe Abschnitt 7.1.4.3) zeigte sich auch in den Vorstellungen der Schüler:innen

---

[52] Vgl. Interview S1, S3, S9, S10, S14, S20, S26, S29.

[53] Vgl. Interview S1, S5, S8, S12, S13, S14, S15, S19, S25, S26, S,27, S29.

[54] Vgl. Interview S7, S16, S22, S25.

zur Preisentstehung und -änderung (Leiser und Shemesh 2018, S. 10; Strober und Cook 1992, S. 130 ff.). Demnach hatten einige Schüler:innen Schwierigkeiten, das Angebot als kumuliert zu betrachten. Während somit 14 Schüler:innen die Entstehung der Preise als von individuellen Anbietenden oder Unternehmen in C1.1 *Preise werden von einzelnen Unternehmen gebildet* determiniert sahen, beschrieben nur acht Schüler:innen eine kumulierte Sichtweise in C1.2 *Preise werden von dem allgemeinen Angebot gebildet* (siehe Tabelle 7.7). Bezüglich der Nachfrage zeigte sich eine solche Schwierigkeit bei den Vorstellungen der Preisentstehung und -änderung jedoch nicht. Eine mögliche Erklärung dafür könnte die in Abschnitt 7.2.4.2 diskutierte Dominanz der anbieterseitigen Erklärungen sein.

7.2.4.4 Lernschwierigkeit der systemischen Interaktion im Bereich des Umgangs mit ökonomischen Modellen

Da, wie in Abschnitt 5.3 deutlich wurde, bereits reichhaltige Erkenntnisse zu Schülervorstellungen zu Preisen und zur Preisbildung in der ökonomischen Bildung vorliegen, kann über die Darstellung von Lernschwierigkeiten hinaus das Unterstützungspotential des Preis-Mengen-Diagramm unter Berücksichtigung dieser Erkenntnisse diskutiert werden. Einige empirische Forschungsarbeiten deuteten darauf hin, dass Schüler:innen ein fehlendes Verständnis dieser Interaktion haben (vgl. Davies 2011; Furnham und Lewis 1986; Leiser und Shemesh 2018; Marton und Pang 2005; Marton und Pong 2005; Strober und Cook 1992). Inwieweit das Preis-Mengen-Diagramm bei der Überwindung der in Abschnitt 5.3.1 beschriebenen Lernhürden des Verständnisses der systemischen Interaktion von Angebot hilft oder hindert, wird deshalb im Folgenden diskutiert.

Mit Blick auf die in Abschnitt 7.2.4.2 dargestellte Dominanz der Wahrnehmung des Einflussfaktors des Angebots im Vergleich zur Nachfrage in der Preisentstehung und der Preisänderung von den Schüler:innen zeigte sich diese Problematik in dem Bereich der Modellanwendung auch bei dem Umgang mit dem Preis-Mengen-Diagramm. Jägerskog (2020, S. 65) begründete dies mit der statischen Darstellungsweise der dynamischen Prozesse im Preis-Mengen-Diagramm: „A critical problem with supply and demand graphs is that they portray dynamic relationships in a static manner and thus do not easily draw attention to the dynamics of causation". Allerdings zeigte sich das von Jägerskog (2020, S. 65) beschriebene, kritische Problem des Preis-Mengen-Diagramms in dieser Arbeit nur im Bereich der Modellanwendung und nicht im Bereich des *Wissens über ökonomische Modelle*. Im Bereich der Modellanwendung hatten Schüler:innen Schwierigkeiten, die Entstehung und die Änderung von Preisen unter Einbezug von Angebot und Nachfrage zu erklären. Im Bereich des

Modellwissens zeigte sich jedoch ein anderes Bild. Fragte man die Schü-
ler:innen beispielsweise nach einer theoretischen Erklärung für die Entstehung
von Preisen mithilfe des Preis-Mengen-Diagramms, so berücksichtigten 21 von
29 Schüler:innen die Interaktion von Angebot und Nachfrage in ihrer Erklärung (siehe Tabelle 7.7). Sie berücksichtigten somit Rückkopplungseffekte und
dachten trotz der statischen Darstellung des Preis-Mengen-Diagramms systemisch. Dieses Ergebnis deckt sich mit der empirisch belegten Erkenntnis, dass
statische Bilder zum Aufbau eines dynamischen, mentalen Modells grundsätzlich geeignet sind (Hegarty 1992; Schnotz und Lowe 2008). Demnach half das
Preis-Mengen-Diagramm im Bereich des Modellwissens den Schüler:innen bei
einem Verständnis der Interaktion von Angebot und Nachfrage und damit bei
der Überwindung der Lernschwierigkeit. Allerdings konnte dies nicht auf den
Bereich der Modellanwendung übertragen werden. Dort hinderte das Diagramm
das Verständnis der systemischen Interaktion von Angebot und Nachfrage.

Zusammenfassend hatten Schüler:innen Schwierigkeiten im Bereich der
Modellanwendung, Problemstellungen mithilfe des Preis-Mengen-Diagramms zu
bearbeiten. Diese zeigten sich jedoch erstaunlicherweise nicht bei der theoretischen Auseinandersetzung mit dem Preis-Mengen-Diagramm im Bereich des
Modellwissens. In diesem Bereich hatte das Preis-Mengen-Diagramm trotz seiner statischen Darstellung Potentiale, das *Denken in ökonomischen Modellen* zu
unterstützen. Dabei lag das Preis-Mengen-Diagramm sowohl bei der Bearbeitung der Aufgaben als auch während des Leitfadeninterviews auf dem Tisch und
damit im Sichtfeld der Schüler:innen. Trotzdem schien es diese lediglich bei der
theoretischen Auseinandersetzung im Kontext des Modells des vollkommenen
Marktes im Leitfadeninterview im Bereich des Modellwissens zu unterstützen,
nicht jedoch bei der Bearbeitung der realitätsnahen, exemplarischen Aufgaben
im Bereich der Modellanwendung.

7.3 Fehlkonstruktionen des Preis-Mengen-Diagramms

Entsprechend dem dritten Selektionskriterium aus Tabelle 6.5 wurden Aussagen
der Schüler:innen zur erstmaligen Konstruktion des Preis-Mengen-Diagramms
sowie Überarbeitungen der eigenen, erstmaligen Konstruktion mit Blick auf
Lernschwierigkeiten systematisiert. Eine Lernschwierigkeit beschreibt in diesem Kontext eine Konstruktion des Preis-Mengen-Diagramms der Schüler:innen,
die von der in Abbildung 4.1 veranschaulichten Darstellung abweicht. Diese
Abweichungen werden in den Didaktiken der Naturwissenschaft als „Konstruktionsfehler" beschrieben (Nerdel et al. 2019, S. 152). Die Konstruktionsfehler

basieren dabei auf Fehlvorstellungen und Fehlinterpretationen der Diagramme. Somit sind es fachlich inkorrekte Vorstellungen, die zu Fehlkonstruktionen eines Diagramms führen. In Tabelle 7.12 werden die Fehlkonstruktionen des Preis-Mengen-Diagramms der Schüler:innen dargestellt.

Tabelle 7.12 Überblick über die Kategorien zu Fehlkonstruktionen des Preis-Mengen-Diagramms. (Eigene Darstellung)

D Fehlkonstruktionen des Preis-Mengen-Diagramms
D1 Vertauschen der Teile
D2 Vertauschen der Achsen
D3 Vertauschen der Kurven

Insgesamt wurden drei Fehlkonstruktionen des Diagramms identifiziert und entsprechend ihrer fachwissenschaftlichen Komplexität geordnet. Diese Fehlkonstruktionen sind dabei immer geprägt von zwei Charakteristika, die sich aus der Bereitstellung der Teile des Preis-Mengen-Diagramms (siehe Anhang im elektronischen Zusatzmaterial) ergaben. Durch die Bereitstellung der Teile wussten die Schüler:innen zum einen, mit welchen Teilen sie das Diagramm konstruieren mussten und zum anderen, dass alle Teile zum Ende des Konstruktionsprozesses verwendet sein mussten. Da die Verwendung eines Teils an einer falschen Stelle im Diagramm ohne Korrektur demnach zwangsläufig zu einer Verwendung eines zweiten Teils an einer falschen Stelle führte, charakterisieren die Fehlkonstruktionen D1 *Vertauschen der Teile*, D2 *Vertauschen der Achsen* und D3 *Vertauschen der Kurven* stets zwei Eigenschaften. Diese Eigenschaften treten somit immer paarweise auf. Da es zwischen den Eigenschaften keine Schnittmengen gibt, sind die Fehlerbilder trennscharf.

Wie in Abschnitt 6.2.1 beschrieben, waren die Schüler:innen zu Beginn der Erhebung bei den ersten beiden Aufgaben des Lauten Denkens aufgefordert, das Preis-Mengen-Diagramm mit bereitgestellten Teilen zu legen und ihre Konstruktionen zu erklären. Die Aufgaben zielten somit nicht auf die Konstruktion oder Adaption eines Modells oder Diagramms zur Problemlösung, sondern auf der Wiedergabe des theoretischen, allgemeinen Preis-Mengen-Diagramms ab. Da die Schüler:innen die Konstruktion darüber hinaus aus dem Schulunterricht kannten, fallen die Erkenntnisse schwerpunktmäßig in den Bereich des Modellwissens.

Die Kategorien werden folgend einzeln dargestellt und anschließend unter Einbezug der in Kapitel 5 dargestellten, theoretischen Erkenntnisse mit Blick auf die Forschungsfrage: „Welche Lernschwierigkeiten lassen sich bei den Schüler:innen bei der Konstruktion des Preis-Mengen-Diagramms erkennen?" diskutiert.

7.3.1 Ergebnisdarstellung: Fehlkonstruktionen des Preis-Mengen-Diagramms

Folgend werden die Kategorien entsprechend der Reihung in Tabelle 7.12 dargestellt:

D1 Vertauschen der Teile

Einige Schüler:innen vertauschten die Teile bei der Konstruktion des Preis-Mengen-Diagramms, indem sie die Achsen als Linien und die Kurven als Pfeile darstellten[55]. Zum Beispiel erklärte S29 die Wahl der Teile bei der Konstruktionsaufgabe:

S29: „Wenn man die Achse beschriften würde, dann hat man eine bestimmte Anzahl. Diese Anzahl, wenn eine Aufgabe gegeben ist, wird nicht mehr überschritten. Das Angebot kann weiterhin steigen und die Nachfrage auch steigen oder sinken. Deswegen finde ich das mit den Pfeilen passender." #00:04:03-9# (S29, Pos. 9)

S29 wählte somit die Linien für die Darstellung der Achsen, da die Länge dieser je nach Aufgabenstellung vorgegeben ist. Folglich ist die Länge der Achen zur Konstruktion durch die Aufgabenstellung messbar determiniert. Die nachgefragte und angebotene Menge kann hingegen steigen und fallen, weshalb die Kurven mit den Pfeilen dargestellt sind. Laut S4 ergab sich die Richtung der Pfeile beispielsweise aus der Richtung des funktionalen Zusammenhangs:

S4: „[…] aber das Angebot" *S4 fährt die Linie mit der positiven Steigung entlang nach oben und über die Pfeilspitze hinaus.* „geht ja immer weiter so im theoretischen Fall. Weil wenn der Preis steigt, wollen halt immer mehr Leute das verkaufen, bei diesem Modell." #00:05:46-1# (S4, Pos. 6)

Bezüglich der Angebotskurve ergibt sich die Pfeilrichtung aus dem positiven Zusammenhang von Preis und angebotener Menge. Im Zuge der Erklärung hat S4 die Unendlichkeit der Angebotskurve in R^+ beschrieben. Die Nachfragekurve ergibt sich anschließend meistens nach dem Ausschlussprinzip. Nur S7 konnte die Wahl und die Richtung der Pfeilspitze der Nachfragekurve bei der Konstruktionsaufgabe erklären:

S7: „Wenn der Preis höher ist" *S7 legt den Pfeil als Linie mit negativer Steigung in das Diagramm, sodass der Pfeil nach unten zeigt.* „dann sinkt die Nachfrage." *S7 legt das Schild Nachfrage an den Pfeil mit der negativen Steigung.* #00:03:56-8# (S7, Pos. 4)

---

[55] Vgl. Interview S2, S4, S6, S7, S10, S12, S16, S19, S29.

Analog zur Erklärung bei der Angebotskurve veranschaulicht die Pfeilspitze die Richtung des funktionalen Zusammenhangs. Da der Preis und die nachgefragte Menge in einem negativen Zusammenhang stehen, zeigt die Pfeilspitze der Nachfragekurve nach unten in Richtung der Abszisse.

Im Vergleich zu den Konstruktionsfehlern bei D2 und D3 erkannten die Schüler:innen jedoch häufig ihren Konstruktionsfehler bei Rückfragen zu der Wahl der Teile[56]. Zum Beispiel erklärte S10 bei einer Rückfrage zu der Lösung der Konstruktionsaufgabe:

> I: „Warum hast du die Pfeile für die Kurven und die Linien für die Achsen gewählt?"
> #00:03:13-1#
>
> S10: „Weil ich es falsch gemacht habe. Die Achsen müssten die Pfeiler haben. Weil die Achsen gehen immer weiter." #00:03:38-8# (S10, Pos. 5–6)

Eine Aufmerksamkeitslenkung durch Nachfragen der Interviewerin auf den Konstruktionsfehler führte somit häufig zu einer Korrektur dessen.

D2 Vertauschen der Achsen

Darüber hinaus wählten die Schüler:innen zwar die richtigen Größen für die Beschriftung der Achsen, vertauschten diese jedoch in der Zuordnung zu den Achsen. Demnach wählten die Schüler:innen für die Achsenbeschriftung den Preis und die Menge aus, ordneten jedoch den Preis der Abszisse und die Menge der Ordinate zu[57]. Bei den Konstruktionsaufgaben erklärte dies beispielsweise S1:

> S1: „Der Preis ist hier die x-Achse," *S1 zeigt mittig auf die x-Achse.* „in die Richtung wird er größer." *S1 macht eine Bewegung in Pfeilrichtung entlang der x-Achse.* „Menge in Stück" *S1 zeigt auf das Teil Menge in Stück.* „ist die y-Achse." #00:03:46-4# (S1, Pos. 14)

Die Schüler:innen beschrieben somit den Preis als unabhängige Variable, welche die Auswirkungen in der abhängigen Variable der Menge erklärt. Bezüglich der angebotenen Menge hat beispielsweise S17 dies in den Konstruktionsaufgaben beschrieben:

> S17: „Aber man muss sich auch in die Position des Anbieters, der das Angebot macht, hineinversetzen. Wenn der Preis höher ist, ist das für diesen besser." #00:06:09-9# (S17, Pos. 7)

---

[56] Vgl. Interview S10, S16, S19, S29.
[57] Vgl. Interview S1, S6, S9, S10, S14, S17, S20.

Basierend auf dem von S17 beschriebenen Zusammenhang kann folgender Konditionalsatz abgeleitet werden: Je höher der Preis, desto höher ist die angebotene Menge. Dieser Zusammenhang ist aus fachwissenschaftlicher Perspektive bezüglich der verbalen, numerischen und symbolischen Darstellung des Modells der Preisbildung im vollkommenen Wettbewerb (siehe Abbildung 4.3) korrekt. Allerdings werden nach ökonomischer Konvention diese Abhängigkeiten von Preis und Menge im Zuge der Beschriftung des Preis-Mengen-Diagramms nach mathematischer Lesart des Diagramms umgekehrt. Mit Blick auf das fachwissenschaftliche Preis-Mengen-Diagramm aus Abbildung 4.1 müsste das Abhängigkeitsverhältnis der Variablen somit umgekehrt werden. Der Konditionalsatz würde dementsprechend aus mathematischer Perspektive korrekt lauten: Je höher die angebotene Menge, desto höher ist der Preis.

D3 Vertauschen der Kurven
Ein weiterer Konstruktionsfehler ist das Vertauschen der Steigungen der Kurven. Dabei legten die Schüler:innen die Linien analog zu der Darstellung in Abbildung 4.1 in das Preis-Mengen-Diagramm, allerdings ordneten sie die Begriffe Nachfrage und Angebot den Linien inkorrekt zu[58]. Deshalb beschreibt die Nachfragekurve eine Linie mit positiver Steigung und die Angebotskurve eine Linie mit negativer Steigung. S21 erklärte diesen Verlauf der Kurven mit Bezug auf die gegenläufige Entwicklung von nachgefragter und angebotener Menge:

S21: *S21 ordnet der Linie mit positiver Steigung das Schild Nachfrage zu und ordnet der Linie mit negativer Steigung das Schild Angebot zu. „Wenn die Nachfrage steigt, dann sinkt das Angebot."* #00:03:28-5# (S21, Pos. 5)

Die fachlich korrekte, gegenläufige Entwicklung von nachgefragter und angebotener Menge ist jedoch nur bei Preisänderungen über und unterhalb des Gleichgewichtspreises gegeben. In dem Fall führt ein Preisrückgang beispielsweise zu einem Anstieg der nachgefragten Menge und einem Rückgang der angebotenen Menge. Bei gleichem Preis führt eine Erhöhung der Nachfrage und somit eine Rechtsverschiebung der Nachfragekurve jedoch zu einer Erhöhung des Gleichgewichtspreises und der angebotenen Menge.

Eine weitere, jedoch fachlich inkorrekte Erklärung zum Verlauf der Angebotskurve hat S8 bei der Konstruktionsaufgabe geäußert:

---

[58] Vgl. Interview S5, S6, S8, S9, S11, S13 S15, S21.

S8: „Wenn es viel gibt" *S8 zeigt auf das untere Ende der Linie mit der negativen Steigung, circa bei (Q2,C2).* „kann man nicht so viel dafür verlangen. Weil es fast zu viel gibt. Andersherum, wenn das Gut rar ist" *S8 zeigt auf (Q1,P4.5) auf der Linie mit der negativen Steigung.* „dann müssen auch die Preise angehoben werden." #00:04:06-7# (S8, Pos. 12)

Die Knappheit eines Gutes beeinflusst somit den Preis des Gutes. Je knapper ein Gut ist, desto teurer ist es. Demnach stehen die angebotene Menge und der Preis in einem negativen funktionalen Zusammenhang. Folgend hat die Angebotskurve eine negative Steigung.

7.3.2 Ergebnisdarstellung: Häufigkeiten der Kategorien zur Entstehung und Veränderung von Preisen

Tabelle 7.13 veranschaulicht die Häufigkeiten der Kategorien der Fehlkonstruktionen des Preis-Mengen-Diagramms der Schüler:innen. Demnach vertauschten neun Schüler:innen die Teile, sieben Schüler:innen die Achsen und acht Schüler:innen die Kurven. Die relativen Häufigkeiten setzen die Anzahl der Schüler:innen pro Kategorie ins Verhältnis zu der Anzahl aller Konstruktionsfehler und damit der Summe der Anzahl der Schüler:innen der Kategorien D1 *Vertauschen der Teile*, D2 *Vertauschen der Achsen* und D3 *Vertauschen der Kurven*. Wie einleitend beschrieben, fallen die abgebildeten Daten schwerpunktmäßig in den Bereich des *Wissens über ökonomische Modelle*, obwohl sie im Rahmen der Konstruktionsaufgaben des Lauten Denkens erfasst wurden. Der Grund dafür liegt in der Fokussierung der Konstruktionsaufgabe auf Wissen über das Preis-Mengen-Diagramm und nicht auf der Konstruktion oder Dekonstruktion eines Modells zur Problemlösung.

Darüber hinaus waren die zugeordneten Schüler:innen, mit Ausnahme von S6, S9 und S10, stets einfach zugeordnet. Somit gab es, bis auf die drei genannten, keine Schüler:innen, die mehrere Konstruktionsfehler machten und somit mehreren Kategorien zugeordnet wurden.

Tabelle 7.13 Übersicht über die Verteilung der Kategorien zu Fehlkonstruktionen des Preis-Mengen-Diagramms. (Eigene Darstellung)

D Fehlkonstruktionen des Preis-Mengen-Diagramms	Modellwissen	Gesamt N = 24 = 100 %
Vorstellungen	Konstruktion	
D1 Vertauschen der Teile	9 S2, S4, S6, S7, S10, S12, S16, S19, S29	38 %
D2 Vertauschen der Achsen	7 S1, S6, S9, S10, S14, S17, S20	29 %
D3 Vertauschen der Kurven	8 S5, S6, S8, S9, S11, S13, S15, S21	33 %

7.3.3 Interpretation und Diskussion der Ergebnisse: Fehlkonstruktionen des Preis-Mengen-Diagramms

Die Auseinandersetzung mit Konstruktionsfehlern der Schüler:innen ist insbesondere mit Blick auf die Improvisierung von Lehr-Lernkontexten und dabei beispielsweise für einen effektiveren Einsatz von Diagrammen im Fachunterricht relevant (Nerdel et al. 2019, S. 153). Grund dafür ist unter anderem, dass die Konstruktionsfehler häufig über die Schul- und Studienzeit hinweg beständig sind und folglich das konzeptionelle Lernen in den Fachdisziplinen hindern (Kotzebue und Nerdel 2015; Lachmayer 2008; Nerdel et al. 2019). Ohne explizite Aufmerksamkeitslenkung sind die Schüler:innen somit häufig nicht in der Lage, ihre Fehler selber zu erkennen und zu überarbeiten. Ausschlaggebend dafür sind, wie in Kapitel 5 beschrieben, die den Konstruktionsfehler zugrundeliegenden fachlich inkorrekten Vorstellungen der Lernenden. Diese werden folgend mit Bezug auf die dargestellten Konstruktionsfehler diskutiert und interpretiert.

7.3.3.1 Lernschwierigkeit des Übertrags der mathematischen Kenntnisse

Aufgrund der Fachspezifität des Umgangs mit Diagrammen als Visualisierungen von Modellen stellte insbesondere die Konstruktion von Diagrammen zu außermathematischen Kontexten die Schüler:innen vor Herausforderungen (vgl. Baumert et al. 2000; Nerdel et al. 2019; Philipp 2008). Somit konnten die Schüler:innen das im Mathematikunterricht erlernte, deklarative Wissen nur schwer auf die Konstruktion außermathematischer Diagramme übertragen. Die Schwierigkeit des Übertrags veranschaulicht beispielsweise der Konstruktionsfehler D1

Vertauschen der Teile. Die Schüler:innen erlernten im Mathematikunterricht, dass die Achsen eines Achsendiagramms in positiver Richtung durch einen Pfeil gekennzeichnet sind. Diese Konvention berücksichtigten 38 Prozent der Schüler:innen bei der Konstruktion des Preis-Mengen-Diagramms jedoch nicht. Wie in D1 *Vertauschen der Teile* beschrieben, wählten sie zur Darstellung der Achsen die Linien und zur Darstellung der Kurven die Pfeile. Eine Aufmerksamkeitslenkung der Interviewerin auf den Konstruktionsfehler der Schüler:innen führte allerdings dazu, dass die Schüler:innen ihre Konstruktion korrigierten. Die eigenständige Korrektur nach Aufmerksamkeitslenkung unterscheidet D1 *Vertauschen der Teile* von D2 *Vertauschen der Achsen* und D3 *Vertauschen der Kurven.* Die Schüler:innen besaßen somit deklaratives Wissen über die Konstruktion von Diagrammen, unter anderem aus dem Mathematikunterricht, konnten dies jedoch nicht direkt auf das ökonomische Diagramm übertragen. Der Übertrag erforderte das Nachfragen und dadurch eine Aufmerksamkeitslenkung der Interviewerin. Nichtsdestotrotz veranschaulicht die anschließende, eigenständige Überarbeitung, dass es nicht das Wissen, sondern der Übertrag dessen ist, der die Schüler:innen vor Herausforderungen stellte.

7.3.3.2 Lernschwierigkeit der Zuordnung der Abgängigkeiten der Variablen Preis und Menge

Der Konstruktionsfehler D2 *Vertauschen der Achsen* könnte auf ein fachlich inkorrektes Verständnis der Visualisierung der abhängigen und der unabhängigen Variable gemäß ökonomischer Konvention deuten. Wie bereits in der Diskussion der Ergebnisse zu Schülervorstellungen zur Nachfrage- und Angebotskurve beschrieben wurde (siehe Abschnitt 7.1.4), hatten die Schüler:innen Schwierigkeiten in dem Verständnis der abhängigen und der unabhängigen Variable. Deshalb beschrieben sie bei der Erklärung der Kurven den Preis als abhängige und die Menge als unabhängige Variable. Die Schnittmenge der Schüler:innen, die sowohl B2.3 *Preis* als auch D2 *Vertauschen der Achsen* beschrieben, umfasst alle Schüler:innen von D2 *Vertauschen der Achsen.* Diese Vorstellung könnte Ursache des Konstruktionsfehlers D2 *Vertauschen der Achsen* sein. Durch das Vertauschen der Achsen veranschaulichten die Schüler:innen somit ein vertauschtes Verständnis der abhängigen und der unabhängigen Variable in der grafischen Darstellung.

Darüber hinaus ist mit Blick auf D2 *Vertauschen der Achsen* auffällig, dass es keine weiteren Achsenbeschriftungen gab. Es ist lediglich die Kombination, von Preis und Menge, die falsch zugeordnet wurde. Weitere Kombinationen, wie beispielsweise der Teile Preis und Nachfrage oder Menge und Angebot als Achsenbeschriftungen, wurden von den Schüler:innen nicht beschrieben. Die Kategorien D2 *Vertauschen der Achsen* und D3 *Vertauschen der Kurven* sind somit mit Blick auf ihre Definitionen eher trennscharf. Folglich hatten alle Schüler:innen ein Verständnis für die Differenzierung zwischen den theoretischen Größen der Kurven und der Achsen. Lediglich die Zuordnung der Größen zu den Kurven und den Achsen stellte die Schüler:innen vor Herausforderungen, nicht jedoch der allgemeine Aufbau des Diagramms oder die Einteilung der Teile in Achsen- und Kurvenbeschriftungen.

7.3.3.3 Lernschwierigkeit des funktionalen Zusammenhangs von angebotener und nachgefragter Menge und dem Preis: Graph-als-Bild-Fehler

Dass den Schüler:innen auch die Zuordnung der Kurvenbeschriftungen schwerfällt, zeigte sich in dem Konstruktionsfehler D3 *Vertauschen der Kurven*. Obwohl die Mehrzahl der Schüler:innen zu einem späteren Zeitpunkt in der Datenerhebung die funktionalen Zusammenhänge von nachgefragter beziehungsweise angebotener Menge und dem Preis richtig erklärte (vgl. Abschnitt 7.1.3), ordnete sie den Kurven die falschen Beschriftungen zu. Dieser Konstruktionsfehler basiert unter anderem auf einer falschen Vorstellung der Entwicklung der Angebotskurve, welche somit bei der erstmaligen Konstruktion des Diagramms zu Fehlern führt. Demnach war es aus Sicht der Schüler:innen die Knappheit eines Gutes, die den Preis beeinflusst. Je mehr von einem Gut angeboten wird, desto günstiger wird es sein. Die abnehmende Knappheit eines Gutes bei steigender angebotener Menge führt zu der negativen Steigung der Angebotskurve. Folglich hat die Nachfragekurve nach dem Ausschlussprinzip eine positive Steigung. Außerdem führt der bereits in Abschnitt 5.4 beschriebene Graph-als-Bild-Fehler zu dem Konstruktionsfehler D3 *Vertauschen der Kurven*. S13 begründete die negative Steigung der Angebotskurve durch Verweis auf den positiven Zusammenhang des Preises und der angebotenen Menge:

> S13: „Dann das Angebot, je größer" *S13 legt Linie als Linie mit negativer Steigung in das Diagramm.* „desto höher ist der Preis, weil es somit attraktiver ist, etwas zu verkaufen." #00:04:01-7# (S13, Pos. 4)

Analog zu der Interpretation eines Bildes schlussfolgerte S13 aus einem hoch gelegenen Punkt auf der Angebotskurve eine hohe angebotene Menge. Dementsprechend ergibt sich die Höhe der angebotenen Menge nicht aus der x-Koordinate des Punktes, sondern aus der Höhe des Punktes auf der Kurve. Je näher der Punkt auf der Kurve mit der negativen Steigung an der Ordinate und somit je weiter oben der Punkt ist, desto höher ist laut der Beschreibung von S13 die angebotene Menge. Grundlage der Fehlkonstruktion ist folglich die Vorstellung des Graphen als Bilds und nicht als Funktionsgraph. Deshalb ist die

Höhe des Punktes und nicht die x-Koordinate des Punktes ausschlaggebend für die Höhe der angebotenen Menge.

7.4 Schülervorstellungen zu Verschiebungen und Bewegungen der Nachfrage- und Angebotskurve

Analog zu dem vierten Selektionskriterium aus Tabelle 6.5 wurden Aussagen der Schüler:innen zu Verschiebungen und Bewegungen auf der Nachfrage- und der Angebotskurve zusammengefasst und systematisiert. Die Aussagen entstanden sowohl durch die Auseinandersetzung der Schüler:innen mit den problemorientierten Aufgaben mithilfe der Methode des Lauten Denkens als auch im Leitfadeninterview. Zum Beispiel fokussierte die Hamburgeraufgabe auf einen Nachfrageanstieg oder die Plastikbesteckaufgabe auf einen Angebotsrückgang. Im Leitfadeninterview wurde, wie in Abschnitt 6.2.2 dargestellt, sowohl bei der Nachfrage- als auch bei der Angebotskurve nach Verschiebungen und Bewegungen der Kurven gefragt. Anpassungsprozesse bei Preisänderungen wurden darüber hinaus sowohl in der Eisaufgabe als auch im Leitfadeninterview in dem Themenbereich Gleichgewichtsbildung besprochen. Dabei wurde beispielsweise gefragt, was passiert, wenn sich der Preis von dem Gleichgewichtspreis kurzfristig erhöht oder verringert. Die somit erhobenen und ausgewerteten Aussagen beziehen sich schwerpunktmäßig auf den Bereich des *Umgangs mit ökonomischen Modellen* des *Denkens in ökonomischen Modellen* (siehe Kapitel 3) und damit primär auf prozessbezogene Kompetenzen. Dies schließt auch die im Leitfadeninterview besprochenen Prozesse der Kurvenverschiebungen und -bewegungen aufgrund geänderter Parameter sowie der Preisänderungen mit ein.

Aufgrund des Prozesscharakters und der daraus resultierenden Komplexität des Kategoriensystems wurde eine Darstellung der prozessbezogenen Kategorien mithilfe einer Matrix entwickelt. Die Gliederung mithilfe einer Matrix ermöglicht, durch die Kreuzung von Zeilen und Spalten, die Darstellung und Gruppierung mehrerer Prozesse in einer Abbildung. Die in den Aufgaben des Lauten Denkens und im Leitfadeninterview fokussierten Parameteränderungen Nachfragerückgang, Nachfrageanstieg, Angebotsrückgang, Angebotsanstieg, Preisrückgang und Preisanstieg bilden die Zeilen der Matrix. Die Spalten ergeben sich aus den von den Schüler:innen beschriebenen Auswirkungen der Parameteränderungen. Diese gliedern sich in Effekte auf die Nachfrage und auf das Angebot. Darüber hinaus beschreiben die Schüler:innen Effekte auf den Preis. Dieser steigt oder sinkt in Folge der in den Zeilen abgebildeten Parameteränderungen. Diese Auswirkungen auf den Preis werden gebündelt in Abschnitt 7.4.3 dargestellt, da die Preisänderungen sowohl Ursache als auch Wirkung, der in Abbildung 7.1 und oben beschriebenen Effekte auf die Nachfrage- und Angebotskurve, sein können. Beispielsweise kann ein Nachfrageanstieg durch die in der Zeile F von Abbildung 7.1 beschriebenen Effekte sowohl zu einem Preisanstieg als auch zu einem Preisrückgang führen.

Bezüglich der Effekte der Nachfrage- und der Angebotskurve wird darüber hinaus in den Spalten weiter unterschieden, wie der Effekt gerichtet ist. Bezüglich der Effekte auf die Nachfrage und das Angebot kann eine Parameteränderung sowohl zu einer Änderung der Steigung der Kurve, zu einer Verschiebung der Kurve oder zu einer Bewegung auf der Kurve führen. Auch bei diesen Effekten wird die Richtung unterschieden, so kann beispielsweise die Steigung der Kurve steiler oder flacher, die Kurve nach rechts oder links verschoben oder sich auf der Kurve nach oben oder nach unten bewegt werden. Abbildung 7.1 veranschaulicht die durch Kreuzung der Parameteränderungen in den Zeilen und der Effekte in den Spalten entstehende Matrix.

		1 Effekt auf Nachfrage						2 Effekt auf Angebot					
		1.1 Änderung der Steigung		1.2 Verschiebung der Kurve		1.3 Bewegung auf der Kurve		2.1 Änderung der Steigung		2.2 Verschiebung der Kurve		2.3 Bewegung auf der Kurve	
		1.1.1 steiler	1.1.2 flacher	1.2.1 rechts	1.2.2 links	1.3.1 hoch	1.3.2 runter	2.1.1 steiler	2.1.2 flacher	2.2.1 rechts	2.2.2 links	2.3.1 hoch	2.3.2 runter
Nachfrage-änderung	E Nachfragerückgang		E1.1.2	E1.2.1	E1.2.2								
	F Nachfrageanstieg	F1.1.1		F1.2.1		F1.3.1			F2.1.2		F2.2.2		
Angebots-änderung	G Angebotsrückgang		G1.1.2		G1.2.2			G2.1.1	G2.1.2	G2.2.1	G2.2.2		G2.3.2
	H Angebotsanstieg							H2.1.1		H2.2.1	H2.2.2		
Preis-änderung	I Preisrückgang			I1.2.1			I1.3.2			I2.2			I2.3.2
	J Preisanstieg			J1.2		J1.3.1					J2.2.2	J2.3.1	

Bewegung führt zu einem Anstieg in der Menge
Bewegung führt zu einem Rückgang in der Menge
Fachwissenschaftlich korrekte Effekte

Abbildung 7.1 Überblick über die Kategorien zur Verschiebung und Bewegungen der Nachfrage- und Angebotskurve infolge einer Parameteränderung. (Eigene Darstellung)

Die durch die Kreuzung entstehenden Zellen der Matrix sind befüllt, wenn die Schüler:innen Prozesse dieser Art beschrieben haben. Dabei ergibt sich die Bezeichnung der Zelle aus der Aneinanderreihung von Zeilen- und Spaltenindex. Der Hintergrund der Zellen veranschaulicht die von den Schüler:innen beschriebenen Auswirkungen auf die nachgefragte oder die angebotene Menge. Hellgrau markierte Zellen stehen somit im Zusammenhang mit einem Anstieg der Menge, dunkelgrau markierte Zellen mit einem Rückgang der Menge. Diese Mengenänderungen visualisieren somit eine weitere Wirkung der Parameteränderung oder des Effekts dessen. Bei weiß markierten Zellen nannten die Schüler:innen entweder keine Mengenänderung oder die Änderung wird in der Parameteränderung der Aufgabenstellung vorgegeben. Dies betrifft bei Änderungen der Nachfrage die Änderungen der angebotenen Menge und bei Änderungen des Angebots die Änderungen der nachgefragten Menge. Da bei Anpassungsprozessen bei einer Preisänderung weder eine Änderung des Angebots noch der Nachfrage vorgegeben ist, wurden in dem Fall Mengenänderungen in beiden Bereichen schattiert dargestellt. Darüber hinaus sind die Zellen, die aus fachwissenschaftlicher Perspektive korrekte Effekte beschreiben (siehe Kapitel 4), fett umrandet.

Die Zellen repräsentieren die Kategorien des Kategoriensystems. Zelle I1.2.1 steht somit beispielsweise für den Prozess, dass die Parameteränderung eines Preisrückgangs zu dem Effekt einer Rechtsverschiebung der Nachfragekurve führt, die einher geht mit oder ausgelöst wurde durch einen Anstieg der nachgefragten Menge.

Die Zellen beziehungsweise die Kategorien werden anschließend pro Nachfrage-, Angebots- und Preisänderung einzeln dargestellt. Veränderungen der Nachfrage beziehen sich somit auf die ersten beiden Zeilen E und F sowie auf deren Zellen.

Darüber hinaus werden die von den Schüler:innen beschriebenen Effekte der Nachfrage- und Angebotsänderungen auf den Preis dargestellt. In gleicher Systematik wie Abbildung 7.1 veranschaulicht Abbildung 7.2 den Ergebnisraum der von den Schüler:innen beschriebenen Effekte einer Nachfrage- und Angebotsänderung auf den Preis.

		3 Effekt auf den Preis	
		3.1 steigt	3.2 sinkt
Nachfrageänderung	E Nachfragerückgang		E3.2
	F Nachfrageanstieg	F3.1	F3.2
Angebotsänderung	G Angebotsrückgang	G3.1	G3.2
	H Angebotsanstieg	H3.1	

Fachwissenschaftlich korrekte Effekte

Abbildung 7.2 Überblick über die Kategorien zu Preisänderungen infolge einer Parameteränderung. (Eigene Darstellung)

Demnach veranschaulichen die mit Nummerierungen gefüllten Zellen die von den Schüler:innen beschriebenen Effekte auf den Preis. Dabei sind erneut die Zellen fett umrandet, die aus fachwissenschaftlicher Perspektive als richtig anzusehen sind. Da diese Effekte auf den Preis sowohl die Ursache als auch die Folge der in Abbildung 7.1 in den Spalten skizzierten Effekte der Parameteränderungen auf die Nachfrage und das Angebot sein können, werden die Effekte auf den Preis im Anschluss an die Effekte auf Nachfrage und Angebot separat dargestellt. Anschließend werden alle Kategorien aus Abbildung 7.1 gemeinsam mit den empirischen Forschungserkenntnissen aus Kapitel 5 und unter Bezug auf die Frage „Welche Lernschwierigkeiten lassen sich bei den Schüler:innen bei der Verschiebung und Bewegung auf der Nachfrage-/Angebotskurve ausgehend von der Änderung verschiedener Einflussfaktoren erkennen?" diskutiert und interpretiert.

7.4.1 Ergebnisdarstellung: Effekte einer Nachfrageänderung

Die Schüler:innen haben als Folge einer Nachfrageänderung, wie in Tabelle 7.14 dargestellt, insgesamt acht Prozesse beschrieben. Davon drei bei einem Nachfragerückgang und fünf bei einem Nachfrageanstieg.

Tabelle 7.14 Überblick über die Kategorien zu Effekten einer Nachfrageänderung. (Eigene Darstellung)

E Nachfragerückgang
E1.1.2 Nachfragerückgang → Flachere Steigung der Nachfragekurve
E1.2.1 Nachfragerückgang → Rechtsverschiebung der Nachfragekurve
E1.2.2 Nachfragerückgang → Linksverschiebung der Nachfragekurve
F Nachfrageanstieg
F2.1.2 Nachfrageanstieg → Flachere Steigung der Angebotskurve
F2.2.2 Nachfrageanstieg → Linksverschiebung der Angebotskurve
F1.1.1 Nachfrageanstieg → Steilere Steigung der Nachfragekurve
F1.3.1 Nachfrageanstieg → Bewegung auf der Nachfragekurve nach oben
F1.2.1 Nachfrageanstieg → Rechtsverschiebung der Nachfragekurve

Die Kategorien sowie die Nummerierungen und die Farbgebung ergeben sich aus der ersten und zweiten Zeile aus Abbildung 7.2. Lediglich die Reihenfolge der

Kategorien wurde entsprechend einer ansteigenden fachwissenschaftlichen Komplexität angepasst. Um den Prozesscharakter und die Wirkungsrichtung von der Nachfrageänderung auf die jeweiligen Effekte dazustellen, wurden die Effekte mit einem Pfeil gekennzeichnet. Der damit beschriebene Prozess ist somit beispielsweise die Änderung der Steigung der Nachfragekurve, sodass diese flacher ist, als Folge eines Nachfragerückgangs.

Die Kategorien werden folgend analog zu der Reihung in Tabelle 7.14 dargestellt:

E1.1.2 Nachfragerückgang → Flachere Steigung der Nachfragekurve

Ein Rückgang in der Nachfrage kann aus Sicht der Schüler:innen zu einer flacheren Steigung der Nachfragekurve führen[59]. Zum Beispiel erklärte S2 die Auswirkungen eines Nachfragerückgangs bei der Bearbeitung der Eisaufgabe wie folgt:

> S2: „Die Nachfrage ist zurückgegangen. Das heißt, es ist wahrscheinlich eine flachere Kurve geworden." *S2 dreht die Nachfragekurve so, dass sie flacher wird.* #00:12:49-8# (S2, Pos. 25)

Dabei wurde die Steigungsänderung stets als direkte Folge des Nachfragerückgangs erklärt.

E1.2.1 Nachfragerückgang → Rechtsverschiebung der Nachfragekurve

Ein Nachfragerückgang kann darüber hinaus aus Sicht der Schüler:innen zu einer Rechtsverschiebung der Nachfragekurve führen[60]. Beispielsweise antwortete S23 auf die Frage nach Gründen für eine Rechtsverschiebung der Nachfragekurve im Leitfadeninterview wie folgt:

> I: „Wann verschiebe ich sie nach rechts?" #00:18:44-5#

> S23: „Rechts, wenn die Nachfrage weniger ist. Wenn sie hier liegt, ist ein Nachfrager eher bereit etwas zu kaufen, da es jetzt weiter rechts ist." *S23 verschiebt die Linie mit negativer Steigung parallel nach rechts, sodass sie von (Q1, P5) nach (Q5,P0.5) verläuft.* „Wenn es hier ist, ist der Nachfrager eher weniger dazu bereit, ein bestimmtes Produkt zu kaufen." (S23, Pos. 75–76)

S23 beschrieb demnach eine Rechtsverschiebung als direkt Folge eines Nachfragerückgangs.

---

[59] Vgl. Interview S2, S19.
[60] Vgl. Interview S23.

E1.2.2 Nachfragerückgang → Linksverschiebung der Nachfragekurve
Die Mehrheit der Schüler:innen hat den fachwissenschaftlich korrekten Effekt
einer Linksverschiebung der Nachfragekurve als Folge eines Nachfragerückgangs[61]
beschrieben. Beispielsweise führte S16 den Preisanstieg bei der Eisaufgabe auf
einen Nachfragerückgang zurück:

> S16: „Die Nachfrage sinkt. So geht es runter." S16 *verschiebt die Linie mit der*
> *negativen Steigung parallel nach links.* #00:08:27-0# (S16, Pos. 25)

Dabei ist jedoch auffällig, dass die Schüler:innen die Begriffe *runter* und *hoch*
als Beschreibungen der Verschiebungen der Kurven synonym zu *links* und *rechts*
verwendeten:

> S27: „Sie verschiebt sich nach unten, wenn die Leute nicht mehr bereit sind zu zahlen."
> (S27, Pos. 73)

Demnach beschrieb S27 einen Rückgang der Nachfrage und dadurch eine Verschiebung der Nachfragekurve nach unten. Dabei schob S27 die Linie mit der negativen
Steigung im Preis-Mengen-Diagramm im Vergleich zur Ausgangsposition näher an
die Abszisse. Aus mathematischer Sicht gleicht diese Verschiebung nach unten einer
Linksverschiebung der Kurve, da die Kurven als lineare Funktionen im positiven
Bereich als endlos zu betrachten sind. Deshalb wurden Aussagen wie beispielsweise
die folgende als Links- Rechtsverschiebung transkribiert und kodiert:

> I: „Kann man sie auch nach unten verschieben?" #00:19:18-9#
>
> S25: „Ja, wenn die Nachfrage sinkt, dann sieht es so aus." *S25 verschiebt die Nach-*
> *fragekurve nach links.* #00:19:22-6# (S25, Pos. 61–62)

F2.1.2 Nachfrageanstieg → Flachere Steigung der Angebotskurve
Neben Auswirkungen einer Nachfrageänderung auf die Nachfragekurve beschrieben die Schüler:innen auch Auswirkungen auf das Angebot und die Angebotskurve.
Demnach nimmt die angebotene Menge mit steigernder Nachfrage im ökonomischen Modell ab[62]. Diese Abnahme führt laut den Schüler:innen[63] im mathematisch,

---

[61] Vgl. Interview S1, S3, S4, S6, S7, S13, S16, S19, S20, S22, S23, S25, S27, S28, S29.
[62] Vgl. Interview S1, S2, S9, S19, S21.
[63] Vgl. Interview S7, S19.

ökonomischen Modell beispielsweise dazu, dass die Angebotskurve mit steigender Nachfrage flacher wird:

> S19: „Die Nachfrage wird auf jeden Fall steiler werden […] Das Angebot. […] Ich hätte es eher flacher gemacht." *S19 verschiebt den Endpunkt der Linie mit positiver Steigung auf (Q5,P4).* „Dass einfach dadurch, dass mehr verkauft wird, der Preis mehr gesunken oder weiter sinken kann. Dann hat es den Preiskampf und damit kriegen sie eventuell noch ein paar Konkurrenten raus." #00:05:23-1# (S19, Pos. 12–16)

S19 folgerte beispielsweise aus dem Nachfrageanstieg bei der Hamburgeraufgabe, dass die Angebotskurve abflacht. Grund dafür ist die in Folge des Nachfrageanstiegs gestiegene Menge der verkauften Güter und Dienstleistungen, was zu einer Preissenkung dieser führt. Durch die Preissenkung können nicht mehr alle Anbieter:innen kostendeckend produzieren und werden sich dementsprechend aus dem Markt zurückziehen. Die dadurch abnehmende Zahl der Anbieter:innen auf einem Markt führt abschließend zu der flacheren Steigung der Angebotskurve.

F2.2.2 Nachfrageanstieg → Linksverschiebung der Angebotskurve
Der Anstieg der Nachfrage kann darüber hinaus zu einem Anstieg der angebotenen Menge führen[64]. Diesen Wirkungszusammenhang beschrieben S20 und S25 beispielsweise bei der Hamburgeraufgabe bezüglich des ökonomischen Modells der Preisbildung:

> S20: „Dadurch, dass die Nachfrage steigt, steigt das Angebot." #00:06:30-6# (S20, Pos. 9)

> S25: „Wenn die Nachfrage steigt, dann wird das Angebot angepasst, weil die Leute dann mehr Umsatz damit erzielen können." #00:04:55-5# (S25, Pos. 9)

Der Übertrag dessen, analog den Schritten des Modellierungskreislaufs in Abschnitt 2.3.2, in das ökonomisch-mathematische Modell und dessen Visualisierung durch das Preis-Mengen-Diagramm führt beispielsweise zu einer Linksverschiebung der Angebotskurve[65]. Die Verschiebung hat S18 bei der Lösung der Hamburgeraufgabe beschrieben:

---

[64] Vgl. Interview S1, S3, S4, S5, S6, S7, S9, S10, S12, S13, S16, S18, S19, S20, S22, S23, S25, S26, S27, S28.
[65] Vgl. Interview S18.

S18: „Die Nachfrage ist stark gestiegen und demnach kaufen mehr Leute das Produkt. Die Nachfrage ist aufgrund des Trends gestiegen. Demnach kann der Preis angehoben werden. Aufgrund des Trends werden die Güter trotzdem gekauft. Aus diesem Grund steigen mehr Unternehmen ins Geschäft ein und das Angebot wird größer." *S18 verschiebt die Angebotskurve nach links #00:04:13-3#*

Demnach führte der Nachfrageanstieg aufgrund des folgenden, höheren Preises zu einer Erhöhung der Zahl der Anbieter:innen und dadurch zu einer Erhöhung der angebotenen Menge. Dies zeigt sich in einer Linksverschiebung der Angebotskurve. Die Nachfragekurve ändert sich dabei nicht.

F1.1.1 Nachfrageanstieg → Steilere Steigung der Nachfragekurve

Der Anstieg der Nachfrage hat darüber hinaus aus Sicht der Schüler:innen[66] einen Einfluss auf die Steigung der Nachfragekurve. Dementsprechend fällt die Nachfragekurve in Folge eines Nachfrageanstiegs steiler. Die Steigung der Kurve wird somit durch einen Nachfrageanstieg, da die Steigung negativ ist, kleiner. Dieser Meinung ist beispielsweise S19, welcher bei der Lösung der Hamburgeraufgabe erklärte:

S19: „Die Nachfrage wird auf jeden Fall steiler werden, weil die Leute mehr bereit sind zu zahlen." *S19 verschiebt das untere Ende der Linie mit negativer Steigung auf den Punkt (Q2,5,P0). #00:05:03-3# (S19, Pos. 12)*

Neben der Verringerung der Steigung und der dadurch zunehmenden Steilheit der Kurve kann ein Nachfrageanstieg jedoch auch zu einer positiven Steigung der Nachfragekurve führen. In diesem Sinne beschrieb S7 bei der Lösung der Eisaufgabe:

S7: „Nachfrage steigt trotzdem." *S7 dreht die Kurve mit der negativen Steigung so, dass die Kurve erst steiler und die Steigung anschließend positiv wird. Dann verschiebt S7 die Kurve, nun mit positiver Steigung, sodass diese im Ursprung beginnt. Dann legt S7 das Schild Nachfrage an das Ende der soeben gelegten Linie mit der positiven und steileren Steigung. #00:11:00-4# (S7, Pos. 27)*

Somit änderte S7 die Steigung so lange, bis aus der Nachfragekurve mit negativer Steigung eine Nachfragekurve mit positiver Steigung entsteht. Auf dem Weg dahin fällt die Nachfragekurve erst immer steiler, bis die Steigung im Betrag unendlich und die Kurve somit parallel zur Ordinate ist. Anschließend drehte S7 die Kurve weiter, sodass die Steigung der Nachfragekurve positiv wurde.

---

[66] Vgl. Interview S3, S7, S19.

F1.3.1 Nachfrageanstieg → Bewegung auf der Nachfragekurve nach oben
Außerdem kann ein Nachfrageanstieg die Ursache einer Bewegung auf der Nachfragekurve nach oben sein[67]. Um dies zu veranschaulichen fuhren die Schüler:innen mit dem Finger auf der Nachfragekurve in positiver Richtung der Ordinate nach „oben". Der Finger veranschaulichte dabei den Punkt, an dem sich das Angebot und die Nachfrage treffen. Das machten unter anderem S1 und S10 bei der Lösung der Hamburgeraufgabe:

S1: „Die Nachfrage ist gestiegen, heißt" *S1 zeigt auf Schnittpunkt der beiden Linien.* „die ist irgendwo hier?" *S1 fährt entlang der Linie mit der negativen Steigung von dem Schnittpunkt der beiden Linien zu einem Punkt zwischen (Q2, P4) und (Q0, P5). S1 zeigt weiter auf den besagten Punkt.* „und dadurch steigt der Preis" #00:06:13-6# (S1, Pos. 38)

S10: „Die Nachfrage steigt" *S10 fährt die Linie mit der negativen Steigung entlang von (Q5,P0.5) zu (Q2,P4).* „und der Preis steigt auch." #00:05:25-4# (S15, Pos. 11)

Somit führte der Nachfrageanstieg zu einer Bewegung auf der Nachfragekurve nach oben.

F1.2.1 Nachfrageanstieg → Rechtsverschiebung der Nachfragekurve
Aus fachwissenschaftlicher Perspektive führt ein Nachfrageanstieg zu einer Rechtsverschiebung der Nachfragekurve[68]. S4 hat den Prozess beispielsweise bei Bearbeitung der Hamburgeraufgabe wie folgt beschrieben:

S4: „Mit der Zeit ist die Nachfrage gestiegen. Ich glaube, das hatte dann eine Rechtsverschiebung vom Graphen als Folge." *S4 verschiebt die Linie mit der negativen Steigung parallel nach rechts.* #00:07:24-6# (S4, Pos. 8)

Auch bei einer theoretischen Betrachtung eines Nachfrageanstiegs im Leitfadeninterview argumentierte S23:

S23: „Wenn die Nachfrage für irgendein Produkt steigt, also auch vom Interesse her. Beispielsweise ein teures Produkt: Handys. Da kommt fast jedes Jahr ein neues Modell raus und es gibt sehr viele Leute, die dann immer das neueste Modell haben wollen und da kann ich mir schon vorstellen, dass die Nachfrage sich ein bisschen mehr hierhin verschiebt." *S23 verschiebt die Linie mit negativer Steigung parallel nach rechts.* #00:19:57-8# (S23, Pos. 80)

---

[67] Vgl. Interview S1, S5, S10, S15, S17.
[68] Vgl. Interview S2, S3, S4, S5, S6, S7, S8, S9, S11, S12, S13, S14, S16, S19, S20, S22, S23, S25, S26, S27, S28, S29.

Allerdings zeigte sich die in E1.2.2 *Nachfragerückgang → Linksverschiebung der Nachfragekurve* beschriebene Inkonsistenz der Bezeichnung der Verschiebungen der Kurven durch die Schüler:innen auch bei Rechtsverschiebungen der Kurven[69]. Diese wurden nicht nur als Verschiebungen nach rechts, sondern auch als Verschiebungen nach oben betitelt. Dies zeigte sich sowohl bei der Bearbeitung der Aufgaben als auch im Zuge des Leitfadeninterviews. Zum Beispiel beschrieb S3 bei der Bearbeitung der Hamburgeraufgabe:

> S3: „Die Nachfrage verschiebt sich nach oben." *S3 verschiebt Linie mit der negativen Steigung parallel nach rechts.* #00:05:54-7# (S3, Pos. 14)

In Bezug auf potenzielle Verschiebungen der Nachfragekurve erklärte S16 im Leitfadeninterview:

> S16: „Wenn sich ein Ereignis ereignet, dass die Nachfrage steigt, so etwas wie ein Trend, dann bewegt sich die Kurve nach oben." *S16 schiebt die Linie mit der negativen Steigung parallel nach rechts.* #00:18:52-7# (S16, Pos. 63)

Entsprechend den Kodierregeln bei einer Linksverschiebung in E1.2.2 *Nachfragerückgang → Linksverschiebung der Nachfragekurve* wurden Aussagen der Schüler:innen zu Verschiebungen nach oben bezüglich der Nachfragekurve synonym zu Rechtsverschiebungen kodiert.

Zusammenfassend beschrieben die Schüler:innen somit mehr Prozesse als Folge eines Nachfrageanstiegs als bei einem Nachfragerückgang. Dies kann unter anderem auf die Skizzierung eines Nachfrageanstiegs in der Hamburgeraufgabe zurückgeführt werden. Keine Aufgaben des Lauten Denkens modellierte einen Nachfrageanstieg.

7.4.2 Ergebnisdarstellung: Effekte einer Angebotsänderung

Eine Angebotsänderung und dabei insbesondere ein Angebotsrückgang führt, wie in Abbildung 7.1 dargestellt, aus Sicht der Schüler:innen zu einer Vielzahl von Effekten. Wie in Tabelle 7.15 veranschaulicht, beschrieben sie bezüglich eines Angebotsrückgangs sieben Prozesse und bezüglich eines Angebotsanstiegs drei Prozesse.

---

[69] Vgl. Interview S3, S6, S12, S16, S27.

Tabelle 7.15   Überblick über die Kategorien zu Effekten einer Angebotsänderung. (Eigene Darstellung)

G Angebotsrückgang
G1.1.2 Angebotsrückgang → Flachere Steigung der Nachfragekurve
G1.2.2 Angebotsrückgang → Linksverschiebung der Nachfragekurve
G2.1.1 Angebotsrückgang → Steilere Steigung der Angebotskurve
G2.1.2 Angebotsrückgang → Flachere Steigung der Angebotskurve
G2.3.2 Angebotsrückgang → Bewegung auf der Angebotskurve nach unten
G2.2.1 Angebotsrückgang → Rechtsverschiebung der Angebotskurve
G2.2.2 Angebotsrückgang → Linksverschiebung der Angebotskurve
H Angebotsanstieg
H2.1.1 Angebotsanstieg → Steilere Steigung der Angebotskurve
H2.2.2 Angebotsanstieg → Linksverschiebung der Angebotskurve
H2.2.1 Angebotsanstieg → Rechtsverschiebung der Angebotskurve

Analog zu der Darstellung der Kategorien bei einer Nachfrageänderung in Tabelle 7.14 wurden die Effekte eines Angebotsrückgangs oder eines Angebotsanstiegs mit einem Pfeil gekennzeichnet.

Die Kategorien werden folgend, analog zu der Reihung in Tabelle 7.15 dargestellt:

G1.1.2 Angebotsrückgang → Flachere Steigung der Nachfragekurve

Die Schüler:innen beschrieben verschiedene Auswirkungen eines Angebotsrückgangs auf die Nachfrage und die Nachfragekurve. Im ökonomischen Modell führt ein Angebotsrückgang aus Sicht der Schüler:innen zu einem Rückgang der nachgefragten Menge[70]. S9 hat diesen Zusammenhang in Bezug auf die Plastikbesteckaufgabe beschrieben:

> S9: „Es gibt weniger Angebot an Plastikbesteck. Deswegen sinkt auch die Nachfrage." #00:08:04-8# (S9, Pos. 14)

Dies führt im mathematisch-ökonomischen Modell beispielsweise zu dem Abflachen der Nachfragekurve[71]. In Bezug auf die Plastikbesteckaufgabe äußerte S19:

---

[70] Vgl. Interview S3, S7, S9, S19.
[71] Vgl. Interview S19.

S19: „In der letzten Zeit ist das Angebot vom Plastikbesteck deutlich gesunken. Die Nachfrage geht auf jeden Fall deutlich flacher." *S19 verschiebt die Linie mit negativer Steigung, sodass der Startpunkt bei (Q0,P1) liegt und der Endpunkt auf (Q5,P0).* „Momentan ist es ja sogar verboten. Es ist fast null." #00:06:19-8# (S19, Pos. 20)

Somit führte ein Angebotsrückgang zu einem Abflachen der Nachfragekurve, da die nachgefragte Menge zurückgeht. Grund dafür ist die Annahme, dass die geringe Nachfrage der Auslöser für den Angebotsrückgang ist.

G1.2.2 Angebotsrückgang → Linksverschiebung der Nachfragekurve

Darüber hinaus führt ein Angebotsrückgang zu einer Linksverschiebung der Nachfragekurve[72]. S15 erklärte dies am Beispiel der Plastikbesteckaufgabe wie folgt:

S15: „Wenn das Angebot gesunken ist, müsste der Preis geringer werden, damit weiterhin Nachfrage besteht. Ich würde die Nachfragekurve so verschieben" *S15 verschiebt die Linie mit der negativen Steigung nach links* „sodass der Preis nicht hoch ist." #00:06:27-7# (S15, Pos. 15)

Somit führt ein Angebotsrückgang zu einer Verschiebung der Nachfragekurve nach links, wodurch der Gleichgewichtspreis sinkt. Auslöser für die Verschiebung der Nachfragekurve ist demnach nicht eine Änderung der nachgefragten Menge, sondern die Nachfragekurve verschiebt sich, damit der Gleichgewichtspreis sinkt. Aus fachwissenschaftlicher Perspektive verschiebt sich die Nachfragekurve jedoch nicht.

G2.1.1 Angebotsrückgang → Steilere Steigung der Angebotskurve

Neben Effekten eines Angebotsrückgangs auf die Nachfragekurve haben die Schüler:innen auch Effekte auf die Angebotskurve beschrieben. Einer dieser Effekte ist beispielsweise eine Änderung der Steigung, sodass die Kurve steiler wird[73]. Demnach erklärte S23 die Steigungsänderung bei der Plastikbesteckaufgabe unter Anbetracht der Abhängigkeit der angebotenen Menge von dem Preis:

S23: „Elastizität ist die Preisänderung von einem bestimmten Gut. Wenn es unelastisch ist, gibt es fast keine Veränderung und wenn, dann nur eine sehr kleine Veränderung. Wenn es elastisch ist, gibt es eine große Veränderung. Da es staatlich geprüft wird, würde ich sagen, dass man da nicht viel dafür verlangen darf. Die Angebotskurve würde sich hierhin verschieben, also ein bisschen weiter nach links und

---

[72] Vgl. Interview S1, S15.
[73] Vgl. Interview S10, S23.

ein bisschen steiler machen." *S23 macht die Linie mit positiver Steigung steiler.* #00:06:13-8#

I: „Steiler machen, weil?" #00:06:14-7#

S23: „Weil die Elastizität gegebenenfalls nicht groß ist. #00:06:26-3# (S23, Pos. 16-18)

Demnach ist die Verringerung der Abhängigkeit des staatlich geprüften Plastikbestecks von dem Preis ausschlaggebend für einen Anstieg der Steigung der Angebotskurve.

G2.1.2 Angebotsrückgang → Flachere Steigung der Angebotskurve

Die Steigung der Angebotskurve kann jedoch auch so weit sinken, dass die Kurve negativ verläuft[74]. Bei der Erklärung der Lösung der Plastikbesteckaufgabe äußerte S25 dazu:

S25: „Hier ist das Angebot von Plastik stark gesunken." [...] *S25 dreht die Angebotskurve um 90 Grad im Uhrzeigersinn.* #00:05:27-9# (S25, Pos. 11)

Somit sinkt die Kurve, bis die Steigung null und die Kurve parallel zur Abszisse ist. Von dort sinkt die Kurve weiter, sodass die Steigung negativ größer wird. Als Resultat der Steigungsänderung entsteht eine Kurve mit negativer Steigung:

S7: „Das Angebot sinkt" *S7 verschiebt Linie mit der positiven Steigung, indem S7 den Punkt (Q2, P2) fixiert und die Linie variiert. Dadurch entsteht eine Linie mit negativer Steigung.* #00:09:37-6# (S7, Pos. 21)

Somit führt ein Angebotsrückgang zu einer Abflachung der Steigung, bis hin zu einer Umkehr der Steigung in das Negative.

G2.3.2 Angebotsrückgang → Bewegung auf der Angebotskurve nach unten

Neben einer Verschiebung der Kurve kann ein Angebotsrückgang zu einer Bewegung auf der Kurve führen. Dabei beschrieben einige Schüler:innen[75] die Bewegung auf der Kurve nach unten und somit in entgegengesetzter Richtung der Ordinate als Folge eines Angebotsrückgangs. Bei der Bearbeitung der Plastikbesteckaufgabe fuhr S5 mit dem Finger entlang der Angebotskurve und verschob somit den gezeigten Punkt Richtung Abszisse:

---

[74] Vgl. Interview S7, S25.
[75] Vgl. Interview S1, S5.

S5: „Das Angebot geht zurück." *S5 fährt mit dem Zeigefinger von (Q5,P5) zu (Q3.5,P3.5) auf der Linie mit der positiven Steigung. #00:09:24-3# (S5, Pos. 15)*

Gleiche Bewegung führte S1 bei der Bearbeitung der Plastikbesteckaufgabe aus. Im Vergleich zu S5 bewegte S1 den Punkt deutlich weiter nach unten:

S1: „Das Angebot sinkt" *S1 zeigt entlang der Linie mit der positiven Steigung von (Q5,P5) in Richtung (Q1,P1). #00:08:34-1# (S1, Pos. 59)*

Jedoch haben die Erklärungen beider Schüler:innen gemein, dass sie eine Bewegung des Punktes auf der Angebotskurve nach unten als Folge eines Angebotsrückgangs beschrieben.

G2.2.1 Angebotsrückgang → Rechtsverschiebung der Angebotskurve

Darüber hinaus beschrieben die Schüler:innen Prozesse der Verschiebung der Angebotskurve, wie beispielsweise eine Rechtsverschiebung, ausgelöst durch einen Angebotsrückgang[76]. Dies beschrieben S3 und S6 bei der Bearbeitung der Plastikbesteckaufgabe:

S3: „Wenn das Angebot sinkt, dann verschiebt es sich nach rechts" *S3 verschiebt Linie mit der positiven Steigung parallel nach rechts und hält dabei die Linie mit der negativen Steigung fest.* „und die Nachfrage bleibt gleich." *#00:07:14-4# (S3, Pos. 20)*

S6: „Das Angebot sinkt. Wenn die Nachfrage noch gleich ist, dann wird der Preis etwas höher, da das Angebot knapper wird. Das Angebot geht runter." *S6 verschiebt Linie mit der positiven Steigung parallel nach rechts. #00:08:40-7# (S6, Pos. 18)*

Analog zu der Kodierung bei Verschiebungen der Nachfragekurve wurden Beschreibungen der Verschiebungen der Angebotskurve nach oben und unten den Rechts- und Linksverschiebungen zugeordnet. Im Vergleich zur negativen Nachfragekurve entspricht bei der positiven Angebotskurve nicht eine Verschiebung nach oben, sondern eine Verschiebung nach unten einer Rechtsverschiebung. Dementsprechend wurden Aussagen der Schüler:innen zu Verschiebungen nach unten unter dieser Kategorie zusammengefasst. Somit wurde die folgende Erklärung von S5 zu Verschiebungen der Angebotskurve im Leitfadeninterview beispielsweise dieser Kategorie zugeordnet:

---

[76] Vgl. Interview S3, S5, S6, S12, S17, S18, S25, S28, S29.

S5: „Natürlich kann sie auch nach unten gehen." *S5 verschiebt Linie mit der positiven Steigung parallel nach rechts.* „Zum Beispiel wenn ein Marktführer Insolvenz anmelden muss oder so was, wird das Angebot zurückgehen." #00:28:08-1# (S5, Pos. 79)

G2.2.2 Angebotsrückgang → Linksverschiebung der Angebotskurve

Eine weitere Verschiebung, die von den Schüler:innen als Folge eines Angebotsrückgangs beschrieben wurde, ist eine Linksverschiebung der Angebotskurve[77]. Diese ist aus fachwissenschaftlicher Perspektive die Konsequenz eines Angebotsanstiegs. Dementsprechend fachwissenschaftlich richtig löste beispielsweise S26 die Plastikbesteckaufgabe:

S26: „Wenn das Angebot sinkt, verschiebt sich die Kurve nach links." #00:05:20-8# (S26, Pos. 15)

Grund für eine Linksverschiebung ist der Rückgang in der angebotenen Menge durch den Angebotsrückgang. S20 hat dies exemplarisch am Beispiel des Marktes für Apfelsaft im Leitfadeninterview beschrieben:

S20: „Das ist die Ausgangskurve und es werden viele Äpfel zerstört und die können deswegen nicht mehr für die Herstellung von Apfelsaft verwendet werden. Das Angebot verschiebt sich nach links." *S20 verschiebt die Angebotskurve leicht nach links* #00:28:56-1# (S20, Pos. 75)

Demnach führte der Rückgang in den für die Produktion zur Verfügung stehenden Äpfeln zu einem Rückgang der angebotenen Menge und somit zu einer Linksverschiebung der Angebotskurve.

H2.1.1 Angebotsanstieg → Steilere Steigung der Angebotskurve

Neben dem Effekt auf den Preis beschrieben die Schüler:innen verschiedene Effekte auf die Angebotskurve. Einer dieser Effekte ist die Änderung der Steigung der Angebotskurve, sodass diese steiler wird[78]. Dieser Effekt wurde von S2 im Leitfadeninterview wie folgt beschrieben:

S2: „Je mehr Angebot es gibt, desto steiler ist glaube ich die Angebotskurve." #00:31:23-1# (S2, Pos. 87)

---

[77] Vgl. Interview S4, S8, S11, S12, S13, S14, S16, S18, S20, S23, S26, S29.
[78] Vgl. Interview S2, S9, S22.

In Bezug auf die Hamburgeraufgabe beschrieb S22 diesen Effekt als Folge eines Nachfrageanstiegs, welcher wiederrum aus Sicht von S22 zu einem Angebotsanstieg führt:

> S22: „Dadurch müsste es auch ein höheres Angebot geben. Deswegen würde ich die Angebotskurve dann steiler setzen als davor." *S22 legt die Linie mit positiver Steigung zurück in das PMD sodass sie von (Q1,C1) nach (Q4,P5) verläuft.* #00:05:29-1#

Als Folge des Angebotsanstiegs wurde dementsprechend die Angebotskurve steiler.

H2.2.2 Angebotsanstieg → Linksverschiebung der Angebotskurve
Allerdings kann ein Angebotsanstieg auch zu einer Linksverschiebung der Angebotskurve führen[79]. Im Leitfadeninterview hat S2 diesen Effekt bei der Erklärung der Entstehung der Angebotskurve beschrieben:

> S2: „Wenn das Angebot steigt, dann ist es eine Linksverschiebung von der Kurve."
> #00:31:23-1# (S2, Pos. 87)

Analog zu den bereits beschriebenen Kodierregeln bei Verschiebungen der Kurve wurden Verschiebungen nach unten als Linksverschiebungen kodiert:

> S6: „Auch" *S6 verschiebt Linie mit der positiven Steigung parallel nach links und wieder ein wenig zurück parallel nach rechts.* „nach oben und unten. Nach oben, wenn mehr angeboten wird und nach unten, wenn weniger angeboten wird." #00:20:56-3# (S6, Pos. 84)

Die Erklärung von S6, einer Verschiebung der Angebotskurve nach unten, ist somit ein Beispiel für diese Kategorie.

H2.2.1 Angebotsanstieg → Rechtsverschiebung der Angebotskurve
Aus fachwissenschaftlicher Perspektive führt ein Angebotsanstieg zu einer Rechtsverschiebung der Angebotskurve[80]. Bei der Bearbeitung der Eisaufgabe hat S23 diesen Prozess unter Berücksichtigung der Jahreszeiten beschrieben:

> S23: „Den Sommer betrachtet, würde ich auf jeden Fall sagen, dass das Angebot steigt." *S23 verschiebt die Linie mit positiver Steigung parallel nach rechts.* #00:07:58-0# (S23, Pos. 24)

---

[79] Vgl. Interview S2, S3, S6, S16.
[80] Vgl. Interview S13, S20, S23.

Auch im theoretischen Fall des Leitfadeninterview beschrieben die Schüler:innen diesen Effekt:

S13: „Wenn mehr angeboten wird, das heißt die angebotene Menge steigt, dann muss es sich nach rechts verschieben." *S13 verschiebt die Linie mit der positiven Steigung parallel nach rechts.* #00:27:20-6#

Somit führte auch hier ein Angebotsanstieg aufgrund der damit einhergehenden Vergrößerung der angebotenen Menge zu einer Rechtsverschiebung der Angebotskurve.

Zusammenfassend haben die Schüler:innen bei der Effektänderung eines Angebotsrückgangs mehr qualitativ unterschiedliche Prozesse beschrieben als bei einem Angebotsanstieg. Eine mögliche Erklärung dafür könnte wieder die Aufgabenformulierung sein. Während ein Angebotsrückgang in der Plastikbesteckaufgabe explizit thematisiert wurde, gibt es keine Aufgabe, die einen Angebotsanstieg skizziert.

7.4.3   Ergebnisdarstellung: Anpassungsprozesse einer Preisänderung

Ändert sich der Preis, so führte dies aus Sicht der Schüler:innen sowohl zu Anpassungsprozessen bezüglich der Nachfrage- als auch der Angebotskurve. Preisänderungen wurden dafür sowohl im Leitfadeninterview als auch bei der Eisaufgabe skizziert. Beispielsweise wurde, wie in Tabelle 6.4 beschrieben, im Leitfadeninterview gefragt, was passiert, wenn sich der Preis ändert oder wie es zu Verschiebungen und Bewegungen auf den Kurven kommen kann. Folgende, induktiv gebildeten Kategorien zeigen die von den Schüler:innen beschriebenen Anpassungsprozesse auf einen Preisrückgang und einen Preisanstieg:

Analog zu der Darstellung der Kategorien bei einer Nachfrageänderung (siehe Abschnitt 7.4.1) und einer Angebotsänderung (siehe Abschnitt 7.4.2) wurden die Anpassungsprozesse bei einer Preisänderung mit einem Pfeil gekennzeichnet. Dieser veranschaulicht die Wirkungsrichtung des Prozesses. Darüber hinaus wurden, wie in den anderen beiden Kapiteln, die Kategorien entsprechend der fachwissenschaftlichen Komplexität angeordnet. Da die Kategorien in Tabelle 7.16 zur Reduktion der Komplexität gebündelt dargestellt werden, sind die Zellen der Tabellen nicht mit einem Grauton hinterlegt. Allerdings beschrieben die Schüler:innen einheitlich, dass ein Preisrückgang zu einem

Tabelle 7.16 Überblick über die Kategorien zu Anpassungsprozessen einer Preisänderung. (Eigene Darstellung)

I Preisrückgang	
I1.2.1 und I2.2 Preisrückgang	→ Verschiebung von mindestens einer Kurve
I1.3.2 und I2.3.2 Preisrückgang	→ Bewegung auf mindestens einer Kurve nach unten
J Preisanstieg	
J1.2 und J2.2.2 Preisanstieg	→ Verschiebung von mindestens einer Kurve
J1.3.1 und J2.3.1 Preisanstieg	→ Bewegung auf mindestens einer Kurve nach oben

Anstieg der nachgefragten Menge[81] und ein Preisanstieg zu einem Rückgang der nachgefragten Menge[82] führt. Die positiven Auswirkungen eines Preisrückgangs auf die nachgefragte Menge erklärte S17 im Leitfadeninterview anhand von Sale-Aktionen von Modeunternehmen:

> S17: „Wenn zum Beispiel Asos Kleidung loswerden will, von der es zu viel gekauft hat, dann verkauft es diese für 90 Prozent weniger. Dadurch steigt die Nachfrage stark an. Menschen kaufen dann mehr ein, weil die Kleidung sehr günstig ist." #00:26:38-7# (S17, Pos. 53)

S3 fasste darüber hinaus die Auswirkungen einer Preisänderung auf die nachgefragte Menge allgemein im Leitfadeninterview zusammen:

> S3: „Bei einem höheren Preis" *S3 verschiebt das Schild Preis in Euro nach oben.* „sinkt die Nachfrage. Bei einem niedrigeren steigt die Nachfrage." #00:17:58-5# (S3, Pos. 76).

Darüber hinaus haben die Schüler:innen einen gegenteiligen Anpassungsprozess der Preisänderung auf das Angebot beschrieben. S5 erklärte im Leitfadeninterview die Auswirkungen einer Preisänderung auf die angebotene Menge:

> S5: „Wenn der Preis steigt, wird das Angebot insgesamt größer. Wenn der Preis niedriger wird, dann wird es weniger." #00:28:19-5# (S5, Pos. 81)

Somit führte ein Preisanstieg zu einem Anstieg der angebotenen Menge und ein Preisrückgang zu einem Rückgang der angebotenen Menge.

---

[81] Vgl. Interview S1, S3, S12, S17, S24, S25.

[82] Vgl. Interview S1, S2, S3, S4, S6, S7, S10, S11, S15, S19, S21, S22, S24, S25, S29.

Die Kategorien werden folgend analog zu der Reihung in Tabelle 7.16 dargestellt:

I1.2 und J2.2 Preisrückgang → Verschiebung von mindestens einer Kurve
Die Schüler:innen haben in Folge eines Preisrückgangs den Anpassungsprozess der Verschiebung von mindestens einer Kurve beschrieben. Somit wurden Aussagen der Schüler:innen dieser Kategorie zugeordnet, die entweder die Nachfrage- oder die Angebotskurve oder beide Kurven in Folge eines Preisrückgangs verschoben. Dabei verschoben die Schüler:innen die beiden Kurven sowohl nach rechts als auch nach links. Beispielsweise führte der Anstieg in der nachgefragten Menge aufgrund des Preisrückgangs aus Sicht der Schüler:innen zu einer Rechtsverschiebung der Nachfragekurve[83]. Der Prozess wurde im Leitfadeninterview beispielsweise von S24 bei der Frage nach potenziellen Verschiebungen der Nachfragekurve theoretisch erklärt:

> S24: „Wenn der Preis runtergeht, dann geht es eher hoch," *S24 verschiebt die Linie mit negativer Steigung nach recht, sodass sie von (Q0.5,P5) nach (Q5,P1,5) verläuft.* „weil dann mehr Leute es kaufen würden bis zu einem längeren Punkt." #00:15:32-1# (S24, Pos. 55)

Dabei nahm S24 an, dass der Preis eines Produkts sinkt und folgert daraus, dass die nachgefragte Menge abnimmt. Diese Abnahme zeigte sich im Diagramm durch eine Rechtsverschiebung der Nachfragekurve.

Allerdings kann ein Preisrückgang und der damit verbundene Anstieg der angebotenen Menge auch zu einer Linksverschiebung der Nachfragekurve führen. S1 erklärte den Effekt einer Preisänderung auf die nachgefragte Menge im Leitfadeninterview wie folgt:

> S1: „Wenn der Preis steigt, dann verschiebt sie sich nach hier" *S1 verschiebt Linie mit der negativen Steigung parallel nach rechts.* „und wenn er sinkt nach hier." *S1 verschiebt Linie mit der negativen Steigung parallel nach links.* #00:23:25-0# (S1, Pos. 178)

Der beschriebene Effekt der Preisänderung auf die nachgefragte Menge ist somit der gleiche wie bei einer Rechtsverschiebung der Nachfragekurve.

Neben Anpassungsprozessen bezüglich der nachgefragte Menge und der Nachfragekurve beschrieben die Schüler:innen auch Auswirkungen auf die angebotene Menge. Grundsätzlich haben diese den Prozess gemein, dass der Preisrückgang

---

[83] Vgl. Interview S1, S24.

zu einem Rückgang der angebotenen Menge führt. Sie unterscheiden sich jedoch dahingehend, wie diese Effekte im Preis-Mengen-Diagramm abgebildet werden. Einige Schüler:innen beschrieben beispielsweise, dass der Prozess zu einer Rechtsverschiebung der Angebotskurve führt[84]. Im Leitfadeninterview erklärte S24:

S24: „Das Angebot kann sich, wenn der Preis nicht so hoch ist, auch nach rechts verschieben." *S24 verschiebt die Linie mit positiver Steigung nach rechts.* #00:19:15-2# (S24, Pos. 75)

Somit verschob sich die Angebotskurve aufgrund eines Preisrückgangs nach rechts. Beschreibungen der Verschiebungen nach oben wurden, wie bereits bei den Verschiebungen der Nachfrage- und Angebotskurve in Abschnitt 7.4.1 und 7.4.2 erläutert, synonym kategorisiert. Allerdings kann ein Preisrückgang auch zu einer Linksverschiebung der Angebotskurve führen[85]. S9 erklärte im Leitfadeninterview einen Preisrückgang wie folgt:

I: „Früher lag der Preis immer hier" *I zeigt auf (Q0,P3) auf der y-Achse.* „und jetzt liegt er hier oben." *I zeigt auf (Q0,P4).* #00:03:35-0#

S9: „Dann bewegt man die Kurve und nicht sich auf der Kurve." #00:03:42-5#

I: „Wie bewegt man die?" #00:03:42-5#

S9: „Man verschiebt sie" *S9 verschiebt die Linie mit der positiven Steigung parallel nach links* „so irgendwie." #00:03:52-0# (S9, Pos. 75–78)

Dabei betonte S9, dass man sich im Fall einer Preisänderung explizit nicht auf der Kurve bewegt, sondern diese Kurve verschiebt. Im Fall eines Preisrückgangs folgte beispielsweise eine Linksverschiebung der Angebotskurve.

I1.3.2 und I2.3.2 Preisrückgang → Bewegung auf mindestens einer Kurve nach unten

Aus fachwissenschaftlicher Perspektive führt ein Preisrückgang zu einer Bewegung auf den Kurven nach unten[86]. Bezüglich der Nachfragekurve resultiert somit aus der abnehmenden nachgefragten Menge eine Bewegung der Nachfragekurve nach unten:

---

[84] Vgl. Interview S1, S3, S19, S24, S27, S29.

[85] Vgl. Interview S9.

[86] Vgl. Interview S10, S20, S26, S28.

S10: „Wenn sich der Preis verändert, dann bewegen wir uns hier eher." *S10 fährt die y-Achse von (Q0,3) runter zu (Q0,P2) und dann hoch zu (Q0,P4).* „Also auf der Kurve." *S10 fährt dann von (Q0,P4) rüber zu (Q1,P4) neben der Linie mit der negativen Steigung und fährt dann parallel zu dieser entlang nach unten bis zu (Q3.5,P0) und dann in den mittleren Bereich von C zu (Q3,P1.5) und wieder nach unten zu (Q3.5,P0).* „Wenn der Preis sinkt, dann bewegt man sich nach unten. Wenn er steigt, ist es andersrum." #00:17:38-4# (S10, Pos. 63)

Die Bewegungsrichtung nach unten beschreibt eine Bewegung in negativer Richtung der Ordinate und dadurch näher an die Abszisse heran.

Auch bezüglich der Angebotskurve ist die Bewegung auf der Kurve eine weitere Möglichkeit, den Rückgang der angebotenen Menge im Preis-Mengen-Diagramm zu veranschaulichen[87]. Da die angebotene Menge abnimmt, folgt eine Bewegung auf der Angebotskurve nach unten und damit in negativer Richtung der Ordinate. Diesen Prozess hat S17 im Leitfadeninterview wie folgt beschrieben:

S17: „Wenn der Preis ganz oben ist, ist er hier." *S17 zeigt auf Ende der Linie mit positiver Steigung bei Punkt (Q5,P5).* „Wenn er sich verändert, also niedriger wird, dann geht es immer weiter runter." *S17 zeigt auf unteres Ende der Linie mit positiver Steigung bei Punkt (Q1,P0).* #00:06:34-2# (S17, Pos. 84)

Dementsprechend war die Folge einer Preissenkung eine Bewegung auf der Angebotskurve nach unten und somit in Richtung der Abszisse.

J1.2 und J2.2.2 Preisanstieg → Verschiebung von mindestens einer Kurve

Analog zu der Darstellung der Ergebnisse bei einem Preisrückgang wurden die von den Schüler:innen beschriebenen Anpassungsprozesse bei einem Preisanstieg kategorisiert. Somit umfasst diese Kategorie alle Aussagen der Schüler:innen zu der Verschiebung von mindestens einer Kurve in beliebiger Richtung. Grundlage aller Auswirkungen ist jedoch, wie bereits beschrieben, ein Rückgang in der nachgefragten und ein Anstieg in der angebotenen Menge. Der durch den Preisanstieg ausgelöste Rückgang in der nachgefragten Menge wurde von den Schüler:innen[88] beispielsweise durch eine Rechtsverschiebung der Nachfragekurve im Preis-Mengen-Diagramm veranschaulicht. Diese Verschiebung hat S19 im Leitfadeninterview beschrieben:

---

[87] Vgl. Interview S13, S17.
[88] Vgl. Interview S1, S3, S4, S7, S11, S15, S19.

S19: „Wenn der Preis steigt, verschieben wir." #00:18:11-4#

I: „Wohin?" #00:18:11-7#

S19: „Nach rechts." *S19 verschiebt die Linie mit negativer Steigung parallel nach rechts.* #00:18:14-9# (S19, Pos. 83–85)

Analog zu der Kodierung der Verschiebungen in den Kategorien der anderen Parameteränderungen wurden erneut Verschiebungen der Nachfragekurve nach oben synonym zu Verschiebungen der Nachfragekurve nach rechts kategorisiert. Dementsprechend wurde beispielsweise die Beschreibung einer Verschiebung nach oben von S11 dieser Kategorie zugeordnet:

I: „Was passiert mit der Nachfragekurve, wenn sich der Preis ändert?" #00:15:55-3#

S11: „Wenn sich der Preis ändert, bewegen wir die Kurve selber." #00:16:03-8#

I: „Wie bewegt sie sich bei einem Preisanstieg?" #00:16:06-1#

S11: „Nach oben." *S11 verschiebt die Linie mit der negativen Steigung parallel nach rechts.* #00:16:09-9# (S11, Pos. 49–52)

Der durch den Preisanstieg visualisierte Rückgang in der nachgefragten Menge wurde von den Schüler:innen darüber hinaus mit einer Links-[89] oder einer Rechtsverschiebung[90] der Nachfragekurve veranschaulicht. Die Auswirkung einer Linksverschiebung hat beispielsweise S3 bei der Bearbeitung der Eisaufgabe in der Modellanwendung beschrieben:

S3: „Der Preis ist gestiegen, das bedeutet die Nachfrage wird kleiner und das bedeutet, die verschiebt sich nach unten." *S3 verschiebt Linie mit der negativen Steigung parallel nach links.* #00:08:05-5# (S3, Pos. 22)

Wie bereits beschrieben, wurden Verschiebungen der Nachfragekurve nach unten analog zu Verschiebungen der Nachfragekurve nach links kategorisiert. Der Anstieg des Preises von Eis führte demnach zu einem Rückgang in der nachgefragten Menge, welcher durch eine Linksverschiebung der Nachfragekurve im Preis-Mengen-Diagramm visualisiert wurde. Diesen Prozess hat S24 darüber hinaus im Leitfadeninterview bei der Frage nach potenziellen Verschiebungen der Nachfragekurve theoretisch beschrieben:

---

[89] Vgl. Interview S3, S6, S11, S15, S22, S24.
[90] Vgl. Interview S1, S3, S7, S11,S15, S19.

S24: „Wenn man den Preis hoch setzt, dann wird es sich eher nach links verschieben."
S24 verschiebt die Linie mit negativer Steigung nach links. #00:15:32-1# *(S24, Pos. 55)*

Ein Preisanstieg hatte darüber hinaus Auswirkungen auf das Angebot und somit auf die Angebotskurve. Dabei beschrieben die Schüler:innen einheitlich, dass die angebotene Menge im Zuge des Preisanstiegs steigt. Erklärungen der Schüler:innen dazu, welche Auswirkungen dieser Anstieg der angebotenen Menge auf die Darstellung des Preis-Mengen-Diagramms hat, unterschieden sich jedoch. Eine mögliche Auswirkung ist eine Linksverschiebung der Angebotskurve[91]. Eine Rechtsverschiebung der Angebotskurve als Anpassungsprozess wurde von den Schüler:innen nicht beschrieben. Linksverschiebungen hat S1 im Leitfadeninterview beispielsweise durch die Verwendung der Bezeichnung „oben" beschrieben, welche, wie erklärt, als Linksverschiebung kodiert wurde:

S1: „Wenn beispielsweise der Preis steigt, dann verschiebt sie sich nach oben." *S1 verschiebt die Linie mit der positiven Steigung parallel nach links.* „Dann verändert sich auch die Menge." #00:27:39-7# (S1, Pos. 214)

Die Änderung in der angebotenen Menge wird somit durch die Linksverschiebung der Angebotskurve veranschaulicht. Nichtsdestotrotz beschrieb S1, dass die angebotene Menge steigt.

J1.3.1 und J2.3.1 Preisanstieg → Bewegung auf mindestens einer Kurve nach oben
Analog zu dem Effekt eines Preisrückgangs führt ein Preisanstieg zu einer Bewegung auf den Kurven, in dem Fall nach oben. Bezüglich der Nachfragekurve beschrieben die Schüler:innen einheitlich eine Bewegung nach oben und somit in positiver Richtung der Ordinate als Folge des Preisanstiegs und des damit einhergehenden Rückgangs in der nachgefragten Menge[92]. Im Zuge der Erklärung der allgemeinen Auswirkungen einer Preisänderung erklärte S20 im Leitfadeninterview die Auswirkungen eines Preisanstiegs:

S20: „Wenn sich der Preis ändert, dann bewegen wir uns auf der Kurve. [...] dann bewegt man sich in die Richtung und dadurch verändert sich die Stückzahl." *S20 bewegt den Finger entlang der Nachfragekurve nach links oben.* #00:24:00-5# (S20, Pos. 61)

---

[91] Vgl. Interview S1, S3, S4, S5, S8, S9, S14, S18, S19, S24, S27, S29.
[92] Vgl. Interview S10, S20, S25, S26, S28.

Dabei hat S20 die Bewegung nach oben auf der Nachfragekurve und somit in
positiver Richtung der Ordinate beschrieben.

Eine alternative Erklärung für die Auswirkungen eines durch einen Preisanstieg
ausgelösten Anstiegs in der angebotenen Menge ist eine Bewegung auf der Angebotskurve nach oben[93]. Eine Bewegung nach oben beschreibt dabei eine Bewegung
in positiver Richtung der Ordinate. Zum Beispiel erklärte dies S24 bei der Lösung
der Eisaufgabe:

S24: „Wenn der Preis des Eises steigt, wird das Angebot größer, weil die Leute mehr
Eis verkaufen können/wollen/möchten. Dann geht man da hoch" *S24 fährt den Ver-
lauf der Linie mit positiver Steigung mit dem Zeigefinger nach.* „und dadurch ist die
Nachfrage auch etwas niedriger." #00:06:57-6# (S24, Pos. 15)

Diese Auswirkung wurde auch von S5 im Leitfadeninterview bei der Frage nach
Auswirkungen eines Preisanstiegs auf die Angebotskurve genannt:

S5: „Wir bewegen uns da eher auf der Kurve." *S5 zeigt auf der Linie mit der positiven
Steigung von (Q2,P2) zu (Q4,P4).* #00:28:29-3# (S5, Pos. 83)

Zusammenfassend lässt sich festhalten, dass die Schüler:innen sowohl die Ver-
schiebungen der Kurven als auch Bewegungen auf den Kurven als Folge von
Preisänderungen beschrieben. Trotz der unterschiedlichen, von den Schüler:innen
skizzierten Anpassungsprozesse führte ein Preisrückgang einheitlich zu einem
Anstieg in der nachgefragten und einem Rückgang in der angebotenen Menge.
Ein Preisanstieg hatte gegenteilige Folgen.

7.4.4 Ergebnisdarstellung: Häufigkeiten der Kategorien zu Verschiebungen und Bewegungen der Nachfrage- und Angebotskurve

Die empirisch belegte Kontextabhängigkeit der Vorstellungen der Schüler:innen
zeigte sich auch in dem Bereich der Verschiebungen und Bewegungen der
Nachfrage- und Angebotskurve. Je nach Aufgabe oder Frage beschrieben sie
verschiedene Effekte der Parameteränderungen. Aufgrund dieser intrapersonalen
Konzeptwechsel (Davies 2019, S. 5; Marton und Pong 2005, S. 344) konnten die
Schüler:innen nicht einer Kategorie beziehungsweise einem Prozess zugeordnet

---

[93] Vgl. Interview S5, S13, S24, S28.

werden. Wie bereits in 7.4 beschrieben, beziehen sich diese aufgrund des Prozesscharakters schwerpunktmäßig auf den Bereich des *Umgangs mit ökonomischen
Modellen*. Da die Anzahl der Schüler:innen, die mehrere qualitativ unterschiedliche Argumente pro Aufgabe und Kategorie verbalisiert haben, sehr klein ist,
wurden diese, analog zu den Auswertungen der anderen Bereiche, nicht separat
erfasst. Die absoluten Häufigkeiten entsprechen somit den Schüler:innen, die eine
oder mehrere Erklärungen dieser Kategorie geäußert haben.

Die Unterschiede in den Häufigkeiten der genannten Effekte der Parameteränderungen sind unter anderem auf die in Abschnitt 6.2.1 dargestellten
Aufgaben und ihre Erwartungshorizonte zurückzuführen. Wie bereits beschrieben, fokussiert beispielsweise die Hamburgeraufgabe auf einen Nachfrageanstieg,
die Plastikbesteckaufgabe auf einen Angebotsrückgang und die Eisaufgabe auf
einen Preisanstieg, sodass bei diesen Parameteränderungen im Verhältnis zu
den anderen Parameteränderungen mehr Schüler:innen unterschiedliche Prozesse
beschrieben haben. Somit werden weder ein Nachfragerückgang noch ein Angebotsanstieg in den Aufgaben direkt thematisiert. Nichtsdestotrotz erklärten einige
Schüler:innen Auswirkungen dieser Parameteränderungen im Rahmen der Bearbeitung der Aufgaben oder des Leitfadeninterviews. Allerdings wurden trotzdem
die Folgen der Parameteränderung eines Angebotsanstiegs von den Schüler:innen
am seltensten skizziert.

Abbildung 7.3 veranschaulicht diese Häufigkeiten der Erklärungen der Kategorien. Somit beschrieben die Schüler:innen als Folge eines Nachfragerückgangs
am häufigsten den fachwissenschaftlich korrekten Effekt einer Linksverschiebung der Nachfragekurve. Auch bezüglich eines Nachfrageanstiegs beschrieben
sie am häufigsten den aus fachwissenschaftlicher Perspektive richtigen Effekt
einer Rechtsverschiebung der Nachfragekurve. Im Vergleich dazu sind die
beschriebenen Effekte der Schüler:innen als Folge einer Angebotsänderung und
einer Preisänderung diverser und weichen mehr von der fachwissenschaftlichen
Lösung ab. Beispielsweise beschreiben nur 38 Prozent der Erklärungen der
Schüler:innen den fachwissenschaftlich korrekten Effekt der Linksverschiebung
der Angebotskurve als Folge eines Angebotsrückgangs. Bezüglich eines Angebotsanstiegs erklärten die Schüler:innen am häufigsten den fachwissenschaftlich
inkorrekten Effekt einer Bewegung auf der Angebotskurve nach links. Als Anpassungsprozesse eines Preisrückgangs haben nur 26 Prozent der Erklärungen der
Schüler:innen den fachwissenschaftlich korrekten Effekt einer Bewegung auf
der Nachfragekurve nach unten und die Mehrheit von 40 Prozent der Erklärungen eine Rechtsverschiebung der Angebotskurve beschrieben. Bezüglich der
Parameteränderung des Preisanstiegs beschrieb eine Mehrheit von 35 Prozent
eine Linksverschiebung der Angebotskurve als Folge der Preiserhöhung. Den

| | 1 Effekt auf Nachfrage | | | | | | 2 Effekt auf Angebot | | | | | | |
| | 1.1 Änderung der Steigung | | 1.2 Verschiebung der Kurve | | 1.3 Bewegung auf der Kurve | | 2.1 Änderung der Steigung | | 2.2 Verschiebung der Kurve | | 2.3 Bewegung auf der Kurve | | Gesamt |
	1.1.1 steiler	1.1.2 flacher	1.2.1 rechts	1.2.2 links	1.3.1 hoch	1.3.2 runter	2.1.1 steiler	2.1.2 flacher	2.2.1 rechts	2.2.2 links	2.3.1 hoch	2.3.2 runter	
E Nachfragerückgang		3 (16 %) S2, S9, S19	1 (5 %) S23	15 (79 %) S1, S3, S4, S6, S7, S13, S16, S19, S20, S22, S23, S25, S27, S28, S29									19 (100 %)
F Nachfrageanstieg	3 (9 %) S3, S7, S19		22 (67 %) S2, S3, S4, S5, S6, S7, S8, S9, S11, S12, S13, S14, S16, S19, S20, S22, S23, S25, S26, S27, S28, S29		5 (1 %) S1, S5, S10, S15, S17			2 (6 %) S7, S19		1 (3 %) S18			33 (100 %)
G Angebotsrückgang		4 (13 %) S3, S7, S9, S19		2 (6 %) S1, S15			3 (9 %) S2, S9, S22		9 (28 %) S3, S5, S6, S12, S17, S18, S25, S28, S29	12 (38 %) S4, S8, S11, S12, S13, S14, S16, S18, S20, S23, S26, S29		2 (6 %) S1, S5	32 (100 %)
H Angebotsanstieg								3 (30 %) S2, S9, S22	3 (33 %) S13, S20, S23	4 (40%) S2, S3, S6, S16			10 (100 %)
I Preisrückgang			2 (13 %) S1, S24			4 (26 %) S10, S20, S26, S28			6 (40 %) S1, S3, S13, S24, S27, S29	1 (7 %) S9		2 (13 %) S13, S17	15 (100 %)
J Preisanstieg		7 (21 %) S1, S3, S4, S7, S11, S15, S19		6 (18 %) S6, S11, S15, S22, S24	5 (15 %) S10, S20, S25, S26, S28					12 (35 %) S1, S3, S4, S5, S8, S9, S14, S18, S19, S24, S27, S29	4 (12 %) S5, S13, S24, S28		34 (100 %)

Nachfrageänderung (E, F); Angebotsänderung (G, H); Preisänderung (I, J)

Abbildung 7.3 Übersicht über die Verteilung der Kategorien zur Verschiebung und Bewegung der Nachfrage- und Angebotskurve infolge einer Parameteränderung. (Eigene Darstellung)

aus fachwissenschaftlicher Perspektive korrekten Effekt einer Bewegung auf der Nachfragekurve nach oben skizzierten hingegen nur 15 Prozent der Erklärungen und eine Bewegung auf der Angebotskurve sogar nur 12 Prozent der Erklärungen der Schüler:innen.

7.4.5 Ergebnisdarstellung: Auswirkungen einer Nachfrage- und Angebotsänderung auf den Preis

Neben den Auswirkungen einer Parameteränderung auf die Nachfrage- und die Angebotskurve beschrieben die Schüler:innen Effekte auf den Preis (siehe Abbildung 7.2). Dieser kann somit in Folge einer Parameteränderung steigen oder sinken. Die Richtung der Preisentwicklung kann dabei sowohl Ursache als auch Folge einer der in Abschnitt 7.4.1 und 7.4.2 von den Schüler:innen skizzierten Effekte der Nachfrage- und Angebotsänderungen sein. Aufgrund dessen werden die Ergebnisse folgend getrennt von den Ergebnissen in diesem Kapitel dargestellt. Bezüglich der einzelnen Parameteränderungen konnten die Effekte auf den Preis und somit die Unterkategorien, wie in Tabelle 7.17 abgebildet, entsprechend der fachdidaktischen Komplexität sortiert werden.

Tabelle 7.17 Überblick über die Kategorien zu Preisänderungen. (Eigene Darstellung)

E Nachfragerückgang
E3.2 Nachfragerückgang → Preissenkung
F Nachfrageanstieg
F3.2 Nachfrageanstieg → Preisrückgang
F3.1 Nachfrageanstieg → Preisanstieg
G Angebotsrückgang
G3.2 Angebotsrückgang → Preissenkung
G3.1 Angebotsrückgang → Preisanstieg
H Angebotsanstieg
H3.2 Angebotsanstieg → Preissenkung

Die Kategorien werden folgend analog zur Reihung in Tabelle 7.17 dargestellt:

E3.2 Nachfragerückgang → Preissenkung
Verringert sich die Nachfrage nach einem Gut oder einer Dienstleistung, so führt dies aus fachwissenschaftlicher Perspektive langfristig zu einem Rückgang

des Preises[94]. In diesem Sinne hat S4 beispielsweise bei der Bearbeitung der Hamburgeraufgabe mithilfe des Lauten Denkens folgendes beschrieben:

> S4: „Aber das könnte auch damit zusammenhängen, dass die Nachfrage überhaupt" *S4 verschiebt Linie mit der negativen Steigung parallel nach links.* „ganz niedrig ist auf dem Markt. [...] Deswegen" *S4 zeigt auf den Bereich des Schnittpunktes der beiden Linien.* „ist der Gleichgewichtspreis viel niedriger als erwartet." #00:11:06-1# (S4, Pos. 22)

Der Prozess wurde von den Schüler:innen auch im Rahmen des Leitfadeninterviews bei der theoretischen Betrachtung des Modells der Preisbildung im vollkommenen Markt beschrieben. So antwortete S5 im Leitfadeninterview beispielsweise auf die Frage nach Möglichkeiten der Verschiebung der Nachfragekurve:

> S5: „Hier hat man es gesehen" *S5 zeigt auf den Schnittpunkt der beiden Linien.* „dann sinkt der Gleichgewichtspreis, denn die Nachfrage sinkt. (S5, Pos. 59)

Dabei ist die Preissenkung beispielsweise logische Konsequenz einer Linksverschiebung[95] oder einer Abflachung[96] der Nachfragekurve.

F3.2 Nachfrageanstieg → Preisrückgang
Wird die Nachfrage nach einem Gut oder einer Dienstleistung nicht kleiner, sondern größer, so kann dies zu einer Senkung des Preises führen[97]. S2 argumentierte bei der Erarbeitung der Hamburgeraufgabe mit Erfahrungen dazu aus der eigenen Lebenswelt:

> S2: „Es gibt mehr Vegetarier. Dadurch geht der Fleischkonsum zurück und die Nachfrage nach vegetarischen Produkten geht hoch. Ich denke, dass dadurch die vegetarischen Produkte günstiger werden könnten, weil das zuvor eine Seltenheit war und die an sich ziemlich aufwendig herzustellen sind und eigentlich ziemlich teuer waren. Deshalb sind sie günstiger geworden, seitdem es so viel nachgefragt wurde." #00:07:26-3# (S2, Pos. 11)

Demnach sind vegetarische Fleischersatzprodukte deutlich günstiger, seitdem sie im Trend sind. Grund dafür sind die durch den Anstieg der Verkaufszahlen gesunkenen Herstellungskosten.

---

[94] Vgl. Interview S2, S4, S5, S13, S15, S19.
[95] Vgl. Interview S1, S4, S13, S16.
[96] Vgl. Interview S19.
[97] Vgl. Interview S2, S19.

F3.2 Nachfrageanstieg → Preisanstieg

Steigt die Nachfrage nach einem Produkt oder einer Dienstleistung, so steigt aus fachwissenschaftlicher Perspektive infolgedessen der Preis[98]:

> S5: „Wenn die Nachfrage steigt, steigt auch der Preis." #00:08:03-8# (S5, Pos. 11)

Dabei ist die Preissteigerung entweder direkte Folge des Nachfraganstiegs oder die Folge einer Bewegung auf der Nachfragekurve[99] nach oben oder einer Rechtsverschiebung der Nachfragekurve[100], beides ausgelöst durch einen Nachfrageanstieg. Beispielsweise hat S1 bei der Bearbeitung der Hamburgeraufgabe die Preissteigerung als Folge einer Bewegung auf der Kurve nach oben aufgrund eines Nachfrageanstiegs beschrieben:

> S1: „Die Nachfrage ist gestiegen, heißt" *S1 zeigt auf Schnittpunkt der beiden Linien.* „die ist irgendwo hier?" *S1 fährt entlang der Linie mit der negativen Steigung von dem Schnittpunkt der beiden Linien zu einem Punkt zwischen (Q2, P4) und (Q0, P5). S1 zeigt weiter auf den besagten Punkt.* „Und dadurch steigt der Preis." (S1, Pos. 38)

Bei der gleichen Aufgabe argumentierte S26 hingegen, dass der Anstieg in der Nachfrage zu einer Rechtsverschiebung der Kurve und dadurch zu einer Preiserhöhung führt:

> S26: „Wenn die Nachfrage steigt, wird sich die Nachfragekurve nach rechts verschieben" *S26 verschiebt die Nachfragekurve nach rechts* „und damit wird der Gleichgewichtspreis steigen. (S26, Pos. 13)

Beide Argumentationsstränge hatten jedoch das Ergebnis einer Preissteigerung gemein.

G3.2 Angebotsrückgang → Preissenkung

Geht das Angebot zurück, so führt dies beispielsweise zu einer Preissenkung[101]. S25 hat den Prozess bei der Bearbeitung der Plastikbesteckaufgabe beschrieben:

---

[98] Vgl. Interview S1, S2, S3, S4, S5, S6, S7, S8, S10, S12, S13, S14, S16, S18, S19, S20, S21, S23, S25, S26, S27, S28.

[99] Vgl. Interview S1, S4, S5.

[100] Vgl. Interview S2, S3, S4, S6, S8, S12, S13, S14, S16, S20, S26, S28.

[101] Vgl. Interview S2, S3, S15, S25.

S25: „Wenn das Angebot sinkt, dann sinkt auch der Preis, damit die Leute wieder mehr kaufen, damit die Nachfrage steigt." #00:06:04-2# (S25, Pos. 14)

Demnach sinkt bei einem Angebotsrückgang der Preis, damit sich das Gut oder die Dienstleistung nach der Preissenkung mehr Nachfrager:innen leisten können und somit die Marktnachfrage steigt.

Eine weitere Erklärung für eine Preissenkung als Folge eines Angebotsrückgangs ist eine Rechtsverschiebung der Angebotskurve[102]. S2 erklärte den Zusammenhang im Leitfadeninterview:

S2: „Wenn die Angebotskurve steigt, dann wird der Preis teurer: Wenn sie sinkt, wird der Preis günstiger." *S2 verschiebt die Angebotskurve erst nach links und dann nach rechts.* #00:40:29-5#

Somit führte ein Angebotsrückgang zu einer Rechtsverschiebung der Angebotskurve. Durch die Rechtsverschiebung der Kurve verschiebt sich das Marktgleichgewicht, sodass der Gleichgewichtspreis steigt.

G3.1 Angebotsrückgang → Preisanstieg
Die Mehrzahl der Schüler:innen hat die fachwissenschaftlich korrekte Folge einen Preisanstieg als Effekt des Angebotsrückgangs[103] beschrieben. Eine mögliche Erklärung für den Effekt beschrieb S21 bei der Bearbeitung der Plastikbesteckaufgabe:

S21: „Wenn das Angebot an Plastikbesteck sinkt, dann müsste man den Preis erhöhen, damit man die Nachfrage ein bisschen regulieren kann. Wenn die Nachfrage hoch ist und wenn der Preis höher wird, dann geht die Nachfrage runter." #00:07:16-7# (S21, Pos. 20)

Somit steigt der Preis, damit die Nachfrage nach einem Gut oder einer Dienstleistung zurückgeht. Eine Regulierung der Nachfrage ist wichtig, da ohne einen Nachfragerückgang durch den Preisanstieg die Nachfrage größer ist als das zurückgegangene Angebot. Darüber hinaus kann der höhere Preis dazu führen, dass wieder mehr Anbieter:innen in den Markt einsteigen. Dieser Prozess wurde beispielsweise von S18 bei der Bearbeitung der Plastikbesteckaufgabe beschrieben:

---

[102] Vgl. Interview S2, S3.
[103] Vgl. Interview S1, S4, S5, S6, S8, S10, S11, S12, S13, S14, S17, S18, S20, S21, S26.

S18: „Wenn das Angebot sinkt, wird der Preis angehoben, damit mehr Leute einsteigen und der Unterschied wieder ausgeglichen wird. #00:05:32-8# (S18, Pos. 9)

Demnach erhöhte sich der Preis für Güter und Dienstleistungen als Folge des Angebotsrückgangs, damit mehr Anbieter:innen Produkte anbieten.

Darüber hinaus kann der Preisanstieg durch eine Änderung der Steigung der Angebotskurve aufgrund des Angebotsrückgangs erklärt werden. S10 erklärte den Prozess bei der Bearbeitung der Plastikbesteckaufgabe:

S10: „Nein eigentlich müsste er steigen, weil wenn das Angebot von Plastikbesteck sinkt und es weniger gibt dann machen die Unternehmen mehr Gewinn, wenn sie die Preise höher setzen. Das Angebot wird dann ein bisschen höher." *S10 verschiebt die Linie mit der positiven Steigung indem S10 diese im Punkt (Q2,P2) berührt und das obere Ende variiert, wodurch die Steigung der Linie steiler wird.* „Also der Preis steigt." #00:07:27-9#

Durch die steilere Angebotskurve steigt somit der Gleichgewichtspreis.

Eine weitere Erklärung für den Prozess des Preisanstiegs äußerte beispielsweise S26 bei der Plastikbesteckaufgabe:

S26: „Wenn das Angebot sinkt, verschiebt sich die Kurve nach links. Wenn die Nachfrage gleich bleibt, dann wird der Preis in die Höhe gehen." #00:05:20-8# (S26, Pos. 20)

Demnach führte der Angebotsanstieg zu einer Linksverschiebung der Angebotskurve, wodurch sich der Gleichgewichtspreis nach oben verschob. Diese Erklärung wurde von der Mehrheit der Schüler:innen ausgeführt[104]. Darüber hinaus kann der Preisanstieg auch die Folge einer Rechtsverschiebung der Kurve sein. S17 hat dies im Leitfadeninterview am Beispiel des Immobilienmarkts beschrieben:

S17: „Wenn die Immobilien weniger werden, dann würde sich die Kurve nach rechts verschieben, weil es dann weniger Menge in Stück an Immobilien gibt. Deshalb könnten die Leute, die diese verkaufen, sie für einen höheren Preis verkaufen." #00:05:21-5# (S17, Pos. 80)

Nach Aussagen von S17 verschob sich die Angebotskurve aufgrund eines Rückgangs in der angebotenen Menge nach rechts. Die Rechtsverschiebung und der damit einhergehende Rückgang der angebotenen Menge resultierten in einer Erhöhung des

---

[104] Vgl. Interview S4, S6, S8, S11, S12, S13, S20, S26.

Preises. Diese Erhöhung des Preises war zwar nicht im Diagramm ablesbar, aber auf Nachfragen der Interviewerin laut S17 die logische Konsequenz.

H3.1 Angebotsanstieg → Preisanstieg

Nicht nur bei einem Angebotsrückgang, sondern auch bei einem Angebotsanstieg beschrieben die Schüler:innen Auswirkungen auf den Preis. Allerdings müsste der Preis infolge eines Angebotsanstiegs aus fachwissenschaftlicher Perspektive sinken. Die Schüler:innen erklärten hingegen den Prozess des Preisanstiegs als Folge eines Angebotsanstiegs[105]. S10 führte diesen Prozess im Leitfadeninterview auf das Gewinnstreben der Anbietenden zurück:

> S10: „Wenn das Angebot immer mehr steigt" *S10 fährt die Linie mit der positiven Steigung entlang nach oben bis zu (Q4,P4), wieder zurück zu (Q0.5,P1.25), wieder hoch bis zu (Q4,P4).* „dann setzen die Anbieter den Preis immer weiter hoch, weil sie dadurch mehr verdienen können." #00:04:15-0# (S10, Pos. 87)

Der Preis steigt demnach als Folge eines Angebotsanstiegs, da die Unternehmen ihren Gewinn durch den höheren Preis vergrößern können. Erkenntlich wurde dieser Prozess im Diagramm durch eine Bewegung des Punktes auf der Kurve in positiver Richtung der Ordinate. Dadurch wurde sowohl der Preis, abgelesen auf der Ordinate, als auch die Menge, abgelesen auf der Abszisse, höher.

Zusammenfassend hatten die Schüler:innen bei einem Nachfragerückgang und einem Angebotsanstieg nur eine Auswirkung auf den Preis beschrieben. Im Falle des Nachfragerückgangs fiel folglich der Preis, im Falle des Angebotsanstiegs stieg er. Während der beschriebene Effekt bei einem Nachfragerückgang aus fachwissenschaftlicher Perspektive als richtig beschrieben werden kann, so ist der Preisanstieg als Folge eines Angebotsanstiegs nicht richtig. Bei einem Nachfrageanstieg und einem Angebotsrückgang äußerten die Schüler:innen sowohl Erklärungen zu einem Preisanstieg als auch zu einem Preisrückgang.

7.4.6 Ergebnisdarstellung: Häufigkeiten der Kategorien zu Auswirkungen einer Nachfrage- und Angebotsänderung auf den Preis

Auch bezüglich der Darstellung der Häufigkeiten überträgt sich die Logik aus 7.4.4. Darüber hinaus zeigte sich auch in diesem Bereich die empirisch belegte Kontextabhängigkeit der Vorstellungen der Schüler:innen. Dadurch beschrieben

---

[105] Vgl. Interview S2, S10.

die Schüler:innen in unterschiedlichen Aufgaben und Fragen verschiedene Auswirkungen einer Parameteränderung auf den Preis. Nannten die Schüler:innen mehrere qualitativ unterschiedliche Erklärungen für die Auswirkung einer Parameteränderung auf eine Erhöhung oder Senkung des Preises, so wurden diese nicht separat erfasst. Die qualitative Anzahl der Schüler:innen, die für die gleiche Richtung der Entwicklung des Preises mehrere qualitativ unterschiedliche Erklärungen genannt hatten, ist sehr klein. Darüber hinaus fallen auch diese Ergebnisse schwerpunktmäßig in den Bereich des *Umgangs mit ökonomischen Modellen*.

Abbildung 7.4 veranschaulicht die Häufigkeiten der Erklärungen der Kategorien zu Effekten einer Nachfrage- oder Angebotsänderung auf den Preis. Wie bereits in Abschnitt 7.4.5 erwähnt, beschrieb keine Schülerin und kein Schüler einen Anstieg des Preises als Folge eines Nachfragerückgangs oder einen Preisrückgang als Folge eines Angebotsanstiegs. Die Mehrheit von 92 Prozent der Erklärungen der Schüler:innen beschrieben den fachwissenschaftlich korrekten Effekt, einen Preisanstieg als Folge eines Nachfrageanstiegs. Bezüglich eines Angebotsrückgangs haben jedoch 80 Prozent der Erklärungen der Schüler:innen die fachwissenschaftlich inkorrekte Folge eines Preisrückgangs beschrieben.

		3 Effekt auf den Preis		Gesamt
		3.1 steigt	3.2 sinkt	
Nachfrage-änderung	E Nachfragerückgang		6 (100 %) S1, S4, S5, S13, S16, S19	6 (100 %)
	F Nachfrageanstieg	22 (92 %) S1, S2, S3, S4, S5, S6, S7, S8, S10, S12, S13, S14, S16, S18, S19, S20, S21, S23, S25, S26, S27, S28	2 (8 %) S2, S29	24 (100 %)
Angebots-änderung	G Angebotsrückgang	4 (20 %) S2, S3, S15, S25	16 (80 %) S1, S2, S4, S5, S6, S8, S10, S11, S12, S13, S14, S17, S18, S20, S22, S26	20 (100 %)
	H Angebotsanstieg	2 (100 %) S2, S10		2 (100 %)

Abbildung 7.4 Übersicht über die Verteilung der Kategorien zu Effekten einer Nachfrage- oder Angebotsänderung auf den Preis. (Eigene Darstellung)

7.4.7   Interpretation und Diskussion der Ergebnisse: Verschiebungen und Bewegungen der Nachfrage- und Angebotskurve

Die auf Grundlage der induktiv entwickelten Kategorien dargestellten Ergebnisse lassen sowohl allgemeine Lernschwierigkeiten beim Umgang mit Verschiebungen und Bewegungen der Kurven im Preis-Mengen-Diagramm als auch für einzelne Parameteränderungen spezifische Lernschwierigkeiten vermuten, welche im Folgenden dargestellt und diskutiert werden.

7.4.7.1   Lernschwierigkeit der Ceteris-Paribus-Klausel

Das Schüler:innen ökonomische Analysen unter Anbetracht der Ceteris-Paribus-Klausel schwer fallen, belegten beispielsweise Strober und Cook (1992, S. 132) und Sendker und Müller (2016, S. 25) (siehe Kapitel 5). Grundsätzlich hilft die in Kapitel 4 dargestellte Ceteris-Paribus-Klausel bei ökonomischen Analysen, Änderungen eines Parameters isoliert zu betrachten. Die Konstanz der anderen Parameter führt jedoch dazu, dass potenzielle Auswirkungen auf diese nicht weiter analysiert werden.

Die Schwierigkeit der Schüler:innen bei der Ausführung ökonomischer Analysen unter Betrachtung der Ceteris-Paribus-Klausel zeigt sich in den dargestellten Ergebnissen durch die Äußerung fachwissenschaftlich inkorrekter Wirkungszusammenhänge. Beispielsweise haben einige Schüler:innen direkte Auswirkungen einer Nachfrageänderung auf das Angebot und umgekehrt beschrieben. Zum Beispiel erklärten sie in F2.1.2 *Nachfrageanstieg → Flachere Steigung der Angebotskurve* oder F2.2.2 *Nachfrageanstieg → Linksverschiebung der Angebotskurve* die Auswirkungen eines Nachfrageanstiegs auf das Angebot und die Angebotskurve. Allerdings haben sie dabei nicht den aus fachwissenschaftlicher Perspektive korrekten Effekt der Bewegung auf der Angebotskurve nach oben aufgrund der Rechtsverschiebung der Nachfragekurve beschrieben, sondern sie verschoben die Angebotskurve oder änderten die Steigung dieser. Diese Schwierigkeit zeigte sich auch bei einem Angebotsrückgang in G1.1.2 *Angebotsrückgang → Flachere Steigung der Nachfragekurve*. Zwar führt ein Angebotsrückgang aufgrund der damit einhergehenden Preissteigerung zu einem Rückgang in der nachgefragten Menge, jedoch führt es nicht zu einer Änderung in der Nachfrage. Der von S9 implizierte Zusammenhang, dass ein sinkendes Angebot zu einer sinkenden Nachfrage führt, ist somit aus fachwissenschaftlicher Perspektive nicht korrekt:

S9: „Die Nachfrage ist nicht mehr da, weil es auch kein Angebot mehr gibt."
#00:08:04-8# (S9, Pos. 14)

Durch die Verschiebung der Angebotskurve aufgrund der Angebotsänderung ändert sich zwar die Gleichgewichtsmenge und somit auch die nachgefragte Menge, nicht jedoch die Nachfrage und damit die Nachfragekurve. Die beispielsweise in Abschnitt 7.1.1 in A1.3 beschriebene Unklarheit in dem Begriffsgebrauch der Begriffe nachgefragte Menge, Nachfrage, angebotene Menge und Angebot spiegelte sich somit auch in dem Bereich des *Umgangs mit ökonomischen Modellen.*

Abgesehen von dieser Unklarheit in der Begriffsverwendung sind somit die von den Schüler:innen beschriebenen Wirkungszusammenhänge von Nachfrage und Angebot aus fachwissenschaftlicher Perspektive nicht zulässig. Durch die Variation mehrerer Parameter können kaum Aussagen über Zusammenhänge eines Parameters mit dem Preis oder der Menge gemacht werden. Eine solche Arbeitsweise widerspricht außerdem der Ceteris-Paribus-Klausel. Somit stellten die Schüler:innen aufgrund der Missachtung der Ceteris-Paribus-Klausel für partielle ökonomische Analysen unzulässige Wirkungszusammenhänge zwischen Nachfrage und Angebot her.

7.4.7.2 Lernschwierigkeit der Verschiebungsrichtung nach oben und unten vs. nach links und rechts

Darüber hinaus führte die Bezeichnung der Verschiebung der Kurven im Preis-Mengen-Diagramm zu Schwierigkeiten beim *Umgang mit dem Modell.* Wie beispielsweise in E1.2.2 *Nachfragerückgang → Linksverschiebung der Nachfragekurve* dargestellt, wurden Beschreibungen der Verschiebungen der Schüler:innen nach oben oder nach unten als Links- oder Rechtsverschiebungen kodiert. Aus mathematischer Perspektive gleicht die Verschiebung einer Kurve mit positiver Steigung nach oben einer parallelen Linksverschiebung der Kurve, da der lineare Graph positiv unendlich ist. Dem folgend entsprechen Rechtsverschiebungen einer Kurve mit positiver Steigung einer Verschiebung der Kurve nach unten. Bei einer Kurve mit negativer Steigung sind die Bezeichnungen entsprechend umgekehrt, sodass eine Linksverschiebung einer Verschiebung nach unten und eine Rechtsverschiebung einer Verschiebung nach oben entspricht. Da dieser Zusammenhang auch für die linearen Graphen der Nachfrage- und der Angebotskurve gilt, wurden die Bezeichnungen analog kodiert. Allerdings war den

Schüler:innen[106] dieser Zusammenhang häufig nicht bewusst. Deshalb grenzten sie Verschiebungen nach rechts, links, oben und unten voneinander ab. Im Leitfadeninterview hat S8 deshalb vier potenziell mögliche Verschiebungen der Nachfragekurve beschrieben:

> I: „Jetzt hast du vorher schon die Nachfragekurve verschoben. In welche Richtung geht das und warum?" #00:14:29-8#
>
> S8: „Es geht nach links, rechts, oben, unten." *S8 verschiebt die Linie mit der negativen Steigung leicht parallel nach rechts, dann nach links.* „Eigentlich müsste das alles gehen." #00:14:59-7# (S8, Pos. 69–70)

S15 beschrieb darüber hinaus im Leitfadeninterview Erklärungen für mögliche Verschiebungen, kommt dabei jedoch bei der Beschreibung von Verschiebungen nach rechts oder nach links ins Stocken:

> S15: „Sie verschiebt sich, denn die Nachfrage ändert sich. Wenn der Preis höher ist, dann verschiebt sie sich entweder nach unten" *S15 verschiebt die Linie mit der negativen Steigung parallel nach links.* „oder nach oben." *S15 verschiebt die Linie mit der negativen Steigung parallel nach rechts.* „Ich habe auch im Gedächtnis nach rechts oder links. Das weiß ich aber nicht mehr." #00:15:56-5# (S15, Pos. 55)

Diese beiden Beispiele verdeutlichen, dass Schüler:innen Schwierigkeiten bei der Differenzierung zwischen den Verschiebungsrichtungen hatten. Bezüglich der Erhebungsinstrumente kann dies durch die Darstellung der Kurven mit Linien erklärt werden. Durch die endlichen Linien unterscheiden sich Verschiebungen der Linien nach oben und nach unten von Rechts- und Linksverschiebungen. Eine solche Vorstellung über Verschiebungen der Kurven könnte auf den von Nitsch (2015, S. 673) für das Verständnis funktionaler Zusammenhänge von Schüler:innen belegten Graph-als-Bild-Fehler hindeuten. Beispielsweise folgert S3 aus einem Nachfrageanstieg einen Anstieg der Nachfragekurve, welcher bildhaft einer Verschiebung nach oben gleicht:

> S3: „Und wenn die Nachfrage steigt, verschiebt man die nach oben." *S3 verschiebt Linie mit der negativen Steigung parallel nach rechts.* #00:17:40-3# (S3, Pos. 74)

Somit wurde ein Nachfrageanstieg in der Interpretation des Graphen als Bild durch einen Anstieg des Graphen und somit einer Verschiebung nach oben abgebildet. Gleiches Fehlerbild zeigte sich bei Verschiebungen der Angebotskurve.

---

[106] Vgl. Interview S1, S3, S6, S8 S14, S15, S16, S21 S25, S26, S27, S28, S29.

Während aus fachwissenschaftlicher Perspektive ein Angebotsanstieg zu einer Linksverschiebung der Angebotskurve führt, beschrieben mehr Erklärungen der Schüler:innen eine Rechtsverschiebung (siehe Abbildung 7.3), da diese optisch einer Verschiebung nach oben gleicht.

Zusammenfassend führte der Schüler:innenfehler des Graphen als Bildes dazu, dass die Schüler:innen Rechtsverschiebungen mit Verschiebungen nach oben und Linksverschiebungen mit Verschiebungen nach unten gleichsetzten. Bezüglich der Nachfragekurve mit negativer Steigung ist diese Gleichsetzung aus mathematischer Sicht aufgrund der Unendlichkeit der Kurve in $\mathbb{R}^+$ unproblematisch. Demnach sind beiden Kurven im ersten Quadranten des Preis-Mengen-Diagramms unendlich. Da die Angebotskurve jedoch eine positive Steigung hat, ist die Gleichsetzung der Verschiebungsrichtungen darauf nicht übertragbar. Aus fachwissenschaftlicher Perspektive beschreibt eine Rechtsverschiebung eine Verschiebung nach unten und eine Linksverschiebung eine Verschiebung nach oben. Diese gegenläufigen Zusammenhänge führten häufig dazu, dass die Schüler:innen die Richtung der Verschiebung vertauschten. Folglich kam es zu zahlreichen Fehlern im Bereich des *Umgangs mit ökonomischen Modellen*.

7.4.7.3 Lernschwierigkeit der Lösung in der mathematischen Modellierung des ökonomischen Modells

Neben den allgemeinen Schwierigkeiten der Schüler:innen beim *Umgang mit dem Modell* der Preisbildung im vollkommenen Markt und dessen Visualisierung durch das Preis-Mengen-Diagramm sind es laut Strober und Cook (1992, S. 136) insbesondere das dynamische Denken und die Analysen von Änderungen der Einflussfaktoren, die Schüler:innen schwerfallen (siehe Kapitel 5). Dabei sind es bezüglich einer Nachfrageänderung insbesondere die Lösungswege im ökonomisch mathematischen Modell, die den Schüler:innen Probleme bereiten. Die in Abbildung 7.3 und Abbildung 7.4 dargestellten Ergebnisse zu Schülervorstellungen zu Nachfrageänderungen verdeutlichen, dass die meisten Schüler:innen die Lösung richtig analysierten. Bezüglich eines Nachfragerückgangs folgerten die Schüler:innen einheitlich, dass der Preis im Zuge eines Nachfragerückgangs sinkt. Dieses Ergebnis ist jedoch die Lösung unterschiedlicher Prozesse im mathematisch-ökonomischen Modell (siehe Abschnitt 3.2.1). Zwar hat (siehe Abbildung 7.3) die Mehrheit der Schüler:innen in E1.2.2 *Nachfragerückgang → Linksverschiebung der Nachfragekurve* eine Linksverschiebung der Nachfragekurve als Effekt eines Nachfragerückgangs beschrieben, allerdings beschrieben einige Schüler:innen in E1.1.2 *Nachfragerückgang → Flachere Steigung der Nachfragekurve* eine Änderung der Steigung oder in E1.2.2 *Nachfragerückgang → Rechtsverschiebung der Nachfragekurve* eine Rechtsverschiebung der Nachfragekurve. Nichtsdestotrotz kamen alle Schüler:innen durch die Prozesse und Analysen im mathematisch-ökonomischen Modell zu der Interpretation der mathematischen Lösung, dass der Preis sinkt (siehe E3.2 *Nachfragerückgang → Preissenkung* in Abbildung 7.4). Dementsprechend beschrieben sie trotz unterschiedlicher Analysen im mathematisch-ökonomischen Modell der Preisbildung und dessen Visualisierung durch das Preis-Mengen-Diagramm das gleiche, fachwissenschaftlich korrekte Ergebnis im ökonomischen Modell. Gleiches zeigte sich bei der Analyse eines Nachfrageanstiegs (siehe Tabelle 7.14). Neben einer Rechtsverschiebung der Nachfragekurve in F1.2.1 *Nachfrageanstieg → Rechtsverschiebung der Nachfragekurve* analysierten die Schüler:innen einen Nachfrageanstieg durch eine Steigungsänderung in F1.1.1 *Nachfrageanstieg → Steilere Steigung der Nachfragekurve*, durch eine Bewegung auf der Nachfragekurve in F1.3.1 *Nachfrageanstieg → Bewegung auf der Nachfragekurve nach oben* oder durch Verschiebungen der Angebotskurve in F2.1.2 *Nachfrageanstieg → Flachere Steigung der Angebotskurve* und F2.2.2 *Nachfrageanstieg → Linksverschiebung der Angebotskurve*. Nichtsdestotrotz hat die Mehrheit der Schüler:innen F3.1 *Nachfrageanstieg → Preisanstieg* und somit einen Preisanstieg als Folge des Nachfrageanstiegs beschrieben.

Dass unterschiedliche Lösungswege in der mathematischen Modellierung des ökonomischen Modells zu richtigen Interpretationen im ökonomischen Modell führen können, stärken die dargestellten Ergebnisse zu einer Preisänderung. Obwohl die Lösungswege der Schüler:innen sehr divers waren, veranschaulicht Abbildung 7.3, dass alle Schüler:innen den gleichen Einfluss auf die Menge beschrieben haben. Zum Beispiel konnte ein Preisrückgang zu einer Verschiebung der Kurven in I1.2 und J2.2 *Preisrückgang → Verschiebung von mindestens einer Kurve* oder zu einer Bewegung auf der Kurve in I1.3.2 und I2.3.2 *Preisrückgang → Bewegung auf mindestens einer Kurve nach unten* führen. All diese Prozesse führten jedoch zu fachwissenschaftlich korrekten Interpretationen der Auswirkung eines Preisrückgangs auf die nachgefragte und angebotene Menge. Demnach beschrieben die Schüler:innen bei allen Effekten auf die Nachfrage, dass die nachgefragte Menge steigt und bei allen Effekten auf das Angebot, dass die angebotene Menge sinkt (siehe Abbildung 7.3). Bei einem Preisanstieg zeigte sich ein gleiches Bild (siehe Abbildung 7.3). Durch Interpretation der mathematischen Lösung schlussfolgerten die Schüler:innen trotz unterschiedlicher Lösungswege die fachwissenschaftlich korrekten Auswirkungen auf die nachgefragte und die angebotene Menge.

Zusammenfassend waren die Schüler:innen häufig in der Lage, die Auswirkungen einer Parameteränderung im ökonomischen Modell zu erklären. Die

Lösungswege der Erklärungen in der mathematischen Modellierung des ökonomischen Modells waren jedoch häufig fachwissenschaftlich inkorrekt. Durch viele Irrwege gelangten die Schüler:innen in der mathematischen Modellierung des ökonomischen Modells zu den von ihnen im ökonomischen Modell vermuteten Auswirkungen.

7.4.7.4 Lernschwierigkeit der Verwechslung von Steigung und Höhe

Wie bereits beschrieben konnte eine Nachfrage- und eine Angebotsänderung aus Sicht der Schüler:innen zu einer Änderung der Steigung der Kurven führen. Diese haben die Schüler:innen bezüglich eines Nachfragerückgangs in E1.1.2 *Nachfragerückgang → Flachere Steigung der Nachfragekurve* und bezüglich eines Nachfrageanstiegs in F1.1.1 *Nachfrageanstieg → Steilere Steigung der Nachfragekurve* und F2.1.2. *Nachfrageanstieg → Flachere Steigung der Angebotskurve* beschrieben. Ähnliche Vorstellungen hatten die Schüler:innen bei einer Angebotsänderung. Dementsprechend beschrieben sie die Änderung der Steigung der Nachfragekurve in G1.1.2 *Angebotsrückgang → Flachere Steigung der Nachfragekurve* und der Angebotskurve in G2.1.1 *Angebotsrückgang → Steilere Steigung der Angebotskurve* und G2.1.2 *Flachere Steigung der Angebotskurve* als Resultat eines Angebotsrückgangs und in H2.1.1 *Angebotsanstieg → Steilere Steigung der Angebotskurve* als Folge eines Angebotsanstiegs. Die Erklärungen des geänderten Parameters durch eine Steigungsänderung deuteten auf den für funktionale Zusammenhänge empirisch belegten und in Abschnitt 5.4 beschriebenen Schüler:innenfehler der Verwechslung von Steigung und Höhe hin. Bezüglich mathematischer Probleme äußert sich dieser Fehler meistens dadurch, dass die Schüler:innen die Steigung und die Höhe eines Graphen verwechseln. Somit wählen sie bei der Frage nach dem schnellsten Fahrzeug bei einem gegebenen Zeitpunkt nicht den steilsten Graphen eines Fahrzeugs in einem Weg-Zeit-Diagramm, sondern den höchsten. Mit Blick auf das Preis-Mengen-Diagramm änderten die Schüler:innen mit Vorstellungen aus den genannten Kategorien eher die Steigung, anstatt den Funktionsgraph zu verschieben. Deshalb erklärte S19 die Folgen eines Nachfrageanstiegs in F1.1.1 *Nachfrageanstieg → Steilere Steigung der Nachfragekurve* durch Variation der Steigung:

S19: „Die Nachfrage wird auf jeden Fall steiler werden, weil die Leute mehr bereit sind zu zahlen." #00:05:03-3# (S19, Pos. 12)

Fachwissenschaftlich korrekt wäre jedoch eine Verschiebung der Kurve und dadurch eine Änderung der Lage und somit der Höhe der Kurve.

Resümierend zeigte sich der in der Mathematikdidaktik empirisch belegte Schüler:innenfehler der Verwechslung von Steigung und Höhe auch bei der Auseinandersetzung der Schüler:innen mit der Visualisierung der mathematischen Modellierung des Modells der Preisbildung im vollkommenen Markt durch das Preis-Mengen-Diagramm. Demnach variierten die Schüler:innen die Steigung und nicht die Höhe der Kurve durch eine Verschiebung der Kurve als Folge einer Parameteränderung.

7.4.7.5 Lernschwierigkeit der Verwechslung von Verschiebung und Bewegung der Kurven

Bezüglich Variationen des Parameters des Preises war es insbesondere die Differenzierung zwischen Verschiebungen der Kurve und Bewegungen auf der Kurve, die die Schüler:innen vor Herausforderungen stellte. Als Effekt eines Preisrückgangs beschrieben 40 Prozent der Erklärungen der Schüler:innen eine Rechtsverschiebung der Angebotskurve und nur 13 Prozent eine Bewegung auf der Angebotskurve nach unten (siehe Abbildung 7.3). Die Mehrheit der Schüler:innen hat somit die Kurve in Folge einer Preisänderung verschoben, anstatt den Punkt auf ihr zu verschieben. Dies zeigte sich genauso deutlich bei den Anpassungsprozessen in Folge eines Preisanstiegs. Die Mehrheit der Erklärungen der Schüler:innen beschrieb eine Verschiebung der Nachfragekurve und eine Verschiebung der Angebotskurve als Folge des Preisanstiegs. Infolge des Preisanstiegs verschoben beispielsweise 21 Prozent der Erklärungen der Schüler:innen die Nachfragekurve nach rechts und 18 Prozent nach links. Lediglich 15 Prozent beschrieben eine Bewegung auf der Nachfragekurve nach unten. Mit Blick auf die beschriebenen Anpassungsprozesse der Angebotskurve wurde dies noch deutlicher. Während beispielsweise 35 Prozent der Erklärungen der Schüler:innen eine Verschiebung der Angebotskurve erläuterten, bewegten nur 12 Prozent den Punkt auf der Angebotskurve nach oben.

Gleichzeitig ließen die Ergebnisse die Vermutung zu, dass ein Verständnis der Differenzierung zwischen Bewegung und Verschiebung ein Verständnis für die Wirkungsrichtung bedingt. Hatten die Schüler:innen somit die Bewegung auf der Kurve als Anpassungsprozess auf eine Preisänderung beschrieben, so beschrieben sie stets die richtige Wirkungsrichtung (siehe Abbildung 7.3). Demnach hat keine Schülerin und kein Schüler eine Bewegung auf der Nachfragekurve oder der Angebotskurve nach oben in Folge eines Preisrückgangs oder eine Bewegung auf den Kurven nach unten in Folge eines Preisanstiegs beschrieben.

Dadurch zeigte sich, dass die Differenzierung zwischen Verschiebungen der Kurven und Bewegungen auf den Kurven den Schüler:innen bei der Erklärung von Anpassungsprozessen einer Preisänderung schwer fiel. Die Mehrheit der Schüler:innen hat somit eine Verschiebung der Kurve als Auswirkung einer Preisänderung beschrieben. Hatten die Schüler:innen jedoch ein Verständnis für die Bewegung auf der Kurve entwickelt, so beschrieben sie die richtige Wirkungsrichtung.

Fazit und fachdidaktische Implikationen

8

Mathematische Modellierungen ökonomischer Modelle entstehen durch die Mathematisierung ökonomischer Modelle und können unter anderem durch Achsendiagramme visualisiert werden (siehe Kapitel 2). Diese sollen dabei helfen, die komplexen Sinnzusammenhänge der mathematischen Modellierungen ökonomischer Modelle zu veranschaulichen und dadurch Lernprozesse unterstützen (siehe Kapitel 3). In diesem Sinne soll das Preis-Mengen-Diagramm die Interaktion von Nachfrage und Angebot, beispielsweise im Modell des vollkommenen Marktes, visualisieren (siehe Kapitel 4) und dadurch bei der Entwicklung komplexer, fachwissenschaftlicher Vorstellungen der Lernenden helfen. Allerdings ist die Auseinandersetzung mit dem Preis-Mengen-Diagramm für Lernende häufig mit Herausforderungen verbunden (siehe Kapitel 5), welche den Vermittlungsgehalt der Visualisierung in Frage stellen. Diese Herausforderungen in Form von Lernschwierigkeiten ergeben sich aus der Diskrepanz der Vorstellungen der Lernenden, die diese auf Basis der Auseinandersetzung mit dem Preis-Mengen-Diagramm entwickelt haben, und den Fachkonzepten. Durch die Ermittlung der Lernschwierigkeiten von Schüler:innen, im Zuge der Untersuchung des Vermittlungsgehalts des Preis-Mengen-Diagramms, leistet die vorliegende Arbeit einen empirischen Beitrag zur Auseinandersetzung mit Schülervorstellungen in der ökonomischen Bildung und somit zu einer der „elementaren Aufgaben der Forschung" im Fachbereich der ökonomischen Bildung (Arndt 2020, S. 299). Die Güte und die Grenzen der Erhebungs- und der Auswertungsinstrumente sowie des Forschungsdesigns allgemein wurden in Abschnitt 6.2, 6.3, 6.5 und 6.6 diskutiert. Die empirischen Erkenntnisse basieren auf theoretisch konzeptionellen Überlegungen, beispielsweise bezüglich der Entwicklung und der Relevanz von mathematischen Modellierungen ökonomischer Modelle, sowie der Weiterentwicklung und Systematisierung des *Denkens in ökonomischen Modellen.*

Folgende vier untergeordnete Forschungsfragen strukturierten die Erhebungs-
und Auswertungsinstrumente sowie die Darstellung der Ergebnisse der induktiven, qualitativen Inhaltsanalyse:

1. Welche Lernschwierigkeiten lassen sich bei den Schüler:innen bei der Erklärung der Nachfrage-/Angebotskurve erkennen? (siehe Abschnitt 7.1)
2. Welche Lernschwierigkeiten lassen sich bei den Schüler:innen bei der Erklärung der Preisentstehung und Preisänderung erkennen? (siehe Abschnitt 7.2)
3. Welche Lernschwierigkeiten lassen sich bei den Schüler:innen bei der Konstruktion des Preis-Mengen-Diagramms erkennen? (siehe Abschnitt 7.3)
4. Welche Lernschwierigkeiten lassen sich bei den Schüler:innen bei der Verschiebung der Nachfrage-/Angebotskurve, ausgehend von der Änderung
   verschiedener Einflussfaktoren, erkennen? (siehe Abschnitt 7.4)

Analog dessen wurden die empirischen Erkenntnisse in den angegebenen
Kapiteln dargestellt sowie im Rahmen der Diskussion und Interpretation der
Ergebnisse in den wissenschaftlichen Diskurs und dabei insbesondere in den
Forschungsstand zu Schülervorstellungen in der ökonomischen Bildung eingeordnet. Der Forschungsstand zu Schülervorstellungen in dem Themenbereich
konzentriert sich bisher, wie in Abschnitt 5.3 skizziert, insbesondere auf Vorstellungen der Schüler:innen und empirisch belegten Lernhürden zu Preisen und zur
Preisbildung. Deshalb wurde bei der Beantwortung der zweiten, untergeordneten Forschungsfrage, über die Darstellung von Lernschwierigkeiten hinaus das
Unterstützungspotential des Preis-Mengen-Diagramms unter Berücksichtigung
der bisherigen empirischen Erkenntnisse diskutiert.

Die in den angegebenen Kapiteln dargestellten Antworten auf die vier
untergeordneten Forschungsfragen werden zur Beantwortung der übergeordneten Forschungsfrage dieser Arbeit im Folgenden systematisch zusammengefasst:
Welche Lernschwierigkeiten lassen sich bei Schüler:innen der 11. und 12. Klasse
vierer Gymnasien in Baden-Württemberg in den Bereichen des Wissens über und
des Umgangs mit ökonomischen Modellen auf Grundlage der mathematischen
Modellierung des Modells der Preisbildung im vollkommen Markt und dessen Visualisierung durch das Preis-Mengen-Diagramm erkennen? Die Kenntnis
über Lernschwierigkeiten kann die Grundlage zur Weiterentwicklung ökonomischer Lehr- und Lernsettings, wie beispielsweise des Wirtschaftsunterrichts in
Baden-Württemberg, darstellen. Dafür werden in Abschnitt 8.2 fachdidaktische
Implikationen der theoretisch-konzeptionellen Überlegungen sowie der empirischen Erkenntnisse formuliert. Die Arbeit endet mit einer kurzen Skizzierung

weiterer, von den Erkenntnissen dieser Arbeit abgeleiteter, Forschungsdesiderate in einem Ausblick in Abschnitt 8.3.

8.1 Zusammenfassende Diskussion der Ergebnisse

Lernschwierigkeiten der Schüler:innen beim *Wissen über* und dem *Umgang mit* dem Preis-Mengen-Diagramm zeigten sich insbesondere in folgenden vier Bereichen:

- Mathematische Modellierung des Modells der Preisbildung im vollkommenen Markt
- Aufbau des Preis-Mengen-Diagramms
- Arbeit mit dem Preis-Mengen-Diagramm
- Vorstellungen der systemischen Interaktion von Nachfrage und Angebot

Die aus der Differenz der Vorstellungen der Lernenden und des Fachkonzepts resultierenden, potentiellen Lernschwierigkeiten der Schüler:innen in den einzelnen Bereichen werden im Folgenden zusammengefasst:

8.1.1 Mathematische Modellierung des Modells der Preisbildung im vollkommenen Markt

Eine aus fachwissenschaftlicher Sicht adäquate Vorstellung für die, durch das Preis-Mengen-Diagramm visualisierte, mathematische Modellierung des Modells der Preisbildung im vollkommenen Markt zu entwickeln, stellt Schüler:innen vor große Herausforderungen. Eine solche Vorstellung würde ein Verständnis für die im mathematisch-ökonomischen Modellierungskreislauf in Abschnitt 3.2.1 skizzierten Modellierungsschritte, wie beispielsweise eine Kumulation und eine Trendabbildung bei der Auseinandersetzung mit mathematischen Modellierungen miteinschließen. Allerdings sind es häufig die Auseinandersetzungen in dem im mathematisch-ökonomischen Modellierungskreislauf als *Welt der Mathematik* bezeichneten Bereich und somit die Entwicklung und die Arbeit mit der mathematischen Modellierung eines ökonomischen Modells, die zu Schwierigkeiten führen. Die empirischen Ergebnisse veranschaulichen, dass die Schüler:innen beispielsweise in der Lage waren, die Konsequenzen von Parameteränderungen auf den Preis in der *Welt der Ökonomie* fachwissenschaftlich korrekt zu nennen. Die Lösungswege und die Erklärungen der Schüler:innen, die zu dem

Resultat führten und auf dem Preis-Mengen-Diagramm und somit auf der mathematischen Modellierung des Modells der Preisbildung im vollkommenen Markt basierten, sind jedoch sehr divers. Demnach nannten die Schüler:innen mehrere Lösungswege in der *Welt der Mathematik*, die zu der gleichen Konsequenz in der *Welt der Ökonomie* führen sollten. Diese Lösungswege sind jedoch häufig fachwissenschaftlich inkorrekt. Folgend war es eher nicht das ökonomische Modell, sondern die mathematische Modellierung und Visualisierung dessen mithilfe des Preis-Mengen-Diagramms, welche die Schüler:innen vor Herausforderungen stellte. Explizite Lernschwierigkeiten könnten dabei beispielsweise die Entwicklung einer Vorstellung für die Entstehung der Kurven, ausgehend von dem ökonomischen Modell der Preisbildung im vollkommenen Markt, und damit einhergehend die kumulierte und unabhängige Betrachtung der Nachfrage- und Angebotskurve gewesen sein (siehe Abschnitt 7.1.4.3, 7.1.4.4 und 7.2.4.3).

Zwar erkannten die Schüler:innen den Bezug der Nachfrage- und der Angebotskurve zur Realität und beschrieben diese häufig als Ausgangspunkt der Entwicklung der Kurven, darüber hinaus sind die Vorstellungen jedoch divers. Die Vorstellungen unterscheiden sich insbesondere in der Beschreibung der notwendigen Daten als Ausgangspunkt der Kurvenentwicklung sowie in der Berücksichtigung der mathematischen Modellierung (siehe Abschnitt 7.1). Während einige Schüler:innen beispielsweise die Kurven als das direkte Abbild empirischer Daten und folglich nicht als mathematische Modellierung verstanden, beschrieben andere diese mathematische Modellierung durch die Berücksichtigung mathematischer Verfahren, wie beispielsweise einer Trendabbildung bei der Entwicklung der Kurven. Ein mathematisches Verfahren der mathematischen Modellierung, welches in diesem Kontext häufig sowohl bei den Vorstellungen zur Entstehung und Interpretation der Kurven als auch in den Vorstellungen zur Preisentstehung zu Schwierigkeiten führte, war die Kumulation. Die fachwissenschaftliche Entwicklung der Marktnachfrage und des Marktangebots sowie deren Funktionsgraphen, ausgehend von der individuellen Nachfrage und dem individuellen Angebot, wurde in Kapitel 4 dargestellt. Die Ergebnisse veranschaulichen, dass die Schüler:innen bei der Nachfragekurve, jedoch insbesondere bei der Angebotskurve häufig eine individuelle Sichtweise (siehe Abschnitt 7.1.4.1, 7.2.4.3 und 7.1.4.3) beschrieben und dementsprechend beispielsweise die Preisfestsetzung durch einen Anbietenden erklärten (siehe Abschnitt 7.2.4.4). Dabei war die Vorstellung eher kurvenspezifisch und nicht übertragbar. Zum Beispiel haben einige Schüler:innen bezüglich der Nachfragekurve die kumulierte Marktsicht und im späteren Verlauf des Interviews bezüglich der Angebotskurve eine individuelle Sichtweise beschrieben.

Wie relevant jedoch das Verständnis und somit die Entwicklung einer fach-
wissenschaftlich adäquaten Vorstellung zur mathematischen Modellierung der
Kurven sein könnte, veranschaulichen die Ergebnisse zu den Vorstellungen der
Unabhängigkeiten der Nachfrage- und Angebotskurve (siehe Abschnitt 7.1.4.4).
Grundsätzlich haben die Schüler:innen sowohl bei der Entstehung als auch bei der
Erklärung der Abhängigkeiten der Kurven Interdependenzen zwischen der Nach-
frage und der nachgefragten Menge sowie dem Angebot und der angebotenen
Menge beschrieben. Sie hatten somit Schwierigkeiten, eine Vorstellung zu Unab-
hängigkeiten der Nachfrage- und Angebotskurve voneinander zu entwickeln[1].
Berücksichtigten die Schüler:innen jedoch in ihrer Erklärung der Entstehung
der Kurven die mathematische Modellierung, so beschrieben sie keine Abhängigkeiten der beiden Kurven voneinander. Im Gegenzug führte eine fehlende
Vorstellung zur mathematischen Modellierung dazu, dass Schüler:innen Daten
zur nachgefragten Menge als Ausgangspunkt der Entwicklung der Angebotskurve und umgekehrt Daten zur angebotenen Menge als Ausgangspunkt der
Entwicklung der Nachfragekurve beschrieben haben. Diese Lernschwierigkeit der
Entwicklung einer Vorstellung zur Unabhängigkeit der beiden Kurven voneinander könnte somit einhergehen mit der Berücksichtigung der mathematischen
Modellierung. Keine Schülerin und kein Schüler, die oder der in ihrer oder
seiner Erklärung der Entstehung der Kurven mathematische Modellierungen
berücksichtigte, beschrieben solche Interdependenzen.

8.1.2 Aufbau des Preis-Mengen-Diagramms

Die mathematische Modellierung des ökonomischen Modells der Preisbildung
im vollkommenen Markt basiert auf zwei grundlegenden funktionalen Zusammenhängen. Diese sind zum einen der Zusammenhang der nachgefragten Menge
und dem Preis sowie zum anderen der angebotenen Menge und dem Preis.
Dabei gelten folgende Wirkungszusammenhänge (siehe Kapitel 4): Je höher der
Preis eines Gutes, desto geringer ist die nachgefragte Menge und desto höher
ist die angebotene Menge von diesem Gut. Der Zusammenhang zwischen dem
Preis als unabhängige Variable und der Menge als abhänge Variable wird über
diese verbale Darstellung der funktionalen Zusammenhänge hinaus auch in der
numerischen und der symbolischen Darstellung analog abgebildet. Entsprechend

---

[1] Dementsprechend könnten die Schüler:innen Schwierigkeiten gehabt haben, die systemische Interaktion von Angebot und Nachfrage zu erklären, da die beiden Kurven aus ihrer
Sicht zusammenhängen. Aufgrund dieser Abhängigkeiten wäre eine Interaktion nicht möglich.

ökonomischer Konvention werden die Abhängigkeiten der beiden Variablen Preis und Menge jedoch in der grafischen Darstellung im Preis-Mengen-Diagramm umgekehrt. Die im Preis-Mengen-Diagramm abgebildeten Wirkungszusammenhänge lauten dementsprechend aus mathematischer Perspektive: Je niedriger die nachgefragte Menge, desto höher ist der Preis; Je höher die angebotene Menge, desto höher ist der Preis. Zwar stehen die nachgefragte Menge und der Preis weiterhin in einem negativen Zusammenhang und die angebotene Menge und der Preis in einem positiven Zusammenhang, allerdings unterscheiden sich die Abhängigkeiten der Variablen. Der Preis beschreibt somit in der grafischen Darstellung die abhängige Variable und die Menge die unabhängige Variable.

Die unterschiedlichen Abhängigkeitsverhältnisse in den Darstellungsformen der mathematisch modellierten funktionalen Zusammenhänge von Preis und nachgefragter und angebotener Menge können zu Lernschwierigkeiten führen (siehe Abschnitt 7.1.4.5). Die Ergebnisse der vorliegenden Arbeit zeigen, dass die Schüler:innen bei der offensichtlichen Konstruktion des Preis-Mengen-Diagramms beispielsweise die Achsen vertauschten (siehe Abschnitt 7.3.3.2). In der Mathematikdidaktik deutet dieser empirisch belegte Schüler:innenfehler bei der Auseinandersetzung mit funktionalen Zusammenhängen auf eine fehlende Vorstellung der Lernenden zu Abhängigkeiten hin (Hofmann und Roth 2021, S. 16). Ein Übertrag dieser Fehlerursache auf die Auseinandersetzung mit dem Preis-Mengen-Diagramm würde entsprechend indizieren, dass die Schüler:innen ein inkorrektes Verständnis der Abhängigkeiten der Variablen Preis und Menge haben. Eine solche Vermutung und entsprechend der direkte Übertrag dieser Erkenntnis war jedoch mit Blick auf die verbale, symbolische und numerische Darstellung der mathematischen Modellierung des Modells der Preisbildung nicht haltbar. Entsprechend dieser Darstellungen hatten die Schüler:innen eine richtige Vorstellung der Abhängigkeiten entwickelt, welche jedoch in dem Preis-Mengen-Diagramm, entsprechend mathematischer Konventionen, vertauscht abgebildet sind. Analog ist die Vorstellung der Schüler:innen zu Abhängigkeiten der Kurven von der unabhängigen Variable des Preises aus fachwissenschaftlicher Perspektive, beispielsweise mit Blick auf die symbolische, numerische und verbale Darstellung, richtig.

Allerdings könnte die ökonomische Konvention dazu geführt haben, dass die Schüler:innen Schwierigkeiten hatten, die mathematischen Kenntnisse und somit sowohl das *Wissen über*, als auch den *Umgang mit* Achsendiagrammen auf die ökonomische Bildung zu übertragen. Ein Indiz dafür könnte das Vertauschen der Teile des Preis-Mengen-Diagramms bei der Konstruktion des Diagramms durch die Schüler:innen gewesen sein (siehe Abschnitt 7.3.3.1). Demnach hatten die Graphen Pfeile, die Achsen jedoch nicht. Eine Aufmerksamkeitslenkung auf den

Konstruktionsfehler führte allerdings dazu, dass die Schüler:innen ihren Fehler mit Verweis auf die Konventionen in der Mathematik eigenständig korrigierten.

8.1.3 Arbeit mit dem Preis-Mengen-Diagramm

Bei der Auseinandersetzung mit dem Preis-Mengen-Diagramm auf der Basis von lebensweltlichen Aufgaben konnten, auf Basis der Ergebnisse dieser Arbeit, zwei potentielle Lernschwierigkeiten abgeleitet werden, die in der Mathematikdidaktik bereits als Schüler:innenfehler beim Umgang mit funktionalen Zusammenhängen empirisch belegt wurden (Clement 1985; Nitsch 2015). Diese sind zum einen der Graph-als-Bild-Fehler (Clement 1985, S. 4; Nitsch 2015, S. 673) und zum anderen die Verwechslung von Steigung und Höhe (Clement 1985, S. 3) (siehe Abschnitt 5.4). Neben diesen beiden Fehlertypen veranschaulichen die Ergebnisse eine weitere Lernschwierigkeit beim Umgang mit dem Preis-Mengen-Diagramm: die Verwechslung von Verschiebung und Bewegung. Alle drei Lernschwierigkeiten werden im Folgenden dargestellt.

Die Fehlerursache des aus der Mathematikdidaktik bekannten Graph-als-Bild-Schüler:innenfehlers liegt in der Interpretation des Graphen als reale Situationsabbildung (Clement 1985, S. 4). In Bezug auf die Auseinandersetzung mit dem Preis-Mengen-Diagramm trat dieser sowohl bei den Verschiebungen der Kurven (siehe Abschnitt 7.4.7.2) als auch bei der Konstruktion des Diagramms (siehe Abschnitt 7.3.3.3) auf. Dabei wurde die Interpretation des Graphen als Situationsabbildung insbesondere bei der Verschiebung der Angebotskurve offensichtlich, da diese eine positive Steigung hat. Mit Blick auf die Nachfragekurve ist die Gleichsetzung der Verschiebungsrichtungen nach oben und nach rechts sowie nach unten und nach links unproblematisch. Grund dafür ist die Unendlichkeit der Kurven in $\mathbb{R}^+$. Zum Beispiel führt ein Anstieg der Nachfrage zu einer Rechtsverschiebung der Nachfragekurve und somit optisch zu einer Verschiebung der Nachfragekurve nach oben. Ein Nachfragerückgang führt entsprechend zu einer Linksverschiebung und damit optisch zu einer Verschiebung der Nachfragekurve nach unten. Der Übertrag dessen und die Ableitung, dass ein Anstieg bildlich zu einer höheren und ein Rückgang zu einer niedrigeren Lage der Kurve führt, ist aufgrund der geänderten, positiven Steigung bei der Angebotskurve nicht zulässig. Begingen Schüler:innen den Graph-als-Bild-Fehler, so hatten sie diese Vorstellung und verschoben die positiv steigende Angebotskurve bei einem Anstieg des Angebots nach oben, da ein Anstieg bildlich interpretiert zu mehr und somit zu einer höheren Lage der Kurve führte. Die Verschiebung gleicht einer Linksverschiebung der Angebotskurve. Analog verschoben sie die

Kurve bei einem Rückgang des Angebots nach unten und somit nach rechts. Fachwissenschaftlich korrekt wäre jedoch eine Linksverschiebung der Kurve im Zuge eines Angebotsrückgangs und eine Rechtsverschiebung in Folge eines Angebotsanstiegs.

Darüber hinaus lassen die Ergebnisse dieser Arbeit die Vermutung zu, dass der gleiche Fehlertyp des Graph-als-Bild-Fehlers auch bei der Konstruktion des Diagramms deutlich wurde. Dies äußerte sich beispielsweise bei der falschen Zuordnung der Kurven zu Nachfrage und Angebot. Die Schüler:innen argumentierten, dass die Angebotskurve eine negative Steigung hat, da bei der Kurve mit negativer Steigung der Punkt auf der Kurve mit steigendem Preis steigt. Trotz der fachwissenschaftlich korrekten Vorstellung über den funktionalen Zusammenhang von dem Preis und der Menge vertauschten die Schüler:innen die Steigungen der Kurven. Eine mögliche Fehlerursache war die Interpretation des Graphen als Bild. In diesem Sinne würde ein bildlich hoher Punkt auf einer Kurve zu einer hohen Menge führen. Entsprechend einer solchen Interpretation lässt sich der positive Zusammenhang von Preis und Menge durch eine Kurve mit negativer Steigung abbilden, da mit steigendem Preis die Höhe des Punktes und somit entsprechend der bildlichen Interpretation die Menge steigt.

Darüber hinaus ließen die Ergebnisse das Vorliegen des aus der Mathematikdidaktik bekannten Schüler:innenfehlers der Verwechslung von Steigung und Höhe bei der Auseinandersetzung der Schüler:innen mit dem Preis-Mengen-Diagramm vermuten (siehe Abschnitt 7.4.7.4). Demnach verwechselten die Schüler:innen die Steigung und die Höhe eines Funktionsgraphen und wählten beispielsweise bei den Geschwindigkeitsgraphen mehrerer Fahrzeuge nicht das Schnellere und somit den Graphen mit der steileren Steigung, sondern den bildlich höher liegenden Funktionsgraphen (Clement 1985, S. 3). Ähnliche Verwechslungen der Steigung und der Höhe ließen sich bei den Problemlöseversuchen der Schüler:innen mit dem Preis-Mengen-Diagramm finden. Anstatt die Kurve aufgrund einer Parameteränderung zu verschieben und somit die Höhe der Kurve zu verändern, änderten die Schüler:innen die Steigung der Kurve. Dabei führt aus fachwissenschaftlicher Perspektive beispielsweise ein Anstieg oder ein Rückgang des Angebots nicht zu einer Änderung der Steigung der Angebotskurve, sondern zu einer Verschiebung dieser nach rechts und links.

Neben diesen beiden, bereits im Rahmen der Mathematikdidaktik empirisch belegten Schüler:innenfehlern, implizierten die Ergebnisse der vorliegenden Arbeit die Existenz einer weiteren Lernschwierigkeit, der Verwechslung von Verschiebung und Bewegung (siehe Abschnitt 7.4.7.5). Insbesondere bezüglich der Variation des Preises stellte die Differenzierung zwischen der Verschiebung einer oder beider Kurven und der Bewegung auf den Kurven die Schüler:innen vor Herausforderungen. Zum Beispiel folgerte die Mehrheit der Schüler:innen auf Basis eines Preisanstiegs die Verschiebung der Angebotskurve. Nur wenige Schüler:innen haben die Bewegung auf der Angebotskurve nach oben als Folge der Parameteränderung beschrieben. Hatten die Schüler:innen jedoch eine fachwissenschaftlich korrekte Vorstellung zwischen den Verschiebungen der Kurven und den Bewegungen der Kurven aufgrund einer Preisänderung entwickelt, so hatten sie offensichtlich auch eine korrekte Vorstellung über die Wirkungsrichtung. Beispielsweise hat keine Schülerin und kein Schüler beschrieben, dass ein Preisrückgang zu einer Bewegung auf einer der beiden Kurven nach oben führt.

8.1.4 Systemische Interaktion von Angebot und Nachfrage

Die Entwicklung einer aus fachwissenschaftlicher Perspektive adäquaten Vorstellung zur systemischen Interaktion von Angebot und Nachfrage bei der Preisbildung und -änderung stellt die Schüler:innen, empirisch belegt, häufig vor Herausforderungen (Furnham und Lewis 1986; Leiser und Shemesh 2018; Marton und Pang 2005; Strober und Cook 1992). Meistens war eine der beiden Seiten in den Erklärungen der Schüler:innen zur Entstehung und Änderung von Preisen dominant (Davies 2011; Marton und Pang 2005). Demnach beschrieben sie beispielsweise einen dominanteren Einfluss der Nachfrage- oder der Angebotsseite. Die Ergebnisse dieser Arbeit veranschaulichen, dass das Preis-Mengen-Diagramm dabei, insbesondere in dem Bereich des *Wissens über ökonomische Modelle* und somit bei der primär theoretischen Auseinandersetzung mit dem Modell der Preisbildung im vollkommenen Markt, helfen konnte (siehe Abschnitt 7.2.4.4). Durch die Visualisierung beider Marktseiten durch die Nachfrage- und Angebotskurve in einem Diagramm berücksichtigten die Schüler:innen häufig beide Seiten bei der Erklärung der Preisentstehung und -änderung. Wertungen oder Erklärungen der systemischen Interaktion von Nachfrage und Angebot im Zuge der Preisentstehung und Preisänderung unterschieden sich jedoch. Allerdings hatten sie häufig gemein, dass beide Seiten abgewogen und berücksichtigt wurden. Setzten sich die Schüler:innen jedoch nicht theoretisch, sondern auf Basis von lebensweltlichen Modellierungsaufgaben mit dem Preis-Mengen-Diagramm auseinander, so führte dies anscheinend zu Schwierigkeiten. Waren die Schüler:innen beispielsweise aufgefordert, die Preisänderung des Eispreises zu erklären, so berücksichtigten die wenigsten sowohl die Nachfrage als auch das Angebot. Die meisten Schüler:innen haben die Preisänderung unter Berücksichtigung einer Marktseite beschrieben, nicht jedoch die systemische Interaktion der beiden Marktseiten. Demnach schien das Preis-Mengen-Diagramm trotz der Visualisierung beider Marktseiten, die Entwicklung einer Vorstellung zur systemischen Interaktion in Problemlöseprozessen nicht zu fördern. Folglich unterstützte das Preis-Mengen-Diagramm die Schüler:innen zwar bei der Entwicklung einer Vorstellung zur systemischen Interaktion von Angebot und Nachfrage im Bereich des Modellwissens, nicht jedoch im Bereich der Modellanwendung.

8.2   Implikationen für die ökonomische Bildung

Ausgehend von den Ergebnissen dieser Arbeit können Überlegungen für die lernwirksame Arbeit und den Umgang mit dem Preis-Mengen-Diagramm in Lehr- und Lernkontexten geschlussfolgert werden. Die auf Basis begründeter Überlegungen formulierten Implikationen beziehen sich insbesondere auf die Bereiche der Aus- und Weiterbildung der Lehrkräfte, der Gestaltung von Wirtschaftsunterricht in der Schule sowie für die Entwicklung von Unterrichtsmaterialien und den allgemeinen Aufbau des Diagramms. Entsprechend der Zielorientierung wirtschaftsdidaktischer Forschung steht somit die Improvisierung der Aus- und Weiterbildung der Lehrkräfte sowie der Unterrichtsgestaltung und -durchführung mit dem Ziel im Fokus, den Lernschwierigkeiten präventiv zu begegnen und ihnen diagnostisch entgegenzuwirken, um die Lernwirksamkeit des Einsatzes des Preis-Mengen-Diagramms in der ökonomischen Bildung zu erhöhen.

Allgemein stellt die diagnostische Kompetenz von Lehrkräften eine „wesentliche Kompetenz des professionellen Wissens und Könnens von Lehrkräften dar" (Hofmann und Roth 2020, S. 3). Somit sollen sie beispielsweise in der Lage sein, ihre Schüler:innen mit Blick auf die individuellen Lernfortschritte und Lernschwierigkeiten sowie die Aufgaben ihres Unterrichts treffend zu beurteilen (Weinert 2004, S. 16). Dadurch sollen die Entscheidungen der Lehrkräfte in der Unterrichtsgestaltung sowie in der Durchführung diagnostisch gestützt werden (Weinert 2000, S. 16). Aufgrund der Komplexität von Unterricht, beispielsweise durch die Überlappung der Ereignisse (vgl. Kounin 1976), sind Lehrkräfte im Unterricht sehr gefordert. Umso wichtiger ist es, sie bei der Reflexion und der Erarbeitung diagnostischer Urteile zu unterstützen. Dabei erleichtert beispielsweise die Kenntnis von Schülervorstellungen und Lernschwierigkeiten zum Preis-Mengen-Diagramm die diagnostische Arbeit der Lehrkräfte (Hofmann und Roth 2020, S. 4). Dazu leisten die Ergebnisse dieser Arbeit durch die Ermittlung von Lernschwierigkeiten der Schüler:innen in Bezug auf das Preis-Mengen-Diagramm einen wichtigen Beitrag. Durch die Vermittlung dieser Lernschwierigkeiten im Rahmen der wirtschaftsdidaktischen Ausbildung der angehenden Lehrkräfte sowie der Weiterbildung von Wirtschaftslehrkräften können diese in ihren diagnostischen Beurteilungen unterstützt werden. Sind die Lehrkräfte somit in der Lage, die Lernschwierigkeiten der Schüler:innen, wie beispielsweise den Graph-als-Bild Fehler (siehe Abschnitt 7.3.3.3 und 7.4.7.2) oder eine Verwechslung von Verschiebung und Bewegung (siehe Abschnitt 7.4.7.5) zu erkennen, können sie die Schüler:innen bei der Überwindung der Lernschwierigkeit und der Entwicklung einer aus fachwissenschaftlicher Perspektive adäquaten Vorstellung besser unterstützen.

Neben der Berücksichtigung und der Ermittlung der Lernschwierigkeiten im Unterricht sollten diese darüber hinaus vorab in der Unterrichtsplanung und entsprechend bei der Gestaltung von Materialien für den Unterricht bedacht werden. Wie in Abschnitt 5.2 begründet, sollten die Vorstellungen der Lernenden Ausgangspunkt der Unterrichtsgestaltung sein (Friebel-Piechotta 2021, S. 177). Ausgehend von den Ergebnissen dieser Arbeit zu Lernschwierigkeiten der Schüler:innen lassen sich Implikationen zur Unterrichtsgestaltung ableiten, um diesen Lernschwierigkeiten präventiv zu begegnen.

Um die Schwierigkeiten der Schüler:innen im Bereich der mathematischen Modellierung im Unterricht abzubauen, könnte die getrennte und auf der Empirie basierende Entwicklung des Diagramms im Unterricht helfen. Ausgehend von empirischen Daten entwickeln die Schüler:innen die Nachfrage- und die Angebotskurve nacheinander. Da die Ergebnisse implizieren könnten, dass die Entwicklung eines Fachkonzepts zur Angebotskurve für die Schüler:innen anspruchsvoller ist als die Entwicklung eines Fachkonzepts zur Nachfragekurve sowie mit Blick auf den Lebensweltbezug der Schüler:innen, sollte zuerst die Nachfragekurve und anschließend die Angebotskurve im Unterricht eingeführt werden. Im Zuge der angeleiteten Entwicklung sollten sich die Schüler:innen folglich mit den einzelnen Modellierungsschritten des mathematisch-ökonomischen Modellierungskreislaufs (siehe Abschnitt 3.2.1) auseinandersetzen. Dabei sollte der Fokus beispielsweise auf dem Modellierungsschritt der Mathematisierung des ökonomischen Modells liegen, da die Entwicklung der individuellen Kurven kaum zu Schwierigkeiten führt. Grund dafür könnte die empirische Entwicklung der individuellen Nachfrage- und Angebotskurve durch Unterrichtsspiele, wie beispielsweise dem Apfelmarkt-Experiment[2], sein. Ausgehend davon sollte jedoch auch die Kumulation und die Trendabbildung im Zuge der Entwicklung der Marktkurven auf Basis der individuellen Kurven im Unterricht fokussiert und

---

[2] Das Unterrichtsspiel des Apfelmarkt-Experiments wird beispielsweise in Bundeskartellamt (2015) beschrieben.

durchgeführt werden. Das Ausführen verschiedener Verfahren zur Mathematisierung des ökonomischen Modells könnte die Schüler:innen bei der Entwicklung einer Vorstellung zur mathematischen Modellierung unterstützen. Darüber hinaus entwickeln sie dadurch ein Verständnis für die Unabhängigkeit der Nachfrage- und der Angebotskurve voneinander. Sollten die Schüler:innen keine solche Vorstellung entwickeln und die beiden Kurven als abhängig voneinander betrachten, könnte sie diese Vorstellung bei dem Verständnis der systemischen Interaktion von Nachfrage und Angebot hindern, da im Falle, dass beide Kurven aus Sicht der Schüler:innen in Abhängigkeit zueinander stehen, sie nicht systemisch miteinander interagieren können.

Darüber hinaus sollten die Lehrkräfte für einen einheitlichen und fachwissenschaftlich korrekten Begriffsgebrauch sensibilisiert werden und diesen auch im Unterrichtsgeschehen begründet einfordern. Dadurch könnte beispielsweise der Lernschwierigkeit der Schüler:innen der Differenzierung zwischen den Begriffen der Nachfrage und der nachgefragten Menge und dem Angebot und der angebotenen Menge vorgebeugt werden (siehe Abschnitt 7.1.1). Im Fall der inkorrekten Begründung sollte im Unterrichtsgespräch stets begründet werden, warum welcher Begriff verwendet werden muss. So wird von der nachgefragten Menge mit Bezug auf die Abszisse gesprochen und von der Nachfrage in Bezug auf die Kurve. Gleiches gilt für die Begriffe des Angebots und der angebotenen Menge. Außerdem sollten Verschiebungen im Unterrichtsgeschehen einheitlich als Verschiebungen nach rechts und nach links beschrieben werden, um dem Graph-als-Bild Fehler vorzubeugen (siehe Abschnitt 7.4.7.2). Sollten die Schüler:innen trotzdem mit den Begriffen Verschiebung nach oben und nach unten argumentieren, so könnte die Lehrkraft auf die Schwierigkeiten einer solchen Argumentation bei der Bezeichnung von Verschiebungen der Angebotskurve eingehen.

Trotz ökonomischer Konvention begründen die Ergebnisse dieser Forschungsarbeit eine Diskussion über den Aufbau des Preis-Mengen-Diagramms und dabei insbesondere der Beschriftung der Achsen. Einige Schwierigkeiten in der Auseinandersetzung der Schüler:innen mit dem Preis-Mengen-Diagramm (siehe Abschnitt 7.3.3.1, 7.3.3.2 und 7.1.4.5) resultieren aus den vertauschten Achsenbeschriftungen. Bereits Strober und Cook (1992, S. 139) formulierten die aus den vertauschten Achsenbeschriftungen entstehende Schwierigkeit für die Lernenden: „It was Marshall […] who began the transition of plotting price on the ordinate and quantity on the abscissa, thus confusing generations of economics students with training in mathematics". Wie in Abschnitt 4.1 beschrieben gab es somit Ökonom:innen, darunter beispielsweise Cournot (1836) und Jenkin (1870), die das Preis-Mengen-Diagramm analog der mathematischen Konventionen mit der unabhängigen Variable des Preises auf der Abszisse und der abhängigen Variable der Menge auf der Ordinate zeichneten. Marshall (1890) vertauschte die Achsenbeschriftungen jedoch und verwirrte dadurch laut Strober und Cook (1992, S. 139) zukünftige Lernende mit mathematischem Wissen. Analog zu dem *Wissen über* und dem *Umgang mit* Achsendiagrammen in der Mathematik sowie in den Naturwissenschaften steht die unabhängige Variable auf der Abszisse und die abhängige Variable auf der Ordinate. Die Auseinandersetzungen zur Problemlösung, beispielsweise auf Basis von Aufgabenformulierungen, induzieren somit meistens eine Änderung in der unabhängigen Variable. Im Zuge der Problemlösung erarbeiten die Lernenden folglich die Auswirkungen der Änderungen auf die abhängige Variable. Unabhängig von der Zuordnung der Variablen Preis und Menge zu den Achsen im Preis-Mengen-Diagramm kann eine solche Arbeitsweise auf die ökonomische Bildung übertragen werden. Sowohl in Unterrichtsmaterialien als auch in Aufgaben erklären Änderungen der unabhängigen Variable des Preises Änderungen in der abhängigen Variable der Menge. Der Auszug in Abbildung 8.1 aus einem Schulbuch des Faches „Wirtschaft, Berufs- und Studienorientierung" verdeutlicht dies.

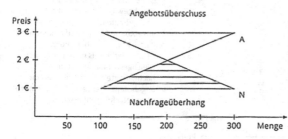

Abbildung 8.1 Schulbuchauszug zu Erklärungen von Angebots- und Nachfrageüberschuss mithilfe des Preis-Mengen-Diagramms (Riedel 2018, S. 75)

Entsprechend der Konvention in der Mathematik und in den Naturwissenschaften werden in der verbalen Beschreibung eines Nachfrage- und Angebotsüberschusses die Auswirkungen einer Preisänderung auf die nachgefragte und die angebotene Menge beleuchtet[3]. Im nebenstehenden Diagramm in Abbildung 8.1 ist jedoch die Menge auf der Abszisse als unabhängige Variable und der Preis auf der Ordinate als abhängige Variable eingezeichnet. Eine verbale Erklärung

---

[3] Darüber hinaus ist an der verbalen Beschreibung kritisch anzumerken, dass der Preis als von den Anbieter:innen festgelegt beschrieben wird.

entsprechend der konventionellen Auseinandersetzung mit Diagrammen würden somit die Auswirkungen einer Mengenänderung auf den Preis beleuchten. Eine Vorstellung dafür zu entwickeln, dass Ökonomen die unabhängige Variable auf der Ordinate und die abhängige Variable auf der Abszisse abtragen, stellt die Schüler:innen vor Herausforderungen. Durch den unterschiedlichen Aufbau des Diagramms im Vergleich zu den Diagrammen, mit denen die Schüler:innen in ihrer mathematischen Ausbildung konfrontiert wurden, müssen sie die Arbeitsweise neu erlernen und können die bisher erlernten Diagrammkompetenzen kaum übertragen. Diese Schwierigkeit wäre nicht gegeben, wenn die Achsen analog, zu beispielsweise den Überlegungen von Cournot (1836), getauscht wären, sodass das Diagramm entsprechend der Konvention in anderen Fachbereichen die unabhängige Variable auf der Abszisse und die abhängige Variable auf der Ordinate abträgt. Abbildung 8.1 würde in diesem Fall wie Abbildung 8.2 aussehen.

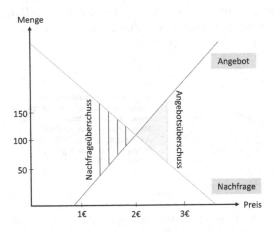

Abbildung 8.2 Erklärungen von Angebots- und Nachfrageüberschuss mithilfe des Preis-Mengen-Diagramms. (in Anlehnung an Riedel (2018, S. 75))

Dadurch könnte den Schwierigkeiten der Schüler:innen sowohl bei der Konstruktion als auch bei dem Umgang mit dem Diagramm, beispielsweise auf Basis von lebensweltlichen Aufgaben, entgegengewirkt werden, indem die Schüler:innen dann die in anderen Fachbereichen erworbenen Diagrammkompetenzen auf die Auseinandersetzung mit dem Preis-Mengen-Diagramm übertragen können. Somit könnte die Grafik die funktionalen Beziehungen des ökonomischen Modells der Preisbildung im vollkommenen Markt auf für die Schüler:innen bekannte Weise visualisieren und sie im Umgang mit ökonomischen Modellen unterstützen.

8.3 Ausblick

Die qualitativ gewonnenen Erkenntnisse erweitern den Forschungsstand zu Schülervorstellungen und lassen viele Potentiale zur Innovation der ökonomischen Bildung vermuten. Darüber hinaus lassen sich Argumente für und gegen das Vermittlungspotential des Preis-Mengen-Diagramms sowie davon abgeleitet für andere mathematischen Modellierungen ökonomischer Modelle und deren Visualisierungen durch Achsendiagramme ableiten. Ausgehend von den Ergebnissen eröffnen sich beispielsweise folgende Forschungsdesiderate:

– Wie bereits in Abschnitt 6.1 diskutiert, hat qualitative Forschung nicht den Anspruch der Repräsentativität. Dementsprechend sind die Ergebnisse dieser Arbeit nicht repräsentativ. Allerdings eignen sie sich, um, beispielsweise im Sinne von explorativen Forschungsdesigns, Hypothesen für quantitative Forschungsvorhaben abzuleiten. So könnte beispielsweise in einem experimentellen, quantitativen Design untersucht werden, ob das Preis-Mengen-Diagramm das Verständnis der systemischen Interaktion von Angebot und Nachfrage im Bereich der Modellanwendung tatsächlich unterstützt. Darüber hinaus könnte überprüft werden, inwieweit die in Abschnitt 5.3.3 skizzierten Einflussgrößen auf das *Denken in ökonomischen Modellen* Auswirkungen auf die entwickelten Vorstellungen der Schüler:innen haben.
– Die dargestellte Arbeit konzentriert sich auf Schüler:innen der Oberstufe von Gymnasien in Baden-Württemberg. Eine Ausweitung des Erkenntnisinteresses auf weitere Zielgruppen und der Vergleich dieser Ergebnisse mit den Ergebnissen dieser Arbeit könnte zu neuen Erkenntnissen führen. In diesem Sinne könnte beispielsweise untersucht werden, inwieweit sich die Vorstellungen der Schüler:innen von den Vorstellungen von Lehramtsstudierenden am Ende ihres Studiums unterscheiden. Eine weitere, erkenntnisfördernde Ausweitung wäre die Betrachtung von Lernenden in anderen Bundesländern, die sich unter anderen Rahmenbedingungen, wie beispielsweise in Fächerverbünden, mit ökonomischen Inhalten auseinandersetzen.
– Darüber hinaus könnten die in Abschnitt 8.2 formulierten, wirtschaftsdidaktischen Implikationen auf ihre Wirksamkeit untersucht werden. Zum Beispiel könnten durch experimentelle Settings die zum Regelunterricht unterschiedlichen Zugänge zum Preis-Mengen-Diagramm auf die Entwicklung der

Vorstellungen und somit hinsichtlich ihrer Lernwirksamkeit analysiert werden. So könnten die Auswirkungen der umgedrehten Achsen des Preis-Mengen-Diagramms mit dem Preis auf der Abszisse und der Menge auf der Ordinate auf die auf Basis dessen entwickelten Vorstellungen überprüft werden. Darüber hinaus könnten beispielsweise im Rahmen von Design-Based-Research Ansätzen Konzepte für die Fort- und Weiterbildung von Lehrkräften entwickelt werden.

– Wie in Abschnitt 7.1 deutlich wird, unterscheiden sich die Vorstellungen der Schüler:innen zur systemischen Interaktion von Angebot und Nachfrage. Diese wurden im Rahmen dieser Arbeit zur Abgrenzung von Vorstellungen, die lediglich eine Marktseite berücksichtigen, in einer Kategorie zusammengefasst. Hilfreich wäre jedoch eine weitere Differenzierung der Vorstellungen zur systemischen Interaktion von Angebot und Nachfrage der Schüler:innen und dadurch eine Untersuchung dessen, wie Schüler:innen die systemische Interaktion von Angebot und Nachfrage erklären.

– Während sich die Erkenntnisse der vorliegenden Arbeit auf die Bereiche des *Wissens über ökonomische Modelle* und des *Umgangs mit ökonomischen Modellen* als Teile des in Kapitel 3 dargestellten Strukturmodells des *Denkens in ökonomischen Modellen* beziehen, wäre eine weiterführende Betrachtung des *Modellurteils* erkenntnisfördernd.

Grundsätzlich bedarf es weiterer Forschung rund um das Preis-Mengen-Diagramm, der wichtigsten Errungenschaft der Wirtschaftswissenschaft (Humphrey 1992, S. 3),, sowie der Lernwirksamkeit der Visualisierung mathematischer Modellierung ökonomischer Modelle durch Achsendiagramme allgemein. Denn, wie Albert Einstein bereits erkannte: „Das Wichtigste ist, dass man nicht aufhört zu fragen".

Literaturverzeichnis

Abeli, H. (1967). *Grundformen des Lehrens* (4. Aufl.). Stuttgart: Klett.

Agassi, J. (1995). Why there is no theory of models. In W. E. Herfel, W. Krajewski, I. Niiniluoto & R. Wójcicki (Hrsg.), *Theories and Models in Scientific Processes. Proceedings of AFOS '94 Workshop, August 15–26, Madralin and IUHPS '94 Conference, August 27–29, Warszawa* (S. 17–26). Amsterdam: Rodopi.

Ainsworth, S. (2006). DeFT: A conceptual framework for considering learning with multiple representations. *Learning and Instruction 16* (3), 183–198.

Airey, J. & Linder, C. (2009). A disciplinary discourse perspective on university science learning: Achieving fluency in a critical constellation of modes. *Journal of Research in Science Teaching 46* (1), 27–49.

Åkerlind, G. S. (2005). Variation and Commonality in Phenomenographic Research Methods. *Higher Education Research and Development 24* (4), 321–334.

Akman, P. (2020). *Konkret oder abstrakt? Externe Repräsentationen bei der Informationsentnahme und im Modellierprozess aus Lernerperspektive.* Dissertation, Universität Paderborn. Paderborn.

Akremi, L. (2019). Filme. In N. Baur & J. Blasius (Hrsg.), *Handbuch Methoden der empirischen Sozialforschung* (2. Aufl., S. 887–898). Wiesbaden: Springer Fachmedien.

Albach, H. (1965). Mathematik in den Wirtschaftswissenschaften. In K. E. Gutenberg (Hrsg.), *Taschenbuch für Studierende der Wirtschaftswissenschaften* (S. 59–78). Wiesbaden: Gabler.

Albert, H. (2012). Macht, Gesetz und Erklärung im ökonomischen Denken. In C. Müller, F. Trosky & M. Weber (Hrsg.), *Ökonomik als allgemeine Theorie menschlichen Verhaltens* (S. 60–78). Stuttgart: Lucius & Lucius.

Alperslan, A. (2006). *Strukturalistische Prinzipal-Agent-Theorie. Eine Reformulierung der Hidden-Action-Modelle aus der Perspektive des Strukturalismus.* Wiesbaden: Deutscher Universitätsverlag.

Altmann, G., Boss, G., Göser, U., Maier, G., Thull, B. & Wiedenmann-Petri, F. (2017). *Wirtschaft & Du. Wirtschaft / Berufs- und Studienorientierung. Gymnasium SI Baden-Württemberg.* Braunschweig: Bildungshaus Schulbuchverlage, Westermann.

Applis, S. (2017). Die empirische Wende in der Fachdidaktik und die (Sonder-) Stellung der Philosophiedidaktik. In J. Nida-Rümelin, I. Spiegel & M. Tiedermann (Hrsg.), *Handbuch Philosophie und Ethik* (2. Aufl., S. 144–152). Paderborn: Ferdinand Schöningh.

J. Franke, *Achsendiagramme in der ökonomischen Bildung*, https://doi.org/10.1007/978-3-658-44460-0

Arndt, H. (2006). Modellierung und Simulation im Wirtschaftsunterricht zur Förderung systemischen und prozessorientierten Denkens am Beispiel unternehmsübergreifender Kooperation in Wertschöpfungsketten. *Berufs- und Wirtschaftspädagogik – online 10,* 1–18.

Arndt, H. (2016). *Systemisches Denken im Wirtschaftsunterricht.* Erlangen: FAU University Press.

Arndt, H. (2020). *Ökonomische Bildung.* Erlangen: FAU University Press.

Ausubel, D. P. (1968). *Educational psychology. a cognitive view.* New York: Holt, Rinehart & Winston.

Averbeck-Lietz, S. & Meyen, M. (Hrsg.). (2016). *Handbuch nicht standardisierte Methoden in der Kommunikationswissenschaft.* Wiesbaden: Springer Fachmedien.

Baba, A., Baba, S., Braun Matthias, Christiansen, A., Knüppel, A., Huster, Sonja, Könnig, Hermann, Larsen, P., Rönnebeck, G., Schiewer, D., Schönwald, E., Skandera, A. & Wöhlbrandt, B. (2007). *Duden: Basiswissen Schule. Wirtschaft. 7. Klasse bis Abitur* (3. Aufl.). Mannheim: Dudenverlag.

Bakker, A. & Hoffmann, M. H. G. (2005). Diagrammatic Reasoning as the Basis for Developing Concepts. A Semiotic Analysis of Students' Learning about Statistical Distribution. *Educational Studies in Mathematics 60* (3), 333–358.

Ballard, C. L. & Johnson, M. F. (2004). Basic Math Skills and Performance in an Introductory Economics Class. *Journal of Economic Education 35* (1), 2–23.

Bank, V. & Retzmann, T. (2012). *Fachkompetenz von Wirtschaftslehrern. Grundlagen und Befunde einer Weiterbildungsbedarfsanalyse.* Schwalbach: Wochenschau Verlag.

Barthes, R. (1964). *Mythen des Alltags.* Frankfurt am Main: Suhrkamp.

Baumert, J., Bos, W. & Lehman Rainer. (2000). *TIMSS/III Dritte Internationale Mathematik- und Naturwissenschaftsstudie. Mathematische und naturwissenschaftliche Bildung am Ende der Schullaufbahn.* Wiesbaden: VS Verlag für Sozialwissenschaften.

Baur, N. & Blasius, J. (Hrsg.). (2019). *Handbuch Methoden der empirischen Sozialforschung* (2. Aufl.). Wiesbaden: Springer Fachmedien.

Becker, S. (2022). *Der Einfluss von Stress auf diagnostische Urteilsprozesse bei Lehrkräften.* Wiesbaden: Springer Fachmedien.

Bell, M. (1993). Modelling and applications of mathematics in the primary curriculum. In T. Breiteig, I. Huntley & G. Kaiser (Hrsg.), *Teaching and Learning Mathematics in Context* (S. 71–79). Chichester: Ellis Horwood.

Berti, A. E. & Grivet, A. (1990). The development of economic reasoning in children from 8 to 13 years old. Price mechanism. *Contributi di Psicologia 3* (3), 37–47.

Best, L. (2020). *Nähe und Distanz in der Beratung. Das Erleben der Beziehungsgestaltung aus der Perspektive der Adressaten.* Wiesbaden: Springer Nature.

Bicheler, J. & Gloe, M. (Hrsg.). (2020). *Wirtschaft und Beruf direkt 9/10 Urteilen und Handeln. Differenzierende Ausgabe Baden-Württemberg.* Braunschweig: Bildungshaus Schulbuchverlage, Westermann.

Biervert, B. & Wieland, J. *Ansatzpunkte einer Analyse ökonomischer Denkformen und Kategorien. Diskussionspapier 1/1986 der Forschungsgruppe Sozioökonomischer Wandel an der Bergischen Universität-GH Wuppertal,* Wuppertal.

Bilandzic, H. & Trapp, B. (2000). Die Methode des lauten Denkens. Grundlagen des Verfahrens und die Anwendung bei der Untersuchung selektiver Fernsehnutzung bei Jugendlichen. In I. Paus-Haase & B. Schorb (Hrsg.), *Qualitative Kinder- und Jugendmedienforschung. Theorie und Methoden. ein Arbeitsbuch* (S. 183–209). München: KoPäd.

Birke, F. (2013). Was wandelt sich beim konzeptuellen Wandel? Der Beitrag der Debatte um ‚conceptual change' für die wissenschaftspropädeutischen Bemühungen in der ökonomischen Bildung in der Sekundarstufe II. In T. Retzmann (Hrsg.), *Ökonomische Allgemeinbildung in der Sek. II. Konzepte, Analysen und empirische Befunde* (S. 87–99). Schwalbach: Wochenschau.

Birke, F. & Kaminski, H. (Hrsg.). (2017). *Praxis Wirtschaft Berufs- und Studienorientierung 1. Differenzierende Ausgabe Baden-Württemberg.* Braunschweig: Bildungshaus Schulbuchverlage, Westermann.

Birke, F. & Seeber, G. (2011). Präkonzepte als Ausgangspunkt für den Unterricht. Erfassung von Schülervorstellungen zur Lohn- und Preisbildung. *Unterricht Wirtschaft + Politik 1* (4), 23–27.

Blohm, D. (1978). *Wohlfahrtsökonomik.* Wiesbaden: Betriebswirtschaftlicher Verlag Dr. Th. Gabler GmbH.

Blömeke, S. (2012). Does Greater Teacher Knowledge Lead to Student Orientation? The Relationship between Teacher Knowledge and Teachers' beliefs. In J. König (Hrsg.), *Teachers' pedagogical beliefs. Definition and operationalization – connections to knowledge and performance – development and change* (S. 15–36). Münster: Waxmann.

Blum, W. (1985). Anwendungsorientierter Mathematikunterricht in der didaktischen Diskussion. *Mathematische Semesterberichte 32* (2), 195–232.

Blum, W. & Leiß, D. (2005). Modellieren im Unterricht mit der „Tanken"-Aufgabe. *Mathematik Lehren 128,* 18–21.

Boatman, K., Courtney, R. & Lee, W. (2008). See How They Learn. The Impact of Faculty and Student Learning Styles on Student Performance in Introductory Economics. *The American Economist 52* (1), 39–48.

Bofinger, P. (2011). *Grundzüge der Volkswirtschaftslehre. Eine Einführung in die Wissenschaft von Märkten* (3. Aufl.). München: Pearson.

Böhme, M. (1971). *Die Moralstatistik. Ein Beitrag zur Geschichte der Quantifizierung in der Soziologie, dargestellt an den Werken Adolphe Quetelets und Alexander von Oettingens.* Köln: Böhlau.

Bolza, H. (1966). Die Nachfragekurve und ihre Anwendung auf die praktischen Daten eines Unternehmens. *Journal of Economics and Statistics 179* (1), 181–188.

Borromeo Ferri, R. (2006). Theoretical and empirical differentiations of phases in the modelling process. *ZMD 38,* 86–95.

Borromeo Ferri, R., Greenfrath, G. & Kaiser, G. (Hrsg.). (2013). *Mathematisches Modellieren für Schule und Hochschule. Theoretische und didaktische Hintergründe.* Wiesbaden: Springer Fachmedien.

Borromeo Ferri, R. & Kaiser, G. (2008). Aktuelle Ansätze und Perspektiven zum Modellieren in der nationalen und internationalen Diskussion. In A. Eichler & F. Förster (Hrsg.), *Materialien für einen realitätsbezogenen Mathematikunterricht. Schriftenreihe der ISTRON-Gruppe* (S. 1–10). Hildesheim: Verlag Franzbecker.

Bortz, J. & Döring, N. (2002). *Forschungsmethoden und Evaluation. in den Sozial- und Humanwissenschaften* (3. Aufl.). Berlin, Heidelberg: Springer.

Brosius, H.-B., Haas, A. & Koschel, F. (2012). *Methoden der empirischen Kommunikationsforschung. Eine Einführung* (6. Aufl.). Wiesbaden: Springer VS.

Brownlie, A. D. & Lloyd Prichard, M. F. (1963). Professor Flemming Jenkins 1833–1885. pioneer in engineering and political economy. *Oxford Economic Papers 15* (3), 204–216.

Brunner, M. (2009). Lernen von Mathematik als Erwerb von Erfahrungen im Umgang mit Zeichen und Diagrammen. *Journal für Mathematik-Didaktik 30* (3), 206–231.

Brüsemeister, T. (2008). *Qualitative Forschung. Ein Überblick* (2. Aufl.). Wiesbaden: VS Verlag für Sozialwissenschaften.

Bucher, S. (2006). Das Diagramm in den Bildwissenschaften. Begriffsanalytische, gattungstheoretische und anwendungsorientierte Ansätze in der diagrammtheoretischen Forschung. https://www.google.de/url?sa=t&rct=j&q=&esrc=s&source=web&cd=& ved=2ahUKEwikrO6fyLP_AhVtavEDHX9TAdUQFnoECAkQAQ&url=https%3A% 2F%2Fedoc.bbaw.de%2Ffrontdoor%2Fdeliver%2Findex%2FdocId%2F868%2Ffile% 2FSebastian_Bucher_VERWANDTE_BILDER_ZWEITE_AUFLAGE.pdf&usg=AOv Vaw2Rp8yUJnveutqLeXw08NvI. Zugegriffen: 8. Juni 2023.

Bühler, K. (1907). *Tatsachen und Probleme zu einer Psychologie der Denkvorgänge*, Universität Würzburg. Würzburg. https://altebuecher-neu.de/buecher/B%C3%BChler%20-% 20%20Tatsachen%20und%20Probleme%20zu%20einer%20Psychologie%20der%20D enkvorg%C3%A4nge%20II%20und%20III.pdf. Zugegriffen: 7. August 2023.

Bundeskartellamt (Hrsg.). (2015). Praktische Übung zur Marktpreisbildung. Klassenraumexperiment „Der Apfelmarkt". https://www.bundeskartellamt.de/SharedDocs/Publik ation/DE/Unterrichtsmaterial_Lehrmappe/Lehrmappe_Classroom_Game_Apfelmarkt. pdf%3Bjsessionid=B60DEDB3E485A8413D63672D3EBB109A.2_cid381?__blob= publicationFile&v=4. Zugegriffen: 30. August 2023.

Burghardt, Y. (2013). *Abitur 2014 Prüfungsaufgaben mit Lösungen. Wirtschaft Gymnasium Baden-Württemberg* (6. Aufl.). München: Stark.

Carey, S. (1985). *Conceptual Change in Childhood*. Cambridge, Mass: MIT Press.

Carney & Levin. (2002). Pictorial Illustrations Still Improve Students' Learning from Text. *Educational Psychology Review 14*, 5–26.

Chan, N. & Kennedy, P. (2002). Are multpiple-choice exams easier for economic students? A comparison of multiple-choice and "equivalent" constructed-response exam questions. *Southern Economic Journal 68* (4), 957–971.

Chiou, C.-C. (2009). Effects of concept mapping strategy on learning performance in business and economics statistics. *Teaching in Higher Education 14* (1), 55–69.

Clement, J. (1985). *The Concept of Variation and Misconceptions in Cartesian Graphing. In the Proceedings of the Ninth Conference of the International Group for the Psychology of Mathematics Education*. Konferenzpapier, University of Massachusetts. Noordwijkerhout, Niederlande. http://people.umass.edu/~clement/pdf/Misconceptions% 20in%20Graphing.pdf. Zugegriffen: 7. August 2023.

Coenen, É. (1964). *La 'Konjunkturforschung' en Allemagne et en Autriche 1925- 1933.* Louvain: Éditions Nauwelaerts.

Cohn, E. & Cohn, S. (1994). Graphs and learning in principles of economics. *The American Economic Review 84* (2), 197–200.

Cohn, E., Cohn, S., Balch, D. & Bradley, J. (2001). Do graphs promote learning in principles of economics? *The Journal of Economic Education 32* (4), 299–310.

Cohn, E., Cohn, S., Balch, D. & Bradley, J. (2004). The relation between student attitudes toward graphs and performance in economics. *The American Economist 48* (2), 41–52.

Cournot, A.-A. (1836). *Recherches sur les principes mathématiques de la théorie des richesses.* Paris: Librairie Université Royale de France.

Cox, R. (1999). Representation construction, externalised cognition and individual differences. *Learning and Instruction 9* (4), 343–363.

Dahlgren, L., Marton, F., Hounsell, D. & Entwistle, N. J. (1984). *The experience of learning.* Edinburgh: Scottish Academic Press.

Dannemann, S. (2015). *Schülervorstellungen zur visuellen Wahrnehmung. Entwicklung und Evaluation eines Diagnoseinstruments.* Baltmannsweiler: Schneider Hohengehren.

Davies & Lundholm. (2012). Students' understanding of socio-economic phenomena. Conceptions about the free provision of goods and services. *Journal of Economic Psychology 33,* 79–89.

Davies, P. (2006). Educating citizens for changing economies. *Journal of Curriculum Studies 38* (1), 15–30.

Davies, P. (2011). Students' conceptions of price, value and opportunity cost. some implications for future research. *Citizenship, Social and Economics Education 10* (2), 101–110.

Davies, P. (2019). The construction of frameworks in learners' thinking. Conceptual change and threshold concepts in economics. *International Review of Economics Education 30,* 1–19.

Davies, P. & Mangan, J. (2007). Threshold concepts and the integration of understanding in economics. *Studies in Higher Education 32* (6), 711–726.

Davies, P. & Mangan, J. (2013). Conceptions of graphs and the progression of students' understanding. *Korean Journal of Economics Education 20* (1), 189–210.

Demir, I. & Tollison, R. (2015). Graphs in Economics. *Economics Bulletin 35* (3), 1834–1847.

Diekmann, A. (2020). *Empirische Sozialforschung. Grundlagen, Methoden, Anwendungen* (13. Aufl.). Reinbeck bei Hamburg: Rowolth.

Diesterweg, A. W. (1849). *Wegweiser zur Bildung für deutsche Lehrer.* Essen: G. D. Bädeker.

Dinkelbach, W. (2013). Modell. ein isomorphes Abbild der Wirklichkeit. In H. Henning (Hrsg.), *Modellieren in den Mint-Fächern. Schriften zum Modellieren und Anwenden von Mathematik* (S. 151–162). Münster: WTM.

Döring, N. & Bortz, J. (2016). *Forschungsmethoden und Evaluation in den Sozial- und Humanwissenschaften* (5. Aufl.). Wiesbaden: Springer.

Dreher, U. (2020). *Graphische und numerische Repräsentationen von Funktionen. Die Rolle der verschiedenen Spezifitätsebenen von Selbstwirksamkeitsüberzeugungen.* Dissertation, Pädagogische Hochschule Freiburg. Freiburg.

Dresing, T. & Pehl, T. (2018). *Interview, Transkription und Analyse. Anleitungen und Regelsysteme für qualitative Forschende* (8. Aufl.). Marburg: Eigenverlag.

Dudenredaktion (Hrsg.). (2015). *Deutsches Universalwörterbuch. Das umfassende Bedeutungswörterbuch der deutschen Gegenwartssprache* (8. Aufl.). Berlin: Dudenverlag.

Duit, R. (2004a). Didaktische Rekonstruktion. *PIKO-Brief 2,* 1–5. http://hansotto.carmesin.org/images/script1/Piko_Brief_2_did_Rek_Duit.pdf. Zugegriffen: 7. August 2023.

Duit, R. (2004b). Schülervorstellungen und Lernen von Physik. *PIKO-Brief,* 1–5. https://www.ipn.uni-kiel.de/de/das-ipn/abteilungen/didaktik-der-physik/piko/pikobriefe032010.pdf. Zugegriffen: 7. August 2023.

Duncker, K. (1935). *Zur Psychologie des produktiven Denkens*. Berlin: Springer.

Dupuit, J. (1952). On the measurment of the utility of public works. In Arrow, Kenneth J. Scitovsky, Tibor (Hrsg.), *Readings in Welfare Economics* (S. 255–283). Homewood, Illinois: Richard D. Irwin, Inc.

Durden, G. (2018). Accounting for the context in phenomenography-variation theory. Evidence of English graduates' conceptions of price. *International Journal of Educational Research 87*, 12–21.

Eck, C., Garcke, H. & Knabner, P. (Hrsg.). (2017). *Mathematische Modellierung* (3. Aufl.). Berlin, Heidelberg: Springer Spektrum.

Eckstein, A. & Weitz, B. O. (2015). *VWL Grundwissen* (4. Aufl.). Freiburg: Haufe.

Edgeworth, F. Y. (1881). *Mathematical Psychics. An Essay on the Application of Mathematics to the Moral Sciences*. London: C. Kegan Paul & Co.

Edling, H. (2023). *Volkswirtschaftslehre schnell erfasst* (4. Aufl.). Berlin: Springer Gabler.

Englis, K. (1925). *Grundlagen des wirtschaftlichen Denkens*. Brünn: Rudolf M. Rohrer.

Ericsson, K. A. & Simon, H. A. (1993). *Protocol Analysis. Verbal Reports as Data*. Cambridge: MIT Press.

Fischer, R. & Malle, G. (1985). *Mensch und Mathematik. Eine Einführung in didaktisches Denken und Handeln*. Mannheim: Bibliographisches Institut.

Fives, H. & Bühl, M. M. (2012). Spring Cleaning for the "messy" Construct of Teachers' Beliefs. What Are They? Which Have Been Examined? What Can They Tell Us? In K. R. Harris, S. Graham, T. Urdan, S. Graham, J. M. Royer & M. Zeidner (Hrsg.), *APA Educational Psychology Handbook, Vol. 2. Individual Differences and Cultural and Contextual Factors* (S. 471–499). Washington DC: American Psychological Association.

Fleischmann, A., Oppl, S., Schmidt, W. & Stary, C. (2018). *Ganzheitliche Digitalisierung von Prozessen. Perspektivenwechsel – Design Thinking – Wertegeleitete Interaktion*. Wiesbaden: Springer Vieweg.

Fletemeyer, T. (2021). *Berufsbezogene Überzeugungen von Lehrpersonen zur beruflichen Orientierung. Eine qualitative Studie an allgemeinbildenden Schulen*. Wiesbaden: Springer VS.

Flick, U. (2007). *Qualitative Sozialforschung. Eine Einführung*. Reinbek: Rowohlt Taschenbuch.

Flick, U. (2010). Gütekriterien qualitativer Forschung. In G. Mey & K. Mruck (Hrsg.), *Handbuch Qualitative Forschung in der Psychologie* (S. 395–407). Wiesbaden: VS Verlag für Sozialwissenschaften.

Flick, U. (2019). Gütekriterien qualitativer Sozialforschung. In N. Baur & J. Blasius (Hrsg.), *Handbuch Methoden der empirischen Sozialforschung* (2. Aufl., S. 411–424). Wiesbaden: Springer Fachmedien.

Flick, U. (2021). *Qualitative Sozialforschung. Eine Einführung* (10. Aufl.). Reinbek bei Hamburg: Rowohlt Taschenbuch.

Friebel, S., Kirchner, V. & Loerwald, D. (2016). Schülervorstellungen zum Handel mit Strom. Eine qualitative Interviewstudie im Feld der ökonomischen Energiebildung. *Zeitschrift für ökonomische Bildung 5*, 169–189.

Friebel-Piechotta, S. (2021). *Vorstellungen von Wirtschaftslehrpersonen zum Modelldenken im Ökonomieunterricht*. Wiesbaden: Springer Fachmedien Wiesbaden.

Frommann, U. (2005). Die Methode „Lautes Denken". http://www.e-teaching.org/didaktik/qualitaet/usability/Lautes%20Denken_e-teaching_org.pdf. Zugegriffen: 20. Juni 2023.

Funke, J. & Spering, M. (2006). Methoden der Denk- und Problemlöseforschung. In J. Funke (Hrsg.), *Denken und Problemlösen. Enzyklopädie der Psychologie.* In Verbindung mit der deutschen Gesellschaft für Psychologie (S. 647–744). Göttingen: Hogrefe.

Furnham, A. & Lewis, A. (1986). The economic mind. The social psychology of economic behaviour. *Journal of Economic Psychology 7* (3), 389–391.

Gebhardt, M. (2018). *Kostenkalkulation im Kontext technischer Produktänderungen. Entwicklung und Evaluation eines kausalanalytischen Ansatzes zur Prognose indirekter Änderungskosten; eine Untersuchung kundeninduzierter technischer Produktänderungen am Beispiel eines Unternehmens aus der automotiven Antriebstechnik.* Baden-Baden: Nomos.

Giere, R. N. (2010). An agent-based conception of models and scientific representation. *Synthese 172* (2), 269–281. doi:https://doi.org/10.1007/s11229-009-9506-z

Gilbert, J. K. & Justi, R. (2016). *Modelling-based Teaching in Science Education:* Springer International Publishing Switzerland.

Glaser, B. & Strauss, A. (1999). *The discovery of grounded theory. Strategies for qualitative research* (8. Aufl.). Chicago: Aldine.

Gläser, J. & Laudel, G. (2010). *Experteninterviews und qualitative Inhaltsanalyse.* Wiesbaden: Springer Fachmedien.

Gold, A. (2018). *Lernschwierigkeiten. Ursachen, Diagnostik, Intervention* (2. Aufl.). Stuttgart: W. Kohlhammer.

Goldkuhle, P. (1993). *Modellbildung und Simulation im Physikunterricht.* Soest: Verlagskontor.

Greefrath, G. (2018). *Anwendungen und Modellieren im Mathematikunterricht. Didaktische Perspektiven zum Sachrechnen in der Sekundarstufe* (2. Aufl.). Berlin, Heidelberg: Springer Berlin Heidelberg.

Greefrath, G., Kaiser, G., Blum, W. & Borromeo Ferri, R. (2013). Mathematisches Modellieren. Eine Einführung in theoretische und didaktische Hintergründe. In R. Borromeo Ferri, G. Greenfrath & G. Kaiser (Hrsg.), *Mathematisches Modellieren für Schule und Hochschule. Theoretische und didaktische Hintergründe* (S. 11–38). Wiesbaden: Springer Fachmedien.

Greefrath, G., Oldenburg, R., Siller, H.-S. & Weigand, H.-G. (2016). *Didaktik der Analysis. Aspekte und Grundvorstellungen zentraler Begriffe.* Berlin, Heidelberg: Springer.

Gregoire, M. (2003). Is It a Challenge or a Threat? A Dual-Process Model of Teachers' Cognition and Appraisal Processes During Conceptual Change. *Educational Psychology Review 15,* 147–179.

Greuel, G.-M., Remmert, R. & Rupprecht, G. (Hrsg.). (2008). *Mathematik – Motor der Wirtschaft.* Berlin, Heidelberg: Springer.

Gropengießer, H. (2003). *Lebenswelten / Denkwelten / Sprechwelten. Wieman Vorstellungen der Lerner verstehen kann.* Oldenburg: Didaktisches Zentrum.

Gropengießer, H. & Marohn, A. (2018). Schülervorstellungen und Conceptual Change. In D. Krüger, I. Parchmann & H. Schecker (Hrsg.), *Theorien in der naturwissenschaftsdidaktischen Forschung* (S. 49–68). Berlin, Heidelberg: Springer.

Grötschel, M., Lucas, K. & Mehrmann, V. (Hrsg.). (2009). *Produktionsfaktor Mathematik. Wie Mathematik Technik und WIrtschaft bewegt.* Berlin, Heidelberg: Springer.

Grüne-Yanoff, T. (2009). Preface to 'Economic Models as Credible Worlds or as Isolating Tools?'. *Erkenntnis 70* (1), 1–2.

Grünkorn, J. (2014). *Empirische Analyse von Modellkompetenz bei Schülerinnen und Schülern der Sekundarstufe I mit Aufgaben im offenen Antwortformat*. Dissertation, Freie Universität Berlin. Berlin.

Habermas, J. (1968). *Erkenntnis und Interesse*. Frankfurt am Main: Suhrkamp.

Hackling, M. & Prain, V. (2005). *Primary connections: Stage 2 trial. Research report*. Report, Australian Academy of Science. Canberra.

Hamann, S. (2004). *Schülervorstellungen zur Landwirtschft im Kontext einer Bildung für nachhaltige Entwicklung*. Dissertation, Pädagogische Hochschule Ludwigsburg. Ludwigsburg.

Hardt, Ł. (2017). *Economics Without Laws*. Cham: Palgrave Macmillan.

Hausman, D. M. (1992). *The inexact and separate science of economics*. Cambridge: Cambridge University Press.

Hayek, F. A. von. (1996). *Die Anmaßung von Wissen. Neue Freiburger Studien*. Tübingen: Mohr.

Hayek, F. A. von. (1967). Degrees of Explanation. In F. A. von Hayek (Hrsg.), *Studies in Philosophy, Politics and Economics* (S. 3–21). Chicago: University of Chicago Press.

Heath, C. & Hindenmarsh, J. (2002). Analysing Interaction. Video, Ethnography and Situated Conduct. In T. May (Hrsg.), *Qualitative Research in Action* (S. 99–121). London: Sage.

Hegarty, M. (1992). Mental animation. Inferring motion from static displays of mechanical systems. *Journal of Experimental Psychology: Learning, Memory, and Cognition 18* (5), 1084–1102.

Hegarty, M., Canham, M. S. & Fabrikant, S. I. (2010). Thinking about the weather. How display salience and knowledge affect performance in a graphic inference task. *Journal of Experimental Psychology: Learning, Memory, and Cognition 36* (1), 37–53. doi:https://doi.org/10.1037/a0017683

Heilman, E. E. (2001). Teachers' Perspectives on real World Challenges for Social Studies Education. *Theory & Research in Social Education 29* (4), 696–733.

Heine, L. & Schramm, K. (2007). Lautes Denken in der Fremdsprachenforschung. Eine Handreichung für die empirische Praxis. In H. J. Vollmer (Hrsg.), *Synergieeffekte in der Fremdsprachenforschung. Empirische Zugänge, Probleme, Ergebnisse* (S. 167–206). Frankfurt am Main: Peter Lang.

Heinen, E. (1985). *Einführung in die Betriebswirtschaftslehre* (9. Aufl.). Wiesbaden: Gabler.

Heiser, P. (2018). *Meilensteine der qualitativen Sozialforschung. Eine Einführung entlang klassischer Studien*. Wiesbaden: Springer Fachmedien.

Helfferich, C. (2011). *Die Qualität qualitativer Daten. Manual für die Durchführung qualitativer Interviews* (4. Aufl.). Wiesbaden: VS Verlag für Sozialwissenschaften.

Heller, E. (1975). *The disinherited mind. Essays in modern German Literature and Thought* (2. Aufl.). London: Bowes and Bowes.

Helmer, O. & Rescher, N. (1959). On the epistemology of the inexact sciences. *Management Science 6* (1), 25–52.

Henn, R. (1957). Modellbetrachtungen in der Wirtschaft. *Zeitschrift für die gesamte Staatswissenschaft 113* (2), 193–204.

Hennings, K. H. (1979). *Karl Heinrich Rau and the graphic representation of supply and demand. Diskussionspapier Serie C* (Hannover Economic Papers, Hrsg.). : Leibniz Universität Hannover, Wirtschaftswissenschaftliche Fakultät.

Hentschel, K. (Hrsg.). (2010). *Analogien in Naturwissenschaften, Medizin und Technik. Fachtagung der Deutschen Akademie der Naturforscher Leopoldina und der Abteilung für Geschichte der Naturwissenschaften und Technik der Universität Stuttgart vom 17. bis 20. März 2008.* Stuttgart: Deutsche Akademie der Naturforscher Leopoldina e.V.

Henze, I., van Driel, J. H. & Verloop, N. (2007). Science Teachers' Knowledge about Teaching Models and Modelling in the Context of a New Syllabus on Public Understanding of Science. *Research in Science Education 37* (2), 99–122. doi:https://doi.org/10.1007/s11165-006-9017-6

Hertz, H. & Helmholtz, H. von (Hrsg.). (1894). *Die Prinzipien der Mechanik in in neuen Zusammenhängen dargestellt.* Leipzig: Johann Ambrosius Barth.

Heuer, C. (2011). Gütekriterien für kompetenzorientierte Lernaufgaben im Fach Geschichte. *Geschichte in Wissenschaft und Unterricht 62* (7), 443–458.

Hill, C. & Stegner, T. (2003). Which Students Benefit from Graphs in a Principles of Economics Class? *The American Economist 47* (2), 69–77.

Hodson, D. (1992). In search of a meaningful relationship: an exploration of some issues relating to integration in science and science education. *International Journal of Science Education 14* (5), 541–562.

Hoffmann-Riem, C. (1984). *Das adoptierte Kind. Familienleben mit doppelter Elternschaft.* München: Wilhelm-Fink-Verlag.

Hofmann, R. & Roth, J. (2020). Arbeiten mit Funktionsgraphen. Zur Diagnose von Fehlern und Fehlvorstellungen beim Funktionalen Denken. *Zeitschrift für Didaktik der Mathematik 44* (1), 1–17.

Hofmann, R. & Roth, J. (2021). Lernfortschritte identifizieren. Typische Fehler im Umgang mit Funktionen. *Mathematik Lehren 266,* 15–19.

Hohen, A., Möller, K. & Hardy, I. (2003). Lernwege als Veränderung von Konzepten. am Beispiel einer Untersuchung zum naturwissenschaftlichen Lernen in der Grundschule. In D. Cech & H.-J. Schwier (Hrsg.), *Lernwege und Aneignungsformen im Sachunterricht* (S. 93–108). Bad Heilbrunn: Klinkhardt.

Holzäpfel, L., Eichler, A. & Thiede, B. (2016). Visualisierungen in der mathematischen Bildung. In P. Gretsch & L. Holzäpfel (Hrsg.), *Lernen mit Visualisierungen. Erkenntnisse aus der Forschung und deren Implikationen für die Fachdidaktik* (S. 83–110). Münster: Waxmann.

Hopf, C. (1978). Die Pseudo-Exploration. Überlegungen zur Technik qualitativer Interviews. *Zeitschrift für Soziologie 7* (2), 97–115.

Hopf, C. (2017). Qualitative Interviews. Ein Überblick. In U. Flick, E. von Kardorff & I. Steinke (Hrsg.), *Qualitative Forschung. Ein Handbuch* (12. Aufl., S. 349–360). Reinbeck bei Hamburg: Rowohlt Taschenbuch.

Hopf, C. & Schmidt, C. (1993). Zum Verhältnis von innerfamilialen sozialen Erfahrungen, Persönlichkeitsentwicklung und politischen Orientierungen. Dokumentation und Erörterung des methodischen Vorgehens in einer Studie zu diesem Thema. https://www.ssoar.info/ssoar/bitstream/handle/document/45614/ssoar-1993-hopf_et_al-Zum_Verhaltnis_von_innerfamilialen_sozialen.pdf?sequence=1&isAllowed=y&lnkname=ssoar-1993-hopf_et_al-Zum_Verhaltnis_von_innerfamilialen_sozialen.pdf. Zugegriffen: 16. Mai 2023.

Humphrey, T. M. (1992). Marshallian Cross Diagrams and their uses before Alfred Marshall. The Origins of Supply and Demand Geometry. *FRB Richmond Economic Review 78* (2), 3–23.

Hussy, W., Schreier, M. & Echterhoff, G. (2013). *Forschungsmethoden in Psychologie und Sozialwissenschaften für Bachelor* (2. Aufl.). Berlin, Heidelberg: Springer.

Ignell, C., Davies, P. & Lundholm, C. (2017). Understanding 'price' and the environment. Exploring upper secondary students' conceptual development. *Journal of Social Science Education 16* (1), 20–32.

Ingham, A. M. & Gilbert, J. K. (1991). The use of analogue models by students of chemistry at higher education level. *International Journal of Science Education 13* (2), 193–202. doi:https://doi.org/10.1080/0950069910130206

Jägerskog, A.-S. (2020). *Making Possible by Making Visible. Learning through Visual Representations in Social Science*. Dissertation, Stockholm University. Stockholm.

Jägerskog, A.-S., Davies, P. & Lundholm, C. (2019). Students' understanding of causation in pricing: a phenomenographic analysis. *Journal of Social Science Education 18* (3), 89–107.

Jenkins, F. (1870). The graphic representations of the laws of supply and demand and their application to labour. In A. Grant (Hrsg.), *Recess Studies* (2. Aufl., S. 151–186). Edinburgh: Edmonston and Douglas.

Jevons, W. S. (1971). *The Theory of Political Economy*. London und New York.

Kaiser, F.-J. (1976). *Entscheidungstraining* (2. Aufl.). Bad Heilbrunn: Julius Klinkhardt.

Kallmeyer, W. & Schütze, F. (1976). Konversationsanalyse. *Studium Linguistik 1*, 1–28.

Kasper, L. (2010). Metaphern in der Physik. eine fachdidaktische Reflexion. In K. Hentschel (Hrsg.), *Analogien in Naturwissenschaften, Medizin und Technik. Fachtagung der Deutschen Akademie der Naturforscher Leopoldina und der Abteilung für Geschichte der Naturwissenschaften und Technik der Universität Stuttgart vom 17. bis 20. März 2008*. Stuttgart: Deutsche Akademie der Naturforscher Leopoldina e.V.

Kattmann, U. (1992). Originalarbeiten als Quellen didaktischer Rekonstruktion. *Unterricht Biologie 16* (174), 46–49.

Kattmann, U., Duit, R., Großengießer, H. & Komorek, M. (1997). Das Modell der Didaktischen Rekonstruktion. Ein Rahmen für naturwissenschaftsdidaktische Forschung und Entwicklung. *Zeitschrift für Naturwissenschaften 3* (3), 3–18.

Kaufmann, S.-H. (2021). *Schülervorstellungen zu Geradengleichungen in der vektoriellen Analytischen Geometrie*. Wiesbaden: Springer Fachmedien Wiesbaden; Imprint: Springer Spektrum.

Kaune, K. (2010). Qualitative Techniken. Leitfadeninterview und Inhaltsanalyse. In A. Kaune (Hrsg.), *Change Management mit Organisationsentwicklung. Veränderungen erfolgreich durchsetzen* (2. Aufl., S. 135–152). Berlin: Erich Schmidt.

Kautschitsch, H. (2020). *Zeichen und Sprache im Mathematikunterricht. Semiotik in Theorie und Praxis*. Berlin, Heidelberg: Springer Spektrum.

Kelle, U. (2008). *Die Integration qualitativer und quantitativer Methoden in der empirischen Sozialforschung. Theoretische Grundlagen und methodologische Konzepte* (2. Aufl.). Wiesbaden: VS Verlag für Sozialwissenschaften.

Kelle, U. & Kluge, S. (2010). *Vom Einzelfall zum Typus. Fallvergleich und Fallkontrastierung in der qualitativen Sozialforschung* (2. Aufl.). Wiesbaden: VS Verlag für Sozialwissenschaften.

Keynes, J. N. (1891). *The scope and method of political economy.* London: Macmillan.

Kindsmüller, M. C. & Urbas, L. (2002). Der Einfluss von Modellwissen auf die Interpretation von Trenddarstellungen bei der Steuerung prozesstechnischer Anlagen. In M. Grandt (Hrsg.), *Situation awareness in der Fahrzeug- und Prozessführung* (131–152). Bonn: DGLR.

Kirchner, V. (2016). *Wirtschaftsunterricht aus der Sicht von Lehrpersonen. Eine qualitative Studie zu fachdidaktischen teachers' beliefs in der ökonomischen Bildung.* Wiesbaden: Springer VS.

Klafki, W. (2001). Hermeneutische Verfahren in der Erziehungswissenschaft (1971). In C. Rittelmeyer & M. Parmentier (Hrsg.), *Einführung in die pädagogische Hermeneutik. Mit einem Beitrag von Wolfgang Klafki* (S. 125–148). Darmstadt: Wissenschaftliche Buchgesellschaft.

Klee, A. (2008). *Entzauberung des Politischen Urteils. Eine didaktische Rekonstruktion zum Politikbewusstsein von Politiklehrerinnen und Politiklehrern.* Wiesbaden: VS Verlag für Sozialwissenschaften.

Knoblauch, H. & Schnettler, B. (2009). Videographie. Erhebung und Analyse qualitativer Videodaten. In R. Buber & H. H. Holzmüller (Hrsg.), *Qualitative Marktforschung. Konzepte – Methoden – Analysen* (2. Aufl., S. 583–600). Wiesbaden: Gabler Verlag.

Knorr, P. & Schramm, K. (2012). Datenerhebung durch Lautes Denken und Lautes Erinnern in der fremdsprachendidaktischen Empirie. Grundlagenbeitrag. In S. Doff (Hrsg.), *Fremdsprachenunterricht empirisch erforschen. Grundlagen – Methoden – Anwendung* (S. 184–201). Tübingen: Narr Francke Attempto.

Knorr-Cetina, K. (2002). *Wissenskulturen. Ein Vergleich naturwissenschaftlicher Wissensformen.* Frankfurt am Main: Suhrkamp.

Kochendörfer, J. (2018). *Startklar! Wirtschaft. Berufs- und Studienorientierung. Gymnasium.* Berlin: Cornelsen.

Konrad, K. (2010). Lautes Denken. In G. Mey & K. Mruck (Hrsg.), *Handbuch Qualitative Forschung in der Psychologie* (S. 476–490). Wiesbaden: VS Verlag für Sozialwissenschaften.

Konrad, K. (2020). Lautes Denken. In G. Mey & K. Mruck (Hrsg.), *Handbuch Qualitative Forschung in der Psychologie. Band 2: Designs und Verfahren* (2. Aufl., S. 373–394). Wiesbaden: Springer.

Kotzebue, L. von & Nerdel, C. (2015). Modellierung und Analyse des Professionswissens zur Diagrammkompetenz bei angehenden Biologielehrkräften. *Zeitschrift für Erziehungswissenschaft 18,* 687–712.

Kounin, J. S. (1976). *Techniken der Klassenführung.* Stuttgart: Klett.

Kourilsky, M. (1993). Economic education and a generative model of mislearning and recovery. *Journal of Economic Education 24* (1), 23–33.

Kracauer, S. (1952). The Challenge of Qualitative Content Analysis. *Public Opinion Quarterly 16* (4), 631–642.

Krajcik, J. (1991). Developing Students' Unterstanding of Chemical Concepts. In S. Glynn, R. Yeany & B. Britton (Hrsg.), *The Psychology of Learning Science* (S. 117–148). New Jersey: Lawrence Erlbaum Associates.

Krauthausen, G. (2018). *Einführung in die Mathematikdidaktik. Grundschule* (4. Aufl.). Berlin, Heidelberg: Springer Spektrum.

Krippendorff, K. (1980). *Content Analysis. An introduction to its methodology.* London: Sage.

Krol, G.-J., Loerwald, D. & Zoerner, A. (2006). Ökonomische Bildung, Praxiskontakte und Handlungskompetenz. In B. O. Weitz (Hrsg.), *Kompetenzentwicklung und Förderung, -förderung und -prüfung in der ökonomischen Bildung* (S. 61–109). Bergisch-Gladbach: Hobein.

Kruber, K.-P. (1995). *Handlungsorientierung und ökonomische Bildung*. Bergisch Gladbach: Hobein.

Krüger, D., Kauertz, A. & Upmeier zu Belzen, A. (2018). Modelle und das Modellieren in den Naturwissenschaften. In D. Krüger, I. Parchmann & H. Schecker (Hrsg.), *Theorien in der naturwissenschaftsdidaktischen Forschung* (S. 141–158). Berlin, Heidelberg: Springer.

Krüger, L. (1987). Einheit der Welt- und Vielfalt der Wissenschaften. In J. Kocka (Hrsg.), *Interdisziplinarität* (S. 106–128). Frankfurt am Main: Suhrkamp.

Kuckartz, U. (2018). *Qualitative Inhaltsanalyse. Methoden, Praxis, Computerunterstützung* (4. Aufl.). Weinheim, Basel: Beltz Juventa.

Kuckartz, U., Dresing, T., Rädiker, S. & Stefer, C. (2008). *Qualitative Evaluation. Der Einstieg in die Praxis* (2. Aufl.). Wiesbaden: VS Verlag für Sozialwissenschaften.

Kuckartz, U. & Rädiker, S. (2022). *Qualitative Inhaltsanalyse. Methoden, Praxis, Computerunterstützung* (5. Aufl.). Weinheim: Beltz Juventa.

Kunter, M. & Pohlmann, B. (2015). Lehrer. In E. Wild & J. Möller (Hrsg.), *Pädagogische Psychologie* (2. Aufl., S. 261–281). Berlin, Heidelberg: Springer.

Lachmayer, S. (2008). *Entwicklung und Überprüfung eines Strukturmodells der Diagrammkompetenz für den Biologieunterricht*. Dissertation, Christian-Albrechts-Universität. Kiel.

Lachmayer, S., Nerdel, C. & Prechtl, H. (2007). Modellierung kognitiver Fähigkeen beim Umgang mit Diagrammen im naturwissenschaftlichen Unterricht. *Zeitschrift für Didaktik der Naturwissenschaften 13*, 145–160.

Lachmeyer, S. (2008). *Entwicklung und Überprüfung eines Strukturmodells der Diagrammkompetenz für den Biologieunterricht*. Dissertation, Christian-Albrechts-Universität. Kiel.

Lai, K., Cabrera, J., Vitale, J., Madhok, J., Tinker, R. & Linn, M. (2016). Measuring Graph Comprehension, Critique, and Construction in Science. *Journal of Science Education and Technology 25*, 665–681.

Lamnek, S. (2008). *Qualitative Sozialforschung. Lehrbuch* (4. Aufl.). Weinheim: Belt.

Lamnek, S. & Krell, C. (2016). *Qualitative Sozialforschung* (6. Aufl.). Weinheim, Basel: Beltz.

Larkin, J. & Simon, H. (1987). Why a diagram is (sometimes) worth ten thousand words. *Cognitive Science 11* (1), 65–100.

Lazarsfeld, P. F. (1982). Notes on the History of Quantification in Sociology. Trends, Sources, and Problems. In P. Kendall (Hrsg.), *The Varied Sociology of Paul F. Lazarsfeld* (S. 97–170). New York: Columbia University Press.

Lehner, F. (1995). Modelle und Modellierung in der Wirtschaftsinformatik. In H. Wächter (Hrsg.), *Selbstverständnis betriebswirtschaftlicher Forschung und Lehre* (S. 55–86). Wiesbaden: Gabler.

Leiser, D. & Halachmi, R. B. (2006). Children's understanding of market force. *Journal of Economic Psychology 27* (1), 6–19.

Leiser, D. & Shemesh, Y. (2018). *How We Misunderstand Economics and Why It Matters. The Psychology of Bias, Distortion and Conspiracy*. Oxon, New York: Routledge.

Leisner-Bodenthin, A. (2006). Zur Entwicklung von Modellkompetenz im Physikunterricht. *Zeitschrift für Didaktik der Naturwissenschaften 12*, 91–109.

Leschke, M. (2012). Homo Oeconomicus: Zum Modellbiold der Ökonomik. In C. Müller, F. Trosky & M. Weber (Hrsg.), *Ökonomik als allgemeine Theorie menschlichen Verhaltens*. Stuttgart: Lucius & Lucius.

Leuders, T. & Prediger, S. (2005). Funktioniert's? Denken in Funktionen. *Praxis Mathematikdidaktik PM 47* (2), 1–7.

Leufer, N. (2016). *Kontextwechsel als implizite Hürden realitätsbezogener Aufgaben. Eine soziologische Perspektive auf Texte und Kontexte nach Basil Bernstein*. Wiesbaden: Springer Spektrum.

Linke, A., Nussbaumer, M. & Portmann, P. R. (2004). *Studienbuch Linguistik* (5. Aufl.). Berlin, Boston: Max Niemeyer.

Loerwald, D. & Stemmann, A. (2012). Die Ökonomische Verhaltenstheorie als „Suchanweisung". *Unterricht Wirtschaft + Politik 2* (4), 12–18.

Löhr-Richter, P. (1993). Methodologie – Methodik – Methode. Was steckt dahinter? *EMISA Forum 3* (1), 39–41.

Loosen, W. (2016). Das Leitfadeninterview. eine unterschätzte Methode. In S. Averbeck-Lietz & M. Meyen (Hrsg.), *Handbuch nicht standardisierte Methoden in der Kommunikationswissenschaft* (S. 139–155). Wiesbaden: Springer Fachmedien.

Machlup, F. (1960). Operational Concepts and Mental Constructs in Modeland Theory Formation. *Giornale Degli Economisti e Annali Di Economia 19* (9), 553–582.

Mackensen-Friedrichs, I. (2009). Die Rolle von Selbsterklärungen aufgrund vorwissensangepasster, domänenspezifischer Lernimpulse beim Lernen mit biologischen Beispielaufgaben. *Zeitschrift für Didaktik der Naturwissenschaften 15*, 155–172.

Mag, W. (1988). Was ist ökonomisches Denken? *DBW 48*, 761–771.

Mahr, B. (2008). Ein Modell des Modellseins. Ein Beitrag zur Aufklärung des Modellbegriffs. In U. Dirks & Knobloch E. (Hrsg.), *Modelle* (S. 187–218). Frankfurt am Main: Peter Lang.

Mahr, B. (2011). On the Epistemology of Models. In G. Abel & J. Conant (Hrsg.), *Rethinking Epistemology* (S. 249–302). Berlin und Boston: De Gruyter.

Mahr, B. (2015). Modelle und ihre Befragbarkeit. Grundlagen einer allgemeinen Modelltheorie. *Erwägen-Wissen-Ethik 26* (3), 329–342.

Mahr, B. (2019). Cargo. Zum Verhältnis von Bild und Modell. In S. Siegel, I. Reichle & A. Spelten (Hrsg.), *Visuelle Modelle* (S. 15–40). Paderborn: Wilhelm Fink.

Mahr, B. (2021). *Schriften zur Modellforschung*. Paderborn: mentis.

Mäki, U. (2005). Models are experiments, experiments are models. *Journal of Economic Methodology 12* (2), 303–315. doi:https://doi.org/10.1080/13501780500086255

Mangoldt, H. von. (1863). *Grundriss der Volkswirtschaftslehre*. Stuttgart: Engelhorn.

Mankiw, G. N. & Taylor, M. P. (2012). *Grundzüge der Volkswirtschaft* (5. Aufl.). Stuttgart: Schäffer-Poeschel.

Marangos, J. & Alley, S. (2007). Effectiveness of concept maps in economics. Evidence from Australia and USA. *Learning and Individual Differences 17* (2), 193–199.

Marotzki, W. (2003). Leitfadeninterview. In W. Marotzki, R. Bohnsack & M. Meuser (Hrsg.), *Hauptbegriffe Qualitative Sozialforschung. Ein Wörterbuch* (S. 114). Wiesbaden: VS Verlag für Sozialwissenschaften.

Marshall, A. (1879). *The Pure Theory of Domestic Values.* London: London School of Economics.

Marshall, A. (1890). *Principles of Economics.* London: Macmillan.

Marshall, A. (2013). *Principles of Economics. Palgrave Classics in Economics* (8. Aufl.). New York: Palgrave Macmillan.

Marton, F. (1986). Phenomenography. A research approach to investigating different standings of reality. *Journal of Thought 21* (3), 28–49.

Marton, F. & Pang, M. F. (2005). Learning Theory as Teaching Resource. enhancing students' understanding of economic concepts. *Instructional Science 33* (2), 159–191.

Marton, F. & Pang, M. F. (2008). The Idea of Phenomenography and the Pedagogy of Conceptual Change. In S. Vosniadou (Hrsg.), *International Handbook of Research on Conceptual Change* (S. 533–559). New York: Routledge.

Marton, F. & Pong, W. Y. (2005). On the Unit of Description in Phenomenography. *Higher Education Research and Development 24* (4), 335–348.

Mason, L. (2010). Beliefs about knowledge and revision of knowledge. On the importance of epistemic beliefs for intentional conceptual change in elementary and middle school students. In L. D. Bendixen & F. C. Feucht (Hrsg.), *Personal Epistemology in the Classroom. Theory, Research, and Implications for Practice* (S. 258–291). Cambridge: Cambridge University Press.

MAXQDA. (o.A.). MAXQDA 2020 Manual. https://www.maxqda.com/de/download/man uals/MAX2020-Online-Manual-Complete-DE.pdf. Zugegriffen: 16. Mai 2023.

Mayntz, R. (2005). Forschungmethoden und Erkenntnipotential. Natur- und Sozialwissenschaften im Vergleich. MPIfG Discussion Paper, 05/7, Max-Planck-Institut für Gesellschaftsforschung in Köln. https://nbn-resolving.org/urn:nbn:de:0168-ssoar-418504. Zugegriffen: 7. Juni 2023.

Mayring, P. (2015). *Qualitative Inhaltsanalyse. Grundlagen und Techniken* (12. Aufl.). Weinheim, Basel: Beltz.

Mayring, P. (2016). *Einführung in die qualitative Sozialforschung* (6. Aufl.). Weinheim, Basel: Beltz.

Mayring, P. (2022). *Qualitative Inhaltsanalyse. Grundlagen und Techniken* (13. Aufl.). Weinheim, Basel: Beltz.

Mayring, P. & Frenzl, T. (2019). Qualitative Inhaltsanalyse. In N. Baur & J. Blasius (Hrsg.), *Handbuch Methoden der empirischen Sozialforschung* (2. Aufl., S. 633–648). Wiesbaden: Springer Fachmedien.

Mayring, P., Gläser-Zikuda, M. & Ziegelbauer, S. (2005). Auswertung von Videoaufnahmen mit Hilfe der Qualitativen Inhaltsanalyse. ein Beispiel aus der Unterrichtsforschung. *MedienPädagogik 9*, 9–17.

Meinefeld, W. (2012). Hypothesen und Vorwissen in der qualitativen Sozialforschung. In U. Flick, E. von Kardorff & I. Steinke (Hrsg.), *Qualitative Forschung. Ein Handbuch* (9. Aufl., S. 265–275). Reinbek bei Hamburg: Rowolth Taschenbuch.

Meisert, A. (2008). Vom Modellwissen zum Modellverständnis. Elemente einer umfassenden Modellkompetenz und deren Fundierung durch lernerseitige Kriterien zur Klassifikation von Modellen. *Zeitschrift für Didaktik der Naturwissenschaften 14*, 243–261.

Meister, J. & Upmeier zu Belzen, A. (2018). Naturwissenschaftliche Phänomene mit Liniendiagrammen naturwissenschaftlich-mathematisch modellieren. In M. Hammann & M.

Lindner (Hrsg.), *Lehr- und Lernforschung in der Biologiedidaktik* (S. 87–106). Wien: Studien Verlag.

Mellerowicz, K. (1952). Eine neue Richtung in der Betriebswirtschaftslehre? *Zeitschrift für Betriebswirtschaftslehre 22*, 145–161.

Mey, G. & Mruck, K. (Hrsg.). (2014). *Qualitative Forschung. Analysen und Diskussionen.* Wiesbaden: Springer VS.

Meyen, M., Löblich, M., Pfaff-Rüdiger, S. & Riesmeyer, C. (2011). *Qualitative Forschung in der Kommunikationswissenschaft. Eine praxisorientierte Einführung.* Wiesbaden: VS Verlag für Sozialwissenschaften.

Meyer, C. & Meier zu Verl, C. (2019). Ergebnispräsentation in der qualitativen Forschung. In N. Baur & J. Blasius (Hrsg.), *Handbuch Methoden der empirischen Sozialforschung* (2. Aufl., S. 271–289). Wiesbaden: Springer Fachmedien.

Meyer, M. & Voigt, J. (2010). Rationale Modellierungsprozess. In B. Brandt, M. Fetzer & M. Schütte (Hrsg.), *Auf den Spuren interpretativer Unterrichtsforschung in der Mathematikdidaktik. Götz Krummheuer zum 60. Geburtstag* (S. 117–148). Münster: Waxmann.

Michalak, M., Beck, E. & Tigrak, T. (2019). „Eine Grafik ist eine Zwischenzahl zwischen Jungs und Mädchen". Wie gehen Schülerinnen und Schüler mit und ohne Deutsch als Zweitsprache mit Grafiken um? In B. Ahrenholz, S. Jeuk, B. Lütke, J. Paetsch & H. Roll (Hrsg.), *Fachunterricht, Spachbildung und Sprachkompetenz* (S. 259–278). Berlin: De Gruyter.

Michalak, M., Kölzer, C. & Lemke, V. (2015). Diagramme im gesellschaftswissenschaftlichen Unterricht. eine Herausforderung für Lernende mit Deutsch als Zweitsprache. *Zeitschrift für Didaktik der Gesellschaftswissenschaften 6* (2), 121–135. „Ich glaube, es geht um wie lang es ist...".

Mikelskis-Seifert, S. & Euler, M. (2013). Modellieren in der Physik als eine explizite Unterrichtsmethode verstehen. In H. Henning (Hrsg.), *Modellieren in den Mint-Fächern. Schriften zum Modellieren und Anwenden von Mathematik* (S. 18–64). Münster: WTM.

Mikelskis-Seifert, S., Thiele, M. & Wünscher, T. (2005). Modellieren. Schlüsselfähigkeit für physikalische Forschungs- und Lernprozesse. *Phsik und Didaktik in Schule und Hochschule 1* (4), 31–46.

Mill, J. S. (1844). On the definition of political economy; and on the method of investigation proper to it. In J. S. Mill (Hrsg.), *Essays on some unsettled questions of political economy* (S. 120–164). London: Parker.

Ministerium für Kultus, Jugend und Sport (Hrsg.) (2016). *Bildungsplan des Gymnasiums. Wirtschaft/Berufs- und Studienorientierung (WBS).* Villingen-Schwenningen: Neckar-Verlag GmbH.

Ministerium für Kultus, Jugend und Sport Baden-Württemberg (Hrsg.). (11 / 2020). *Leitfaden für die gymnasiale Oberstufe. Abitur 2023.* https://www.google.de/url?sa=t&rct=j&q=&esrc=s&source=web&cd=&cad=rja&uact=8&ved=2ahUKEwic6NP4zej_AhUJi_0HHefpDakQFnoECA0QAQ&url=https%3A%2F%2Fkm-bw.de%2Fsite%2Fpbs-bw-km-root%2Fget%2Fdocuments_E-1325001489%2FKULTUS.Dachmandant%2FKULTUS%2FKM-Homepage%2FPublikationen%25202020%2F2020-11-05-Leitfaden_Abitur2023.pdf&usg=AOvVaw3mX9yoJIIuLB1SrZiIr1-q&opi=89978449. Zugegriffen: 29. Juni 2023.

Ministeriums für Kultus, Jugend und Sport (Hrsg.). (5. Mai / 1983). Verordnung des Kultusministeriums über die Notenbildung. https://www.google.de/url?sa=t&rct=j&q=&esrc=s&source=web&cd=&ved=2ahUKEwiH_Kapyuj_AhVngv0HHRXNCEwQFnoECAgQAQ&url=https%3A%2F%2Flehrerfortbildung-bw.de%2Fdemo2%2Fpluginfile.php%2F1032%2Fmod_folder%2Fcontent%2F0%2FAllgemeines%2FNotenverordnung.pdf&usg=AOvVaw1prkX_pstjceVqRqk6cJm9&opi=89978449. Zugegriffen: 29. Juni 2023.

Miosch, S. (2019). *Qualitative Interviews* (2. Aufl.). Berlin: De Gruyter.

Mischo, C. (2013). Vorwissen, Interesse und Präkonzepte von Kindern. Beispiele und Bedeutung für die Umgestaltung von Sachunterricht. In E. Gläser & G. Schönknecht (Hrsg.), *Sachunterricht in der Grundschule. Entwickeln – gestalten – reflektieren* (S. 133–144). Frankfurt am Main: Grundschulverband.

Mittelstraß, J. (2005). *Anmerkungen zum Modellbegriff. In: Modelle des Denkens* (S. 65–67) (Streitgespräch in der Wissenschaftlichen Sitzung der Versammlung der Berlin-Brandenburgischen Akademie der Wissenschaften am 12. Dezember 2003, Berlin. Diskussion 108–112).

Mittelstraß, J. (2013). Enzyklopädie Philosophie und Wissenschaftstheorie. In J. Mittelstraß (Hrsg.), *Enzyklopädie Philosophie und Wissenschaftstheorie* (S. 1–629). Stuttgart: J.B. Metzler.

Mohn, E. (2002). *Filming Culture. Spielarten des Dokumentierens nach der Repräsentationskrise.* Stuttgart: Lucius & Lucius.

Morgan, M. S. (2001). Models, stories, and the economic world. *Journal of Economic Methodology 8* (3), 361–384.

Morgan, M. S. (2012). *The World in the Model. How Economists Work and Think.* New York: Cambridge University Press.

Morgan, M. S. & Knuuttila, T. (2012). Models and Modelling in Economics. In D. M. Gabby, P. Thagard & J. Woods (Hrsg.), *Handbook of the Philosophy of Science* (S. 49–87). Amsterdam, Boston: Elsevier/Academic Press.

Moritz, C. (2010). Die Feldpartitur. Mikroprozessuale Transkription von Videodaten. In M. Corsten, M. Krug & C. Moritz (Hrsg.), *Videographie praktizieren. Herangehensweisen, Möglichkeiten und Grenzen* (S. 163–193). Wiesbaden: VS Verlag für Sozialwissenschaften.

Moritz, C. (2018). „Well, it depends … ". Die mannigfaltigen Formen der Videoanalyse in der Qualitativen Sozialforschung. In C. Moritz & M. Corsten (Hrsg.), *Handbuch Qualitative Videoanalyse* (S. 3–38). Wiesbaden: Springer VS.

Müller, G. & Wittmann, E. (Hrsg.). (1984). *Der Mathematikunterricht in der Primarstufe. Ziele, Inhalte, Prinzipien, Beispiele* (3. Aufl.). Braunschweig: Vieweg.

Müller-Dofel, M. (2017). *Interviews führen. Ein Handbuch für Ausbildung und Praxis* (2. Aufl.). Wiesbaden: Springer VS.

Murmann, L. (2013). Dreierlei Kategorienbildung zu Schülervorstellungen im Sachunterricht? Ein Versuch, methodische Parallelen und Herausforderungen bei der Erschließung von Schülervorstellungen aus Interviewdaten zu erfassen. *Widerstreit-Sachunterricht 19,* 1–15.

Nemtschinow, W. (1965). *Ökonomisch-mathematische Methoden und Modelle.* München: R. Oldenbourg.

Nerdel, C., Nitz, S. & Prechtl, H. (2019). Kompetenzen beim Umgang mit Abbildungen und Diagrammen. In Jorge Groß, Marcus Hammann, Philipp Schmiemann & Jörg Zabel (Hrsg.), *Biologiedidaktische Forschung: Erträge für die Praxis* (S. 147–166). Berlin: Springer Spektrum.

Neumayer, B. (2020). Mathematische Methoden in den Wirtschaftswissenschaften. https://www.researchgate.net/profile/Burkard-Neumayer/publication/340595415_Mathematische_Methoden_in_den_Wirtschaftswissenschaften/links/5e93881f92851c2f529be5d3/Mathematische-Methoden-in-den-Wirtschaftswissenschaften.pdf. Zugegriffen: 7. August 2023.

Nitsch, R. (2015). *Diagnose von Lernschwierigkeiten im Bereich funktionaler Zusammenhänge. Eine Studie zu typischen Fehlermustern bei Darstellungswechseln.* Wiesbaden: Springer.

Nöth, W. (2000). *Handbuch der Semiotik* (2. Aufl.). Stuttgart: J.B. Metzler.

Nuding, H. & Haller, J. (2010). *Wirtschaftskunde.* Stuttgart: Klett.

Nutzinger, H. G. (1989). Sind ökonomische Gesetze und Prognosen möglich? In O. Molden (Hrsg.), *Geschichte und Gesetz* (S. 217–223). Wien: Österreichisches College.

OECD (Hrsg.). (2016). PISA 2015 Ergebnisse. Exzellenz und Chancengerechtigkeit in der Bildung. Volume 1. https://read.oecd.org/10.1787/9789264267879-de?format=pdf. Zugegriffen: 7. August 2023.

OECD (Hrsg.). (2020). PISA 2018 Results. Are Students Smart About Money? https://www.oecd.org/pisa/PISA%202018%20Insights%20and%20Interpretations%20FINAL%20PDF.pdf. Zugegriffen: 7. August 2023.

Oppong, S. H. (2013). The problem of sampling in qualitative research. *Asian Journal of Management Sciences and Education 2* (2), 202–210.

Ortlieb, C. P., Dresky, C., Gasser, I. & Günzel, S. (2013). *Mathematische Modellierung. Eine Einführung in zwölf Fallstudien* (2. Aufl.). Wiesbaden: Springer.

Oser, F. & Blömeke, S. (2012). Überzeugungen von Lehrpersonen. Einführung in den Thementeil. *Zeitschrift für Pädagogik 58* (4), 415–421.

Oser, F. & Steinmann, S. (2012). Prägen Lehrerausbildende die Beliefs der angehenden Primarlehrpersonen? Shared Beliefs als Wirkungsgröße in der Lehrerausbildung. *Zeitschrift für Pädagogik 58* (4), 441–459.

Ossimitz, G. (2000). *Entwicklung systemischen Denkens. Theoretische Konzepte und empirische Untersuchungen.* München: Profil (Klagenfurter Beiträge zur Didaktik der Mathematik).

Padberg, F. & Wartha, S. (2017). *Didaktik der Bruchrechnung* (5. Aufl.). Berlin: Springer.

Padilla, M., McKenzie, D. & Shaw Jr., E. (1986). An Examination of the Line Graphing Ability of Students in Grades Seven Through Twelve. *School Science and Mathematics 86* (1), 20–26.

Pang, M. F. & Ki, W. W. (2016). Revisiting the idea of 'critical aspects'. *Scandinavian Journal of Educational Research 60* (3), 323–336.

Pang, M. F. & Marton, F. (2003). Beyond 'Lesson Study'. comparing two ways of facilitating the grasp of some economic concepts. *Instructional Science 31* (3), 175–194.

Patton, M. Q. (1990). *Qualitative Research and Evaluation Methods* (2. Aufl.). Thousand Oaks: Sage.

Peirce, C. S. S. (1906). Prolegomena to an Apology for Pragmaticism. *The Monist 16* (4), 492–546.

Petermann, K., Friedrich, J. & Oetken, M. (2008). „Das an Schülervorstellungen orientierte Unterrichtsverfahren". Inhaltliche Auseinandersetzung mit Schülervorstellungen im naturwissenschaftlichen Unterricht. *CHEMKON 15* (3), 110–118.

Philipp, J. (2008). *Förderung des Verstehens von Liniendiagrammen durch interpretierende und konstruierende Lernhandlungen.* Dissertation, Albert-Ludwigs-Universität Freiburg. Freiburg.

Philipp, R. A. (2007). Mathematics Teachers' Beliefs and Affect. In F. K. Lester, JR. (Hrsg.), *Second handbook of research on mathematics teaching and learning. A project of the National Council of Teachers of Mathematics* (S. 257–315). Charlotte: Information Age Publ.

Pindyck, R. S. & Rubinfeld, D. L. (2018). *Mirkoökonomie* (9. Aufl.). München: Pearson.

Pintrich, P. R., Marx, R. W. & Boyle, R. A. (1993). Beyond cold conceptual change. The role of motivational beliefs and classroom contextual factors in the process of conceptual change. *Review of Educational Research 63* (2), 167–199.

Pollak, H. O. (1979). The interaction between mathematics and other school subjects. In UNESCO (Hrsg.), *New trends in mathematics teaching* (S. 232–248). Paris: Offset-Aubin.

Pong, W. Y. (1991). Students' ideas of price and trade. *Economic Awareness 9* (2), 6–9.

Pong, W. Y. (1998). Students' Ideas of Price and Trade. *Economic Awareness 9* (2), 6–10.

Popper, K. R. (1984). *Logik der Forschung* (8. Aufl.). Tübingen: Mohr.

Posner, G. J., Strike, K. A., Hewson, P. W. & Gertzog, W. A. (1982). Accommodation of a scientific conception. Toward a theory of conceptual change. *Science Education 66* (2), 211–227.

Prediger, S. (2008). The relevance of didactic categories for analysing obstacles in conceptual change. revisiting the case of multiplication of fractions. *Learning and Instruction 18* (1), 3–17.

Prediger, S. (2010). Aber wie sag ich es mathematisch? Empirische Befunde und Konsequenzen zum Lernen von Mathematik als Mittel zur Beschreibung von Welt. In D. Höttecke (Hrsg.), *Entwicklung naturwissenschaftlichen Denkens zwischen Phänomen und Systematik. Jahrestagung in Dresden 2009* (S. 6–20). Münster: Lit Verlag.

Prochazka, F. (2020). *Vertrauen in Journalismus unter Online-Bedingungen. Zum Einfluss von Personenmerkmalen, Qualitätswahrnehmungen und Nachrichtennutzung.* Wiesbaden: Springer VS.

Przyborski, A. & Wohlrab-Sahr, M. (2021). *Qualitative Sozialforschung. Ein Arbeitsbuch.* Berlin: De Gruyter.

Quesnay, F. (1758). *Tableau économique et maximes générales du gouvernement économiques.* Versailles.

Raab, J. & Tänzler, D. (2006). Video Hermeneutics. In H. Knoblauch, B. Schnettler, J. Raab & H. G. Soeffner (Hrsg.), *Video Analysis. Methodology and Methods. Qualitative Audivisual Analysis in Sociology* (S. 85–97). Wien: Lang.

Rau, K. H. (1841). *Grundsätze der Volkswirtschaftslehre* (4. Aufl.). Heidelberg: C. F. Winter.

Raworth, K. (2021). *Die Donut-Ökonomie. Endlich ein Wirtschaftsmodell, das den Planeten nicht zerstört* (5. Aufl.). München: Carl Hanser.

Reichmann, E. (2010). *Übergänge vom Kindergarten in die Grundschule unter Berücksichtigung kooperativer Lernformen.* Baltmannsweiler: Schneider Hohengehren.

Reichmann, W. (2014). Wie wissen wir Wirtschaft? Die Quantifizierung der Wirtschaft als Mediatisierung & Wissenskultur. In A. Cevolini (Hrsg.), *Die Ordnung des Kontingenten.*

Beiträge zur zahlenmäßigen Selbstbeschreibung der modernen Gesellschaft (S. 281–300). Wiesbaden: Springer VS.

Reinders, H. (2005). *Qualitative Interviews mit Jugendlichen führen.* München: Oldenbourg Wissenschaftsverlag.

Reinders, H. (2011). Interview. In H. Reinders, H. Ditton, C. Gräsel & B. Gniewosz (Hrsg.), *Empirische Bildungsforschung. Strukturen und Methoden* (S. 85–98). Wiesbaden: VS Verlag für Sozialwissenschaften.

Reinders, H. (2016). *Qualitative Interviews mit Jugendlichen führen* (3. Aufl.). Berlin, Boston: De Gruyter.

Reinfried, S., Mathis, C. & Kattmann, U. (2009). Das Modell der Didaktischen Rekonstruktion. Eine innovative Methode zur fachdidaktischen Forschung und Entwicklung von Unterricht. *Beiträge zur Lehrerinnen- und Lehrerbildung 27* (3), 404–414.

Reingewertz, Y. (2013). Teaching macroeconomics through flowcharts. *International Review of Economics Education 14,* 86–93.

Reit, X.-R. (2016). *Denkstrukturen in Lösungsansätzen von Modellierungsaufgaben. Eine kognitionspsychologische Analyse schwierigkeitsgenerierender Aspekte.* Wiesbaden: Springer Spektrum.

Reusser, K. (1995). *Vom Text zur Situation zur Gleichung. Kognitive Simulation von Sprachverständnis und Mathematisierung beim Lösen von Textaufgaben.* Habitulationsschrift, Universität Zürich. Zürich.

Reusser, K. & Pauli, C. (2014). Berufsbezogene Überzeugungen von Lehrerinnen und Lehrern. In E. Terhart, H. Bennewitz & M. Rothland (Hrsg.), *Handbuch der Forschung zum Lehrerberuf* (2. Aufl., S. 642–661). Münster: Waxmann.

Richter, M. (2009). *Zur Güte von Beschreibungsmodellen. Eine erkenntnistheoretische Untersuchung.* Ilmenau: proWiWi e. V.

Richter, R. (1965). Methodologie aus Sicht des Wirtschaftstheoretikers. *Weltwirtschaftliches Archiv 95,* 242–261.

Riedel, H. (Hrsg.). (2018). *Wirtschaft & Co. Wirtschaft / Berufs- und Studienorientierung (WBS) für das Gymnasium. Gesamtband Baden-Württemberg.* Bamberg: C.C. Buchner.

Ring, M. (2020). *Visual Representations in Economic Education From an Interdisciplinary Perspective.* Dissertation, Eberhard Karls Universität Tübingen. Tübingen.

Ritchey, T. (2012). Outline for a morphology of modelling methods. contribution to a general theory of modelling. *Acta Morphologica Generalis 1* (1), 1–20.

Robbins, L. (1932). *An essay on the nature and significance of economic science.* London: Macmillan.

Rolle, R. (2005). *Homo oeconomicus. Wirtschaftsanthropologie in philosophischer Perspektive.* Würzburg: Königshausen & Neumann.

Roth, Bowen & McGinn. (1999). Differences in Graph-Related Practices between High School Biology Textbooks and Scientific Ecology Journals. *Journal of Research in Science Teaching 36* (9), 977–1019.

Saam, N. J. & Gautschi, T. (2015). Modellbildung in den Sozialwissenschaften. In N. Braun & N. J. Saam (Hrsg.), *Handbuch Modellbildung und Simulation in den Sozialwissenschaften* (S. 15–60). Wiesbaden: Springer Fachmedien Wiesbaden.

Sachse, R. (2020). Realität. In R. Sachse (Hrsg.), *Psychologie der Selbsttäuschung* (S. 23–27). Berlin, Heidelberg: Springer.

Samuelson, P. A. (1947). *Foundations of economic analysis* (9. Aufl.). Cambridge, Mass: Harvard University Press.

Samuelson, P. A. & Nordhaus, William, D. (2016). *Volkswirtschaftslehre. Das internationale Standardwerk der Makro- und Mikroökonomie*. München: FinanzBuch.

Sandmann, A. (2014). Lautes Denken. die Analyse von Denk-, Lern- und Problemlöseprozessen. In D. Krüger, I. Parchmann & H. Schecker (Hrsg.), *Methoden in der naturwissenschaftsdidaktischen Forschung* (S. 179–188). Heidelberg: Springer.

Sasaki, T. (2003). Recipient orientation in verbal report protocols. Methodological issues in concurrent think-aloud. *Second Language Studies 22* (1), 1–54.

Sauermann, H. (1965). Wie studiert man Volkswirtschaftslehre? In K. E. Gutenberg (Hrsg.), *Taschenbuch für Studierende der Wirtschaftswissenschaften* (S. 25–42). Wiesbaden: Gabler.

Schmidt, K.-H. (2014). Merkantilismus, Kameralismus, Physiokratie. In O. Issing (Hrsg.), *Geschichte der Nationalökonomie* (4. Aufl., S. 37–66). München: Verlag Franz Wahlen.

Schmidtbauer, J. & Timmler, V. (2015, 6. November). Wirtschaft als Pflichtfach. Bildungsplan in Baden-Württemberg. *Süddeutsche Zeitung*. https://www.sueddeutsche.de/bildung/lehrplan-in-baden-wuerttemberg-wirtschaft-wird-pflichtfach-1.2723540?print=true. Zugegriffen: 7. Juni 2023.

Schnotz, W. (2001). Wissenserwerb mit Multimedia. *Unterrichtswissenschaft 29* (4), 292–318.

Schnotz, W. & Bannert, M. (2003). Construction and interference in learning from multiple representation. *Learning and Instruction 13* (2), 141–156.

Schnotz, W. & Lowe, R. (2008). *A unified view of learning from animated and static graphics*, Universität Koblenz-Landau. Koblenz-Landau.

Schreier, M. (2011). Qualitative Stichprobenkonzepte. In G. Naderer & E. Balzer (Hrsg.), *Qualitative Marktforschung in Theorie und Praxis. Grundlagen – Methoden – Anwendungen* (2. Aufl., S. 241–256). Wiesbaden: Gabler.

Schreier, M. (2014). Varianten qualitativer Inhaltsanalyse. Ein Wegweiser im Dickicht der Begrifflichkeiten. *Forum: Qualitative Sozialforschung 15* (1), 1–28.

Seale, C. (2000). *The Quality of Qualitative Research*. London, New York: Sage.

Seeber, G., Kaiser, T., Oberrauch, L. & Eberle, M. (2022). *Wirtschaft als eigenes Schulfach? Empirische Evidenz zur Facheinführung in Baden-Württemberg*. Bielefeld: wvb Publikation.

Seidel, T., Prenzel, M. & Kobarg, M. (2005). *How to run a video study. Technical report of the IPN Video Study*. Münster: Waxmann.

Sender, T. (2017). *Wirtschaftsdidaktische Lerndiagnostik und Komplexität*. Wiesbaden: Springer Fachmedien.

Sendker, M. & Müller, C. (2016). Preisbildung. Ein volks- und betriebswirtschaftlicher Überblick. *Unterricht Wirtschaft + Politik 6* (1), 2–10.

Siebenhüner, B. (1995). *Ökonomisches und ökologisches Denken. Darstellung und Verbindung ihrer Strukturelemente*. Schriftenreihe des IÖW 84/95. Berlin: Institut für ökologische Wirtschaftsforschung. https://www.ioew.de/fileadmin/_migrated/tx_ukioewdb/IOEW_SR_084_Oekonom_Oekolog_Denken.pdf. Zugegriffen: 8. August 2023.

Smith, A. (1999). *Der Wohlstand der Nationen. Eine Untersuchung seiner Natur und seiner Ursachen*. München: Deutscher Taschenbuch Verlag.

Söllner, F. (2021). *Die Geschichte des ökonomischen Denkens*. Berlin, Heidelberg: Springer.

Spranger, E. (1950). *Lebensformen. Geisteswissenschaftliche Psychologie und Ethik der Persönlichkeit* (8. Aufl.). Tübingen: Max Niemeyer.

Stachowiak, H. (1973). *Allgemeine Modelltheorie.* Wien: Springer.

Stachowiak, H. (1980). Der Modellbegriff in der Erkenntnistheorie. *Zeitschrift für allgemeine Wissenschaftstheorie 11* (1), 53–68. doi:https://doi.org/10.1007/BF01801279

Stalle, A. & Clüver, T. (2021). Herleitung von Grundvorstellungen als normative Leitlinien. Beschreibung eines theoriebasierten Verfahrensrahmens. *Journal für Mathematik-Didaktik 42*, 553–580.

Ständige Konferenz der Kultusminister der Länder in der Bundesrepublik Deutschland (Hrsg.). (2015). Bildungsstandards im Fach Mathematik für die Allgemeine Hochschulreife. Beschluss der Kultusministerkonferenz vom 18.10.2012, KMK. https://www.kmk. org/fileadmin/veroeffentlichungen_beschluesse/2012/2012_10_18-Bildungsstandards-Mathe-Abi.pdf. Zugegriffen: 13. Juni 2023.

Steiner, H.-G. (1976). Zur Methodik des mathematisierenden Unterrichts. In W. Dörfler & R. Fischer (Hrsg.), *Anwendungsorientierte Mathematik in der Sekundarstufe II* (S. 211–245). Klagenfurt: Heyn.

Steinke, I. (2007). Qualitätssicherung in der qualitativen Forschung. In U. Kuckartz, H. Grunenberg & T. Dresing (Hrsg.), *Qualitative Datenanalyse: computergestützt. Methodische Hintergründe und Beispiele aus der Forschungspraxis* (2. Aufl., S. 176–187). Wiesbaden: VS Verlag für Sozialwissenschaften.

Strauss, A. (1991). *Grundlagen qualitativer Sozialforschung. Datenanalyse und Theoriebildung in der empirischen soziologischen Forschung* (2. Aufl.). München: Wilhelm-Fink-Verlag.

Strober, M. H. & Cook, A. (1992). Economics, lies, and videotapes. *The Journal of Economic Education 23* (2), 125–151.

Strübing, J. (2018). *Qualitative Sozialforschung. Eine komprimierte Einführung* (2. Aufl.). Oldenburg: De Gruyter.

Sugden, R. (2009). Credible Worlds, Capacities and Mechanisms. *Erkenntnis 70*, 3–27.

Sugden, R. (2013). How fictional accounts can explain. *Journal of Economic Methodology 20* (3), 237–243.

Terzer, E. (2012). *Modellkompetenz im Kontext Biologieunterricht. Empirische Beschreibung von Modellkompetenz mithilfe von Multiple-Choice-Items.* Dissertation, Humboldt-Universität. Berlin.

Terzer, E. & Upmeier zu Belzen, A. (2008). Naturwissenschaftliche Erkenntnisgewinnung durch Modelle. Modellverständnis als Grundlage für Modellkompetenz. *Zeitschrift für Didaktik der Biologie 16* (1), 33–56.

Thompson, D. R. & Siegler, R. S. (2000). Buy Low, Sell High. The Development of an Informal Theory of Economics. *Child Development 71* (3), 660–677.

Tuma, R., Schnettler, B. & Knoblauch, H. (2013). *Videographie. Einführung in die interpretative Videoanalyse sozialer Situationen.* Wiesbaden: Springer VS.

Upmeier zu Belzen, A. & Krüger, D. (2010). Modellkompetenz im Biologieunterricht. Model competence in biology teaching. *Zeitschrift für Didaktik der Naturwissenschaften 16*, 41–57.

van Someren, M. W., Barnard, Y. F. & Sandberg, J. A. (1994). *The Think Aloud Method. A practical guide to modelling cognitive processes.* London: Academic Press.

Vanberg, V. J. (2005). *Der Markt als kreativer Prozess. Die Ökonomik ist keine zweite Physik.* Freiburg (S. 1–32) (Freiburger Diskussionspapiere zur Ordnungsökonomik No. 05/12). Zugegriffen: 8. August 2023. https://www.econstor.eu/bitstream/10419/4359/1/05_12bw.pdf.

Varian, H. (2016). *Grundzüge der Mikroökonomie* (9. Aufl.). Oldenburg: De Gruyter.

Völzke, K. (2012). *Lautes Denken bei kompetenzorientierten Diagnoseaufgaben zur naturwissenschaftlichen Erkenntnisgewinnung.* Kassel: Kassel University Press.

vom Hofe, R. (1995). *Grundvorstellungen mathematischer Inhalte.* Heidelberg: Springer Spektrum.

vom Hofe, R., Kleine, M., Pekrun, R. & Werner, B. (2005). Zur Entwicklung mathematischer Grundbildung in der Sekundarstufe I. theoretische, empirische und diagnostische Aspekte. In M. Hasselhorn, H. Marx & W. Schneider (Hrsg.), *Diagnostik von Mathematikleistungen. Tests und Trends. Jahrbuch der pädagogisch-psychologischen Diagnostik* (S. 263–292). Göttingen: Hofgrete.

Vosniadou, S. & Brewer, W. F. (1987). Theories of knowledge restructuring development. *Review of Economic Research 57* (1), 51–67.

Wagner Willi, M. (2005). *Kinder-Rituale zwischen Vorder- und Hinterbühne. Der Übergang von der Pause zum Unterricht.* Wiesbaden: Springer VS.

Wahl, D., Wölfling, W. & Rapp, G. (1992). *Erwachsenenbildung konkret. Mehrphasiges Dozententraining. Eine neue Form erwachsenendidaktischer Ausbildung von Referenten und Dozenten.* Weinheim: Deutscher Studienverlag.

Wandersee, J. H., Novak, J. D. & Mintzes, J. J. (1994). Research on alternative conceptions in science. In Gabel, Dorothy, L. (Hrsg.), *Handbook of research on science teaching and learning* (S. 177–210). New York: Macmillan.

Wartha, S. (2007). *Längsschnittliche Untersuchungen zur Entwicklung des Bruchzahlbegriffs.* Hildesheim: Franzbecker.

Weber, C. E. (1958). *Die Kategorien des ökonomischen Denkens.* Berlin: Duncker & Humblot.

Weber, M. (1964). *Wirtschaft und Gesellschaft. Grundriss der verstehenden Soziologie.* Köln: Kiepenheuer & Witsch.

Weinert, F. E. (2000). Lehren und Lernen für die Zukunft – Ansprüche an das Lernen in der Schule. Vortrag am 29.03.2000 im Pädagogischen Zentrum in Bad Kreuznach. *Pädagogische Nachrichten* (2), 1–18.

Weinert, F. E. (Selbstständige Schule.nrw, Hrsg.). (2004). Lehren und Lernen für die Zukunft. Guter Unterricht und seine Entwicklung im Projekt „Selbstständig Schule". https://www.google.de/url?sa=t&rct=j&q=&esrc=s&source=web&cd=&cad=rja&uact=8&ved=2ahUKEwjis52PhPL_AhVJh_0HHZ5BCdsQFnoECAoQAQ&url=https%3A%2F%2Fwww.bildung.koeln.de%2F2Fimperia%2Fmd%2Fcontent%2Fselbst_schule%2Fdownloads%2FLehren_und_lernen_fur_die_zukunft.pdf&usg=AOvVaw24zn_g6xz49QaOSh56wMOi&opi=89978449. Zugegriffen: 3. Juli 2023.

Wenturis, N., van Hove, W. & Dreier, V. (Hrsg.). (1992). *Methodologie der Sozialwissenschaften. Eine Einführung.* Tübingen: Francke.

Westermann, B. (2017). Anwendungen und Modellbildung. In T. Leuders (Hrsg.), *Mathematikdidaktik. Praxishandbuch Sekundarstufe 1+2* (9. Aufl., S. 148–162). Berlin: Cornelsen.

Weyland, M., Brahm, T., Kärner, T. & Iberer, U. (2022). Ökonomische Bildung und ökonomisches Denken. eine Einordnung. In Michael Weyland, Taiga Brahm, Tobias Kärner &

Ulrich Iberer (Hrsg.), *Ökonomisches Denken lehren und lernen. Theoretische, empirische und praxisbezogene Perspektiven* (S. 7–23). Bielefeld: wbv Publikation.

Widodo, A. & Duit, R. (2005). Konstruktivistische Lehr-Lern-Sequenzen und die Praxis des Physikunterrichts. *Zeitschrift für Didaktik der Naturwissenschaften 11*, 131–146.

Wilken, J. (1989). Paul F. Lazarsfeld und die Geschichte. Paul F. Lazarsfeld and history. *Historical Social Research 14* (3), 105–122.

Winter, H. (1994). Modelle als Konstrukte zwischen lebensweltlichen Situationen und arithmetischen Begriffen. *Grundschule 3*, 10–13.

Wischmeier, I. (2012). „Teachers' Beliefs". Überzeugungen von (Grundschul-) Lehrkräften über Schüler und Schülerinnen mit Migrationshintergrund. In W. Wiater & D. Manschke (Hrsg.), *Verstehen und Kultur. Mentale Modelle und kulturelle Prägungen* (S. 167–189). Wiesbaden: VS Verlag für Sozialwissenschaften.

Witzel, A. & Reiter, H. (2012). *The Problem-Centred Interview. Principles and Practice.* Los Angeles: SAGE Publications.

Wolf, P. (2017). *Anwendungsorientierte Aufgaben für Mathematikveranstaltungen der Ingenieurstudiengänge.* Wiesbaden: Springer Fachmedien.

Zetland, D., Russo, C. & Yavapolkul, N. (2010). Teaching economic principles. Algebra, graph or both? *The American Economist 55* (1), 123–131.

Zuckarelli, J. L. (2023). *Mikroökonomik. Endlich verständlich erklärt.* Wiesbaden: Springer Gabler.

Printed in the United States
by Baker & Taylor Publisher Services

Printed in the United States
by Baker & Taylor Publisher Services